全国中级注册安全工程师职业资格考试辅导教材

安全生产管理

（2024 版）

中国安全生产科学研究院　**组织编写**

应急管理出版社

·北　京·

图书在版编目（CIP）数据

安全生产管理：2024 版／中国安全生产科学研究院
组织编写 . －－北京：应急管理出版社，2024

全国中级注册安全工程师职业资格考试辅导教材

ISBN 978－7－5237－0476－9

Ⅰ.①安…　Ⅱ.①中…　Ⅲ.①安全生产—生产管理—
资格考试—教材　Ⅳ.①X92

中国国家版本馆 CIP 数据核字（2024）第 083935 号

安全生产管理　2024 版

（全国中级注册安全工程师职业资格考试辅导教材）

组织编写	中国安全生产科学研究院
责任编辑	尹忠昌　唐小磊
编　辑	梁晓平
责任校对	孔青青
封面设计	卓义云天

出版发行　应急管理出版社（北京市朝阳区芍药居 35 号　100029）
电　话　010－84657898（总编室）　010－84657880（读者服务部）
网　址　www.cciph.com.cn
印　刷　北京盛通印刷股份有限公司
经　销　全国新华书店

开　本　787mm×1092mm¹⁄₁₆　**印张**　24　**字数**　575 千字
版　次　2024 年 5 月第 1 版　2024 年 5 月第 1 次印刷
社内编号　20240374　　　　**定价**　82.00 元

前　言

安全生产事关人民群众生命财产安全和社会稳定大局。习近平总书记在党的二十大报告中指出，要坚持安全第一、预防为主，建立大安全大应急框架，完善公共安全体系，推动公共安全治理模式向事前预防转型。施行注册安全工程师职业资格制度，是牢固树立安全发展理念，深入实施"人才强安"战略的重要举措。

注册安全工程师职业资格考试自 2004 年首次开展以来，全国累计 56.7 万人通过考试取得中级注册安全工程师职业资格。主要分布在煤矿、金属与非金属矿山、建筑施工、金属冶炼以及危险化学品的生产、储存、装卸等企业和安全生产专业服务机构。注册执业的中级注册安全工程师本科及以上学历占 69% 以上，年龄在 50 岁以下占 73% 以上，已形成一支学历较高、年富力强、素质过硬且实践经验丰富的注册安全工程师队伍，为促进我国安全生产形势好转发挥了重要作用。

为推动注册安全工程师职业资格制度的健康发展，国务院有关部门在总结多年实践工作的基础上，积极推动注册安全工程师法制化进程。2014 年 8 月 31 日修订的《中华人民共和国安全生产法》，首次确立了注册安全工程师的法律地位。2017 年 9 月，人力资源社会保障部将注册安全工程师列入准入类国家职业资格目录。

为贯彻《安全生产法》，健全完善注册安全工程师职业资格制度，加强注册安全工程师专业能力，构建注册安全工程师"以用为本、科学准入、持续教育、事业化发展"四位一体工作格局，2017 年 11 月，国家安全生产监督管理总局、人力资源社会保障部联合发布了《注册安全工程师分类管理办法》，确立了注册安全工程师职业资格按照专业类别实施分专业考试的指导思想，将注册安全工程师专业类别划分为煤矿安全、金属非金属矿山安全、化工安全、金属冶炼安全、建筑施工安全、道路运输安全和其他安全（不包括消防安全）。2019 年 1 月，应急管理部、人力资源社会保障部联合发布了《注册安全工程师职业资格制度规定》《注册安全工程师职业资格考试实施办法》；2019 年 4 月，应急管理部颁布了《中级注册安全工程师职业资格考试大纲》和《初级注册安全工程师职业资格考试大纲》，正式实施注册安全工程师分专业考试。

为了方便考生复习有关知识内容，2019年，中国安全生产科学研究院根据《中级注册安全工程师职业资格考试大纲》，组织专家编写了全国中级注册安全工程师职业资格考试辅导教材。本套辅导教材包括公共科目和专业科目，其中，公共科目为《安全生产法律法规》《安全生产管理》和《安全生产技术基础》，专业科目为《安全生产专业实务》，包括煤矿安全、金属非金属矿山安全、化工安全、金属冶炼安全、建筑施工安全和其他安全。2024年，在更新辅导教材中涉及的安全生产法律法规、政策和标准的基础上，充实了安全评价等有关内容，对发现的有关问题（包括读者反馈的问题）进行了修订和完善。

本套辅导教材具有较强的针对性、实用性和可操作性，可供安全生产专业人员参加中级注册安全工程师职业资格考试复习之用，也可用于指导安全生产管理和技术人员的工作实践。

在教材编写过程中，很多专家做了大量的工作，付出了辛勤劳动，在此表示衷心感谢！由于时间和水平的限制，教材难免存在疏漏之处，敬请批评指正，以便持续改进！

中国安全生产科学研究院

2024年4月

目　　　次

第一章 安全生产管理基本理论

安全生产管理是全面落实科学发展观的必然要求，是建设和谐社会的迫切需要，是各级政府和生产经营单位做好安全生产工作的基础。安全生产管理不仅具有一般管理的规律和特点，还具有自身的特殊范畴和方法。在管理安全问题上，找到事故的致因，明确不安全行为，正确处理人—机—环—管问题，这是预防和处理事故的一个重要环节。本章简要介绍安全生产管理基本概念、事故致因及安全原理、安全心理与行为、安全生产管理理念和安全文化。

第一节 安全生产管理基本概念

一、安全生产、安全生产管理

（一）安全生产

《辞海》将"安全生产"解释为：为预防生产过程中发生人身、设备事故，形成良好劳动环境和工作秩序而采取的一系列措施和活动。《中国大百科全书》将"安全生产"解释为：旨在保护劳动者在生产过程中安全的一项方针，也是企业管理必须遵循的一项原则，要求最大限度地减少劳动者的工伤和职业病，保障劳动者在生产过程中的生命安全和身体健康。后者将安全生产解释为企业生产的一项方针、原则和要求，前者则将安全生产解释为企业生产的一系列措施和活动。根据现代系统安全工程的观点，一般意义上讲，安全生产是指在社会生产活动中，通过人、机、物料、环境的和谐运作，使生产过程中潜在的各种事故风险和伤害因素始终处于有效控制状态，切实保护劳动者的生命安全和身体健康。安全生产工作应当以人为本，坚持人民至上、生命至上，把保护人民生命安全摆在首位，树牢安全发展理念。《中华人民共和国安全生产法》（简称《安全生产法》）将"安全第一、预防为主、综合治理"确定为安全生产工作的基本方针。

（二）安全生产管理

安全生产管理是管理的重要组成部分，是安全科学的一个分支。所谓安全生产管理，就是针对人们在生产过程中的安全问题，运用有效的资源，发挥人们的智慧，通过人们的努力，进行有关决策、计划、组织和控制等活动，实现生产过程中人与机器设备、物料、环境的和谐，达到安全生产的目标。其管理的基本对象是企业的员工（企业中的所有人员）、设备设施、物料、环境、财务、信息等各个方面。安全生产管理包括安全生产法制管理、行政管理、监督检查、工艺技术管理、设备设施管理、作业环境和条件管理等方面。安全生产管理目标是减少和控制危害和事故，尽量避免生产过程中所造成的人身伤害、财产损失、环境污染以及其他损失。

二、事故、事故隐患、危险、海因里希法则、危险源与重大危险源

（一）事故

《现代汉语词典》对"事故"的解释是：多指生产、工作上发生的意外损失或灾祸。

在国际劳工组织制定的一些指导性文件，如《职业事故和职业病记录与通报实用规程》中，将"职业事故"定义为："由工作引起或者在工作过程中发生的事件，并导致致命或非致命的职业伤害。"《生产安全事故报告和调查处理条例》（国务院令第493号）将"生产安全事故"定义为：生产经营活动中发生的造成人身伤亡或者直接经济损失的事件。我国事故的分类方法有多种。

（1）依据《企业职工伤亡事故分类》（GB 6441），综合考虑起因物、引起事故的诱导性原因、致害物、伤害方式等，将企业工伤事故分为20类：物体打击、车辆伤害、机械伤害、起重伤害、触电、淹溺、灼烫、火灾、高处坠落、坍塌、冒顶片帮、透水、放炮、火药爆炸、瓦斯爆炸、锅炉爆炸、容器爆炸、其他爆炸、中毒和窒息及其他伤害。

（2）依据《生产安全事故报告和调查处理条例》（国务院令第493号），根据生产安全事故造成的人员伤亡或者直接经济损失，事故一般分为特别重大事故、重大事故、较大事故、一般事故4个等级，具体划分如下：

① 特别重大事故，是指造成30人以上死亡，或者100人以上重伤（包括急性工业中毒，下同），或者1亿元以上直接经济损失的事故。

② 重大事故，是指造成10人以上30人以下死亡，或者50人以上100人以下重伤，或者5000万元以上1亿元以下直接经济损失的事故。

③ 较大事故，是指造成3人以上10人以下死亡，或者10人以上50人以下重伤，或者1000万元以上5000万元以下直接经济损失的事故。

④ 一般事故，是指造成3人以下死亡，或者10人以下重伤，或者1000万元以下直接经济损失的事故。

注：该等级标准中所称的"以上"包括本数，所称的"以下"不包括本数。在衡量一个事故等级时按照最严重的标准进行划分。

（二）事故隐患

原国家安全生产监督管理总局颁布的第16号令《安全生产事故隐患排查治理暂行规定》，将"安全生产事故隐患"定义为："生产经营单位违反安全生产法律、法规、规章、标准、规程和安全生产管理制度的规定，或者因其他因素在生产经营活动中存在可能导致事故发生的物的危险状态、人的不安全行为和管理上的缺陷。"

事故隐患分为一般事故隐患和重大事故隐患。一般事故隐患是指危害和整改难度较小，发现后能够立即整改排除的隐患。重大事故隐患是指危害和整改难度较大，应当全部或者局部停产停业，并经过一定时间整改治理方能排除的隐患，或者因外部因素影响致使生产经营单位自身难以排除的隐患。

（三）危险

根据系统安全工程的观点，危险是指系统中存在导致发生不期望后果的可能性超过了人们的承受程度。从危险的概念可以看出，危险是人们对事物的具体认识，必须指明具体对象，如危险环境、危险条件、危险状态、危险物质、危险场所、危险人员、危险因素等。

一般用风险度来表示危险的程度。在安全生产管理中，风险用生产系统中事故发生的可能性与严重性的结合给出，即

$$R = f(F, C) \tag{1-1}$$

式中　R——风险；

　　　F——发生事故的可能性；

　　　C——发生事故的严重性。

从广义来说，风险可分为自然风险、社会风险、经济风险、技术风险和健康风险 5 类。而对于安全生产的日常管理，可分为人、机、环境、管理 4 类风险。

（四）海因里希法则

海因里希法则是 1941 年美国安全工程师海因里希（W. H. Heinrich）统计大量机械伤害事故后得出的结论。当时，海因里希统计了 55 万件机械事故，其中死亡、重伤事故 1666 件，轻伤事故 48334 件，其余则为无伤害事故。从而得出一个重要结论，即在机械事故中，伤亡、轻伤、不安全行为的比例为 1：29：300，国际上把这一法则叫事故法则。这个法则说明，在机械生产过程中，每发生 330 起意外事件，有 300 件未产生人员伤害，29 件造成人员轻伤，1 件导致重伤或死亡。

对于不同的生产过程，不同类型的事故，上述比例关系不一定完全相同，但这个统计规律说明了在进行同一项活动中，无数次意外事件必然导致重大伤亡事故的发生。例如，某机械师企图用手把皮带挂到正在旋转的皮带轮上，因未使用拨皮带的杆，且站在摇晃的梯板上，又穿了一件宽大的长袖工作服，结果被皮带轮绞入，导致死亡。事故调查结果表明，他这种上皮带的方法使用已有数年之久，手下工人均佩服他手段高明。查阅前 4 年病志资料，发现他有 33 次手臂擦伤后急救上药记录。这一事例说明，事故的后果虽有偶然性，但是不安全因素或动作在事故发生之前已暴露过许多次，如果在事故发生之前，抓住时机，及时消除不安全因素，许多重大伤亡事故是完全可以避免的。

（五）危险源

从安全生产角度解释，危险源是指可能造成人员伤害和疾病、财产损失、作业环境破坏或其他损失的根源或状态。

根据危险源在事故发生、发展中的作用，一般把危险源划分为两大类，即第一类危险源和第二类危险源。

第一类危险源是指生产过程中存在的，可能发生意外释放的能量，包括生产过程中各种能量源、能量载体或危险物质。第一类危险源决定了事故后果的严重程度，它具有的能量越多，发生事故的后果越严重。例如，炸药、旋转的飞轮等属于第一类危险源。

第二类危险源是指导致能量或危险物质约束或限制措施破坏或失效的各种因素。广义上包括物的故障、人的失误、环境不良以及管理缺陷等因素。第二类危险源决定了事故发生的可能性，它出现得越频繁，发生事故的可能性越大。例如，冒险进入危险场所等。

在企业安全管理工作中，第一类危险源客观上已经存在并且在设计、建设时已经采取

了必要的控制措施，因此，企业安全工作重点是第二类危险源的控制问题。

从上述意义上讲，危险源可以是一次事故、一种环境、一种状态的载体，也可以是可能产生不期望后果的人或物。液化石油气在生产、储存、运输和使用过程中，可能发生泄漏，引起中毒、火灾或爆炸事故，因此，充装了液化石油气的储罐是危险源；原油储罐的呼吸阀已经损坏，当储罐储存了原油后，有可能因呼吸阀损坏而发生事故，因此，损坏的原油储罐呼吸阀是危险源；一个携带了 SARS 病毒的人，可能造成与其有过接触的人患上 SARS，因此，携带 SARS 病毒的人是危险源；操作过程中，没有完善的操作规程，可能使员工出现不安全行为，因此，没有操作规程是危险源。

（六）重大危险源

为了对危险源进行分级管理，防止重大事故发生，提出了重大危险源的概念。广义上说，可能导致重大事故发生的危险源就是重大危险源。

《安全生产法》和《危险化学品重大危险源辨识》（GB 18218）对重大危险源作出了明确的规定。《安全生产法》第一百一十七条对重大危险源的解释是：指长期地或者临时地生产、搬运、使用或者储存危险物品，且危险物品的数量等于或者超过临界量的单元（包括场所和设施）。当单元中有多种物质时，如果各类物质的量满足下式，就是重大危险源：

$$\sum_{i=1}^{N} \frac{q_i}{Q_i} \geqslant 1 \qquad\qquad (1-2)$$

式中　　q_i——单元中物质 i 的实际存在量；

　　　　Q_i——物质 i 的临界量；

　　　　N——单元中物质的种类数。

在《危险化学品重大危险源辨识》（GB 18218）标准中，表 1 给出了 85 种危险化学品的临界量。未在表 1 范围内的危险化学品应根据其危险性，按表 2 确定其临界量；若一种危险化学品具有多种危险性，应按其中最低的临界量确定。

三、安全、本质安全

安全是相对的概念，它们是人们对生产、生活中是否可能遭受健康损害和人身伤亡的综合认识。按照系统安全工程的认识论，安全是相对的。

（一）安全

安全泛指没有危险、不出事故的状态。汉语中有"无危则安，无缺则全"；安全的英文为 safety，指健康与平安之意；梵文为 sarva，意为无伤害或完整无损；《韦氏大词典》对安全定义为"没有伤害、损伤或危险，不遭受危害或损害的威胁，或免除了危害、伤害或损失的威胁"。

生产过程中的安全，即安全生产，指的是"不发生工伤事故、职业病、设备或财产损失"。

工程上的安全性，是用概率表示的近似客观量，用以衡量安全的程度。

系统工程中的安全概念，认为世界上没有绝对安全的事物，任何事物中都包含有不安全因素，具有一定的危险性。安全是一个相对的概念，危险性是对安全性的隶属度；当危险性低于某种程度时，人们就认为是安全的。安全工作贯穿于系统整个寿命期间。

（二）本质安全

本质安全是指通过设计等手段使生产设备或生产系统本身具有安全性，即使在误操作或发生故障的情况下也不会造成事故。具体包括两方面的内容：

（1）失误—安全功能，指操作者即使操作失误，也不会发生事故或伤害，或者说设备设施和技术工艺本身具有自动防止人的不安全行为的功能。

（2）故障—安全功能，指设备设施或生产工艺发生故障或损坏时，还能暂时维持正常工作或自动转变为安全状态。

上述两种安全功能应该是设备设施和技术工艺本身固有的，即在其规划设计阶段就被纳入其中，而不是事后补偿的。

本质安全是生产中"预防为主"的根本体现，也是安全生产的最高境界。实际上，由于技术、资金和人们对事故的认识等原因，目前还很难做到本质安全，只能作为追求的目标。

（三）安全生产许可

安全生产许可是指国家对矿山企业、建筑施工企业和危险化学品、烟花爆竹、民用爆炸物品生产企业实行安全生产许可制度。企业未取得安全生产许可证的，不得从事生产活动。

第二节　事故致因及安全原理

一、事故致因原理

事故发生有其自身的发展规律和特点，只有掌握事故发生的规律，才能保证安全生产系统处于有效状态。前人站在不同的角度，对事故进行了研究，给出了很多事故致因理论，下面简要介绍几种。

（一）事故频发倾向理论

1919 年，英国的格林伍德（M. Greenwood）和伍兹（H. H. Woods）把许多伤亡事故发生次数按照如下三种分布方式进行了统计分析。

1. 泊松分布

当发生事故的概率不存在个体差异时，即不存在事故频发倾向者时，一定时间内事故发生次数服从泊松分布。这种情况下，事故的发生是由工厂里的生产条件、机械设备以及一些其他偶然因素引起的。

2. 偏倚分布

一些工人由于存在精神或心理方面的问题，如果在生产操作过程中发生过一次事故，则会造成胆怯或神经过敏，当再继续操作时，就有重复发生第二次、第三次事故的倾向，符合这种统计分布的主要是少数有精神或心理缺陷的工人。

3. 非均等分布

当工厂中存在许多特别容易发生事故的人时，发生不同次数事故的人数服从非均等分布，即每个人发生事故的概率不相同。这种情况下，事故的发生主要是由于人的因素引起的。进而的研究结果发现，工厂中存在事故频发倾向者。

在此研究基础上，1939 年，法默（Farmer）和查姆勃（Chamber）等人提出了事故频发倾向（Accident Proneness）理论。事故频发倾向是指个别容易发生事故的稳定的个人的内在倾向。事故频发倾向者的存在是工业事故发生的主要原因，即少数具有事故频发倾向的工人是事故频发倾向者，他们的存在是工业事故发生的原因。如果企业中减少了事故频发倾向者，就可以减少工业事故。

因此，人员选择就成了预防事故的重要措施，通过严格的生理、心理检验，从众多的求职人员中选择身体、智力、性格特征及动作特征等方面优秀的人才就业，而把企业中的所谓事故频发倾向者解雇。

频发倾向理论是早期的事故致因理论，显然不符合现代事故致因理论的理念。

（二）事故因果连锁理论

1. 海因里希事故因果连锁理论

1931 年，美国海因里希在《工业事故预防》（Industrial Accident Prevention）一书中，阐述了根据当时的工业安全实践总结出来的工业安全理论，事故因果连锁理论是其中重要组成部分。

海因里希第一次提出了事故因果连锁理论，阐述了导致伤亡事故的各种因素间及与伤害间的关系，认为伤亡事故的发生不是一个孤立的事件，尽管伤害可能在某瞬间突然发生，却是一系列原因事件相继发生的结果。

1）伤害事故连锁构成

海因里希把工业伤害事故的发生发展过程描述为具有一定因果关系的事件的连锁：

（1）人员伤亡的发生是事故的结果。

（2）事故的发生原因是人的不安全行为或物的不安全状态。

（3）人的不安全行为或物的不安全状态是由于人的缺点造成的。

（4）人的缺点是由于不良环境诱发或者是由先天的遗传因素造成的。

2）事故连锁过程影响因素

海因里希将事故连锁过程影响因素概括为以下 5 个：

（1）遗传及社会环境（M）。遗传及社会环境是造成人的性格上缺点的原因。遗传因素可能造成鲁莽、固执等不良性格；社会环境可能妨碍教育，助长性格的缺点发展。

（2）人的缺点（P）。人的缺点是使人产生不安全行为或造成机械、物质不安全状态的原因，它包括鲁莽、固执、过激、神经质、轻率等性格上的先天缺点，以及缺乏安全生产知识和技术等后天的缺点。

（3）人的不安全行为或物的不安全状态（H）。人的不安全行为或物的不安全状态是指那些曾经引起过事故，可能再次引起事故的人的行为或机械、物质的状态，它们是造成事故的直接原因。

（4）事故（D）。事故是由于物体、物质、人或放射线的作用或反作用，使人员受到伤害或可能受到伤害的，出乎意料的、失去控制的事件。

（5）伤害（A）。伤害是由于事故直接产生的人身伤害。事故发生是一连串事件按照一定顺序，互为因果依次发生的结果。例如，先天遗传因素或不良社会环境诱发—人的缺点—人的不安全行为或物的不安全状态—事故—伤害。这一事故连锁关系可以用多米诺骨牌来形象地描述。在多米诺骨牌系列中，一块骨牌被碰倒了，则将发生连锁反应，其余的几块骨牌相继被碰倒。如果移去中间的一块骨牌，则连锁被破坏，事故过程被中止。海因里希认为，企业安全工作的中心就是防止人的不安全行为，消除机械的或物质的不安全状态，中断事故连锁的进程而避免事故的发生。海因里希事故因果连锁理论如图 1-1 所示。

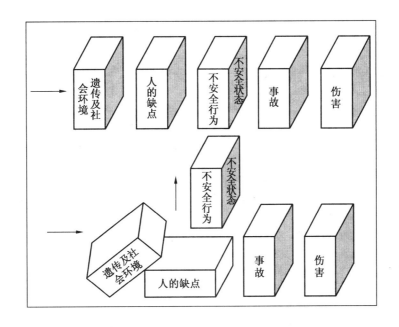

图 1-1 海因里希事故因果连锁理论

海因里希的工业安全理论主要阐述了工业事故发生的因果连锁论，与他关于在生产安全问题中人与物的关系、事故发生频率与伤害严重度之间的关系、不安全行为的原因等工业安全中最基本的问题一起，曾被称为"工业安全公理"（Axioms of Industrial Safety），受到世界上许多国家安全工作学者的赞同。

海因里希曾经调查了美国的 75000 起工业伤害事故，发现 98% 的事故是可以预防的，只有 2% 的事故超出人的能力能够达到的范围，是不可预防的。在可预防的工业事故中，以人的不安全行为为主要原因的事故占 88%，以物的不安全状态为主要原因的事故占 10%。海因里希认为事故的主要原因是由于人的不安全行为或者物的不安全状态造成的，但是二者为孤立原因，没有一起事故是由于人的不安全行为及物的不安全状态共同引起的。因此，研究结论是：几乎所有的工业伤害事故都是由于人的不安全行为造成的。后来，这种观点受到了许多研究人员的批判。

尽管海因里希事故因果连锁理论有其优势，但是它也和事故频发倾向理论一样，把大多数工业事故的责任都归因于人的不安全行为，过于绝对化和简单化，有一定的时代局限性。

2. 现代因果连锁理论

与早期的事故频发倾向、海因里希因果连锁等理论强调人的性格、遗传特征等不同，"二战"后，人们逐渐认识到管理因素作为背后原因在事故致因中的重要作用。人的不安全行为或物的不安全状态是工业事故的直接原因，必须加以追究。但是，它们只不过是其背后的深层原因的征兆和管理缺陷的反映。只有找出深层的、背后的原因，改进企业管理，才能有效地防止事故。

博德（Frank Bird）在海因里希事故因果连锁理论的基础上，提出了现代事故因果连锁理论，如图 1-2 所示。

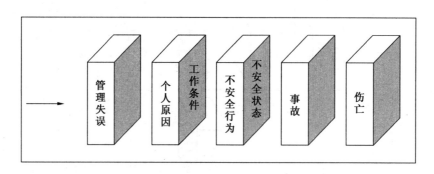

图 1-2　现代事故因果连锁理论

博德事故因果连锁理论主要观点包括以下 5 个方面。

1）控制不足—管理

事故因果连锁中一个最重要的因素是安全管理。安全管理人员应该充分认识到，他们的工作要以得到广泛承认的企业管理原则为基础，即安全管理者应该懂得管理的基本理论和原则。控制是管理机能（计划、组织、指导、协调及控制）中的一种机能。安全管理中的控制是指损失控制，包括对人的不安全行为和物的不安全状态的控制。它是安全管理工作的核心。

在安全管理中，企业领导者的安全方针、政策及决策占有十分重要的位置。它包括生产及安全的目标，职员的配备，资料的利用，责任及职权范围的划分，职工的选择、训练、安排、指导及监督，信息传递，设备器材及装置的采购、维修及设计，正常及异常时的操作规程，设备的维修保养等。

管理系统是随着生产的发展而不断发展完善的，十全十美的管理系统并不存在。由于管理上的缺欠，使得能够导致事故的基本原因出现。

2）基本原因—起源论

为了从根本上预防事故，必须查明事故的基本原因，并针对查明的基本原因采取对策。所谓起源论，强调找出问题的基本的、背后的原因，而不仅停留在表面的现象上。只有这样，才能实现有效的控制。

基本原因包括个人原因及与工作有关的原因。个人原因包括缺乏知识或技能、动机不正确、身体上或精神上的问题等。工作方面的原因包括操作规程不合适，设备、材料不合格，通常的磨损及异常的使用方法等，以及温度、压力、湿度、粉尘、有毒有害气体、蒸气、通风、噪声、照明、周围的状况（容易滑倒的地面、障碍物、不可靠的支持物、有危险的物体等）等环境因素。只有找出这些基本原因，才能有效地预防事故的发生。

3）直接原因—征兆

不安全行为和不安全状态是事故的直接原因，这点是最重要的、必须加以追究的原因。但是，直接原因不过是基本原因的征兆，是一种表面现象。在实际工作中，如果只抓住作为表面现象的直接原因而不追究其背后隐藏的深层原因，就永远不能从根本上杜绝事故的发生。另外，安全管理人员应该能够预测及发现这些作为管理缺欠的征兆的直接原因，采取恰当的改善措施；同时，为了在经济上及实际可能的情况下采取长期的控制对策，必须努力找出其基本原因。

4）事故—接触

从实用的目的出发，往往把事故定义为最终导致人员肉体损伤和死亡、财产损失的不希望的事件。但是，越来越多的学者从能量的观点把事故看作人的身体或构筑物、设备与超过其阈值的能量的接触，或人体与妨碍正常活动的物质的接触。于是，防止事故就是防止接触。为了防止接触，可以通过改进装置、材料及设施，防止能量释放，通过训练、提高工人识别危险的能力，佩戴个人保护用品等来实现。

5）受伤—损坏—损失

博德的模型中的伤害包括了工伤、职业病以及对人员精神方面、神经方面或全身性的不利影响。人员伤害及财物损坏统称为损失。

在许多情况下，可以采取恰当的措施使事故造成的损失最大限度地减少。如对受伤人员迅速抢救，对设备进行抢修，以及平日对人员进行应急训练等。

此外，亚当斯（Edward Adams）也提出了与博德事故因果连锁理论类似的理论。他把事故的直接原因、人的不安全行为及物的不安全状态称作现场失误，不安全行为和不安全状态是操作者在生产过程中的错误行为及生产条件方面的问题。采用现场失误这一术语，其主要目的在于提醒人们注意不安全行为及不安全状态的性质。

现代事故因果连锁理论把考察的范围局限在企业内部，用以指导企业的安全工作。实际上，工业伤害事故发生的原因是很复杂的，一个国家、地区的政治、经济、文化、科技发展水平等诸多社会因素，对伤害事故的发生和预防有着重要的影响，不仅局限在企业内部。

日本北川彻三基于此考虑，作了一些修正，提出新的事故因果连锁理论，认为事故的基本原因应该包括 3 个方面：

（1）管理原因。企业领导者不够重视安全，作业标准不明确，维修保养制度方面的缺陷，人员安排不当，职工积极性不高等管理上的缺陷。

（2）学校教育原因。小学、中学、大学等教育机构的安全教育不充分。

（3）社会或历史原因。社会安全观念落后，安全法规或安全管理、监督机构不完备等。

北川彻三认为事故的间接原因包括 4 个方面：

（1）技术原因。机械、装置、建筑物等的设计、建造、维护等技术方面的缺陷。

（2）教育原因。由于缺乏安全知识及操作经验，不知道、轻视操作过程中的危险性和安全操作方法，或操作不熟练、习惯操作等。

（3）身体原因。身体状态不佳，如头痛、昏迷、癫痫等疾病，或近视、耳聋等生理缺陷，或疲劳、睡眠不足等。

（4）精神原因。消极、抵触、不满等不良态度，焦躁、紧张、恐惧、偏激等精神不安定，狭隘、顽固等不良性格，以及智力方面的障碍。

在上述的4种间接原因中，前面两种原因比较普遍，后面两种原因较少出现。但这些基本原因和间接原因中的个别因素已经超出了企业安全工作，甚至安全学科的研究范围。充分认识这些原因因素，综合利用可能的科学技术、管理手段，改善或消除基本原因、间接原因因素，才可能从根本上达到预防伤害事故的目的，这为我们从社会角度来思考和预防事故提供了理论基础。

（三）能量意外释放理论

能量意外释放理论揭示了事故发生的物理本质，为人们设计及采取安全技术措施提供了理论依据。

1. 能量意外释放理论概述

1）能量意外释放理论的提出

1961 年，吉布森（Gibson）提出事故是一种不正常的或不希望的能量释放，意外释放的各种形式的能量是构成伤害的直接原因。因此，应该通过控制能量，或控制作为能量达及人体媒介的能量载体来预防伤害事故。在吉布森的研究基础上，1966 年，美国运输部安全局局长哈登（Haddon）完善了能量意外释放理论，认为"人受伤害的原因只能是某种能量的转移"。并提出了能量逆流于人体造成伤害的分类方法，将伤害分为两类：第一类伤害是由施加了局部或全身性损伤阈值的能量引起的；第二类伤害是由影响了局部或全身性能量交换引起的，主要指中毒、窒息和冻伤。哈登认为，在一定条件下某种形式的能量能否产生伤害造成人员伤亡事故，取决于能量大小、接触能量时间长短、频率以及力的集中程度。根据能量意外释放理论，可以利用各种屏蔽来防止意外的能量转移，从而防止事故的发生。

2）事故致因及其表现形式

（1）事故致因。能量在生产过程中是不可缺少的，人类利用能量做功以实现生产目的。在正常生产过程中，能量受到种种约束和限制，按照人们的意志流动、转换和做功。如果由于某种原因，能量失去了控制，超越了人们设置的约束或限制而意外地逸出或释放，必然造成事故。如果失去控制的、意外释放的能量达及人体，并且能量的作用超过了人们的承受能力，人体必将受到伤害。

根据能量意外释放理论，伤害事故原因是：

① 接触了超过机体组织（或结构）抵抗力的某种形式的过量的能量。

② 有机体与周围环境的正常能量交换受到了干扰（如窒息、淹溺等）。

因而，各种形式的能量是构成伤害的直接原因。同时，也常常通过控制能量，或控制达及人体媒介的能量载体来预防伤害事故。

（2）能量转移造成事故的表现。机械能、电能、热能、化学能、电离及非电离辐射、声能和生物能等形式的能量，都可能导致人员伤害。其中前 4 种形式的能量引起的伤害最为常见。

意外释放的机械能是造成工业伤害事故的主要能量形式。处于高处的人员或物体具有较高的势能，当人员具有的势能意外释放时，发生坠落或跌落事故。当物体具有的势能意外释放时，将发生物体打击等事故。除了势能外，动能是另一种形式的机械能，各种运输车辆和各种机械设备的运动部分都具有较大的动能，工作人员一旦与之接触，将发生车辆伤害或机械伤害事故。

研究表明，人体对每一种形式能量的作用都有一定的抵抗能力，或者说有一定的伤害阈值。当人体与某种形式的能量接触时，能否产生伤害及伤害的严重程度如何，主要取决于作用于人体的能量的大小。作用于人体的能量越大，造成严重伤害的可能性越大。例如，球形弹丸以 4.9N 的冲击力打击人体时，只能轻微地擦伤皮肤；重物以 68.6N 的冲击力打击人的头部时，会造成头骨骨折。此外，人体接触能量的时间长短和频率、能量的集中程度以及身体接触能量的部位等，也影响人员伤害程度。例如，人体坠落、坍塌、冒顶、片帮、物体打击等均由势能意外释放所造成，车辆伤害、机械伤害和物体打击等事故多由于意外释放的动能所造成。

2. 事故防范对策

从能量意外释放理论出发，预防伤害事故就是防止能量或危险物质的意外释放，防止人体与过量的能量或危险物质接触。

哈登认为，预防能量转移于人体的安全措施可用屏蔽防护系统。约束限制能量，防止人体与能量接触的措施称为屏蔽，这是一种广义的屏蔽。同时，他指出，屏蔽设置得越早，效果越好。按能量大小可建立单一屏蔽或多重的冗余屏蔽。在工业生产中经常采用的防止能量意外释放的屏蔽措施主要有下列 11 种：

（1）用安全的能源代替不安全的能源。例如，在容易发生触电的作业场所，用压缩空气动力代替电力，可以防止发生触电事故；还有用水力采煤代替火药爆破等。应该看到，绝对安全的事物是没有的，以压缩空气做动力虽然避免了触电事故，但是压缩空气管路破裂、脱落的软管抽打等都带来了新的危害。

（2）限制能量。即限制能量的大小和速度，规定安全极限量，在生产工艺中尽量采用低能量的工艺或设备。这样，即使发生了意外的能量释放，也不致发生严重伤害。例如，利用低电压设备防止电击，限制设备运转速度以防止机械伤害，限制露天爆破装药量以防止个别飞石伤人等。

（3）防止能量蓄积。能量的大量蓄积会导致能量突然释放，因此，要及时泄放多余能量，防止能量蓄积。例如，应用低高度位能，控制爆炸性气体浓度，通过接地消除静电蓄积，利用避雷针放电保护重要设施等。

（4）控制能量释放。例如，建立水闸墙防止高势能地下水突然涌出。

（5）延缓释放能量。缓慢地释放能量可以降低单位时间内释放的能量，减轻能量对人体的作用。例如，采用安全阀、逸出阀控制高压气体；采用全面崩落法管理煤巷顶板，控制地压；用各种减振装置吸收冲击能量，防止人员受到伤害等。

（6）开辟释放能量的渠道。例如，安全接地可以防止触电，在矿山探放水可以防止透水，抽放煤体内瓦斯可以防止瓦斯蓄积爆炸等。

（7）设置屏蔽设施。屏蔽设施是一些防止人员与能量接触的物理实体，即狭义的屏蔽。屏蔽设施可以被设置在能源上，如安装在机械转动部分外面的防护罩；也可以被设置在人员与能源之间，如安全围栏等。人员佩戴的个体防护用品，可看作设置在人员身上的屏蔽设施。

（8）在人、物与能源之间设置屏障，在时间或空间上把能量与人隔离。在生产过程中有两种或两种以上的能量相互作用引起事故的情况，例如，一台吊车移动的机械能作用于化工装置，使化工装置破裂，有毒物质泄漏，引起人员中毒。针对两种能量相互作用的情况，应该考虑设置两组屏蔽设施：一组设置于两种能量之间，防止能量间的相互作用；另一组设置于能量与人之间，防止能量达及人体，如设置防火门、防火密闭等。

（9）提高防护标准。例如，采用双重绝缘工具防止高压电能触电事故，对瓦斯连续监测和遥控遥测以及增强对伤害的抵抗能力，用耐高温、耐高寒、高强度材料制作个体防护用具等。

（10）改变工艺流程。如改变不安全流程为安全流程，用无毒少毒物质代替剧毒有害物质等。

（11）修复或急救。治疗、矫正以减轻伤害程度或恢复原有功能；做好紧急救护，进行自救教育；限制灾害范围，防止事态扩大等。

（四）轨迹交叉理论

1. 轨迹交叉理论的提出

随着生产技术的提高以及事故致因理论的发展完善，人们对人和物两种因素在事故致因中的地位的认识发生了很大变化。一方面是在生产技术进步的同时，生产装置、生产条件不安全的问题越来越引起了人们的重视；另一方面是人们对人的因素研究的深入，能够正确地区分人的不安全行为和物的不安全状态。

约翰逊（W. G. Johnson）认为，判断到底是不安全行为还是不安全状态，受研究者主观因素的影响，取决于他认识问题的深刻程度，许多人由于缺乏有关失误方面的知识，把由于人失误造成的不安全状态看作不安全行为。一起伤亡事故的发生，除了人的不安全行为之外，一定存在着某种不安全状态，并且不安全状态对事故发生作用更大些。

斯奇巴（Skiba）提出，生产操作人员与机械设备两种因素都对事故的发生有影响，并且机械设备的危险状态对事故的发生作用更大些，只有当两种因素同时出现，才能发生事故。

上述理论被称为轨迹交叉理论，该理论的主要观点是：在事故发展进程中，人的因素运动轨迹与物的因素运动轨迹的交点就是事故发生的时间和空间，即人的不安全行为和物的不安全状态发生于同一时间、同一空间，或者说人的不安全行为与物的不安全状态相遇，则将在此时间、空间发生事故。

轨迹交叉理论作为一种事故致因理论，强调人的因素和物的因素在事故致因中占有同样重要的地位。按照该理论，可以通过避免人与物两种因素运动轨迹交叉，即避免人的不安全行为和物的不安全状态同时、同地出现，来预防事故的发生。

2. 轨迹交叉理论作用原理

轨迹交叉理论将事故的发生发展过程描述为：基本原因→间接原因→直接原因→事故→伤害。从事故发展运动的角度，这样的过程被形容为事故致因因素导致事故的运动轨迹，具体包括人的因素运动轨迹和物的因素运动轨迹，如图 1-3 所示。

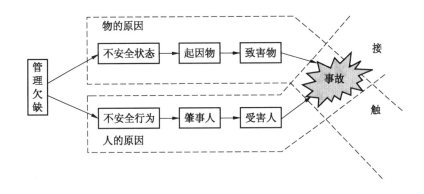

图 1-3 轨迹交叉理论事故模型

1）人的因素运动轨迹

人的不安全行为基于生理、心理、环境、行为等方面而产生。

（1）生理、先天身心缺陷。

（2）社会环境、企业管理上的缺陷。

（3）后天的心理缺陷。

（4）视、听、嗅、味、触等感官能量分配上的差异。

（5）行为失误。

2）物的因素运动轨迹

在物的因素运动轨迹中，在生产过程各阶段都可能产生不安全状态。

（1）设计上的缺陷，如用材不当、强度计算错误、结构完整性差、采矿方法不适应矿床围岩性质等。

（2）制造、工艺流程上的缺陷。

（3）维修保养上的缺陷，降低了可靠性。

（4）使用上的缺陷。

（5）作业场所环境上的缺陷。

值得注意的是，许多情况下人与物又互为因果。例如，有时物的不安全状态诱发了人的不安全行为，而人的不安全行为又促进了物的不安全状态的发展，或导致新的不安全状态出现。因而，实际的事故并非简单地按照上述的人、物两条轨迹进行，而是呈现非常复杂的因果关系。

若设法排除机械设备或处理危险物质过程中的隐患，或者消除人为失误和不安全行为，使两事件链连锁中断，则两系列运动轨迹不能相交，危险就不会出现，就可避免事故发生。

轨迹交叉理论突出强调的是砍断物的事件链，提倡采用可靠性高、结构完整性强的系统和设备，大力推广保险系统、防护系统和信号系统及高度自动化和遥控装置。

一些领导和管理人员总是错误地把一切伤亡事故归咎于操作人员违章作业。实际上，人的不安全行为也是由于教育培训不足等管理欠缺造成的。管理的重点应放在控制物的不安全状态上，即消除起因物，这样就不会出现施害物，砍断物的因素运动轨迹，使人与物的轨迹不相交叉，事故即可避免。

实践证明，消除生产作业中物的不安全状态，可以大幅度地减少伤亡事故的发生。例如，美国铁路列车安装自动连接器之前，每年都有数百名铁路工人死于车辆连接作业事故中，铁路部门的负责人把事故的责任归咎于工人的错误或不注意。后来，铁路部门根据政府法令的要求，把所有铁路车辆都装上了自动连接器，车辆连接作业中的死亡事故也因此大大地减少。

（五）系统安全理论

1. 系统安全理论的含义

系统安全（System Safety），是指在系统寿命周期内应用系统安全管理及系统安全工程原理，识别危险源并使其危险性减至最小，从而使系统在规定的性能、时间和成本范围内达到最佳的安全程度。系统安全的基本原则是在一个新系统的构思阶段就必须考虑其安全性的问题，制定并开始执行安全工作规划——系统安全活动，并且把系统安全活动贯穿于系统寿命周期，直到系统报废为止。

2. 系统安全理论的主要观点

系统安全理论包括很多区别于传统安全理论的创新概念。

（1）在事故致因理论方面，改变了人们只注重操作人员的不安全行为而忽略硬件的故障在事故致因中作用的传统观念，开始考虑如何通过改善物的系统的可靠性来提高复杂系统的安全性，从而避免事故。

（2）没有任何一种事物是绝对安全的，任何事物中都潜伏着危险因素。通常所说的安全或危险只不过是一种主观的判断。能够造成事故的潜在危险因素称作危险源，来自某种危险源的造成人员伤害或物质损失的可能性叫作危险。危险源是一些可能出问题的事物或环境因素，而危险表征潜在的危险源造成伤害或损失的机会，可以用概率来衡量。

（3）不可能根除一切危险源和危险，可以减少来自现有危险源的危险性，应减少总的危险性而不是只消除几种选定的危险。

（4）由于人的认识能力有限，有时不能完全认识危险源和危险，即使认识了现有的危险源，随着技术的进步又会产生新的危险源。受技术、资金、劳动力等因素的限制，对于认识了的危险源也不可能完全根除，因此，只能把危险降低到可接受的程度，即可接受的危险。安全工作的目标就是控制危险源，努力把事故发生概率降到最低，万一发生事故，把伤害和损失控制在最低程度上。

3. 系统安全中的人失误

人作为一种系统元素，发挥功能时会发生失误，系统安全中的术语称之为人失误（Human Error）。

里格比（Rigby）认为，人失误是人的行为的结果超出了系统的某种可接受的限度。换言之，人失误是指人在生产操作过程中实际实现的功能与被要求的功能之间的偏差，其结果是可能以某种形式给系统带来不良影响。

人失误产生的原因包括两个方面：一是由于工作条件设计不当，即设定工作条件与人接受的限度不匹配引起人失误；二是由于人员的不恰当行为造成人失误。除了生产操作过程中的人失误之外，还要考虑设计失误、制造失误、维修失误以及运输保管失误等，因而较以往工业安全中的不安全行为，人失误对人的因素涉及的内容更广泛、更深入。

20 世纪 70 年代末的美国三里岛核电站事故曾引起一阵恐慌，特别是 20 世纪 80 年代印度的博帕尔农药厂的毒气泄漏事故和苏联的切尔诺贝利核电站事故等一些巨大的复杂系统的意外事故给人类带来了惨重的灾难。对这些事故的调查表明，人失误，特别是管理失误是造成事故的罪魁祸首。因而，当今世界范围内系统安全理论研究的一个重大课题，就是关于人失误的研究。

（六）综合原因论

事故是社会因素（基础原因）、管理因素（间接原因）和生产中危险因素（事故隐患）（直接原因）被偶然事件触发所造成的后果。事故调查过程则与上述相反，为事故现象→事故经过→直接原因→间接原因→基础原因。

二、安全原理

现代安全生产管理理论、方法、模式是 20 世纪 50 年代引入我国的。在 20 世纪六七十年代，我国开始吸收并研究事故致因理论、事故预防理论和现代安全生产管理思想。20世纪八九十年代，我国开始研究企业安全生产风险评价、危险源辨识和监控，一些企业管理者开始尝试安全生产风险管理。20 世纪末，我国几乎与世界工业化国家同步研究并推行了职业健康安全管理体系。进入 21 世纪以来，我国有些学者提出了系统化的企业安全生产风险管理理论雏形，认为企业安全生产管理是风险管理，管理的内容包括危险源辨识、风险评价、危险预警与监测管理、事故预防与风险控制管理及应急管理等。该理论将现代风险管理完全融入安全生产管理之中。

安全生产管理原理是从生产管理的共性出发，对生产管理中安全工作的实质内容进行科学分析、综合、抽象与概括所得出的安全生产管理规律。安全生产管理是管理的主要组成部分，遵循管理的普遍规律，既服从管理的基本原理与原则，又有其特殊的原理与原则。

安全生产原则是指在生产管理原理的基础上，指导安全生产活动的通用规则。

（一）系统原理及原则

1. 系统原理的含义

系统原理是现代管理学的一个最基本原理。它是指人们在从事管理工作时，运用系统理论、观点和方法，对管理活动进行充分的系统分析，以达到管理的优化目标，即用系统论的观点、理论和方法来认识和处理管理中出现的问题。

所谓系统，是由相互作用和相互依赖的若干部分组成的有机整体。任何管理对象都可以作为一个系统。系统可以分为若干个子系统，子系统可以分为若干个要素，即系统是由要素组成的。按照系统的观点，管理系统具有 6 个特征，即集合性、相关性、目的性、整体性、层次性和适应性。

安全生产管理系统是生产管理的一个子系统，包括各级安全管理人员、安全防护设备与设施、安全管理规章制度、安全生产操作规范和规程以及安全生产管理信息等。安全贯穿于生产活动的方方面面，安全生产管理是全方位、全天候且涉及全体人员的管理。

2. 运用系统原理的原则

（1）动态相关性原则。动态相关性原则告诉我们，构成管理系统的各要素是运动和发展的，它们相互联系又相互制约。显然，如果管理系统的各要素都处于静止状态，就不会发生事故。例如巷道开挖产生动态过程，一是随开挖行为的延续，所揭露的岩体必然不同；二是随开挖行为的延续，岩体的应力必然重新分布；三是随开挖行为的延续，为使开挖的巷道具有特定的作用，其巷道的结构必然不同。也就是巷道有天井、平巷、斜巷之别，有规格、断面之别，但它们又是相关联的，因此生产管理是一个动态的过程。

（2）整分合原则。高效的现代安全生产管理必须在整体规划下明确分工，在分工基础上有效综合，这就是整分合原则。运用该原则，要求企业管理者在制定整体目标和进行宏观决策时，必须将安全生产纳入其中，在考虑资金、人员和体系时，都必须将安全生产作为一项重要内容考虑。

（3）反馈原则。反馈是控制过程中对控制机构的反作用。成功、高效的管理，离不开灵活、准确、快速的反馈。企业生产的内部条件和外部环境在不断变化，所以必须及时捕获、反馈各种安全生产信息，以便及时采取行动。

（4）封闭原则。在任何一个管理系统内部，管理手段、管理过程等必须构成一个连续封闭的回路，才能形成有效的管理活动，这就是封闭原则。封闭原则告诉我们，在企业安全生产中，各管理机构之间、各种管理制度和方法之间，必须具有紧密的联系，形成相互制约的回路，才能有效。

（二）人本原理及原则

1. 人本原理的含义

在管理中必须把人的因素放在首位，体现以人为本的指导思想，这就是人本原理。以人为本有两层含义：一是一切管理活动都是以人为本展开的，人既是管理的主体，又是管理的客体，每个人都处在一定的管理层面上，离开人就无所谓管理；二是管理活动中，作为管理对象的要素和管理系统各环节，都是需要人掌管、运作、推动和实施。

2. 运用人本原理的原则

（1）动力原则。推动管理活动的基本力量是人，管理必须有能够激发人的工作能力的动力，这就是动力原则。对于管理系统，有三种动力，即物质动力、精神动力和信息动力。

（2）能级原则。现代管理认为，单位和个人都具有一定的能量，并且可以按照能量的大小顺序排列，形成管理的能级，就像原子中电子的能级一样。在管理系统中，建立一套合理能级，根据单位和个人能量的大小安排其工作，发挥不同能级的能量，保证结构的稳定性和管理的有效性，这就是能级原则。

（3）激励原则。管理中的激励就是利用某种外部诱因的刺激，调动人的积极性和创造性。以科学的手段激发人的内在潜力，使其充分发挥积极性、主动性和创造性，这就是激励原则。人的工作动力来源于内在动力、外部压力和工作吸引力。例如车间主任和员工建立良好的人际关系，并为他们营造个人进取机会，大大激励了他们的工作热情。

（4）行为原则。需要与动机是人的行为的基础，人类的行为规律是需要决定动机，动机产生行为，行为指向目标，目标完成需要得到满足，于是又产生新的需要、动机、行为，以实现新的目标。安全生产工作重点是防治人的不安全行为。

（三）预防原理及原则

1. 预防原理的含义

安全生产管理工作应该做到预防为主，通过有效的管理和技术手段，减少和防止人的不安全行为和物的不安全状态，从而使事故发生的概率降到最低，这就是预防原理。在可能发生人身伤害、设备或设施损坏以及环境破坏的场合，事先采取措施，防止事故发生。

2. 运用预防原理的原则

（1）偶然损失原则。事故后果以及后果的严重程度，都是随机的、难以预测的。反复发生的同类事故，并不一定产生完全相同的后果，这就是事故损失的偶然性。偶然损失原则告诉我们，无论事故损失的大小，都必须做好预防工作。如爆炸事故，爆炸时伤亡人数、伤亡部位、被破坏的设备种类、爆炸程度以及事后是否有火灾发生都是偶然的，无法预测的。

（2）因果关系原则。事故的发生是许多因素互为因果连续发生的最终结果，只要诱发事故的因素存在，发生事故是必然的，只是时间或迟或早而已，这就是因果关系原则。

（3）"3E"原则。造成人的不安全行为和物的不安全状态的原因可归结为4个方面：技术原因、教育原因、身体和态度原因以及管理原因。针对这4个方面的原因，可以采取3种防止对策，即工程技术（Engineering）对策、教育（Education）对策和法制（Enforcement）对策，即所谓"3E"原则。

（4）本质安全化原则。本质安全化原则是指从一开始和从本质上实现安全化，从根本上消除事故发生的可能性，从而达到预防事故发生的目的。本质安全化原则不仅可以应用于设备设施，还可以应用于建设项目。

（四）强制原理及原则

1. 强制原理的含义

采取强制管理的手段控制人的意愿和行为，使个人的活动、行为等受到安全生产管理要求的约束，从而实现有效的安全生产管理，这就是强制原理。所谓强制就是绝对服从，不必经被管理者同意便可采取控制行动。

2. 运用强制原理的原则

（1）安全第一原则。安全第一就是要求在进行生产和其他工作时把安全工作放在一切工作的首要位置。当生产和其他工作与安全发生矛盾时，要以安全为主，生产和其他工作要服从于安全，这就是安全第一原则。

（2）监督原则。监督原则是指在安全工作中，为了使安全生产法律法规得到落实，必须明确安全生产监督职责，对企业生产中的守法和执法情况进行监督。

第三节 安全心理与行为

人的心理和行为是紧密联系在一起的。在企业生产中，许多事故是由心理因素影响而发生的。因此，掌握安全心理与行为科学的基本理论，对预防事故发生具有重要意义。

安全心理与行为是讨论人在劳动生产过程中各种与安全相关的心理现象，研究人对安全的认识、情感及其与事故之间的关系，研究生产过程中意外事故发生的心理规律并为防止事故发生提供科学依据的专门学科。安全心理与行为涉及的安全问题既有人自身方面内容，如人的生理学行为是如何产生、人的行为如何适应机器设备和工作的要求，人的行为与事故关系如何，如何根据人的心理制定切实可行、不流于形式的安全教育方法等，也有技术、社会、环境等因素对人行为影响方面的内容。

一、人的行为模式

人的行为一般表现为自然和社会两种属性，自然属性是从生理学描述人的行为性质及其关系，而社会属性是从心理学和社会学描述人的行为性质及其关系。

（一）生理学意义的行为模式

20世纪50年代，美国斯坦福大学的莱维特（H. J. Leavitt）将人的生理学行为模式归纳为：外部刺激→肌体感受（五感）→大脑判断（分析处理）→行为反应→目标的完成。各环节相互影响，相互作用，构成了个人千差万别的行为表现。从因果关系分析，外部刺激同行为反应之间具有如下特点：

第一，相同的刺激会引起不同的安全行为，如同样是听到危险信号，有的积极寻找原因、排除险情、临危不惧，有的会逃离现场。

第二，相同的安全行为有可能来自不同的刺激，如有的是领导重视安全工作，有的是有安全意识，有的可能是迫于监察部门监督，有的可能是受教训于重大事故。

根据上述人的行为反应模式，可知人为失误主要表现在人感知环境信息方面的差错；信息刺激人脑，人脑处理信息并作出决策的差错；行为差错等方面。

（1）感知差错。人在生产中不断接受各方面的信息，信息通过人的感觉器官传递到中枢神经，这一过程可能出现问题即感知出现了差错。如信号缺乏足够的诱引效应，无法引起操作者注意；信息呈现时间太短，速度太快，出现认知的滞后效应；操作者对操作对象印象不深而出现判断错觉；由于操作者感觉通道缺陷（如近视、色盲、听力障碍）导致知觉能力缺陷；接受的信息量过大，超过人的感觉通道的限制容量，就会导致信息歪曲和遗漏；环境照明、眩光等情况使人产生一种错觉。

（2）判断、决策差错。正确的判断来自全面的感知客观事物，以及在此基础上的积极思维。除感知过程的差错外，判断过程产生差错的原因主要有：遗忘和记忆错误，联络、确认不充分，分析推理差错，决策差错。

（3）行为差错。常见的行为差错的原因主要有：习惯动作与作业方法要求不符；由于反射行为而忘记了危险；操作方向和调整差错；工具或作业对象选择错误；疲劳状态下行为差错；异常状态下行为差错，如高空作业、井下作业由于分辨不出方向或方位发生错误行为，低速和超速运转机器易使人麻痹，发生异常时作业人员直接伸手到机器中检查，致使被转轮卷入等。

（二）社会学意义的行为模式

人是生物有机体，具有自然性。同时，人又是社会的成员，具有社会性。作为自然性的人，其行为趋向生物性；作为社会性的人，其行为趋向精神性。行为的精神含量越高，行为的心理过程就越丰富，行为受各种心理因素的支配就越明显。

从人的社会属性角度分析，人的行为遵循图1-4所示行为模式。

图1-4 人的行为遵循的行为模式

需要是一切行为的来源，人有安全的需要就会有安全的动机，从而就会在生产或行为的各个环节进行有效的安全行动。因此，需要是推动人们进行安全活动的内部原动力。动机是为满足某种需要而进行活动的念头和想法，是推动人们进行活动的内部原动力。动机与行为存在着复杂的联系，主要表现在以下方面：

（1）同一动机可引起种种不同的行为。如同样为了搞好生产，有的人会从加强安全、提高生产效率等方面入手；而有的人会拼设备、拼原料，作短期行为。

（2）同一行为可出自不同的动机。如积极抓安全工作，有可能出自不同动机：迫于国家和政府督促；本企业发生重大事故的教训；真正建立了"预防为主"的思想，意识到了安全的重要性等。只有后者才是真正可取的做法。

（3）合理的动机也可能引起不合理甚至错误的行为。

二、影响人行为的因素

影响人行为的因素是多方面的，包括个性心理、社会心理、生理等，既有客观性因素，也有主观性因素。对于客观性因素，主要从遵从适应性原则，应用教育的方法来有效控制；而对于主观性因素，需要通过管理、监督、自律、文化建设等方法来进行控制。在影响人行为的因素中，个性心理因素是一个非常重要的因素。

个性是指个人稳定的心理特征和品质的总和。影响个性心理因素主要包括个性心理特征和个性倾向性两个方面。个性心理特征指一个人经常地、稳定地表现出来的心理特点，主要包括性格、气质、能力和情绪等。它是个体心理活动的特点和某种机能系统或结构的形式，在个体身上固定下来而形成的，既有经常、稳定的性质，但也与个体与环境相互作用有关，因而个性心理特征又是在缓慢地发生着变化。个性倾向性指一个人所具有的意识倾向，即人对客观事物的稳定程度，主要包括需要、动机、兴趣、理想、信念、世界观等，是个性中最活跃的因素，它制约着所有的心理活动，表现出个性的积极性。

（一）个性心理特征对人的行为的影响

1. 性格与安全

性格是一个人比较稳定的对客观现实的态度和习惯化了的行为方式，是形成一个人的个性心理的核心特征，是现实社会关系在人脑中的反映。人的性格不是天生的，不是由遗传决定的。人的性格是人在具备正常的先天素质的前提下，通过后天的人类社会生活实践形成的。这种后天的人类社会生活实践包括家庭、学校和人类社会生活实践。人类社会生活实践在人的性格形成和发展中起着决定作用。

人的性格形成和发展不是由社会实践活动机械决定的，而是人在认识和改造客观世界的过程中形成和发展的。人在认识和改造客观世界的实践活动中，由于实践活动的不断积累，主观能动性、积极性的充分发挥，会不断产生新的认识、新的需要和动机，也就有了新的态度和行为方式，从而形成人的新的性格特征。

事故的发生率和人的性格有着非常密切的关系，无论技术多么好的操作人员，如果没有良好的性格特征，也常常会发生事故，这也是个人事故频发倾向的理论基础。

具有以下性格特征者，一般容易发生事故：

（1）攻击型性格。妄自尊大，骄傲自满，喜欢冒险、挑衅，与他人闹无原则的纠纷，争强好胜，不易接纳他人的意见。这类人虽然一般技术都比较好，但也很容易出大事故。

（2）孤僻型性格。这种人性情孤僻、固执、心胸狭窄、对人冷漠，其性格多属内向，与同事关系较差。

（3）冲动型性格。性情不稳定，易冲动，情绪起伏波动很大，情绪长时间不易平静，易忽视安全工作。

（4）抑郁型性格。心境抑郁、浮躁不安，心情闷闷不乐，精神不振，易导致干什么事情都引不起兴趣，因此很容易出事故。

（5）马虎型性格。对待工作马虎、敷衍、粗心，常会引发各种事故。

（6）轻率型性格。这种人在紧急或困难条件下表现出惊慌失措、优柔寡断或轻率决定。在发生异常事件时，常不知所措或鲁莽行事，使一些本来可以避免的事故成为现实。

（7）迟钝型性格。感知、思维或运动迟钝，不爱活动、懒惰。在工作中反应迟钝、无所用心，亦常会导致事故发生。

（8）胆怯型性格。懦弱、胆怯、没有主见，由于遇事爱退缩，不敢坚持原则，人云亦云，不辨是非，不负责任，因此在某些特定情况下，也很容易发生事故。

上述性格特征，对操作人员的作业会发生消极的影响，对安全生产极为不利。从安全管理的角度考虑，平时应对具有上述性格特征的人加强安全教育和安全生产的检查督促。同时，尽可能安排他们在发生事故可能性较小的工作岗位上。因而，对某些特种作业或较易发生事故的工种，在招收新工人时，必须考虑与职业有关的良好性格特征。

在经历、环境、教育等因素的影响下，人可以不断地克服不良性格，培养优良性格特征。在良好性格的形成过程中，教育和实践活动具有重要的作用。为了取得安全教育的良好效果，对性格不同的职工进行安全教育时，应该采取不同的教育方法：对性格开朗，有点自以为是，又希望别人尊重他的职工，可以当面进行批评教育，甚至争论，但一定要坚持说理，就事论事，平等待人；对性格较固执，又不爱多说话的职工，适合于多用事实、榜样教育或后果教育方法，让他自己进行反思和从中接受教训；对于自尊心强，又缺乏勇气性格的职工，适合于先冷处理，后单独做工作；对于自卑、自暴自弃性格的职工，要多用暗示、表扬的方法，使其看到自己的优点和能力，增强勇气和信心，切不可过多苛责。

2. 气质与安全

气质是指人的心理活动的动力特征，主要表现在心理过程的强度、速度、稳定性、灵活性及指向性，是个性心理特征之一。人们情绪体验的强弱，意志努力的大小，知觉或思维的快慢，注意集中时间的长短，注意转移的难易，以及心理活动是倾向于外部事物还是倾向于自身内部等，都是气质的表现。一般人所说的"脾气"就是气质的通俗说法。

一个人的气质是先天的，后天的环境及教育对其改变是微小和缓慢的。因此，分析职工的气质类型，合理安排和支配，对保证工作时的行为安全有积极作用。一般认为人群中具有4种典型的气质类型，即胆汁质、多血质、黏液质和抑郁质。

（1）胆汁质的特征：对任何事物发生兴趣，具有很高的兴奋性，但其抑制能力差，行为上表现出不均衡性，工作表现忽冷忽热，带有明显的周期性。

（2）多血质的特征：思维、言语、动作都具有很高的灵活性，情感容易产生也容易发生变化，易适应当今世界变化多端的社会环境。

（3）黏液质的特征：突出的表现是安静、沉着、情绪稳定、平和，思维、言语、动作比较迟缓。

（4）抑郁质的特征：安静、不善于社交、喜怒无常、行为表现优柔寡断，一旦面临危险的情境，束手无策，感到十分恐惧。

上述4种气质类型，大多数人是介乎于各种气质类型之间的中间类型。通过准确评定一个职工的气质类型，对安排适当的工作和组织安全教育，是非常重要的。

人的气质特征越是在突发事件和危急情况下越是能充分和清晰地表现出来，并本能地支配人的行动。因此，同其他心理特征相比，在处理事故这个环节上，人的气质起着相当重要的作用。事故发生后，为了能及时作出反应，迅速采取有效措施，有关人员应具有这样一些心理品质：能及时体察异常情况的出现；面对突发情况和危急情况能沉着冷静，控制力强；应变能力强，能独立作出决定并迅速采取行动等。这些心理品质大都属于人的气质特征。

交通心理学研究显示，人的心理状态对交通安全隐患的影响非常重要，不同气质类型的司机交通事故发生率不同，胆汁质的人被认为是"马路第一杀手"。多血质的人排第二。多血质的人情绪比较容易受到压力的影响，不利于安全驾驶。此外，多血质的人比较粗心，时常疏忽对设备的定期检查，也给行车安全造成隐患。抑郁质的人思想比较狭窄，不易受外界刺激的影响，做事刻板、不灵活，积极性低。他们在驾车中容易疲劳。黏液质的人被认为是交通事故发生概率最少的群体。但是他们自信心不足，在遇到突然抉择时容易犹豫不决。

可见，为了防止生产事故的发生，各种气质类型的人都需扬长避短，善于发挥自己的长处，并注意对自己的短处采取一些弥补措施。

某些特殊职业具有一定的冒险性和危险性，工作过程中不确定和不可控的干扰因素多，如大型动力系统的调度员、机动车驾驶员、矿井救护员等从业人员负有重大责任，要承受高度的身心紧张。这类特殊的职业要求从业人员冷静理智、胆大心细、应变力强、自控力强、精力充沛，对人的气质具有特定要求。

3. 能力与安全

能力是人完成某种活动所必备的一种个性心理特征。由于人的能力总是和人的某种实践活动相联系，并在人的实践活动中发现出来，所以，只有去观察一个人的某种实践活动，才能了解和掌握这个人所具备的顺利地、成功地完成某种活动的能力。人的能力有多种多样，如一般能力和特殊能力，再造能力和创造能力，认识能力、实践活动能力和社会交往能力。

在安全生产中，任何工作的顺利开展都要求人具有一定的能力。人在能力上的差异不但影响着工作效率，而且也是能否搞好安全生产的重要制约因素。特殊职业的从业人员要从事冒险和危险性及负有重大责任的活动，因此这类职业不但要求从业人员有着较高的专业技能，而且要具有较强的特殊能力，选择这类职业的从业人员，必须考虑能力问题。作为管理者应重视员工能力的个体差异，首先要求能力与岗位职责的匹配，其次发现和挖掘员工潜能，通过培训再次提高员工能力，使得团队合作能力上相互弥补。

4. 情绪与安全

情绪是每个人所固有，受客观事物影响的一种外部表现，这种表现是体验又是反应，是冲动又是行为。情绪是在社会发展中，为了适应生存环境所保持下来的一种本能活动，并在大脑中进化和分化。随着年龄的增长、生活内容的丰富和经验的积累，情绪也将随之变化。

情绪在某种条件下产生，并受客观因素的影响，是受外部刺激而引起的兴奋状态。情绪影响人的行为是在无意识的情况下进行的。由于人与人之间的各种差异性，如生活条件、心理状态、感受力、经验、性格等，即使在同一刺激作用下，也可能会导致不同的情绪反应。

从安全行为的角度考虑，处于兴奋状态时，人的思维与动作较快，处于抑制状态时，思维与动作显得迟缓；处于强化阶段时，往往有反常的举动，同时从情绪看有可能发现思维与行动不协调、动作之间不连贯现象，这是安全行为的忌讳。对某种情绪一时难以控制的人，可临时改换工作岗位或停止其工作，不能使其将情绪可能导致的不安全行为带到生产过程中去。

(二) 个性倾向性对人的行为的影响

1. 需要与安全

需要是个体心理和社会生存的要求在人脑中的反映。当人有某种需求时，就会引起人的心理紧张，产生生理反应，形成一种内在的驱力。形成需要有两个条件：一是个体感到缺乏什么东西，有不足之感；另一个是个体期望得到什么东西，有求足之感。需要就是这两种状态形成的一种心理现象。

美国心理学家马斯洛将人的需要按其强度的不同排列成 5 个等级层次：一是生理需要，生存直接相关的需要；二是安全需要，包括对结构、秩序和可预见性及人身安全等的要求，其主要目的是降低生活中的不确定性；三是归属与爱的需要，随着生理需要和安全需要的实质性满足，个人以归属与爱的需要作为其主要内驱力；四是尊严需要，既包括社会对自己能力、成就等的承认，又包括自己对自己的尊重；五是自我实现，是指人的潜力、才能和天赋的持续实现。

安全需要是人的基本需要之一，并且是低层次需要。在企业生产中，建立起严格的安全生产保障制度是极其重要的，如果没有保证生产安全的必要条件，那么这种客观的不安全会使人产生心理上的不安全感。

2. 动机与安全

动机是为了满足个体的需要和欲望，达到一定目标而调节个体行为的一种力量。它主要表现在激励个体去活动的心理方面。动机以愿望、兴趣、理想等形式表现出来，直接引起个体的相关行为。可以这样说，动机在人的一切心理活动中有着最为重要的功能，是引起人的行为的直接原因。

个体的动机和行为之间的关系主要表现在如下三个方面：

（1）行为总是来自动机的支配。某一个体从举手投足，游戏娱乐，到生产活动，无一不是在动机的推动之下进行的，可以说不存在没有动机的行为。

（2）某种行为可能同时受到多种动机的影响。比如一个职员的辛勤工作，一方面的动机可能是想获得领导的赏识和提拔，另一方面也可能出自对自身技能提高的一种愿望。不过，在不同的情况下，总是有一些动机起着主导作用，另一些动机起辅助作用。

（3）一种动机也可能影响多种行为。一个渴望成功的个体，其行为可以是多方面的，可能包括努力学习提高，积极参加各种活动，用心培养人际关系网络等。

根据原动力的不同，可以把动机分为内在动机和外在动机两种。内在动机指的是个体的行动来自个体本身的自我激发，而不是通过外力的诱发。这种自我激发的源泉在于行动所能引起的兴趣和所能带来的满足感。正是在这种兴趣与满足感的驱使下，行为主体才会主动地作出某些不需外力推动的行为，并且一直贯彻下去。外在动机是指推动行动的动机是由外力引起的。许多心理学家特别强调外在动机对个体行为的影响和作用。实际上，任何的奖励和惩罚措施背后都隐藏着外在动机的作用。

三、与行为安全密切相关的心理状态

在安全生产中，常常存在一些与安全密切相关的心理状态，这些心理状态如果调整不当，往往是诱导事故的重要因素。常见的与安全密切相关的心理状态如下：

（1）省能心理。人类在同大自然的长期斗争和生活中养成了一种心理习惯，总是希望以最小的能量（或者说付出）获得最大效果。当然这有其积极的方面，鼓励人们在生产、生活各方面如何以最小的投入获取最大的收获，如经济学中的"投资—效益最大化原理"。这里关键是如何把握"最小"这个尺度，如果在社会、经济、环境等条件许可的范围内，选择"最小"又能获得目标的"较好"，当然应该这样做。但是这个"最小"如果超出了可能范围，目标将发生偏离和变化，就会产生从量变到质变的飞跃。它在安全生产上常是造成事故的心理因素。有了这种心理，就会产生简化作业的行为。例如，1986年2月某钢铁厂在维修高炉时，发现蒸汽管道上结着一个巨大的冰块，重约 0.4 t，妨碍管道的维修。工人企图用撬棍撬掉冰块，但未撬动，如采取其他措施则费时、费力，于是在省能心理支配下，在悬冻的冰块下面进行维修。由于振动和散热影响，冰块突然落下打

在工人身上，发生人身事故。省能心理还表现为嫌麻烦、怕费劲、图方便、得过且过的惰性心理。例如，一运输工在运输中已发现轨道内一松动铁桩碰了他的车子，但他懒于处理，只向别人交代了一下，在他第二次运输作业中因此桩造成翻车事故，恰好伤害了自己。

（2）侥幸心理。人对某种事物的需要和期望总是受到群体效果的影响，在安全事故方面尤其如此。生产中虽有某种危险因素存在，但只要人们充分发挥自己的自卫能力，切断事故链，就不会发生事故，因此事故是小概率事件。多数人违章操作也没发生事故，所以就产生了侥幸心理。在研究分析事故案例中可以发现，明知故犯的违章操作占有相当的比例。例如，某滑石矿运输工人不懂爆破知识，为了紧急出矿，抱有侥幸心理冒险进行爆破作业，结果发生事故，当场被炸死。

（3）逆反心理。某些条件下，某些个别人在好胜心、好奇心、求知欲、偏见、对抗、情绪等心理状态下，产生与常态心理相对抗的心理状态，偏偏去做不该做的事情。1985年，某厂一工人处于好奇和无知，用火柴点燃乙炔发生器浮筒上的出气口，试试能否点火，结果发生爆炸，自身死亡。

（4）凑兴心理。凑兴心理是人在社会群体中产生的一种人际关系的心理反应，多见于精力旺盛、能量有余而又缺乏经验的青年人。从凑兴中得到心理上的满足或发泄剩余精力，常易导致不理智行为。如汽车司机争开飞车，争相超车，以致酿成事故的为数不少。生产过程中因开玩笑，导致事故纯属凑兴心理造成的危害。

（5）好奇心理。好奇心理是由兴趣驱使的，兴趣是人的心理特征之一。青年工人和刚进厂的新工人对机械设备、环境等有一点恐惧心理，但更多的是好奇心理，他们对安全生产的内涵认识不足，于是将好奇心付诸行动，从而导致事故发生。无证驾驶往往是此种心理使然。从安全生产的角度而言，应对青年工人和新工人进行形式多样的安全教育，增强他们的自我保护意识；因势利导，引导他们学习钻研专业技术，帮助他们学会经常注意自己的行为和周围环境，善于发现事故隐患，从而防止事故的发生。

（6）骄傲、好胜心理。骄傲、好胜心理在工人中一般有两种类型，一种类型是经常表现为骄傲好胜的性格特征，总认为别人不如自己，满足于一知半解，有些是工作多年的老工人，自以为技术过硬而对安全规章制度、安全操作规程持无所谓态度。另一种类型是在特定情况、特定环境下的表现，争强好胜，打赌、不认输，这种类型多是青年工人。

（7）群体心理。社会是个大群体，工厂、车间也是群体，工人所在班组则是更小的群体。群体内无论大小，都有群体自己的标准，也叫规范。这个规范有正式规定的，如小组安全检查制度等；也有不成文的，没有明确规定的标准。人们通过模仿、暗示、服从等心理因素互相制约。有人违反这个标准，就受到群体的压力和"制裁"。群体中往往有非正式的"领袖"，他的言行常被别人效法，因而有号召力和影响力。如果群体规范和"领袖"是符合目标期望的，就产生积极的效果，反之则产生消极效果。若使安全作业规程真正成为群体规范，且有"领袖"的积极履行，就会使规程得到贯彻。许多情况下，违反规程的行为无人反对，或有人带头违反规程，这个群体的安全状况就不会好。应该利用群体心理，形成良好的规范，使少数人产生从众行为，养成安全生产的习惯。

第四节　安全生产管理理念

一、安全哲学观

安全哲学是人们安全观念的理论化和系统化，是关于安全观的学说。安全观念产生于人们的社会实践和对自然规律、社会环境、人文关系的感性与理性认识，是安全问题在人们头脑中的认识和反映。一切观念的形成来自人类的实践活动、直观的感受和经验，取决于人的思维活动及理性的判断，还取决于人类具有的科技文化知识水平和价值观与生命观。安全哲学是安全精神智能文化的范畴。

（一）宿命论与被动型的安全哲学

远古时代的安全认识论与方法论表现为，对于事故与灾害只能听天由命，无能为力，认为人类的命运是老天的安排，神灵鬼怪掌握着人类的生死大权。人们认为，面对事故对生命的残害与践踏，人类是无所作为的。

将天灾与人祸所造成的意外伤亡事故，解释为有人招惹上帝和神灵而使之发怒，降罪于凡间所致，人类的生命安全与健康是无法保障的，人们只能俯首跪罪，无能为力，只能是逆来顺受。这是一种无知、落后和愚昧的宿命论的安全哲学，这种古老的安全哲学，至今还影响着不少迷信的人。如果说宿命论在远古时期的存在是人类认识的历史必然，具有其合理的一面和进步意义，则今天还以此来解释安全问题，就大谬不然，弊多利少了。

（二）经验论与事后型的安全哲学

随着生产方式的变更，在农牧业社会和西方早期工业化时代，由于事故与灾害类型的复杂多样，事故严重性的扩大，人类对安全认识能力的低下，只能从各种天灾和人祸中吸取生命和鲜血换来的教训，用事后分析，以"吃一堑，长一智"的方法来教育自己，提高对安全的认识，此阶段人类进入了局部安全认识阶段。

哲学上反映出，从建立在事故与灾难经历和教训上来认识人类现实生产、生活的安全，有了与事故抗争的意识，在实践中发现了"亡羊补牢"的方法和手段，这是一种头痛医头、脚痛医脚的对策方式；从反映论的角度来看，尽管是"事后诸葛亮"式的，但毕竟是唯物主义的。这种安全哲学，至今还是我们实际工作的指导思想，它与现代安全管理方式方法并用，被人们称之为传统安全管理。例如，事故处理所坚持的"四不放过"原则，用统计分类的方法进行事故致因的理论研究，事后整改对策的完善，管理中的事故赔偿与事故保险制度等方法和措施，都是受经验论与事后型安全哲学的影响所形成的具有补救意义的办法。

（三）系统论与综合型的安全哲学

对事故的发生和分析采用了系统的综合方法来解决，认为人、机、环境、管理是事故产生的四大综合要素，主张将工程技术硬手段与教育、管理软手段等结合起来，采取综合措施。其具体思路和方法表现在如下若干方面：

（1）全面安全管理的方针、政策和思想；安全与生产技术统一的原则；讲求安全人机学设计，提高各种条件下的人机界面安全性和适用性；推行系统安全工程方法；完善政府、企业、工会、社会、个人等齐抓共管、各负其责的安全生产体制；在生产与安全的管理中要讲同时计划、布置、检查、总结、评比的"五同时"原则；推行企业各级生产领导在安全生产方面要向上级负责、向员工负责、向自己负责的负责制等。

（2）安全生产过程中要查思想认识、查规章制度、查管理落实、查设备和环境隐患的"四查"制度；进行定期与非定期检查相结合，普查与专查相结合，自查、互查、抽查相结合；企业生产岗位每班查、班组车间每周查、厂级每季查、公司年年查；全员、全面、全过程、全天候的"四全"安全管理，人人、处处、事事、时时把安全放在首位；人员、设备、环境的安全性分析及对策，提高系统安全管理工程质量；查出人、机、环的隐患，分级排列、重点控制，做到消除隐患，保证安全，实现无隐患安全管理；以及定项目、定标准、定指标、科学定性与定量相结合等都属于安全系统工程。这些方法体现了系统论综合型的安全哲学。

（四）本质论与预防型的安全哲学

20世纪中后期，世界进入信息化时代，随着计算机技术、传感技术及人工智能技术等高技术的开发和应用，人类对安全有了更全面、更深刻的认识，以系统安全观为指导，提出了自组织思想，有了本质安全化的认识，其方法论是力求安全的超前性、预防性、应急性，实现本质安全化。具体表现在如下方面：

（1）从人的本质安全化入手。人的本质安全化不但要解决人的安全知识、技能、意识、素质，还要从人的安全观念、伦理、情感、态度、认识、品德等人文素质入手。

（2）物和环境的本质安全化。要采用先进的安全科技、设备设施和发挥系统的自组织、自适应功能，实现本质安全化。

（3）研究和应用"三论"。以人、物、能量、信息为要素的安全系统论、安全控制论和安全信息论为基础，推行现代工业安全管理。

（4）坚持"三同时""三同步"原则。新建、改建、扩建的技术项目中要遵循安全措施、技术设施与主体工程同时设计、施工、投产的"三同时"原则，企业在经济发展、机制改革、技术改造时安全生产方面同时规划、同时实施、同时投产的"三同步"原则。

（5）开展"四不伤害""6S"活动。规范人的行为，开展不伤害他人、不伤害自己、不被别人伤害、保护他人不受伤害的"四不伤害"活动，安全、整理、整顿、清扫、清洁、态度"6S"活动，以人为本，珍惜生命，保护生命。

（6）职业安全健康管理体系的建立。通过建立职业安全健康管理体系，实现组织的安全生产经营活动的科学化、法制化、标准化，通过文件、手册和审核，实现"PDCA"持续改进，通过职业安全健康绩效不断地提升，提高本质安全化管理水平。

（7）科学、超前、预防事故。积极推行生产现场的工具、设备、材料、工件等物流与现场工人流动的定置管理；对生产现场的"危险点、危害点、事故多发点"的控制工程，对隐患的评估，应急预案的制定和实施保证等开展超前预防型安全活动。

（8）应用现代安全管理方法。推行安全目标管理、无隐患管理、安全经济分析、危险预知活动、事故判定技术等安全系统工程方法等。

二、安全风险管控观

有什么样的安全观或安全理念，就有什么样的安全意识；有什么样的安全意识，就有什么样的安全行为；有什么样的安全行为，就有什么样的安全结果。安全理念不同，其安全结果也会不同，只有秉持积极的、正确的安全理念，才能够获得期望的安全结果。

（一）事故可预防论

人们普遍存在着"安全是相对的，危险是绝对的""安全事故不可防范，不以人的意志转移"等认识，即存在有生产安全事故的宿命论观念。但是随着安全生产科技发展和对事故规律的深入认识，应该建立起"事故可预防，人祸本可防"的观念。根据对事故特性的研究分析，可认识到事故如下的内在性质：

（1）事故存在的因果性。工业事故的因果性是指事故是相互联系的多种因素共同作用的结果。引起事故的原因是多方面的，在伤亡事故调查分析过程中应弄清事故发生的因果关系，找到事故发生的主要原因，才能对症下药，有效地防范。

（2）事故随机性中的必然性。事故的随机性是指事故发生的时间、地点、事故后果的严重性是偶然的。这说明事故的预防具有一定的难度。但是，事故这种随机性在一定范畴内也遵循统计规律。从事故的统计资料中可以找到事故发生的规律性。因而，事故统计分析对制定正确的预防措施有重大的意义。

（3）事故的潜伏性。表面上，事故是一种突发事件，但是事故发生之前有一段潜伏期。在事故发生前，人、机、环等系统所处的这种状态是不稳定的，也就是说系统存在事故隐患，具有危险性。如果这时有一触发因素出现，就会导致事故的发生。在工业生产活动中，企业较长时间内未发生事故，如麻痹大意，就是忽视了事故的潜伏期，这是工业生产中的思想隐患，是应予克服的。掌握了事故潜伏性对有效预防事故发生起到关键作用。

（4）事故的可预防性。现代工业系统是人造系统，这种客观实际给预防事故提供了基本的前提。所以说，任何事故从理论和客观上讲都是可预防的。认识这一特性，对坚定信念、防止事故发生有促进作用。因此，应该通过各种合理的对策和努力，从根本上消除事故发生的隐患，把事故的发生降低到最小限度。

（二）系统的本质安全化

传统的本质安全化（狭义的本质安全化）一般是指机器、设备本身所具有的安全性能，是指机器、设备等物的方面和物质条件能够自动防止操作失误或引发事故。在这种条件下，即使一般水平的操作人员发生人为的失误或操作不当等不安全行为，也能够保障人身、设备和财产的安全。

系统的本质安全化（广义的本质安全化）是指包括人—机—环境—管理这一系统表现出的安全性能。通过优化资源配置和提高其完整性，使得人—机—环境—管理系统在本质上具有最佳的安全品质。这种最佳的安全品质体现在系统具有相当的安全可靠性，具有完善的预防和保护功能，通过全面的安全管理，使得事故降低到规定的目标或者可以接受的程度。系统的本质安全是针对整个人机系统的，它具有如下特征：一是人的安全可靠性，二是物的安全可靠性，三是系统的安全可靠性，四是管理规范和持续改进。

系统的本质安全化包括人的本质安全化、物（机械设备）的本质安全化、环境的本质安全化（人—机—环境系统）、管理的本质安全化等。

1. 人的本质安全化

人的不安全行为对事故发生往往起着决定性的作用。人的不安全行为主要受到人的生理素质、心理素质、技术素质、安全文化素质因素的影响。

人的本质安全化就是指提高这几个方面与系统的安全匹配能力。实现人的本质安全化，就是通过对人整体安全素质（包括文化素质、安全知识和能力、安全价值观、心理和生理等）的全面提升，最大限度地消除人的不安全行为，从而减少事故的发生。提升人的安全素质最直接、最有效的办法是从人的安全意识、安全知识、安全技能（包括识险避险的能力、按安全规程操作的技能、应急处理的能力等）最核心的三个层面入手不断提高。

2. 物的本质安全化（设备、工艺等）

最优秀的操作人员，也不能保证一直适应机器的要求；再好的管理，也不能避免人员的失误。一个好的设计会使"物"（机器），从本质上更加安全。从"物"的安全的角度出发，消灭或减少机器的危险将会达到事半功倍的效果。

物的本质安全化主要体现在三个方面：一是生产设备的本质安全化，对于与其接触的人不存在危险，是安全的；二是工艺过程的本质安全化，采用本质的、被动的、主动的或程序性的风险控制策略消除或降低风险；三是设备控制过程的本质安全化。

3. 环境的本质安全化

在人—机—环境系统中，对系统产生影响的一般环境因素主要有热环境、照明、噪声、振动、粉尘以及有毒物质等。如果在系统设计的各个阶段，尽可能排除各种环境因素对人体的不良影响，使人具有"舒适"的作业环境，这样不仅有利于保护劳动者的健康和安全，还有利于最大限度地提高系统的综合效能，实现作业环境的本质安全化。

4. 管理的本质安全化

管理的本质安全化是控制事故的决定性和起主导作用的关键措施。就目前而言，设备和器具的本质安全化受科技、经济等诸多因素制约，本质安全化程度和发展在不同行业、不同企业不均衡；作业环境的本质安全化受成本、观念等因素的影响变数很大；人的本质安全化受职工的文化程度、技术等影响较大，不同企业更不相同。依靠管理的本质安全化，可以弥补以上要素的不足，实现对生产的组织、指挥和协调，对人、财、物的全面调度，保证人—机—环境系统安全可靠的运行。

换句话说，系统的本质安全化思想就是追求生产系统中的相关要素达到"思想无懈怠、制度无漏洞、工艺无缺陷、设备无隐患、行为无差错"的状态。

（三）风险预控

风险预控管理就是运用系统的原理，对各生产系统、各工作岗位中存在的与人、机、环、管相关的不安全因素进行全面辨识、分析评估；对辨识评估后的各种不安全因素，有针对性地制定管控标准和措施，明确管控责任人，进行严格的管理和控制；借助信息化的管理手段，建立危险源数据库，使各类危险源始终处于动态受控的状态。风险预控体系重点管理内容包括以下几方面：一是风险辨识与管理，主要规定危险源辨识、风险评估流程和职责、风险控制措施的制定和落实以及危险源监测、预警和消警等要求，其作用是将风险预控的思想和理念全面贯彻到体系运行的全过程；二是不安全行为控制，主要规定各岗位不安全行为的梳理、机理分析和管控纠正的要求，其作用是保障每个岗位能严格执行正确的安全程序和标准，防止人的失误而导致事故和伤害；三是生产系统控制，主要规定生产系统的管控要求，其作用是将安全生产的法律法规以及安全生产标准化全面贯彻到生产各环节，实现动态达标；四是综合要素管理，主要规定生产系统以外的其他生产辅助系统安全管理的要求，其作用是实现安全管理全过程、全方位和全员参与；五是预控保障机制，主要规定体系运行组织机构及其安全责任制、体系方针和目标、体系文件化以及体系评价等要求，其作用是保障体系能推动起来和运行下去。

风险预控管理体系具有以下优势和鲜明的特点。一是建立科学的安全管理流程，主要通过全面辨识各生产系统、各作业环节、各工作岗位存在的不安全因素，明确安全管理的对象；对辨识出来的各种不安全因素进行风险评估，确定其危险程度，进一步明确各个环节安全管理的重点；依据国家法律法规等要求，结合生产实际，有针对性地制定管控标准和措施，明确安全管理的依据和手段；通过落实管控责任部门和责任人，保证管控标准和措施执行到位。二是把安全生产责任落到实处，风险预控管理体系强调要建立全方位的安全生产责任制度，对体系中的每个管控元素进行细化分解、责任到人，形成"纵向到底、横向到边"的责任体系。三是实现超前预防管理，风险预控管理体系要求全面开展危险源辨识和风险评估，制定风险控制标准和严密的保障措施，使安全管理由传统管理转变为"辨识和评估风险—降低和控制风险—预防和消除事故"的现代科学管理，实现关口前移和超前防范。四是突出风险控制的重点和考核机制，开展系统重大危险源辨识与评估，落实整改措施，杜绝重特大事故；开展岗位危险源的辨识与评估，制定有针对性的管控措施，力争杜绝事故的发生。五是建立循环闭合的运行体系，风险预控管理体系严格执行"PDCA"（计划、执行、检查、处理）循环管理方法，建立从管理对象、管理职责、管理流程、管理标准、管理措施直至管理目标的自动循环、闭环管理的长效机制。风险预控管理体系是将安全管理重心下移，关口前移，变被动为主动，变事后查处为预防控制的系统的、循序渐进的安全管理方式。

三、安全发展观

（一）安全发展观的提出

党和政府历来高度重视安全生产工作，为促进安全生产、保障人民群众生命财产安全和健康进行了长期努力，做了大量工作。进入 21 世纪以后，伴随着经济、社会结构的巨变，我国安全生产形势及社会形态都出现了新特征，传统的安全生产管理模式面临重大挑战。随着经济的高速发展，工业化、城镇化快速推进，在人们的思想认识中，先后提出了"先生产、后生活""生产第一、质量第二、安全第三""安全为了生产""安全第一、预防为主"等发展理念。

党中央、国务院深刻认识到在全面建设小康社会的进程中，做好安全生产工作的极端重要性，提出了安全生产发展目标，要持续降低事故总量和死亡人数，坚决遏制重特大事故发生，到 2020 年使我国安全生产状况得到根本好转。同时，准确分析和把握我国安全生产阶段性特征，全面总结新中国成立以来安全生产的实践经验，积极借鉴世界各国工业化进程中的经验教训和吸收人类文明进步的新成果。在这样的背景下，党中央、国务院审时度势，围绕安全生产工作，逐步提出和完善了安全发展的思想理念，大力实施安全发展战略。

2005年8月，胡锦涛总书记在讲话中首次提出安全发展的理念，随后，在党的十六届五中全会通过的《中共中央关于制定国民经济和社会发展第十一个五年规划的建议》中，将"安全发展"写入其中。

2006年3月，在《中华人民共和国国民经济和社会发展"十一五"规划纲要》中，写入要"坚持节约发展、清洁发展、安全发展，实现可持续发展"。

2007年10月，在党的十七大报告中明确提出要坚持安全发展。

2008年10月，在党的十七届三中全会上强调，能不能实现安全发展，是对我们党执政能力的一个重大考验。

2010年7月，《国务院关于进一步加强企业安全生产工作的通知》中，强调要坚持以人为本，牢固树立安全发展的理念。

2011年11月，《国务院关于坚持科学发展安全发展促进安全生产形势持续稳定好转的意见》中，将安全发展上升到国家战略高度，提出要始终把保障人民群众生命财产安全放在首位，大力实施安全发展战略。

2012年3月，温家宝总理在政府工作报告中强调，要实施安全发展战略，加强安全生产监管，防止重特大事故发生。

2014年1月，习近平总书记讲话强调，要大力实施安全发展战略，坚持标本兼治、重在治本，加快建立安全生产长效机制。

2014年8月，《安全生产法》中，提出安全生产工作应当以人为本，坚持安全发展的要求。

2021年9月，新修订的《安全生产法》中，明确提出安全生产工作应当以人为本，坚持人民至上、生命至上，把保护人民生命安全摆在首位，树牢安全发展理念。

从"安全生产"到"安全发展"，从"安全发展理念"到确定为"安全发展战略"，充分体现了党中央、国务院以人为本、保障民生的执政理念，体现了党和政府对科学发展观认识的不断深化、对经济社会发展客观规律的科学总结，体现了安全与经济社会发展协调运行的现实要求，安全发展观已经成为我国全面建成小康社会的重要理念和指导思想。

（二）安全发展的重大意义

安全发展作为一种发展理念，具有科学性、战略性、实践性等特征，是经济与社会发展的重要指导原则，贯彻实施好安全发展战略，对于促进经济与社会健康发展，实现安全生产形势根本好转，意义重大而深远。

1. 安全发展的内涵及根本任务

安全发展是指发展要建立在安全保障能力不断增强、安全生产状况持续改善、劳动者生命安全和健康权益得到切实保障的基础之上，做到安全生产与经济社会发展各项工作同步规划、同步部署、同步推进，实现有安全保障下的可持续发展，实现广大人民群众的生命安全与生产发展、生活富裕、生态良好的有机统一。

安全发展的根本任务是安全生产。安全生产工作既具有科技与管理等物质形态的含义，也具有公共服务等社会形态的含义，是一个涉及经济建设、政治建设、文化建设、社会建设等诸多方面的特殊领域，具有综合性、长期性、全局性和复杂性等特点。因此，一个局部的、微观的安全生产问题，一旦失控，就有可能引发宏观的、全局性的问题。只有把安全生产置于经济社会发展全局的高度加以推进，把安全生产工作视野拓展到经济、政治、文化、社会等的各个层面，综合运用法律、经济、行政等手段，调动社会各种资源，统筹规划，增强对安全生产工作的主动性和预见性，才能形成推进安全生产工作的强大合力，实现安全生产状况的根本好转，从而保证经济社会的安全发展。

2. 安全发展的基本特征

（1）科学性。安全发展着眼于发展、落脚于发展，深入回答了经济社会"如何发展"和"怎样发展"的重大问题。安全发展理念深化了科学发展观的"以人为本"的思想，赋予了科学发展观和构建社会主义和谐社会理论鲜明的时代内涵，也反映了构建社会主义和谐社会的根本价值取向。

（2）战略性。安全发展是社会主义现代化建设总体战略的有机组成部分，与节约发展、清洁发展一起构成实现可持续发展战略的必要条件，成为科学发展的重要保障。安全发展的提出，使"安全"由"生产"的从属地位，上升到贯穿于经济与社会发展的全过程和各个环节的重大任务，不再仅仅局限于单一的生产层面，而是成为经济与社会发展战略视野中的安全问题，更是实现安全生产根本好转的战略保障。

（3）宏观性。安全发展是对经济与社会发展方式和道路的选择，是经济与社会健康发展的前提。在经济与社会发展的战略布局中统筹解决制约安全生产的深层次问题，将为安全生产搭建更高、更广阔的平台，创造更有利的宏观环境。

（4）导向性。安全发展是国家发展战略的有机组成部分，对全局性、高层次的重大问题起着重大指导作用，特别是在各级政府的经济与社会发展规划的制定和实施、项目建设、产业转移、资源整合等方面，发挥重大政策导向作用。

（5）实践性。安全发展理念既是重大理论问题，也是重大实践问题。只有不断地艰苦努力，在实际工作中，严格遵守每一项安全生产方针、政策、法规、标准，积极开发使用先进的安全技术、工艺、装备、材料等，将涉及安全的每一个问题做全、做实、做精、做透，才能真正使生产及各项社会活动建立在安全生产条件有充分保证的基础之上。

3. 安全发展的重要工作内容

（1）构建社会主义和谐社会必须解决好安全生产问题。当前，构建和谐社会，主要是解决人民群众最现实、最关心、最直接的问题。而安全生产就是人民群众最现实、最关心、最直接的问题之一，它既是热点难点，又是构建社会主义和谐社会的切入点和着力点。和谐社会要民主法治，搞好安全生产必须依法治安；和谐社会要公平正义，首先必须保障每个人都有劳动的权利、生存的权利；和谐社会要诚信友善、充满活力、安定有序，只有保障人民的生命财产安全，大家的积极性才能调动起来，社会才能充满活力，家庭才能幸福安康；和谐社会要求人与自然和谐相处，人类生产活动必须遵循自然规律，违背了就要受到惩罚。因此，做好安全生产工作，百姓才能平安幸福，国家才能富强安宁，社会才能和谐安全。

（2）把安全发展贯穿到经济社会发展的全过程和各个方面，建设安全保障型社会。建设安全保障型社会是安全发展指导原则的实践载体，也是安全发展理念的实现途径。建立全体社会成员共同致力于不断提升安全生产保障水平的社会运行机制，形成齐抓共管的格局。要把安全发展理念纳入地方经济社会发展总体战略，制定安全生产规划，使安全生产与经济社会各项工作同步规划、同步部署、同步推进。

（3）打造本质安全型企业，强化安全发展的微观基础。建设本质安全型企业，着力全面提升企业素质，加强基础管理工作。更加注重科技进步和科学管理，加大科技投入，大幅度提升企业技术装备水平；健全完善并落实好企业内部安全生产的各项规章制度，建立、健全企业各级各类人员安全责任制跟踪、考核、奖惩等制度，扎实推进基础管理；强化企业文化建设，不断增强从业人员的安全意识和技能；学习借鉴国内外先进的安全生产管理理念和方法，建立持续改进的安全生产长效机制。

（4）着力加强安全文化建设，实施"全民安全素质工程"。安全文化建设是安全发展的基础性工作。安全文化是人的安全素质、安全技能、安全行为以及与安全相关的物质产品和精神产品的总和，对于安全生产起着引领方向、提升水平、彰显形象的重要作用。要把实施全民安全素质工程纳入社会主义精神文明创建活动中，积极构建与安全发展要求相适应的由学校专业教育、职业教育、企业教育和社会化教育构成的全方位安全文化教育体系，使安全素质教育进工厂、进农村、进学校、进社区，大力提升全民族安全素质，促进全体社会成员安全意识和素质的不断提高。

（5）加快完善安全法制，依法治安。国内外经验证明，健全的法制是从根本上解决安全生产问题的必由之路。加强安全生产、促进安全发展，必须加强安全法制建设。要进一步健全完善安全生产方针、政策、法规、标准体系，建立安全生产工作有法可依、有法必依、违法必究、执法必严的法治氛围，形成依法治安的局面。

（6）大力推进安全科技，用科技创新引领和支撑安全发展。安全科技创新是建设创新型国家的重要内容，是调整经济结构、转变增长方式的重要支撑，是保证安全生产、促进安全发展的有力保障。要通过原始创新、集成创新、引进消化吸收再创新，开发先进的技术装备，为隐患治理和安全技术改造提供技术支撑。加快推广先进、适用技术和装备，提升安全技术装备水平。加强安全科技人才队伍建设，积极参与国际交流与合作，尽快把我国安全科技提高到一个新水平。

（三）强化"红线"意识、促进安全发展

党的十八大以来，习近平同志针对安全生产问题作了一系列重要论述。这些重要论述充分体现了科学发展观的核心立场，揭示了现阶段安全生产的规律特点，体现了新的一个阶段安全发展观的新内涵。

1. 基本要点

（1）强化"红线"意识，实施安全发展战略。始终把人民群众的生命安全放在首位，发展决不能以牺牲人的生命为代价，这要作为一条不可逾越的红线。大力实施安全发展战略，绝不要带血的GDP。城镇发展规划以及开发区、工业园的规划、设计和建设，都要遵循"安全第一"方针。把安全生产与转方式、调结构、促发展紧密结合起来，从根本上提高安全发展水平。

（2）抓紧建立、健全安全生产责任体系。安全生产工作不仅政府要抓，党委也要抓。党委要管大事，发展是大事，安全生产也是大事，没有安全发展就不能实现科学发展。要抓紧建立、健全"党政同责、一岗双责、齐抓共管"的安全生产责任体系，要把安全责任落实到岗位、落实到人头，切实做到管行业必须管安全、管业务必须管安全、管生产经营必须管安全，加强督促检查、严格考核奖惩，全面推进安全生产工作。

（3）强化企业主体责任落实。所有企业都必须认真履行安全生产主体责任，善于发现问题、及时解决问题，采取有力措施，做到安全投入到位、安全培训到位、基础管理到位、应急救援到位。特别是中央企业一定要提高管理水平，给全国企业作表率。

（4）加快安全监管方面改革创新。各地区、各部门、各类企业都要坚持安全生产高标准、严要求，招商引资、上项目要严把安全生产关，要加大安全生产指标考核权重，实行安全生产和重大事故风险"一票否决"。加快安全生产法治化进程，严肃事故调查处理和责任追究。采用"四不两直"（不发通知、不打招呼、不听汇报、不用陪同和接待，直奔基层、直插现场）方式暗查暗访，建立安全生产检查工作责任制，实行谁检查、谁签字、谁负责。

（5）全面构建长效机制。安全生产要坚持标本兼治、重在治本，建立长效机制，坚持"常、长"二字，经常、长期抓下去。要做到警钟长鸣，用事故教训推动安全生产工作，做到"一厂出事故、万厂受教育，一地有隐患、全国受警示"。要建立隐患排查治理、风险预防控制体系，做到防患于未然。

2. 重大意义

（1）确立了新形势下安全生产的重要地位。习近平同志提出的一系列新观点、新要求，作出的一系列新判断、新部署，为解决安全生产"摆位"问题提供了强大的思想理论武器。安全生产是人类社会发展和工业化进程中必然遇到的一个重要问题。尤其在社会化大生产的背景下，生产安全事故不仅会对人民生命财产造成严重损害、对企业造成致命打击，严重了还会波及整个社会，甚至影响政局稳定。党的十八大以来，习近平同志高度重视安全生产工作，将其作为治国理政的重要内容，强调安全生产既是经济和社会问题，也是重大的政治问题，要求党政一把手必须亲自动手抓，丝毫放松不得。这显示了政治家的睿智和远见卓识，也把我们对安全生产的认识提升到一个新的高度。

（2）揭示了我国现阶段安全生产的规律特点。我国目前正处于工业化、城镇化快速发展时期，也处于事故易发多发的特殊阶段，安全生产面临诸多挑战。比如，粗放的经济发展方式造成能源、原材料以及交通运输持续紧张，导致超能力生产、超负荷运输的现象屡禁不止，引发的事故时有发生；经济结构不尽合理，高危行业比重过大、人员过多，发生事故的概率较高等。习近平同志科学分析和把握我国现阶段安全生产的规律特点，鲜明提出"红线"观点，并针对制约安全生产的深层次问题提出一系列标本兼治的思路，为我们做好安全生产工作提供了根本遵循。

（3）体现了科学发展观以人为本的核心立场。科学发展观，第一要务是发展，核心是以人为本。发展是硬道理，但不顾安全的发展没有道理。以人为本，首先要以人的生命安全为本。当经济社会发展与安全生产发生矛盾时，如何处理和摆位？习近平同志旗帜鲜明、不容置疑地划出生命"红线"，而且要求这个观念一定要非常明确、非常强烈、非常坚定。这是对各级领导干部是否坚持以人为本、贯彻落实科学发展观的重要检验。

（4）贯穿着立党为公、执政为民的执政理念。我们党是全心全意为人民谋利益的政党，我国政府是人民的政府。各级领导干部为官一任，必须确保一方平安，切实维护人民群众生命财产安全，让人民群众平安共享经济发展和社会进步的成果。中华民族伟大复兴的中国梦，理应包含实现安全生产状况根本好转。习近平同志正是从立党为公、执政为民的执政理念出发思考安全生产问题、提出明确要求的。

（5）坚持生命至上，体现了对人的尊重、对生命的敬畏，传递了生命至上的价值理念。人的全面发展的基础和前提，就是必须保证其生命安全和身体健康。人世间最宝贵的莫过于生命，生命无价，生命对每一个人只有一次。人的一切活动和价值都以生命的存在和延续为根基，没有生命就没有一切，保护生命就是保护生产力。习近平同志提出的"红线"观点，实质上就是把保护生命放在高于一切的位置，体现了"以人为本、生命至上"的价值取向。这正是安全生产工作的价值追求。我们必须树立关爱生命的情感观、生命至上的价值观、尊重生命的道德观，始终把保护人民生命安全放到首位，作为工作的最高职责，带着感情抓好安全生产。对任何拿生命冒险的行为，都要敢于亮剑、坚决抵制。同时，大力倡导"以人为本、生命至上"的安全文化，强化全民安全意识，使每个人都尊重生命、爱护生命，在工作中自觉遵守安全生产的各项规定和操作标准。

3. 指导实践

（1）以最坚决的态度坚守"红线"，推动安全发展。对"红线"，要有敬畏之心、戒惧之心，绝不能踩踏。招商引资绝不能成为"招伤引灾"，增产扩能绝不能埋下隐患。绝不能搞那些降低安全标准、违反安全规定的所谓"一站式服务"。要把安全生产与转方式、调结构、促发展结合起来，确保城市安全运行、企业安全生产、公众安全生活。

（2）以最严格的要求落实安全生产责任。各级党委应强化对安全生产工作的领导，认真研究解决安全工作中的重大问题，确保党的安全生产方针贯彻落实。各级政府应健全安全责任体系，落实"一岗双责"，强化基层安全监管执法力量。各级职能部门应落实综合监管、直接监管和属地监管责任。各类企业应切实履行安全生产主体责任，加快建立与市场机制和现代企业制度相适应的安全管理体系，切实做到安全投入到位、教育培训到位、基础管理到位、应急救援到位。

（3）以最严厉的手段深化隐患整改，推进依法治理。完善隐患排查治理制度，健全安全监管部门与企业互联互通的信息化管理系统，实现隐患自查自报自改、分级分类、建档备案、闭环管理。对每一起事故，都要依法依规、从重从快严肃查处，让非法违法肇事企业和责任人付出沉痛代价。所有事故调查处理结果都要及时向社会公布，让思想麻痹和心存侥幸的企业和责任人受到教育和警醒。

（4）以最有效的措施营造安全生产浓厚氛围。把安全生产宣传教育纳入宣传工作总体布局，动员社会力量参与安全文化建设。进一步扩大安全生产信息公开，及时回应社会关切，正确引导舆论。落实和完善安全生产举报奖励制度，建立有效的监督制约机制。强化事故教训的警示作用，血的教训绝不能再用血的代价去验证。

（5）以最大的勇气推进安全生产改革创新。精简安全生产行政审批，创新安全监管模式，实行分类指导，扎实推进重点领域安全专项整治。改进安全生产大检查方式方法，使"四不两直"制度化、常态化。深化安全监管体制机制改革创新，探索建立区域性执法机制，强化安全生产基层执法力量。

（6）以最严明的纪律加强安全监管队伍建设。要加强作风和队伍建设，强化坚守"红线"的意识和能力，做安全发展的忠诚卫士。提高监管监察能力，对隐患和问题敢抓敢管。提高应急处置能力，努力成为安全生产的专家、内行。提高宣传引导能力，发出安全生产的最强音，将安全生产理念贯穿到各项工作全过程。

第五节　安　全　文　化

文化是一种无形的力量，影响着人的思维方法和行为方式。相对于提高设备设施安全标准和强制性安全制度规程来讲，安全文化建设是事故预防的一种"软"力量，是一种人性化管理手段。安全文化建设通过创造一种良好的安全人文氛围和协调的人机环境，对人的观念、意识、态度、行为等形成从无形到有形的影响，从而对人的不安全行为产生控制作用，以达到减少人为事故的效果。利用文化的力量，可以利用文化的导向、凝聚、辐射和同化等功能，引导全体员工采用科学的方法从事安全生产活动。利用文化的约束功能，一方面形成有效的规章制度的约束，引导员工遵守安全规章制度；另一方面通过道德规范的约束，创造一种团结友爱、相互信任，工作中相互提醒、相互发现不安全因素，共同保障安全的和睦气氛，形成凝聚力和信任力。利用文化的激励功能，使每个人能明白自己的存在和行为的价值，体现出自我价值的实现。持之以恒地坚持企业安全文化建设，在企业形成尊重生命的价值观，形成统一的思维方式和行为方式，进而提升企业安全目标、政策、制度的贯彻执行力。

一、安全文化的起源

安全文化伴随着人类的产生而产生，伴随着人类社会的进步而发展。安全文化经历了从自发到自觉，从无意识到有意识的漫长过程。在世界工业生产范围内，有意识并主动推进安全文化建设源于高技术和高危险的核安全领域。1986年，苏联切尔诺贝利核电站事故发生以后，国际原子能机构（IAEA）提出了"安全文化"一词。1988年，国际核安全咨询组（INSAG）把安全文化的概念作为一种基本管理原则提出，安全文化必须渗透到核电厂的日常管理之中。一个单位的安全文化是个人和集体的价值观、态度、能力和行为方式的综合产物，它决定于安全健康管理上的承诺、工作作风和精通程度。1991年，国际核安全咨询组（INSAG）编写了《安全文化》，给出安全文化的定义："安全文化是存在于单位和个人中的种种素质和态度的总和，它建立一种超出一切之上的观念，即核电厂的安全问题由于它的重要性要保证得到应有的重视。"1993年，国际核设施安全顾问委员会（ACSNI）进一步阐述了安全文化的概念："安全文化是决定组织的安全与健康管理承诺、风格和效率的那些个体或组织的价值观、态度、认知、胜任力以及行为模式的产物。"国际核安全咨询组（INSAG）《安全文化》的面世标志着安全文化正式在世界各国传播和实践。

二、企业安全文化现状

总体上看，国外企业安全文化建设起步比较早，并且取得了较好的成就。美国杜邦公司的企业安全文化就是其中的优秀代表。

杜邦公司安全管理取得了卓越的成效，据 2001 年统计，其属下的 370 个工厂和部门中，80% 没有发生过工伤假及以上的安全事故，至少 50% 的工厂没有出现过工业伤害事故，有 20% 的工厂超过 10 年以上没有发生过安全伤害事故。多年 20 万工时的损工事故发生率在 0.3 以下。2003 年 9 月 9 日，杜邦公司被 Occupational Hazards 杂志九月号评为最安全的美国公司之一。通过 200 多年的努力，现在杜邦公司保持着优秀的安全纪录：安全事故率是工业平均值的 1/10，杜邦公司员工在工作场所比在家里安全 10 倍，超过 60% 的工厂实现了零伤害，许多工厂都实现了连续 20 年甚至 30 年无事故。这些安全绩效上的成就与杜邦公司倡导和实施的安全文化密不可分。

杜邦公司认为，企业的安全文化是企业组织和员工个人的特性和态度的集中表现，这种集合所建立的就是安全拥有高于一切的优先权。在一个安全文化已经建立起来的企业中，从高级至生产主管的各级管理层须对安全责任作出承诺并表现出无处不在的有感领导；员工个人须树立起正确的安全态度与行为；而企业自身须建立起良好的安全管理制度，并对安全问题和事故的重要性有一种持续的评估，对其始终保持高度的重视。

杜邦安全文化建立的过程有 4 个阶段：自然本能阶段、严格监督阶段、独立自主管理阶段、团队互助管理阶段。这就是对安全文化理论的模型总结。

第一阶段自然本能阶段，企业和员工对安全的重视仅仅是一种自然本能保护的反应，缺少高级管理层的参与，安全承诺仅仅是口头上的，将职责委派给安全经理，依靠人的本能，以服从为目标，不遵守安全规程要罚款，所以不得不遵守。在这种情况下，事故率是很高的，事故减少是不可能的，因为没有管理体系，没有对员工进行安全文化培养。

第二阶段严格监督阶段，企业已建立起必要的安全系统和规章制度，各级管理层知道安全是自己的责任，对安全作出承诺。但员工意识没有转变时，依然是被动的，这是强制监督管理，没有重视对员工安全意识的培养，员工处于从属和被动的状态。从这个阶段来说，管理层已经承诺了，有了监督、控制和目标，对员工进行了培训，安全成为受雇的条件，但员工若是因为害怕纪律、处分而执行规章制度的话，是没有自觉性的。在此阶段，依赖严格监督，安全业绩会大大地提高，但要实现零事故，还缺乏员工的意识。

第三阶段独立自主管理阶段，企业已经有了很好的安全管理制度、系统，各级管理层对安全负责，员工已经具备了良好的安全意识，对自己做的每个层面的安全隐患都十分了解，员工已经具备了安全知识，员工对安全作出了承诺，按规章制度标准进行生产，安全意识深入员工内心，把安全作为自己的一部分。

第四阶段团队互助管理阶段，员工不但自己遵守各项规章制度，而且帮助别人遵守；不但观察自己岗位上的不安全行为和条件，而且留心观察他人岗位上的；员工将自己的安全知识和经验分享给其他同事；关心其他员工的异常情绪变化，提醒安全操作；员工将安全作为一项集体荣誉。安全文化发展到第四阶段，员工就把安全作为个人价值的一部分，把安全视为个人成就。现在杜邦已经发展到团队互助管理阶段。

我国在 20 世纪 90 年代初就认识到安全文化建设的必要性并展开了广泛的讨论。1992 年，我国翻译出版了国际核安全咨询组（INSAG）组织编写的《安全文化》。1993 年 10 月，我国在成都召开了亚太地区职业安全卫生研讨会暨全国安全科学技术交流会，一些专家发表了有关企业安全文化的论文。1994 年，原劳动部部长李伯勇指出："要把安全工作提高到安全文化的高度来认识。"1994 年 3 月，国务院核应急办公室与中国核能学会联合召开安全文化研讨会，把对安全文化的研究向前推进了一步。1995 年 7 月，全国安全生产工作电话会上，国务院副总理吴邦国在讲话中强调："各级党委和政府要通过加强安全生产宣传和教育、倡导安全文化等措施，促进全社会的安全生产意识和素质的普遍提高。"1995 年，在北京召开了全国首届安全文化高级研讨会；在成都举办了事故隐患评估治理与安全文化研讨班，发出了"中国安全文化发展战略建议书"。这两次会议的召开对在全社会推动安全文化起到了很大的作用。1995 年，全国第五次"安全生产宣传周"活动，把"倡导安全文化，提高全民安全意识"列为三大主要内容之一。

国家安全生产监督管理局成立后，大力推进安全文化建设。2001 年，在青岛市组织召开了国家安全生产监督管理局第一届全国安全文化研讨会。2003 年，在北京举办了安全文化与小康社会国际研讨会。2004 年，国务院颁发了《国务院关于进一步加强安全生产工作的决定》，明确要求推进安全生产理论、安全科技、安全文化等方面的创新，不断增强安全生产工作的针对性和实效性。2006 年，国务院办公厅印发了《安全生产"十一五"规划》，将安全文化建设列为主要任务和重点工程；国家安全监管总局组织制定并印发了《"十一五"安全文化建设纲要》。为了进一步加强和指导企业安全文化建设，2008 年，国家安全监管总局颁布了《企业安全文化建设导则》（AQ/T 9004）和《企业安全文化建设评价准则》（AQ/T 9005）。2010 年，国家安全监管总局制定印发了《国家安全监管总局关于开展安全文化建设示范企业创建活动的指导意见》，标志着我国企业安全文化建设进入了一个新阶段。

三、安全文化的定义与内涵

（一）安全文化的定义

安全文化有广义和狭义之分。广义的安全文化是指在人类生存、繁衍和发展历程中，在其从事生产、生活乃至生存实践的一切领域内，为保障人类身心安全并使其能安全、舒适、高效地从事一切活动，预防、避免、控制和消除意外事故和灾害，为建立起安全、可靠、和谐、协调的环境和匹配运行的安全体系，为使人类变得更加安全、康乐、长寿，使世界变得友爱、和平、繁荣而创造的物质财富和精神财富的总和。

从广义的角度，安全文化不仅仅包含安全理念、安全意识、安全情感、安全价值观、安全态度、安全心理、安全认知、安全行为准则等"内化"文化素质，还包含安全理论体系、安全知识系统、安全行为方式、安全行为习惯、安全制度、安全标准、安全标识、安全凝聚力、安全激励力等"外化"的文化表象和载体。

狭义的安全文化是指企业安全文化。关于狭义的安全文化，比较全面的是英国安全健康委员会下的定义：一个单位的安全文化是个人和集体的价值观、态度、能力和行为方式的综合产物。安全文化分为三个层次：

（1）直观的表层文化，如企业的安全文明生产环境与秩序。

（2）企业安全管理体制的中层文化，它包括企业内部的组织机构、管理网络、部门分工和安全生产法规与制度建设。

（3）安全意识形态的深层文化。

而国内普遍认可的定义是，企业安全文化是企业在长期安全生产和经营活动中逐步形成的，或有意识塑造的为全体员工接受、遵循的，具有企业特色的安全价值观、安全思想和意识、安全作风和态度，安全管理机制及行为规范，安全生产奋斗目标，为保护员工身心安全与健康而创造的安全、舒适的生产和生活环境和条件，是企业安全物质因素和安全精神因素的总和。由此可见，安全文化的内容十分丰富，应主要包括：一是处于深层的安全观念文化，二是处于中间层的安全制度文化，三是处于表层的安全行为文化和安全物质文化。

《企业安全文化建设导则》（AQ/T 9004）给出了企业安全文化的定义：被企业组织的员工群体所共享的安全价值观、态度、道德和行为规范的统一体。

（二）安全文化的内涵

一个企业的安全文化是企业在长期安全生产和经营活动中逐步培育形成的、具有本企业特点、为全体员工认可遵循并不断创新的观念、行为、环境、物态条件的总和。企业安全文化包括保护员工在从事生产经营活动中的身心安全与健康，既包括无损、无害、不伤、不亡的物质条件和作业环境，也包括员工对安全的意识、信念、价值观、经营思想、道德规范、企业安全激励进取精神等安全的精神因素。企业安全文化是"以人为本"多层次的复合体，由安全物质文化、安全行为文化、安全制度文化、安全精神文化组成。企业文化是"以人为本"，提倡对人的"爱"与"护"，以"灵性管理"为中心，以员工安全文化素质为基础所形成的，群体和企业的安全价值观和安全行为规范，表现于员工在受到激励后的安全生产的态度和敬业精神。企业安全文化是尊重人权、保护人的安全健康的实用性文化，也是人类生存、繁衍和发展的高雅文化。要使企业员工建起自护、互爱、互救，心和人安，以企业为家，以企业安全为荣的企业形象和风貌，要在员工的心灵深处树立起安全、健康、高效的个人和群体的共同奋斗意识。安全文化教育，从法制、制度上保障员工受教育的权利，不断创造和保证提高员工安全技能和安全文化素质的机会。

（三）企业安全文化的基本特征与主要功能

1. 企业安全文化的基本特征

（1）安全文化是指企业生产经营过程中，为保障企业安全生产，保护员工身心安全与健康所涉及的种种文化实践及活动。

（2）企业安全文化与企业文化目标是基本一致的，即"以人为本"，以人的"灵性管理"为基础。

（3）企业安全文化更强调企业的安全形象、安全奋斗目标、安全激励精神、安全价值观和安全生产及产品安全质量、企业安全风貌及"商誉"效应等，是企业凝聚力的体现，对员工有很强的吸引力和无形的约束作用，能激发员工产生强烈的责任感。

（4）企业安全文化对员工有很强的潜移默化的作用，能影响人的思维，改善人的心智模式，改变人的行为。

2. 企业安全文化的主要功能

（1）导向功能。企业安全文化所提出的价值观为企业的安全管理决策活动提供了为企业大多数职工所认同的价值取向，它们能将价值观内化为个人的价值观，将企业目标内化为自己的行为目标，使个体的目标、价值观、理想与企业的目标、价值观、理想有了高度一致性和同一性。

（2）凝聚功能。当企业安全文化所提出的价值观被企业职工内化为个体的价值观和目标后就会产生一种积极而强大的群体意识，将每个职工紧密地联系在一起。这样就形成了一种强大的凝聚力和向心力。

（3）激励功能。企业安全文化所提出的价值观向员工展示了工作的意义，员工在理解工作的意义后，会产生更大的工作动力，这一点已为大量的心理学研究所证实。一方面用企业的宏观理想和目标激励职工奋发向上；另一方面它也为职工个体指明了成功的标准与标志，使其有了具体的奋斗目标。还可用典型、仪式等行为方式不断强化职工追求目标的行为。

（4）辐射和同化功能。企业安全文化一旦在一定的群体中形成，便会对周围群体产生强大的影响作用，迅速向周边辐射。而且，企业安全文化还会保持一个企业稳定的、独特的风格和活力，同化一批又一批新来者，使他们接受这种文化并继续保持与传播，使企业安全文化的生命力得以持久。

第二章 安全生产管理内容

第一节 安全生产责任制

安全生产责任制是按照以人为本，坚持"安全第一、预防为主、综合治理"的安全生产方针和安全生产法规建立的生产经营单位各级负责人员、各职能部门及其工作人员、各岗位人员在安全生产方面应做的事情和应负的责任加以明确规定的一种制度。

安全生产责任制是生产经营单位岗位责任制的一个组成部分，是生产经营单位中最基本的一项安全管理制度，也是生产经营单位安全生产管理制度的核心。

建立安全生产责任制的目的：一方面是增强生产经营单位各级负责人员、各职能部门及其工作人员和各岗位人员对安全生产的责任感；另一方面是明确生产经营单位中各级负责人员、各职能部门及其工作人员和各岗位人员在安全生产中应履行的职能和应承担的责任，以充分调动各级人员和各部门在安全生产方面的积极性和主观能动性，确保安全生产。

建立安全生产责任制的重要意义主要体现在两方面。一是落实我国安全生产方针和有关安全生产法规和政策的具体要求。《安全生产法》第二十二条明确规定：生产经营单位的全员安全生产责任制应当明确各岗位的责任人员、责任范围和考核标准等内容。生产经营单位应当建立相应的机制，加强对全员安全生产责任制落实情况的监督考核，保证全员安全生产责任制的落实。二是通过明确责任使各类人员真正重视安全生产工作，对预防事故和减少损失、进行事故调查和处理、建立和谐社会等具有重要作用。

生产经营单位是安全生产的责任主体，生产经营单位必须建立安全生产责任制，把"管行业必须管安全、管业务必须管安全、管生产经营必须管安全"的原则从制度上固化。这样，安全生产工作才能做到事事有人管、层层有专责，使领导干部和广大职工分工协作、共同努力，认真负责地做好安全生产工作，保证安全生产。

一、建立安全生产责任制的要求

建立一个完善的安全生产责任制的总的要求是：坚持"党政同责、一岗双责、失职追责"，横向到边、纵向到底，并由生产经营单位的主要负责人组织建立。建立的安全生产责任制具体应满足如下要求：

（1）必须符合国家安全生产法律法规和政策、方针的要求。

（2）与生产经营单位管理体制协调一致。

（3）要根据本单位、部门、班组、岗位的实际情况制定，既明确、具体，又具有可操作性，防止形式主义。

（4）由专门的人员与机构制定和落实，并应适时修订。

（5）应有配套的监督、检查等制度，以保证安全生产责任制得到真正落实。

二、安全生产责任制的主要内容

安全生产责任制的内容主要包括两个方面。一是纵向方面，即从上到下所有类型人员的安全生产职责。在建立责任制时，可首先将本单位从主要负责人一直到岗位从业人员分成相应的层级；然后结合本单位的实际工作，对不同层级的人员在安全生产中应承担的职责作出规定。二是横向方面，即各职能部门（包括党、政、工、团）的安全生产职责。在建立责任制时，可按照本单位职能部门（如安全、设备、计划、技术、生产、基建、人事、财务、设计、档案、培训、党办、宣传、工会、团委等部门）的设置，分别对其在安全生产中应承担的职责作出规定。

生产经营单位在建立安全生产责任制时，在纵向方面应包括下列几类人员。

（一）生产经营单位主要负责人

生产经营单位主要负责人是本单位安全生产的第一责任者，对安全生产工作全面负责。《安全生产法》第二十一条明确规定，生产经营单位的主要负责人对本单位安全生产工作负有下列职责：

（1）建立健全并落实本单位全员安全生产责任制，加强安全生产标准化建设。

（2）组织制定并实施本单位安全生产规章制度和操作规程。

（3）组织制定并实施本单位安全生产教育和培训计划。

（4）保证本单位安全生产投入的有效实施。

（5）组织建立并落实安全风险分级管控和隐患排查治理双重预防工作机制，督促、检查本单位的安全生产工作，及时消除生产安全事故隐患。

（6）组织制定并实施本单位的生产安全事故应急救援预案。

（7）及时、如实报告生产安全事故。

生产经营单位可根据上述7个方面，结合本单位实际情况对主要负责人的职责作出具体规定。

（二）生产经营单位其他负责人

生产经营单位其他负责人的职责是协助主要负责人做好安全生产工作。不同的负责人分管的工作不同，应根据其具体分管工作，对其在安全生产方面应承担的具体职责作出规定。

（三）安全生产管理人员

安全生产管理人员的职责为：

（1）组织或者参与拟定本单位安全生产规章制度、操作规程和生产安全事故应急救援预案。

（2）组织或者参与本单位安全生产教育和培训，如实记录安全生产教育和培训情况。

（3）组织开展危险源辨识和评估，督促落实本单位重大危险源的安全管理措施。

（4）组织或者参与本单位应急救援演练。

（5）检查本单位的安全生产状况，及时排查生产安全事故隐患，提出改进安全生产管理的建议。

（6）制止和纠正违章指挥、强令冒险作业、违反操作规程的行为。

（7）督促落实本单位安全生产整改措施。

（四）生产经营单位各职能部门负责人及其工作人员

各职能部门都会涉及安全生产职责，需根据各部门职责分工作出具体规定。各职能部门负责人的职责是按照本部门的安全生产职责，组织有关人员做好本部门安全生产责任制的落实，并对本部门职责范围内的安全生产工作负责；各职能部门的工作人员则是在本人职责范围内做好有关安全生产工作，并对自己职责范围内的安全生产工作负责。

（五）班组长

班组是做好生产经营单位安全生产工作的关键，班组长全面负责本班组的安全生产工作，是安全生产法律法规和规章制度的直接执行者。班组长的主要职责是贯彻执行本单位对安全生产的规定和要求，督促本班组遵守有关安全生产规章制度和安全操作规程，切实做到不违章指挥，不违章作业，遵守劳动纪律。

（六）岗位从业人员

岗位从业人员对本岗位的安全生产负直接责任。岗位从业人员的主要职责是接受安全生产教育和培训，遵守有关安全生产规章和安全操作规程，遵守劳动纪律，不违章作业。

三、生产经营单位的安全生产主体责任

生产经营单位的安全生产主体责任是指国家有关安全生产的法律法规要求生产经营单位在安全生产保障方面应当执行的有关规定，应当履行的工作职责，应当具备的安全生产条件，应当执行的行业标准，应当承担的法律责任。主要包括以下内容：

（1）设备设施（或物质）保障责任。包括具备安全生产条件；依法履行建设项目安全设施"三同时"的规定；依法为从业人员提供劳动防护用品，并监督、教育其正确佩戴和使用。

（2）资金投入责任。包括按规定提取和使用安全生产费用，确保资金投入满足安全生产条件需要；按规定建立健全安全生产责任保险制度，依法为从业人员缴纳工伤保险费；保证安全生产教育培训的资金。

（3）机构设置和人员配备责任。包括依法设置安全生产管理机构，配备安全生产管理人员；按规定委托和聘用注册安全工程师或者注册安全助理工程师为其提供安全管理服务。

（4）规章制度制定责任。包括建立、健全安全生产责任制和各项规章制度、操作规程、应急救援预案并督促落实。

（5）安全教育培训责任。包括开展安全生产宣传教育；依法组织从业人员参加安全生产教育培训，取得相关上岗资格证书。

（6）安全生产管理责任。包括主动获取国家有关安全生产法律法规并贯彻落实；依法取得安全生产许可；定期组织开展安全检查；依法对安全生产设施、设备或项目进行安全评价；依法对重大危险源实施监控，确保其处于可控状态；及时消除事故隐患；统一协调管理承包、承租单位的安全生产工作。

（7）事故报告和应急救援责任。包括按规定报告生产安全事故，及时开展事故抢险救援，妥善处理事故善后工作。

（8）法律法规、规章规定的其他安全生产责任。

第二节 安全生产规章制度

安全生产规章制度是生产经营单位贯彻国家有关安全生产法律法规、国家和行业标准，贯彻国家安全生产方针、政策的行动指南，是生产经营单位有效防范生产、经营过程安全风险，保障从业人员安全健康、财产安全、公共安全，加强安全生产管理的重要措施。

安全生产规章制度是指生产经营单位依据国家有关法律法规、国家和行业标准，结合生产经营的安全生产实际，以生产经营单位名义颁发的有关安全生产的规范性文件，一般包括规程、标准、规定、措施、办法、制度、指导意见等。

一、建立、健全安全生产规章制度的必要性

（一）是生产经营单位的法定责任

生产经营单位是安全生产的责任主体，《安全生产法》第四条规定：生产经营单位必须遵守本法和其他有关安全生产的法律、法规，加强安全生产管理，建立健全全员安全生产责任制和安全生产规章制度，加大对安全生产资金、物资、技术、人员的投入保障力度，改善安全生产条件，加强安全生产标准化、信息化建设，构建安全风险分级管控和隐患排查治理双重预防机制，健全风险防范化解机制，提高安全生产水平，确保安全生产。平台经济等新兴行业、领域的生产经营单位应当根据本行业、领域的特点，建立健全并落实全员安全生产责任制，加强从业人员安全生产教育和培训，履行本法和其他法律、法规规定的有关安全生产义务。《劳动法》第五十二条规定：用人单位必须建立、健全劳动安全卫生制度，严格执行国家劳动安全卫生规程和标准，对劳动者进行劳动安全卫生教育，防止劳动过程中的事故，减少职业危害。《突发事件应对法》第二十二条规定：所有单位应当建立健全安全管理制度，定期检查本单位各项安全防范措施的落实情况，及时消除事故隐患……所以，建立、健全安全生产规章制度是国家有关安全生产法律法规明确的生产经营单位的法定责任。

（二）是生产经营单位落实主体责任的具体体现

根据《国务院关于进一步加强企业安全生产工作的通知》的工作要求："……坚持'安全第一、预防为主、综合治理'的方针，全面加强企业安全管理，健全规章制度，完善安全标准，提高企业技术水平，夯实安全生产基础；坚持依法依规生产经营，切实加强安全监管，强化企业安全生产主体责任落实和责任追究，促进我国安全生产形势实现根本好转。"生产经营单位的安全生产主体责任主要包括以下内容：物质保障责任、资金投入责任、机构设置和人员配备责任、安全生产规章制度制定责任、教育培训责任、安全管理责任、事故报告和应急救援责任，以及法律法规、规章规定的其他安全生产责任。所以，建立、健全安全生产规章制度是生产经营单位落实主体责任的具体体现。

（三）是生产经营单位安全生产的重要保障

安全风险来自生产、经营活动过程之中，只要生产、经营活动在进行，安全风险就客观存在。客观上需要企业对生产工艺过程、机械设备、人员操作进行系统分析、评价，制定出一系列的操作规程和安全控制措施，以保障生产经营单位生产、经营合法、有序、安全地运行，将安全风险降到最低。在长期的生产经营活动过程中积累的大量风险辨识、评价、控制技术，以及生产安全事故教训的积累，是探索和驾驭安全生产客观规律的重要基础，只有形成生产经营单位的规章制度才能够得到不断积累，有效继承和发扬。

（四）是生产经营单位保护从业人员安全与健康的重要手段

国家有关保护从业人员安全与健康的法律法规、国家和行业标准在一个生产经营单位的具体实施，只有通过企业的安全生产规章制度体现出来，才能使从业人员明确自己的权利和义务。同时，也为从业人员遵章守纪提供标准和依据。建立健全安全生产规章制度可以防止生产经营单位管理的随意性，有效地保障从业人员的合法权益。

二、安全生产规章制度建设的依据

安全生产规章制度以安全生产法律法规、国家和行业标准，地方政府的法规和标准为依据。生产经营单位安全生产规章制度首先必须符合国家法律法规、国家和行业标准的要求，以及生产经营单位所在地方政府的相关法规、标准的要求。生产经营单位安全生产规章制度是一系列法律法规在生产经营单位生产、经营过程中具体贯彻落实的体现。

安全生产规章制度建设的核心就是危险、有害因素的辨识和控制。通过对危险、有害因素的辨识，才能提高规章制度建设的目的性和针对性，保障安全生产。同时，生产经营单位要积极借鉴相关事故教训，及时修订和完善规章制度，防范类似事故的重复发生。

随着安全科学、技术的迅猛发展，安全生产风险防范的方法和手段不断完善。尤其是安全系统工程理论研究的不断深化，安全管理的方法和手段也日益丰富，如职业安全健康管理体系、风险评估和安全评价体系的建立，也为生产经营单位安全生产规章制度的建设提供了重要依据。

三、安全生产规章制度建设的原则

（一）"安全第一、预防为主、综合治理"的原则

"安全第一、预防为主、综合治理"是我国的安全生产方针，是我国经济社会发展现阶段安全生产客观规律的具体要求。安全第一，就是要求必须把安全生产放在各项工作的首位，正确处理好安全生产与工程进度、经济效益的关系；预防为主，就是要求生产经营单位的安全生产管理工作，要以危险、有害因素的辨识、评价和控制为基础，建立安全生产规章制度。通过制度的实施达到规范人员行为，消除物的不安全状态，实现安全生产的目标；综合治理，就是要求在管理上综合采取组织措施、技术措施，落实生产经营单位的主要负责人、专业技术人员、管理人员、从业人员等各级人员，以及党政工团有关管理部门的责任，各负其责，齐抓共管。

（二）主要负责人负责的原则

我国安全生产法律法规对生产经营单位安全生产规章制度建设有明确的规定。如《安全生产法》第二十一条明确规定：建立健全并落实本单位全员安全生产责任制，加强安全生产标准化建设；组织制定并实施本单位安全生产规章制度和操作规程等，是生产经营单位的主要负责人的职责。安全生产规章制度的建设和实施，涉及生产经营单位的各个环节和全体人员，只有主要负责人负责，才能有效调动和使用生产经营单位的所有资源，才能协调好各方面的关系，规章制度的落实才能够得到保证。

（三）系统性原则

安全风险来自生产、经营活动过程之中。因此，生产经营单位安全生产规章制度的建设，应按照安全系统工程的原理，涵盖生产经营的全过程、全员、全方位。主要包括规划设计、建设安装、生产调试、生产运行、技术改造的全过程，生产经营活动的每个环节、每个岗位、每个人，事故预防、应急处置、调查处理全过程。

（四）规范化和标准化原则

生产经营单位安全生产规章制度的建设应实现规范化和标准化管理，以确保安全生产规章制度建设的严密、完整、有序。即按照系统性原则的要求，建立完整的安全生产规章制度体系；建立安全生产规章制度起草、审核、发布、教育培训、执行、反馈、持续改进的组织管理程序；每一个安全生产规章制度编制，都要做到目的明确，流程清晰，标准准确，具有可操作性。

四、安全生产规章制度体系的建立

目前我国还没有明确的安全生产规章制度分类标准。从广义上讲，安全生产规章制度应包括安全管理和安全技术两个方面的内容。在长期的安全生产实践过程中，生产经营单位按照自身的习惯和传统，形成了各具特色的安全生产规章制度体系。按照安全系统工程和人机工程原理建立的安全生产规章制度体系，一般把安全生产规章制度分为4类，即综合管理、人员管理、设备设施管理、环境管理；按照标准化工作体系建立的安全生产规章制度体系，一般把安全生产规章制度分为技术标准、工作标准和管理标准，通常称为"三大标准体系"；按照职业安全健康管理体系建立的安全生产规章制度，一般包括手册、程序文件、作业指导书。

一般生产经营单位安全生产规章制度体系应主要包括以下内容，高危行业的生产经营单位还应根据相关法律法规进行补充和完善。

（一）综合安全管理制度

1. 安全生产管理目标、指标和总体原则

应明确：生产经营单位安全生产的具体目标、指标，明确安全生产的管理原则、责任，明确安全生产管理的体制、机制、组织机构、安全生产风险防范和控制的主要措施，日常安全生产监督管理的重点工作等内容。

2. 安全生产责任制

应明确：生产经营单位各级领导、各职能部门、管理人员及各生产岗位的安全生产责任、权利和义务等内容。

安全生产责任制属于安全生产规章制度范畴。通常把安全生产责任制与安全生产规章制度并列来提，主要是为了突出安全生产责任制的重要性。安全生产责任制的核心是清晰安全管理的责任界面，解决"谁来管，管什么，怎么管，承担什么责任"的问题，安全生产责任制是生产经营单位安全生产规章制度建立的基础。其他的安全生产规章制度，重点是解决"干什么，怎么干"的问题。

3. 安全管理定期例行工作制度

应明确：生产经营单位定期安全分析会议、定期安全学习制度、定期安全活动、定期安全检查等内容。

4. 承包与发包工程安全管理制度

应明确：生产经营单位承包与发包工程的条件、相关资质审查、各方的安全责任、安全生产管理协议、施工安全的组织措施和技术措施、现场的安全检查与协调等内容。

5. 安全设施和费用管理制度

应明确：生产经营单位安全设施的日常维护、管理；安全生产费用保障；根据国家、行业新的安全生产管理要求或季节特点，以及生产、经营情况等发生变化后，生产经营单位临时采取的安全措施及费用来源等。

6. 重大危险源管理制度

应明确：重大危险源登记建档，定期检测、评估、监控，相应的应急预案管理；上报有关地方人民政府负责安全生产监督管理的部门和有关部门备案内容及管理。

7. 危险物品使用管理制度

应明确：生产经营单位存在的危险物品名称、种类、危险性；使用和管理的程序、手续；安全操作注意事项；存放的条件及日常监督检查；针对各类危险物品的性质，在相应的区域设置人员紧急救护、处置的设施等。

8. 消防安全管理制度

应明确：生产经营单位消防安全管理的原则、组织机构、日常管理、现场应急处置原则和程序，消防设施、器材的配置、维护保养、定期试验，定期防火检查、防火演练等。

9. 安全风险分级管控和隐患排查治理双重预防工作制度

应明确：生产经营单位存在的安全风险类别、可能产生的严重后果、分级原则，根据生产经营单位内部组织结构，明确各级管理人员、各级组织应管控的安全风险。

应明确：应排查的设备设施、场所的名称，排查周期、排查人员、排查标准；发现问题的处置程序、跟踪管理等。

10. 交通安全管理制度

应明确：车辆调度、检查维护保养、检验标准，驾驶员学习、培训、考核的相关内容。

11. 防灾减灾管理制度

应明确：生产经营单位根据地区的地理环境、气候特点以及生产经营性质，针对与防范台风、洪水、泥石流、地质滑坡、地震等自然灾害相关工作的组织管理、技术措施、日常工作等内容和标准。

12. 事故调查报告处理制度

应明确：生产经营单位内部事故标准，报告程序、现场应急处置、现场保护、资料收集、相关当事人调查、技术分析、调查报告编制等。还应明确向上级主管部门报告事故的流程、内容等。

13. 应急管理制度

应明确：生产经营单位的应急管理部门，预案的制定、发布、演练、修订和培训等；总体预案、专项预案、现场处置方案等。

制定应急管理制度及应急预案过程中，除考虑生产经营单位自身可能对环境和公众的影响外，还应重点考虑生产经营单位周边环境的特点，针对周边环境可能给生产经营过程中的安全所带来的影响。如生产经营单位附近存在化工厂，就应调查了解可能会发生何种有毒有害物质泄漏，可能泄漏物质的特性、防范方法，以便与生产经营单位自身的应急预案相衔接。

14. 安全奖惩制度

应明确：生产经营单位安全奖惩的原则，奖励或处分的种类、额度等。

（二）人员安全管理制度

1. 安全教育培训制度

应明确：生产经营单位各级管理人员安全管理知识培训、新员工三级安全教育培训、转岗培训，新材料、新工艺、新设备的使用培训，特种作业人员培训，岗位安全操作规程培训，应急培训等。还应明确各项培训的对象、内容、时间及考核标准等。

2. 劳动防护用品发放使用和管理制度

应明确：生产经营单位劳动防护用品的种类、适用范围、领取程序、使用前检查标准和用品寿命周期等内容。

3. 安全工器具的使用管理制度

应明确：生产经营单位安全工器具的种类、使用前检查标准、定期检验和器具寿命周期等内容。

4. 特种作业及特殊危险作业管理制度

应明确：生产经营单位特种作业的岗位、人员，作业的一般安全措施要求等。特殊危险作业是指危险性较大的作业，应明确作业的组织程序，保障安全的组织措施、技术措施的制定及执行等内容。

5. 岗位安全规范

应明确：生产经营单位除特种作业岗位外，其他作业岗位保障人身安全、健康，预防火灾、爆炸等事故的一般安全要求。

6. 职业健康检查制度

应明确：生产经营单位职业禁忌的岗位名称、职业禁忌证、定期健康检查的内容和标准、女工保护，以及按照《职业病防治法》要求的相关内容等。

7. 现场作业安全管理制度

应明确：现场作业的组织管理制度，如工作联系单、工作票、操作票制度，以及作业现场的风险分析与控制制度、反违章管理制度等内容。

（三）设备设施安全管理制度

1. "三同时"制度

应明确：生产经营单位新建、改建、扩建工程"三同时"的组织审查、验收、上报、备案的执行程序等。

2. 定期巡视检查制度

应明确：生产经营单位日常检查的责任人员，检查的周期、标准、线路，发现问题的处置等内容。

3. 定期维护检修制度

应明确：生产经营单位所有设备设施的维护周期、维护范围、维护标准等内容。

4. 定期检测、检验制度

应明确：生产经营单位须进行定期检测的设备种类、名称、数量，有权进行检测的部门或人员，检测的标准及检测结果管理，安全使用证、检验合格证或者安全标志的管理等。

5. 安全操作规程

应明确：为保证国家、企业、员工的生命财产安全，根据物料性质、工艺流程、设备使用要求而制定的符合安全生产法律法规的操作程序。对涉及人身安全健康、生产工艺流程及周围环境有较大影响的设备、装置，如电气、起重设备、锅炉压力容器、内部机动车辆、建筑施工维护、机加工等，生产经营单位应制定安全操作规程。

（四）环境安全管理制度

1. 安全标志管理制度

应明确：生产经营单位现场安全标志的种类、名称、数量、地点和位置；安全标志的定期检查、维护等。

2. 作业环境管理制度

应明确：生产经营单位生产经营场所的通道、照明、通风等管理标准，人员紧急疏散方向、标志的管理等。

3. 职业卫生管理制度

应明确：生产经营单位尘、毒、噪声、高低温、辐射等涉及职业健康有害因素的种类、场所，定期检查、检测及控制等管理内容。

五、安全生产规章制度的管理

（一）起草

根据生产经营单位安全生产责任制，由负责安全生产管理部门或相关职能部门负责起草。起草前应对目的、适用范围、主管部门、解释部门及实施日期等给予明确，同时还应做好相关资料的准备和收集工作。

规章制度的编制，应做到目的明确、条理清楚、结构严谨、用词准确、文字简明、标点符号正确。

（二）会签或公开征求意见

起草的规章制度，应通过正式渠道征得相关职能部门或员工的意见和建议，以利于规章制度颁布后的贯彻落实。当意见不能取得一致时，应由分管领导组织讨论，统一认识，达成一致。

（三）审核

制度签发前，应进行审核。一是由生产经营单位负责法律事务的部门进行合规性审查；二是专业技术性较强的规章制度应邀请相关专家进行审核；三是安全奖惩等涉及全员性的制度，应经过职工代表大会或职工代表进行审核。

（四）签发

技术规程、安全操作规程等技术性较强的安全生产规章制度，一般由生产经营单位主管生产的领导或总工程师签发，涉及全局性的综合管理制度应由生产经营单位的主要负责人签发。

（五）发布

生产经营单位的规章制度，应采用固定的方式进行发布，如红头文件形式、内部办公网络等。发布的范围涵盖应执行的部门、人员。有些特殊的制度还应正式送达相关人员，并由接收人员签字。

（六）培训

新颁布的安全生产规章制度、修订的安全生产规章制度，应组织进行培训，安全操作规程类规章制度还应组织相关人员进行考试。

（七）反馈

应定期检查安全生产规章制度执行中存在的问题，或建立信息反馈渠道，及时掌握安全生产规章制度的执行效果。

（八）持续改进

生产经营单位应每年制定规章制度制定、修订计划，并应公布现行有效的安全生产规章制度清单。对安全操作规程类规章制度，除每年进行审查和修订外，每3~5年应进行一次全面修订，并重新发布，确保规章制度的建设和管理有序进行。

六、安全生产规章制度的合规性管理

合规性管理是指安全生产规章制度要符合国家法律法规、规章以及其他规范性文件。合规性管理是生产经营单位一项重要风险管理活动，生产经营单位要建立获取、识别、更新法律法规和其他要求的渠道，保证生产经营单位的安全生产规章制度符合相关法律法规和其他要求，并定期评价对适用法律法规和其他要求的遵守情况，切实履行生产经营单位遵守法律法规和其他要求的承诺。

（一）明确职责

生产经营单位要明确具体部门负责国家相关法律法规和其他要求的识别、获取、更新和保管，收集合规性证据；生产经营单位主要负责人负责组织对安全生产规章制度合规性进行评价和修订；各职能部门负责传达给员工并遵照执行。

（二）法律法规和其他要求的获取

生产经营单位定期从国家执法部门和相关网站咨询或认证机构获取相关法律法规、标准和其他要求的最新版本，及时跟踪法律法规和其他要求的最新变化。

（三）法律法规和其他要求的选择确认

生产经营单位选择、确认所获取的各类法律法规、标准和其他要求的适用性，经过生产经营单位主要负责人审批后，及时发布。

（四）安全生产规章制度的修订

根据获取的各类法律法规、标准和其他要求，生产经营单位主要负责人要组织及时修订安全生产规章制度，确保与法律法规和其他要求相符合。

（五）安全生产规章制度的培训

生产经营单位要及时组织员工对新获取的法律法规和其他要求以及根据新获取的法律法规和其他要求而修订的安全生产规章制度的培训，使员工落实在日常的生产经营活动中。

（六）合规性的评价

生产经营单位定期组织对适用的法律法规和其他要求遵循的情况进行合规性评价，包括生产经营单位遵循法律法规和其他要求的情况，生产经营单位制定的安全生产规章制度合规性情况，员工执行法律法规、其他要求的情况和安全生产规章制度情况，过程控制和目标、指标完成情况以及违规事件、事故的处置情况。

合规性评价可以采取会议形式集中进行，更适用于随机和各种检查过程相结合起来进行。

第三节　安全操作规程

一、安全操作规程的定义

安全操作规程是员工操作机器设备、调整仪器仪表和其他作业过程中，必须遵守的程序和注意事项。安全操作规程规定操作过程应该做什么，不该做什么，设施或者环境应该处于什么状态，是员工安全操作的行为规范。

安全操作规程是为了保证安全生产而制定的。生产经营单位根据生产性质、技术设备的特点和技术要求，结合实际给各工种员工制定安全操作守则，它是生产经营单位实行安全生产的一种基本文件，也是对员工进行安全教育的主要依据。

二、安全操作规程的编制

（一）编制安全操作规程的依据

编制安全操作规程的依据如下：

（1）现行国家、行业安全技术标准和规范、安全规程等。

（2）设备的使用说明书，工作原理资料，以及设计、制造资料。

（3）曾经出现过的危险、事故案例及与本项操作有关的其他不安全因素。

（4）作业环境条件、工作制度、安全生产责任制等。

（二）安全操作规程的内容

安全操作规程一般包括以下内容：

（1）操作前的准备，包括操作前作哪些检查，机器设备和环境应当处于什么状态，应作哪些调整，准备哪些工具等。

（2）劳动防护用品的穿戴要求。应该和禁止穿戴的防护用品种类，以及如何穿戴等。

（3）操作的先后顺序、方式。

（4）操作过程中机器设备的状态，如手柄、开关所处的位置等。

（5）操作过程需要进行哪些测试和调整，如何进行。

（6）操作人员所处的位置和操作时的规范姿势。

（7）操作过程中有哪些必须禁止的行为。

（8）一些特殊要求。

（9）异常情况如何处理。

（10）其他要求。

（三）安全操作规程的撰写

安全操作规程的格式一般可分为全式和简式。全式一般由总则或适用范围、引用标准、名词说明、操作安全要求构成，通常用于范围较广的规程，如行业性的规程。简式的内容一般由操作安全要求构成，针对性强，企业内部制定安全操作规程通常采用简式，规程的文字应简明。为了使操作者更好地掌握、记住操作规程，发生事故时的既定程序处理，也可以将安全操作规程图表化、流程化。采用流程图表化的规程，可一目了然，便于应用。

安全操作规程编写完成后，应广泛征求设备管理部门和使用部门意见，进一步修改完善，经过审批，作为企业内部标准严格执行。随着生产工艺的变化、新设备的使用、新材料和新技术的应用，操作的方式和方法也会发生变化，因此操作规程编制完成后，要根据以上情况的变化及时修订。

（四）注意事项

编制安全操作规程时应考虑以下几个方面：

（1）要考虑并罗列所有危险和有害因素，有针对性地禁止操作工人去接触这些危险和有害因素部位，防止产生不良后果。例如，开车时禁止用手去触摸某运动件，以防轧伤手指。

（2）要考虑因各岗位员工的不安全行为而导致的不安全问题。机器在运转中可能产生螺栓松动，引起机件走动而发生事故。螺栓松动与装配质量有关，因此要求工人保证装配质量控制事故发生。例如，装配机件时，要拧紧皮带轮固定螺栓，防止回转时松动飞出伤人。

（3）要考虑提醒员工注意安全，防止意外事故发生。尽管人的不安全行为和物的不安全状态都控制得很好，编写时还要增加注意安全方面的条款。例如，抬笨重物品时应先检查绳索、杠棒是否牢固，两人要前呼后应，步调一致，防止下落砸伤腿脚。又如，检修时，应切断电源，挂上"不准开车"指示牌，以防他人误开车发生人身事故。

（4）要考虑因设备出现故障停车后，操作工要弄清通知对象。例如，机器运转时，闻到焦味、听到异响应及时停车，并报告当班班长。又如电气设备发生故障，应通知电工，不准自行修理。

（5）要考虑作业中每个工作细节可能出现的不安全问题。例如，不准酒后登高，登高时，不准穿易滑的鞋子。竹梯子要有包脚，安全角度60°。作业时戴好安全帽，系好安全带。上下传递物品时，保持身体重心平衡，并有专人监护。

第四节　安全生产教育培训

一、对安全生产教育培训的基本要求

从目前我国生产安全事故的特点可以看出，重特大人身伤亡事故主要集中在劳动密集型的生产经营单位，如煤矿、非煤矿山、道路交通、烟花爆竹、建筑施工等。从这些生产经营单位的用工情况看，其从业人员多数以农民工为主，以不签订劳动合同或签订短期劳动合同为主要形式。这些从业人员多数文化水平不高，流动性大，也影响部分生产经营单位在安全教育培训方面不愿意作出更多投入，安全教育培训流于形式的情况较为严重，导致从业人员对违章作业（或根本不知道本人的行为是违章）的危害认识不清，对作业环境中存在的危险、有害因素认识不清。

因此，加强对从业人员的安全教育培训，提高从业人员对作业风险的辨识、控制、应急处置和避险自救能力，提高从业人员安全意识和综合素质，是防止产生不安全行为、减少人为失误的重要途径。《安全生产法》第二十八条规定：生产经营单位应当对从业人员进行安全生产教育和培训，保证从业人员具备必要的安全生产知识，熟悉有关的安全生产规章制度和安全操作规程，掌握本岗位的安全操作技能，了解事故应急处理措施，知悉自身在安全生产方面的权利和义务。未经安全生产教育和培训合格的从业人员，不得上岗作业。生产经营单位使用被派遣劳动者的，应当将被派遣劳动者纳入本单位从业人员统一管理，对被派遣劳动者进行岗位安全操作规程和安全操作技能的教育和培训。劳务派遣单位应当对被派遣劳动者进行必要的安全生产教育和培训。生产经营单位接收中等职业学校、高等学校学生实习的，应当对实习学生进行相应的安全生产教育和培训，提供必要的劳动防护用品。学校应当协助生产经营单位对实习学生进行安全生产教育和培训。生产经营单位应当建立安全生产教育和培训档案，如实记录安全生产教育和培训的时间、内容、参加人员以及考核结果等情况。第二十九条规定：生产经营单位采用新工艺、新技术、新材料或者使用新设备，必须了解、掌握其安全技术特性，采取有效的安全防护措施，并对从业人员进行专门的安全生产教育和培训。第三十条规定：生产经营单位的特种作业人员必须按照国家有关规定经专门的安全作业培训，取得相应资格，方可上岗作业。第四十四条规定：生产经营单位应当教育和督促从业人员严格执行本单位的安全生产规章制度和安全操作规程；并向从业人员如实告知作业场所和工作岗位存在的危险因素、防范措施以及事故应急措施。生产经营单位应当关注从业人员的身体、心理状况和行为习惯，加强对从业人员的心理疏导、精神慰藉，严格落实岗位安全生产责任，防范从业人员行为异常导致事故发生。第五十八条规定：从业人员应当接受安全生产教育和培训，掌握本职工作所需的安全生产知识，提高安全生产技能，增强事故预防和应急处理能力。

为确保国家有关生产经营单位从业人员安全教育培训政策、法规、要求的贯彻实施，必须首先从强化生产经营单位领导人员安全生产法制化教育入手，强化生产经营单位领导人员的安全意识。各级政府安全生产监督管理部门、负有安全生产监督管理责任的有关部门，应结合生产经营单位的用工形式，安全教育培训投入，安全教育培训的内容、方法、时间，以及安全教育培训的效果验证等方面实施综合监管。

二、安全生产教育培训违法行为的处罚

《安全生产法》第九十七条规定，生产经营单位有下列行为之一的，责令限期改正，处十万元以下的罚款；逾期未改正的，责令停产停业整顿，并处十万元以上二十万元以下的罚款，对其直接负责的主管人员和其他直接责任人员处二万元以上五万元以下的罚款。

（1）危险物品的生产、经营、储存、装卸单位以及矿山、金属冶炼、建筑施工、运输单位的主要负责人和安全生产管理人员未按照规定经考核合格的。

（2）未按照规定对从业人员、被派遣劳动者、实习学生进行安全生产教育和培训，或者未按照规定如实告知有关的安全生产事项的。

（3）未如实记录安全生产教育和培训情况的。

（4）未将事故隐患排查治理情况如实记录或者未向从业人员通报的。

（5）未按照规定制定生产安全事故应急救援预案或者未定期组织演练的。

（6）特种作业人员未按照规定经专门的安全作业培训并取得相应资格，上岗作业的。

三、对各类人员的培训

（一）对主要负责人的培训内容和时间

1. 初次培训的主要内容

（1）国家安全生产方针、政策和有关安全生产的法律法规、规章及标准。

（2）安全生产管理基本知识、安全生产技术、安全生产专业知识。

（3）重大危险源管理、重大事故防范、应急管理和救援组织以及事故调查处理的有关规定。

（4）职业危害及其预防措施。

（5）国内外先进的安全生产管理经验。

（6）典型事故和应急救援案例分析。

（7）其他需要培训的内容。

2. 再培训的主要内容

对已经取得上岗资格证书的有关领导，应定期进行再培训，再培训的主要内容是新知识、新技术和新颁布的政策、法规，有关安全生产的法律法规、规章、规程、标准和政策，安全生产的新技术、新知识，安全生产管理经验，典型事故案例。

3. 培训时间

（1）煤矿、非煤矿山、危险化学品、烟花爆竹、金属冶炼等生产经营单位主要负责人初次安全培训时间不得少于48学时，每年再培训时间不得少于16学时。

（2）其他生产经营单位主要负责人初次安全培训时间不得少于32学时，每年再培训时间不得少于12学时。

（二）对安全生产管理人员的培训内容和时间

1. 初次培训的主要内容

（1）国家安全生产方针、政策和有关安全生产的法律法规、规章及标准。

（2）安全生产管理、安全生产技术、职业卫生等知识。

（3）伤亡事故统计、报告及职业危害的调查处理方法。

（4）应急管理、应急预案编制以及应急处置的内容和要求。

（5）国内外先进的安全生产管理经验。

（6）典型事故和应急救援案例分析。

（7）其他需要培训的内容。

2. 再培训的主要内容

对已经取得上岗资格证书的安全生产管理人员，应定期进行再培训，再培训的主要内容是新知识、新技术和新颁布的政策、法规，有关安全生产的法律法规、规章、规程、标准和政策，安全生产的新技术、新知识，安全生产管理经验，典型事故案例。

3. 培训时间

（1）煤矿、非煤矿山、危险化学品、烟花爆竹、金属冶炼等生产经营单位安全生产管理人员初次安全培训时间不得少于48学时，每年再培训时间不得少于16学时。

（2）其他生产经营单位安全生产管理人员初次安全培训时间不得少于32学时，每年再培训时间不得少于12学时。

（三）对特种作业人员的培训内容和时间

特种作业是指容易发生事故，对操作者本人、他人的安全健康及设备设施的安全可能造成重大危害的作业。直接从事特种作业的从业人员称为特种作业人员。特种作业的范围包括：电工作业、焊接与热切割作业、高处作业、制冷与空调作业、煤矿安全作业、金属非金属矿山安全作业、石油天然气安全作业、冶金（有色）生产安全作业、危险化学品安全作业、烟花爆竹安全作业、应急管理部认定的其他作业。

特种作业人员必须经专门的安全技术培训并考核合格，取得中华人民共和国特种作业操作证（简称特种作业操作证）后，方可上岗作业。特种作业人员的安全技术培训、考核、发证、复审工作实行统一监管、分级实施、教考分离的原则。特种作业人员应当接受与其所从事的特种作业相应的安全技术理论培训和实际操作培训。跨省、自治区、直辖市从业的特种作业人员，可以在户籍所在地或者从业所在地参加培训。

从事特种作业人员安全技术培训的机构，应当制定相应的培训计划、教学安排，并按照应急管理部、国家煤矿监察局制定的特种作业人员培训大纲和煤矿特种作业人员培训大纲进行特种作业人员的安全技术培训。

特种作业操作证有效期为6年，在全国范围内有效。特种作业操作证由应急管理部统一式样、标准及编号。特种作业操作证每3年复审1次。特种作业人员在特种作业操作证有效期内，连续从事本工种10年以上，严格遵守有关安全生产法律法规的，经原考核发证机关或者从业所在地考核发证机关同意，特种作业操作证的复审时间可以延长至每6年1次。

特种作业操作证申请复审或者延期复审前，特种作业人员应当参加必要的安全培训并考试合格。安全培训时间不少于8个学时，主要培训法律法规、标准、事故案例和有关新工艺、新技术、新装备等知识。再复审、延期复审仍不合格，或者未按期复审的，特种作业操作证失效。

（四）对其他从业人员的教育培训

生产经营单位其他从业人员是指除主要负责人、安全生产管理人员以外，生产经营单位从事生产经营活动的所有人员（包括其他负责人、其他管理人员、技术人员和各岗位的工人以及临时聘用的人员）。由于特种作业人员作业岗位对安全生产影响较大，需要经过特殊培训和考核，所以制定了特殊要求，但对从业人员的其他安全教育培训、考核工作，同样适用于特种作业人员。

1. 三级安全教育培训

三级安全教育是指厂、车间、班组的安全教育。三级安全教育是我国多年积累、总结并形成的一套行之有效的安全教育培训方法。三级安全教育培训的形式、方法以及考核标准各有侧重。

（1）厂级安全教育培训是入厂教育的一个重要内容，培训重点是生产经营单位安全风险辨识、安全生产管理目标、规章制度、劳动纪律、安全考核奖惩、从业人员的安全生产权利和义务、有关事故案例等。

（2）车间级安全教育培训是在从业人员工作岗位、工作内容基本确定后进行，由车间一级组织。培训重点是本岗位工作及作业环境范围内的安全风险辨识、评价和控制措施，典型事故案例，岗位安全职责、操作技能及强制性标准，自救互救、急救方法、疏散和现场紧急情况的处理，安全设施、个人防护用品的使用和维护。

（3）班组级安全教育培训是在从业人员工作岗位确定后，由班组组织，班组长、班组技术员、安全员对其进行安全教育培训，除此之外自我学习是重点。我国传统的师傅带徒弟的方式，也是搞好班组安全教育培训的一种重要方法。进入班组的新从业人员，都应有具体的跟班学习、实习期，实习期间不得安排单独上岗作业。由于生产经营单位的性质不同，对于学习、实习期，国家没有统一规定，应按照行业的规定或生产经营单位自行确定。实习期满，通过安全规程、业务技能考试合格方可独立上岗作业。班组安全教育培训重点是岗位安全操作规程、岗位之间工作衔接配合、作业过程的安全风险分析方法和控制对策、事故案例等。

生产经营单位新上岗的从业人员，岗前安全培训时间不得少于 24 学时。煤矿、非煤矿山、危险化学品、烟花爆竹、金属冶炼等生产经营单位新上岗的从业人员安全培训时间不得少于 72 学时，每年再培训的时间不得少于 20 学时。

2. 调整工作岗位或离岗后重新上岗安全教育培训

从业人员调整工作岗位后，由于岗位工作特点、要求不同，应重新进行新岗位安全教育培训，并经考试合格后方可上岗作业。

由于工作需要或其他原因离开岗位后，重新上岗作业应重新进行安全教育培训，经考试合格后，方可上岗作业。由于工作性质不同，离开岗位时间可按照行业规定或生产经营单位自行规定，行业规定或生产经营单位自行规定的离开岗位时间应高于国家规定。原则上，作业岗位安全风险较大，技能要求较高的岗位，时间间隔应短一些。例如，电力行业规定为 3 个月。

调整工作岗位和离岗后重新上岗的安全教育培训工作，原则上应由车间级组织。

3. 岗位安全教育培训

岗位安全教育培训是指连续在岗位工作的安全教育培训工作，主要包括日常安全教育培训、定期安全考试和专题安全教育培训三个方面。

（1）日常安全教育培训主要以车间、班组为单位组织开展，重点是安全操作规程的学习培训、安全生产规章制度的学习培训、作业岗位安全风险辨识培训、事故案例教育等。日常安全教育培训工作形式多样，内容丰富，根据行业或生产经营单位的特点不同而各具特色。我国电力行业有班前会、班后会制度，"安全日活动"制度。在班前会上，在布置当天工作任务的同时，开展作业前安全风险分析，制定预控措施，明确工作的监护人等。工作结束后，对当天作业的安全情况进行总结分析、点评等。"安全日活动"，即每周必须安排半天的时间统一由班组或车间组织安全学习培训，企业的领导、职能部门的领导及专职安全监督人员深入班组参加活动。

（2）定期安全考试是指生产经营单位组织的定期安全工作规程、规章制度、事故案例的学习和培训，学习培训的方式较为灵活，但考试统一组织。定期安全考试不合格者，应下岗接受培训，考试合格后方可上岗作业。

（3）专题安全教育培训是指针对某一具体问题进行专门的培训工作。专题安全教育培训工作针对性强，效果比较突出。通常开展的内容有"三新"安全教育培训，法律法规及规章制度培训，事故案例培训，安全知识竞赛、技术比武等。

"三新"安全教育培训是生产经营单位实施新工艺、新技术、新设备（新材料）时，组织相关岗位对从业人员进行有针对性的安全生产教育培训。法律法规及规章制度培训是指国家颁布的有关安全生产法律法规，或生产经营单位制定新的有关安全生产规章制度后，组织开展的培训活动。事故案例培训是指在生产经营单位发生生产安全事故或获得与本单位生产经营活动相关的事故案例信息后，开展的安全教育培训活动。有条件的生产经营单位还应该举办经常性的安全生产知识竞赛、技术比武等活动，提高从业人员对安全教育培训的兴趣，推动岗位学习和练兵活动。

在安全生产的具体实践过程中，生产经营单位还采取了其他许多宣传教育培训的方式方法，如班组安全管理制度，警句、格言上墙活动，利用闭路电视、报纸、黑板报、橱窗等进行安全宣传教育，利用漫画等形式解释安全规程制度，在生产现场曾经发生过生产安全事故的地点设置警示牌，组织事故回顾展览等。

生产经营单位还应以国家组织开展的全国"安全生产月"活动为契机，结合生产经营的性质、特点，开展内容丰富、灵活多样、具有针对性的各种安全教育培训活动，提高各级人员的安全意识和综合素质。目前，我国许多生产经营单位都在有计划、有步骤地开展企业安全文化建设，对保持安全生产局面稳定，提高安全生产管理水平发挥了重要作用。

第五节　建设项目安全设施"三同时"

一、"三同时"的概念及相关要求

"三同时"是指：生产经营单位新建、改建、扩建工程项目（以下统称建设项目）的安全设施，必须与主体工程同时设计、同时施工、同时投入生产和使用。安全设施投资应当纳入建设项目概算。生产经营单位不得使用应当淘汰的危及生产安全的工艺、设备。

（一）落实"三同时"要求的五个环节

（1）安全评价规定。矿山、金属冶炼建设项目和用于生产、储存、装卸危险物品的建设项目，应当按照国家有关规定进行安全评价。

（2）设计及审查责任。建设项目安全设施的设计人、设计单位应当对安全设施设计负责。矿山、金属冶炼建设项目和用于生产、储存、装卸危险物品的建设项目的安全设施设计应当按照国家有关规定报经有关部门审查，审查部门及其负责审查的人员对审查结果负责。

（3）工程建设质量责任。矿山、金属冶炼建设项目和用于生产、储存、装卸危险物品的建设项目的施工单位必须按照批准的安全设施设计施工，并对安全设施的工程质量负责。

（4）验收及监督。矿山、金属冶炼建设项目和用于生产、储存、装卸危险物品的建设项目竣工投入生产或者使用前，应当由建设单位负责组织对安全设施进行验收；验收合格后，方可投入生产和使用。负有安全生产监督管理职责的部门应当加强对建设单位验收活动和验收结果的监督核查。

（5）安全警示标志。生产经营单位应当在有较大危险因素的生产经营场所和有关设施、设备上，设置明显的安全警示标志。

（二）安全设备"三同时"管理

安全设备的设计、制造、安装、使用、检测、维修、改造和报废，应当符合国家标准或者行业标准。生产经营单位必须对安全设备进行经常性维护、保养，并定期检测，保证正常运转。维护、保养、检测应当做好记录，并由有关人员签字。

生产经营单位不得关闭、破坏直接关系生产安全的监控、报警、防护、救生设备、设施，或者篡改、隐瞒、销毁其相关数据、信息。

餐饮等行业的生产经营单位使用燃气的，应当安装可燃气体报警装置，并保障其正常使用。

（三）特种设备的安全标志及检测检验

生产经营单位使用的危险物品的容器、运输工具，以及涉及人身安全、危险性较大的海洋石油开采特种设备和矿山井下特种设备，必须按照国家有关规定，由专业生产单位生产，并经具有专业资质的检测、检验机构检测、检验合格，取得安全使用证或者安全标志，方可投入使用。检测、检验机构对检测、检验结果负责。

二、监管责任

（一）非煤矿山类建设项目

根据《国家安全监管总局办公厅关于切实做好国家取消和下放投资审批有关建设项目安全监管工作的通知》（安监总厅政法〔2013〕120 号）的规定，下列非煤矿山类建设项目的安全设施设计需要实施审查和竣工验收：

（1）海洋石油天然气建设项目、企业投资年产 100×10^4 t 及以上的陆上新油田开发项目、企业投资年产 20×10^8 m^3 及以上的陆上新气田开发项目。

（2）设计生产能力 300×10^4 t/a 以上或者设计最大开采深度 1000 m 以上的金属非金属地下矿山建设项目。

（3）设计生产能力 1000×10^4 t/a 以上或者设计边坡 200 m 以上的金属非金属露天矿山建设项目。

（4）设计总库容 1×10^8 m³ 或者设计总坝高 200 m 以上的尾矿库建设项目。

（二）危险化学品类建设项目

根据《危险化学品建设项目安全监督管理办法》（国家安全生产监督管理总局令第 45 号）的规定，下列危险化学品类建设项目需要实施安全审查：

（1）国务院审批（核准、备案）的。

（2）跨省、自治区、直辖市的。

（三）其他行业建设项目

根据《建设项目安全设施"三同时"监督管理办法》（国家安全生产监督管理总局令第 36 号，第 77 号修订）的规定，县级以上地方各级安全生产监督管理部门对本行政区域内的建设项目安全设施"三同时"实施综合监督管理，并在本级人民政府规定的职责范围内承担本级人民政府及其有关主管部门审批、核准或者备案的建设项目安全设施"三同时"的监督管理。

跨两个及两个以上行政区域的建设项目安全设施"三同时"由其共同的上一级人民政府安全生产监督管理部门实施监督管理。上一级人民政府安全生产监督管理部门根据工作需要，可以将其负责监督管理的建设项目安全设施"三同时"工作委托下一级人民政府安全生产监督管理部门实施监督管理。

三、建设项目安全设施设计审查

（一）设计审查要求

（1）对于非煤矿山建设项目，生产、储存危险化学品（包括使用长输管道输送危险化学品）建设项目，以及生产、储存烟花爆竹的建设项目，金属冶炼建设项目，建设项目安全设施设计完成后，生产经营单位应当向安全生产监督管理部门提出审查申请，并提交下列文件资料：

① 建设项目审批、核准或者备案的文件。

② 建设项目安全设施设计审查申请。

③ 设计单位的设计资质证明文件。

④ 建设项目安全设施设计。

⑤ 建设项目安全预评价报告及相关文件资料。

⑥ 法律、行政法规、规章规定的其他文件资料。

（2）其他建设项目，生产经营单位应当对其安全生产条件和设施进行综合分析，形成书面报告备查。

（二）安全设施设计主要内容

建设项目安全专篇应当包括下列内容：

（1）设计依据。

（2）建设项目概述。

（3）建设项目潜在的危险、有害因素和危险、有害程度及周边环境安全分析。

（4）建筑及场地布置。

（5）重大危险源分析及检测监控。

（6）安全设施设计采取的防范措施。

（7）安全生产管理机构设置或者安全生产管理人员配备要求。

（8）从业人员教育培训要求。

（9）工艺技术和设备设施的先进性和可靠性分析。

（10）安全设施专项投资概算。

（11）安全预评价报告中的安全对策及建议采纳情况。

（12）预期效果以及存在的问题与建议。

（13）可能出现的事故预防及应急救援措施。

（14）法律法规、规章、标准规定需要说明的其他事项。

四、施工和竣工验收

（一）施工和建设要求

建设项目安全设施的施工应当由取得相应资质的施工单位进行，并与建设项目主体工程同时施工。施工单位应当在施工组织设计中编制安全技术措施和施工现场临时用电方案，同时对危险性较大的分部分项工程依法编制专项施工方案，并附具安全验算结果，经施工单位技术负责人、总监理工程师签字后实施。

施工单位应当严格按照安全设施设计和相关施工技术标准、规范施工，并对安全设施的工程质量负责。施工单位发现安全设施设计文件有错漏的，应当及时向生产经营单位、设计单位提出。生产经营单位、设计单位应当及时处理。

施工单位发现安全设施存在重大事故隐患时，应当立即停止施工并报告生产经营单位进行整改。整改合格后，方可恢复施工。

工程监理单位应当审查施工组织设计中的安全技术措施或者专项施工方案是否符合工程建设强制性标准。工程监理单位在实施监理过程中，发现存在事故隐患的，应当要求施工单位整改；情况严重的，应当要求施工单位暂时停止施工，并及时报告生产经营单位。施工单位拒不整改或者不停止施工的，工程监理单位应当及时向有关主管部门报告。工程监理单位、监理人员应当按照法律法规和工程建设强制性标准实施监理，并对安全设施工程的工程质量承担监理责任。

建设项目安全设施建成后，生产经营单位应当对安全设施进行检查，对发现的问题及时整改。建设项目竣工后，根据规定建设项目需要试运行（包括生产、使用，下同）的，应当在正式投入生产或者使用前进行试运行。

试运行时间应当不少于30日，最长不得超过180日，国家有关部门有规定或者特殊要求的行业除外。

生产、储存危险化学品的建设项目和化工建设项目，应当在建设项目试运行前将试运行方案报安全生产监督管理部门备案。

（二）安全设施竣工验收要求

对于非煤矿山建设项目，生产、储存危险化学品（包括使用长输管道输送危险化学品）的建设项目，生产、储存烟花爆竹的建设项目，金属冶炼建设项目，使用危险化学品从事生产并且使用量达到规定数量的化工建设项目（属于危险化学品生产的除外），以及法律、行政法规和国务院规定的其他建设项目，建设项目安全设施竣工或者试运行完成后，生产经营单位应当委托具有相应资质的安全评价机构对安全设施进行验收评价，并编制建设项目安全验收评价报告。建设项目竣工投入生产或者使用前，生产经营单位应当组织对安全设施进行竣工验收，并形成书面报告备查。安全设施竣工验收合格后，方可投入生产和使用。

第六节　重大危险源

一、重大危险源基础知识

随着化学工业的发展，大量易燃易爆、有毒有害、有腐蚀性等危险化学品不断问世，它们作为工业生产的原料或产品出现在生产、加工处理、储存、运输、经营过程中。化学品的固有危险性给人类的生存带来了极大的威胁。1976 年，意大利塞韦索工厂环己烷泄漏事故造成 30 人伤亡，迫使 22 万人紧急疏散。1984 年，墨西哥城液化石油气爆炸事故使 650 人丧生，数千人受伤。1984 年，印度博帕尔市郊农药厂发生甲基异氰酸盐泄漏恶性中毒事故，有 2500 多人中毒死亡，20 余万人中毒受伤且其中大多数人双目失明，67 万人受到残留毒气的影响。2013 年 6 月 3 日 6 时 10 分许，吉林省长春市德惠市的吉林宝源丰禽业有限公司发生伴有大量液氨泄漏的特别重大火灾爆炸事故，造成 121 人死亡、76 人受伤，17234 m^2 主厂房及主厂房内生产设备被损毁，直接经济损失 1.82 亿元。2015 年 8 月 12 日，天津市滨海新区天津港的瑞海国际物流有限公司危险品仓库发生特别重大火灾爆炸事故。事故造成 165 人遇难，798 人受伤住院治疗，304 幢建筑物、12428 辆商品汽车、7533 个集装箱受损，直接经济损失 68.66 亿元。2018 年 11 月 28 日，河北张家口望山循环经济示范园区的河北盛华化工有限公司氯乙烯泄漏扩散至厂外区域，遇火源发生爆燃，造成 24 人死亡、21 人受伤，38 辆大货车和 12 辆小型车损毁，直接经济损失 4148.8606 万元。2019 年 3 月 21 日，江苏省盐城市响水县生态化工园区的天嘉宜化工有限公司发生特别重大爆炸事故，造成 78 人死亡、76 人重伤，640 人住院治疗，直接经济损失 19.86 亿元。这些涉及危险品的事故，尽管其起因和影响不尽相同，但它们都有一些共同特征：都是失控的偶然事件，会造成工厂内外大批人员伤亡，或是造成大量的财产损失或环境损害，或是两者兼而有之。发生事故的根源是设施或系统中储存或使用易燃易爆或有毒物质。事实表明，造成重大工业事故的可能性和严重程度，既与危险品的固有性质有关，又与设施中实际存在的危险品数量有关。

20 世纪 70 年代以来，预防重大工业事故已引起国际社会的广泛重视。随之产生了"重大危害"（major hazards）、"重大危害设施（国内称为重大危险源）"（major hazard installations）等概念。1993 年 6 月，第 80 届国际劳工大会通过的《预防重大工业事故公约》将"重大事故"定义为：在重大危害设施内的一项活动过程中出现意外的、突发性的事故，如严重泄漏、火灾或爆炸，其中涉及一种或多种危险物质，并导致对工人、公众或环境造成即刻的或延期的严重危险。对重大危害设施定义为：不论长期地或临时地加工、生产、处理、搬运、使用或储存数量超过临界量的一种或多种危险物质，或多类危险物质的设施（不包括核设施、军事设施以及设施现场之外的非管道的运输）。

我国国家标准《危险化学品重大危险源辨识》（GB 18218）中将"重大危险源"定义为长期地或临时地生产、储存、使用和经营危险化学品，且危险化学品的数量等于或超过临界量的单元。单元指涉及危险化学品的生产、储存装置、设施或场所，分为生产单元和存储单元。

（一）国外重大危险源控制技术的研究与发展概况

英国是最早系统地研究重大危险源控制技术的国家。1974 年 6 月，弗利克斯巴勒（Flixborough）爆炸事故发生后，英国卫生与安全委员会设立了重大危险咨询委员会（Advisory Committee on Major Hazards，ACMH），负责研究重大危险源的辨识、评价技术和控制措施。随后，英国卫生与安全监察局（HSE）专门设立了重大危险管理处。ACMH 分别于 1976 年、1979 年和 1984 年向英国卫生与安全监察局提交了 3 份重大危险源控制技术研究报告。由于 ACMH 极富成效的开创性工作，英国政府于 1982 年颁布了《关于报告处理危害物质设施的报告规程》，1984 年颁布了《重大工业事故控制规程》。

1982 年 6 月，欧盟（时称欧共体）颁布了《工业活动中重大事故危险法令》（EEC Directive 82/50），简称《塞韦索法令》。为实施《塞韦索法令》，英国、荷兰、德国、法国、意大利、比利时等欧盟成员国都颁布了有关重大危险源控制规程，要求对工厂的重大危险源进行辨识、评价，提出相应的事故预防和应急计划措施，并向主管当局提交详细描述重大危险源状况的安全报告。根据《塞韦索法令》提出的重大危险源辨识标准，英国已确定了 1650 个重大危险源，其中 200 个为一级重大危险源。1985 年，德国确定了 850 个重大危险源，其中 60% 为化工设施，20% 为炼油设施，15% 为大型易燃气体、易燃液体储存设施，5% 为其他设施。

1996 年，欧盟颁布了《塞韦索法令Ⅱ》，并要求其成员国从 1999 年起开始执行。从 1999 年 2 月起，《塞韦索法令Ⅱ》完全代替了原先的《塞韦索法令》，新法令是强制性条约。《塞韦索法令Ⅱ》有两层目标：一是预防包括危险物质的重大事故危害，二是减轻事故对人和环境的影响后果。《塞韦索法令Ⅱ》对法令适用范围、重大危险源相关的用地规划等进行了修订。

英国于 1999 年颁布了《重大事故危险控制条例》（COMAH），它与《塞韦索法令Ⅱ》的要求是一致的。此条例根据企业内危险物质的数量列出了两个层次水平。主管机构由职业安全执行委员会（HSE）、英国及威尔士环保机构和苏格兰环保机构共同组成。企业管理者必须采取必要的措施，预防重大事故和减轻事故灾害对人和环境的影响。

1985 年 6 月，国际劳工大会通过了关于危险物质应用和工业过程中事故预防措施的决定。1985 年 10 月，国际劳工组织（ILO）组织召开了重大工业危险源控制方法的三方讨论会。1988 年，ILO 出版了《重大危险源控制手册》。1991 年，ILO 出版了《预防重大工业事故实施细则》。1992 年，国际劳工大会第 79 届会议对预防重大工业灾害的问题进行了讨论。1993 年，国际劳工大会通过了《预防重大工业事故公约》(第 174 号公约) 和建议书，该公约和建议书为建立国家重大危险源控制系统奠定了基础。

为促进亚太地区国家建立重大危险源控制系统，ILO 于 1991 年 1 月在曼谷召开了重大危险源控制区域性讨论会。1992 年 10 月，在 ILO 支持下，韩国召开了预防重大工业事故研讨会。在 ILO 支持下，印度、印尼、泰国、马来西亚和巴基斯坦等国建立了国家重大危险源控制系统。印度在建立了重大危险源控制国家标准的基础上，已辨识出 600 多个重大危险源；泰国已辨识出 60 多个重大危险源。ILO 将来的重点是，进一步支持建立国家重大危险源控制系统。在确定的危险物质及其临界量表的基础上，辨识重大危险设施和装置，然后逐渐实施企业危险评价、整改措施和应急预案。ILO 将与其他国际组织一起共同促进《预防重大工业事故公约》的实施，提供技术援助，帮助有关国家对辨识出的重大危险源进行监察。

美国于 1990 年提出了《过程安全管理标准》(RMPR) 和《清洁空气行动修正案》(CAA)，要求雇主进行危害辨识，对所有危害以严重度进行分级，并采取适宜的控制措施，如应急计划等；鼓励建立用以针对危险物泄漏的社区化学品安全体系。1992 年，美国政府颁布了《高度危险化学品处理过程的安全管理》标准，该标准定义的处理过程是指涉及一种或一种以上的高危险化学物品的使用、储存、制造、处理、搬运的任何一种活动，或这些活动的结合。美国职业健康与安全管理局（OSHA）估计符合标准要求的重大危险源达 10 万个左右，要求企业在 1997 年 5 月 26 日前必须完成对上述规定危险源的分析和评价工作。随后，美国环境保护署（EPA）颁布了《预防化学品泄漏事故的风险管理程序》(RMP) 标准，对重大危险源的辨识控制作了规定。

1996 年，澳大利亚国家职业安全卫生委员会（NOHSC）颁布了重大危险源控制国家标准和实施控制规定，并在 2001 年 7 月 25 日批准公布了重大危险源的第一个年度公告。以后每年定期发布澳大利亚重大危险源控制方面的公告，内容主要包括：澳大利亚在本年度内重大危险源控制实施情况总结，国外重大危险源控制方面的法律法规进展及对比，出现的突发性问题，重大危险源控制有效性分析以及提高改进计划。重大危险源是 NOHSC 建议国家强制控制的 7 个需优先考虑的类别之一。

（二）国内重大危险源控制技术的研究与发展现状

我国从 20 世纪 80 年代开始重视对重大危险源的辨识、分析和评价，并初步在生产实际中加以应用。1996 年 2 月，由劳动部主持完成的"八五"国家科技攻关课题《重大危险源的评价和宏观控制技术研究》通过了国家科委组织的专家鉴定和验收，该课题提出了一套适合我国国情，适用于各行业的易燃易爆、有毒、危险建（构）筑物重大危险源辨识、评价和分级方法及安全监察、管理措施，为我国开展重大危险源的普查、评价、分级监控和管理提供了良好的技术依托。

为将科研成果应用于生产实际，提高我国重大工业事故的预防和控制技术水平，1997年，劳动部选择北京、上海、天津、青岛、深圳和成都 6 个城市开展了重大危险源普查试点工作，取得了良好成效。继上述 6 个城市实施重大危险源普查之后，重庆市、泰安市等地方政府及南京化学工业集团公司等企业也已开展重大危险源普查和监控管理工作。在上述工作的基础上，我国在 2000 年颁布了国家标准《重大危险源辨识》(GB 18218)，作为重大危险源辨识的依据。该标准的颁布实施对于增强企业辨识、控制重大危险源的安全意识，规范重大危险源辨识工作，减少事故发生起到了一定的作用。随后《安全生产法》《危险化学品安全管理条例》等法律法规都对重大危险源的安全管理与监控提出了明确要求。

根据《安全生产法》的有关规定，为全面掌握重大危险源的数量、状况及其分布，加强对重大危险源的监督管理，有效防范重特大事故的发生，2003 年 11 月，国家安全生产监督管理局（国家煤矿安全监察局）在河北、辽宁、江苏、浙江、福建、广西、甘肃和重庆开展了重大危险源申报登记试点工作。

《国务院关于进一步加强安全生产工作的决定》下发后，各地认真贯彻落实，陆续开展了重大危险源普查登记和监控工作。为加强管理，统一标准，规范运行，原国家安全生产监督管理局（原国家煤矿安全监察局）提出了《关于开展重大危险源监督管理工作的指导意见》（安监管协调字〔2004〕56 号）（简称《指导意见》）。根据《指导意见》，重大危险源不仅涵盖危险化学品，还包括锅炉、压力管道、矿山和尾矿库等，扩大了重大危险源的内涵和外延。《指导意见》的颁布，使企业在辨识可能导致重大事故发生的危险物质和设备设施方面都有了明确具体的依据。所以，自《指导意见》颁布后，企业和安全评价中介服务机构越来越多地使用《指导意见》来辨识重大危险源。《国家安全监管总局关于宣布失效一批安全生产文件的通知》（安监总办〔2016〕13 号）第 100 条宣布《指导意见》已失效。

2009 年，我国颁布了《危险化学品重大危险源辨识》（GB 18218），该标准代替了 2000 年颁布的《重大危险源辨识》（GB 18218）。与 2000 年颁布的标准对照，新标准对危险物质临界量标准界定更准确，适用范围更加合理，包括的危险物质类别更完整，危险单元的划分更加科学。

2010 年，国务院《关于进一步加强企业安全生产工作的通知》要求，重大危险源和重大隐患要报当地安全生产监管监察部门、负有安全生产监管职责的有关部门和行业管理部门备案。2011 年，国务院《关于坚持科学发展安全发展促进安全生产形势持续稳定好转的意见》要求，各地区要建立重大危险源管理档案，实施动态全程监控。

2018 年，我国颁布了《危险化学品重大危险源辨识》（GB 18218—2018），该标准代替了 2009 年颁布的《危险化学品重大危险源辨识》（GB 18218—2009）。

在重大危险源控制领域，我国取得了一些进展，发展了一些实用新技术，对促进企业安全管理、减少和防止伤亡事故起到了良好作用，为重大工业事故的预防和控制奠定了一定基础。但由于我国工业基础薄弱，生产设备老化日益严重，超期服役、超负载运行的设备大量存在，形成了我国工业生产中众多的事故隐患。

（三）我国关于危险化学品重大危险源监督管理的基本要求

国内外预防重大事故的实践表明，为了有效预防重大工业事故的发生，降低事故造成的损失，必须建立重大危险源监管制度和监管机制。我国颁布的《安全生产法》和《危险化学品安全管理条例》也从法律法规层面对重大危险源的监督和管理提出了明确要求。

1. 《危险化学品重大危险源监督管理暂行规定》的发布和实施

为贯彻落实《安全生产法》《危险化学品安全管理条例》和《国务院关于进一步加强

企业安全生产工作的通知》的有关要求，针对当前我国危险化学品重大危险源管理存在的突出问题，进一步加强和规范危险化学品重大危险源的监督管理，有效减少危险化学品事故，坚决遏制重特大危险化学品事故的发生，原国家安全监管总局公布了《危险化学品重大危险源监督管理暂行规定》（国家安全生产监督管理总局令第40号，简称《暂行规定》），自2011年12月1日起施行。《暂行规定》紧紧围绕危险化学品重大危险源的规范管理，明确提出了危险化学品重大危险源辨识、分级、评估、备案和核销、登记建档、监测监控体系和安全监督检查等要求，是我国多年来危险化学品重大危险源管理实践经验总结和提炼。《暂行规定》的出台，对预防危险化学品事故，特别是遏制重特大事故发生起到了积极作用。

《暂行规定》适用于从事危险化学品生产、储存、使用和经营单位的危险化学品重大危险源的辨识、评估、登记建档、备案、核销及其监督管理，不适用于城镇燃气、用于国防科研生产的危险化学品重大危险源以及港区内危险化学品重大危险源。民用爆炸物品、烟花爆竹重大危险源的安全监管应依据《民用爆炸物品安全管理条例》《烟花爆竹安全管理条例》的有关要求，同时应符合《暂行规定》的有关要求。此外，《暂行规定》颁布施行后，有关危险化学品重大危险源的监管将不再执行原国家安全监管局《关于开展重大危险源监督管理工作的指导意见》（安监管协调字〔2004〕56号）和原国家安全监管总局《关于规范重大危险源监督与管理工作的通知》（安监总协调字〔2005〕125号）相关规定。

安全监控系统或安全监控设施是预防事故发生、降低事故后果严重性的有效措施，也是辅助事故原因分析的有效手段，因此危险化学品重大危险源建立必要的安全监控系统或设施具有重要意义。《暂行规定》要求，危险化学品单位应当根据构成重大危险源的危险化学品种类、数量、生产、使用工艺（方式）或者相关设备设施等实际情况，建立、健全安全监测监控体系，完善控制措施。譬如，重大危险源配备温度、压力、液位、流量、组分等信息的不间断采集和监测系统，以及可燃气体和有毒有害气体泄漏检测报警装置，并具备信息远传、连续记录、事故预警、信息存储等功能；一级或者二级重大危险源应具备紧急停车功能。记录的电子数据的保存时间不少于30天。特别针对危害性较大，涉及毒性气体、液化气体、剧毒液体的一级或者二级重大危险源，应当依据《石油化工安全仪表系统设计规范》《过程工业领域安全仪表系统的功能安全》等标准，配备独立的安全仪表系统（SIS）。

《暂行规定》中提出的重大危险源分级方法，是考虑各种因素，采用单元内各种危险化学品实际存在量（在线量）与其在《危险化学品重大危险源辨识》中规定的临界量比值，经校正系数校正后的比值之和 R 作为分级指标。校正系数主要引入了与各危险化学品危险性相对应的校正系数 β，以及重大危险源单元外暴露人员的校正系数 α。β 的引入主要考虑到毒性气体、爆炸品、易燃气体以及其他危险化学品（如易燃液体）在危险性方面的差异，以体现区别对待的原则。α 的引入主要考虑到重大危险源一旦发生事故对周边环境、社会的影响。周边暴露人员越多，危害性越大，引入的 α 值就越大，其重大危险源分级级别就越高，以便于实施重点监管、监控。

《暂行规定》提出通过定量风险评价确定重大危险源的个人和社会风险值，超过个人和社会可容许风险限值标准的，危险化学品单位应当采取相应的降低风险措施。《暂行规定》提出以危险化学品重大危险源各种潜在的火灾、爆炸、有毒气体泄漏事故造成区域内某一固定位置人员的个体死亡概率，即单位时间内（通常为年）的个体死亡率作为可容许个人风险标准，通常用个人风险等值线表示。同时，提出能够引起大于或等于 N 人死亡的事故累积频率（F），也即单位时间内（通常为年）的死亡人数作为可容许社会风险标准，通常用社会风险曲线（$F-N$ 曲线）表示。可容许个人风险标准和可容许社会风险标准为定量风险评价方法结果分析提供指导。可容许个人风险和可容许社会风险标准的确定，为科学确定安全距离进行了有益尝试，也遵循了与国际接轨、符合中国国情的原则。

依据《安全生产法》，《暂行规定》要求危险化学品单位应当对重大危险源进行安全评估，考虑到进一步减轻企业的负担，避免不必要的重复工作，这一评估工作可以由危险化学品单位自行组织，也可以委托具有相应资质的安全评价机构进行；安全评估可以与法律、行政法规规定的安全评价一并进行，也可以单独进行。对于那些容易引起群死群伤等恶性事故的危险化学品，例如毒性气体、爆炸品或者液化易燃气体等，是安全监管的重点。因此，《暂行规定》规定，如果其在一级、二级等级别较高的重大危险源中存量较高时，危险化学品单位应当委托具有相应资质的安全评价机构，采用更为先进、严格并与国际接轨的定量风险评价的方法进行安全评估，以更好地掌握重大危险源的现实风险水平，采取有效控制措施。

《暂行规定》规定，危险化学品单位新建、改建和扩建危险化学品建设项目，应当在建设项目竣工验收前完成重大危险源的辨识、安全评估和分级、登记建档工作，向所在地县级人民政府安全生产监督管理部门备案。另外对于现有重大危险源，当出现重大危险源安全评估已满三年、发生危险化学品事故造成人员死亡等 6 种情形之一的，危险化学品单位应当及时更新档案，并向所在地县级人民政府安全生产监督管理部门重新备案。《暂行规定》要求，县级人民政府安全生产监督管理部门行使重大危险源备案和核销职责。为体现属地监管与分级管理相结合的原则，对于高级别重大危险源备案材料和核销材料，下一级别安全生产监督管理部门也应定期报送给上一级别的安全生产监督管理部门。

2. 《危险化学品企业重大危险源安全包保责任制办法（试行）》的发布和实施

重大危险源安全风险防控是危险化学品安全生产工作的重中之重。为认真贯彻落实党中央、国务院关于全面加强危险化学品安全生产工作的决策部署，压实企业安全生产主体责任，规范和强化重大危险源安全风险防控工作，有效遏制重特大事故，应急管理部于2021 年发布第 12 号文，制定了《危险化学品企业重大危险源安全包保责任制办法（试行）》(简称《办法》)，《应急管理部关于实施危险化学品重大危险源源长责任制的通知》（应急〔2018〕89 号）同时废止。

《办法》规定，危险化学品企业应当明确本企业每一处重大危险源的主要负责人、技术负责人和操作负责人，从总体管理、技术管理、操作管理三个层面对重大危险源实行安全包保。并规定了实施全面、透明、公开的管理措施。危险化学品企业应当在重大危险源安全警示标志位置设立公示牌，写明重大危险源的主要负责人、技术负责人、操作负责人姓名、对应的安全包保职责及联系方式，接受员工监督。重大危险源安全包保责任人、联系方式应当录入全国危险化学品登记信息管理系统，并向所在地应急管理部门报备，相关信息变更的，应当于变更后 5 日内在全国危险化学品登记信息管理系统中更新。应当按照有关要求，向社会承诺公告重大危险源安全风险管控情况，在安全承诺公告牌企业承诺内容中增加落实重大危险源安全包保责任的相关内容。建立包保责任人安全包保履职记录，企业的安全管理机构应当对包保责任人履职情况进行评估，纳入企业安全生产责任制考核与绩效管理。

《办法》规定，地方各级应急管理部门应当完善危险化学品安全生产风险监测预警机制，保证重大危险源预警信息能够及时推送给对应的安全包保责任人。地方各级应急管理部门应当运用危险化学品安全生产风险监测预警系统，加强对重大危险源安全运行情况的在线巡查抽查，将重大危险源安全包保责任制落实情况纳入监督检查范畴。危险化学品企业未按照相关要求对重大危险源安全进行监测监控的，未明确重大危险源中关键装置、重点部位的责任人的，未对重大危险源的安全生产状况进行定期检查、采取措施消除事故隐患的，以及存在其他违法违规行为的，由县级以上应急管理部门依法依规查处；有关责任人员构成犯罪的，依法追究刑事责任。

二、重特大事故预防控制技术支撑体系框架

重大危险源控制的目的，不仅是要预防重特大事故发生，而且要做到一旦发生事故，能将事故危害限制到最低程度。由于工业活动的复杂性，需要采用系统工程的思想和方法控制重大危险源。重特大事故预防控制技术支撑体系框架如图 2-1 所示。

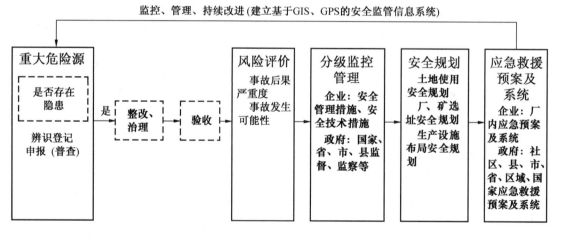

图 2-1　重特大事故预防控制技术支撑体系框架

（一）重大危险源的辨识登记、申报或普查

防止重特大事故的第一步是以重大危险源辨识标准为依据，确认或辨识重大危险源。国际劳工组织认为，各国应根据具体的工业生产情况制定合适的重大危险源辨识标准，该标准应能代表本国优先控制的危险物质和设施，并根据新的知识和经验进行修改和补充。

在开展重大危险源辨识登记的同时，要进行隐患排查工作，即查找和确认是否存在人的不安全行为、物的不安全状态和管理上的缺陷。如果重大危险源已产生隐患，则必须立即整改或治理，并按法规、标准进行评审和验收。受技术或其他条件限制，不能立即整改治理的重大事故隐患，必须在安全评价基础上，强化安全管理、监控和应急措施等风险控制措施。

通过重大危险源和重大事故隐患辨识登记、申报或普查，建立重大危险源和重大事故隐患数据库，使企业和各级安全监管部门掌握重大危险源和重大事故隐患分布、分类及其安全状况，使事故预防做到心中有数，重点突出。

（二）重大危险源安全（风险）评价

安全评价或称风险评价，是安全管理的基础和依据，是一项十分复杂的技术性工作，需要系统地收集设计、运行及其他与重大危险源和重大事故隐患有关的资料和信息。对重大危险源的关键部分，尤其应进行分析和评价，找出预防重点。应尽可能采用定量风险评价方法对重大危险源和重大事故隐患的危险程度、可能发生的重特大事故的影响范围进行分级。

企业应在规定的期限内对已辨识和评价的重大危险源向政府主管部门提交安全评价报告。如属新建的重大危险设施，则应在其初步设计审查之前提交安全预评价报告。

安全评价报告应根据重大危险源的变化，以及新知识和技术进展情况进行修改和增补。

（三）企业对重大危险源的监控和管理

企业对安全生产负主体责任。企业在重大危险源辨识和评价基础上，应对每一个重大危险源制定严格的安全监控管理制度和措施，包括检测、监控、人员培训、安全责任制的落实等。有条件的企业应建立实时监控预警系统，对危险源的安全状况进行实时监控，严密监视可能使危险源的安全状态向隐患和事故状态转化的各种参数的变化趋势，及时发出预警信息，将事故消灭在萌芽状态。

（四）应急救援系统

应急救援系统是重特大事故预防控制技术支撑体系的重要组成部分。企业应建立现场应急救援系统，定期检验和评估现场应急救援系统、预案和程序的有效程度，并在必要时进行修订。场外应急救援系统由政府安全监管部门根据企业上报的安全评价报告和预案等有关材料建立。应急救援预案应提出详尽、实用、清楚和有效的技术与组织措施。应确保职工和相关居民充分了解发生重特大事故时需要采取的应急措施，每隔适当的时间应修订应急救援预案和发放宣传材料。

（五）土地使用与厂矿选址安全规划

政府主管部门应制定综合性的土地使用安全规划政策，确保重大危险源与居民区、其他工作场所、机场、水库及其他危险源和公共设施安全隔离。我国的工业化、城市化不能因为缺乏安全规划，走入"盲目建设→搬迁→再盲目建设→再搬迁"的恶性循环。企业应在厂矿选址、项目规划和设计、工厂布局设计等规划源头落实事故预防措施。

（六）重大危险源和重大事故隐患的监管

根据重大危险源和重大事故隐患申报和普查、评价结果，按危险严重程度级别，建立基于 GIS、GPS 的国家、省、市、县四级重大危险源和重大事故隐患安全监管信息系统。突出重点，分级分类对重大危险源和重大事故隐患进行安全监管。

基于 GIS 和 GPS 的安全监管信息系统有助于企业和各级政府安全监管部门及时掌握重大危险源和重大事故隐患状况，制定相应的分级管理、监控、监管方案和措施。

三、危险化学品重大危险源的辨识标准

参考国外同类标准，结合我国工业生产的特点和火灾、爆炸、毒物泄漏重大事故的发生规律，中国安全生产科学研究院会同有关生产企业和研究院编制了《危险化学品重大危险源辨识》（GB 18218—2018），此标准自 2019 年 3 月 1 日起实施。标准全文见附录一。

生产单元、储存单元内存在危险化学品的数量等于或超过附录一中表 1、表 2 规定的临界量，即被定为重大危险源。单元内存在的危险化学品的数量根据危险化学品种类的多少区分为以下两种情况：

（1）生产单元、储存单元内存在的危险化学品为单一品种时，则该危险化学品的数量即为单元内危险化学品的总量，若等于或超过相应的临界量，则定为重大危险源。

（2）生产单元、储存单元内存在的危险化学品为多品种时，则按下式计算，若满足该式，则定为重大危险源：

$$q_1/Q_1 + q_2/Q_2 + \cdots + q_n/Q_n \geq 1 \qquad (2-1)$$

式中　$q_1, q_2, \cdots, q_n$——每种危险化学品实际存在量，t；

　　　$Q_1, Q_2, \cdots, Q_n$——与每种危险化学品相对应的临界量，t。

危险化学品储罐以及其他容器、设备或仓储区的危险化学品的实际存在量按设计最大量确定。

对于危险化学品混合物，如果混合物与其纯物质属于相同危险类别，则视混合物为纯物质，按混合物整体进行计算。如果混合物与其纯物质不属于相同危险类别，则应按新危险类别考虑其临界量。

四、重大危险源的评价及分级方法

（一）危险化学品重大危险源分级方法

1. 分级指标

采用单元内各种危险化学品实际存在量与其在《危险化学品重大危险源辨识》（GB 18218）中规定的临界量比值，经校正系数校正后的比值之和 R 作为分级指标。

2. R 的计算方法

$$R = \alpha\left(\beta_1 \frac{q_1}{Q_1} + \beta_2 \frac{q_2}{Q_2} + \cdots + \beta_n \frac{q_n}{Q_n}\right) \qquad (2-2)$$

式中　　　　　　R——重大危险源分级指标；

　　$q_1, q_2, \cdots, q_n$——每种危险化学品实际存在量，t；

　　$Q_1, Q_2, \cdots, Q_n$——与每种危险化学品相对应的临界量，t；

　　$\beta_1, \beta_2, \cdots, \beta_n$——与每种危险化学品相对应的校正系数；

　　　　　　α——该危险化学品重大危险源厂区外暴露人员的校正系数。

3. 校正系数 β 的取值

根据单元内危险化学品的类别不同，设定校正系数 β 值，在表 2-1 范围内的危险化学品，其 β 值按表 2-1 确定；未在表 2-1 范围内的危险化学品，其 β 值按表 2-2 确定。

表 2-1 毒性气体校正系数 β 取值表

毒性气体名称	β 校正系数	毒性气体名称	β 校正系数
一氧化碳	2	硫化氢	5
二氧化硫	2	氟化氢	5
氨	2	二氧化氮	10
环氧乙烷	2	氰化氢	10
氯化氢	3	碳酰氯	20
溴甲烷	3	磷化氢	20
氯	4	异氰酸甲酯	20

表 2-2 未在表 2-1 中列举的危险化学品校正系数 β 取值表

类 别	符 号	β 校正系数
急性毒性	J1	4
	J2	1
	J3	2
	J4	2
	J5	1
爆炸物	W1.1	2
	W1.2	2
	W1.3	2
易燃气体	W2	1.5
气溶胶	W3	1
氧化性气体	W4	1
易燃液体	W5.1	1.5
	W5.2	1
	W5.3	1
	W5.4	1
自反应物质和混合物	W6.1	1.5
	W6.2	1
有机过氧化物	W7.1	1.5
	W7.2	1
自燃液体和自燃固体	W8	1

表2-2（续）

类　别	符　号	β校正系数
氧化性固体和液体	W9.1	1
	W9.2	1
易燃固体	W10	1
遇水放出易燃气体的物质和混合物	W11	1

4. 校正系数 α 的取值

根据危险化学品重大危险源的厂区边界向外扩展 500 m 范围内常住人口数量，按照表2-3设定暴露人员校正系数 α 值。

5. 重大危险源分级标准

根据计算出来的 R 值，按表2-4确定危险化学品重大危险源的级别。

表2-3　暴露人员校正系数 α 取值表

厂外可能暴露人员数量	校正系数 α
100 人以上	2.0
50 ~ 99 人	1.5
30 ~ 49 人	1.2
1 ~ 29 人	1.0
0 人	0.5

表2-4　重大危险源级别和 R 值的对应关系

重大危险源级别	R 值
一级	$R \geqslant 100$
二级	$100 > R \geqslant 50$
三级	$50 > R \geqslant 10$
四级	$R < 10$

（二）其他重大危险源的评价及分级方法

风险评价是重大危险源控制的重要内容。目前，可应用的风险评价方法有数十种，如事故树分析、危险指数法等。

本部分主要介绍易燃、易爆、有毒重大危险源评价方法，该评价方法是在国家"八五"科技攻关专题《易燃、易爆、有毒重大危险源辨识评价技术研究》中提出的。它在大量重大火灾、爆炸、毒物泄漏中毒事故资料的统计分析基础上，从物质危险性、工艺危险性入手，分析重大事故发生的可能性大小以及事故的影响范围、伤亡人数、经济损失，综合评价重大危险源的危险性，并提出应采取的预防、控制措施。

1. 评价单元的划分

重大危险源评价以危险单元作为评价对象。

一般把装置的一个独立部分称为单元，并以此来划分单元。每个单元都有一定的功能特点，如原料供应区、反应区、产品蒸馏区、吸收或洗涤区、成品或半成品储存区、运输装卸区、催化剂处理区、副产品处理区、废液处理区、配管桥区等。在一个共同厂房内的装置可以划分为一个单元；在一个共同堤坝内的全部储罐也可划分为一个单元；散设地上的管道不作为独立的单元处理，但配管桥区例外。

2. 评价模型的层次结构

根据安全工程学的一般原理，危险性定义为事故频率与事故后果严重程度的乘积，即危险性评价一方面取决于事故的易发性，另一方面取决于一旦发生事故其后果的严重性。现实的危险性不仅取决于由生产物质的特定物质危险性和生产工艺的特定工艺过程危险性所决定的生产单元的固有危险性，而且还同各种人为管理因素及防灾措施综合效果有密切关系。

3. 数学模型

现实危险性评价数学模型如下：

$$A = \left\{ \sum_{i=1}^{n} \sum_{j=1}^{m} (B_{111})_i W_{ij} (B_{112})_j \right\} \times B_{12} \times \prod_{k=1}^{3} (1 - B_{2k}) \qquad (2-3)$$

式中　　　　A——现实危险性；

$(B_{111})_i$——第 i 种物质危险性的评价值；

$(B_{112})_j$——第 j 种工艺危险性的评价值；

W_{ij}——第 j 种工艺与第 i 种物质危险性的相关系数；

B_{12}——事故严重度评价值；

B_{21}——工艺、设备、容器、建筑结构抵消因子；

B_{22}——人员素质抵消因子；

B_{23}——安全管理抵消因子。

4. 危险物质事故易发性 B_{111} 的评价

具有燃烧爆炸性质的危险物质可分为七大类：爆炸性物质、气体燃烧性物质、液体燃烧性物质、固体燃烧性物质、自燃物质、遇水易燃物质、氧化性物质。

每类物质根据其总体危险感度给出权重分；每种物质根据其与反应感度有关的理化参数值给出状态分；每一大类物质下面分若干小类，共计 19 个子类。对每一大类或子类，分别给出状态分的评价标准。权重分与状态分的乘积即为该类物质危险感度的评价值，亦即危险物质事故易发性的评分值。

考虑到毒物扩散的危险性，危险物质分类中将毒性物质定义为第 8 类危险物质。一种危险物质可以同时属于易燃易爆七大类中的一类，又属于第 8 类。对于毒性物质，其危险物质事故易发性主要取决于 4 个参数：①毒性等级；②物质的状态；③气味；④重度。毒性大小不仅影响事故后果，而且影响事故易发性。毒性大的物质，即使微量扩散也能酿成事故，而毒性小的物质不具有这种特点。毒性对事故严重度的影响在毒物伤害模型中予以考虑。对不同的物质状态，毒物泄漏和扩散的难易程度有很大不同，显然气相毒物比液相毒物更容易酿成事故；重度大的毒物泄漏后不易向上扩散，因而容易造成中毒事故。物质危险性的最大分值定为 100 分。

5. 工艺过程事故易发性 B_{112} 的评价及工艺物质危险性相关系数的确定

工艺过程事故易发性的影响因素确定为 21 项，分别是放热反应、吸热反应、物料处理、物料储存、操作方式、粉尘生成、低温条件、高温条件、高压条件、特殊的操作条件、腐蚀、泄漏、设备因素、密闭单元、工艺布置、明火、摩擦与冲击、高温体、电器火花、静电、毒物出料及输送。最后一种工艺因素仅与含毒性物质有相关关系。

同一种工艺条件对于不同类别的危险物质所体现的危险程度是不相同的，因此必须确定相关系数。相关系数 W_{ij} 可以分为5级：

A级：关系密切，$W_{ij}=0.9$。

B级：关系大，$W_{ij}=0.7$。

C级：关系一般，$W_{ij}=0.5$。

D级：关系小，$W_{ij}=0.2$。

E级：没有关系，$W_{ij}=0$。

6. 事故严重度评价

事故严重度用事故后果的经济损失（万元）表示。事故后果是指事故中人员伤亡以及房屋、设备、物资等财产损失，不考虑停工损失。人员伤亡分为人员死亡数、重伤数、轻伤数。财产损失严格讲应分若干个破坏等级，在不同等级破坏区破坏程度是不相同的，总损失为全部破坏区损失的总和。在危险性评估中，为了简化方法，用一个统一的财产损失区来描述，假定财产损失区内财产全部破坏，在损失区外全不受损，即认为财产损失区内未受损失部分的财产与损失区外受损失的财产相互抵消。死亡、重伤、轻伤、财产损失各自都用一当量圆半径描述。对于单纯毒物泄漏事故仅考虑人员伤亡，暂不考虑动植物死亡和生态破坏所受到的损失。

建立了6种伤害模型，分别是：凝聚相含能材料爆炸，蒸气云爆炸，沸腾液体扩展为蒸气云爆炸，池火灾，固体和粉尘火灾，室内火灾。不同类别物质往往具有不同的事故形态，但即使是同一类物质，甚至同一种物质，在不同的环境条件下也可能表现出不同的事故形态。

为了对各种不同类别的危险物质可能出现的事故严重度进行评价，根据下面两个原则建立了物质子类别同事故形态之间的对应关系，每种事故形态用一种伤害模型来描述。这两个原则是：

（1）最大危险原则。如果一种危险物具有多种事故形态，且它们的事故后果相差大，则按后果最严重的事故形态考虑。

（2）概率求和原则。如果一种危险物具有多种事故形态，且它们的事故后果相差不大，则按统计平均原理估计事故后果。

根据泄漏物状态（液化气、液化液、冷冻液化气、冷冻液化液、液体）、储罐压力和泄漏的方式（爆炸型的瞬时泄漏或持续 10 min 以上的连续泄漏）建立了毒物扩散伤害模型，这些模型分别是源抬升模型、气体泄放速度模型、液体泄放速度模型、高斯烟羽模型、烟团模型、烟团积分模型、闪蒸模型、绝热扩散模型、重气扩散模型。毒物泄漏伤害严重程度与毒物泄漏量以及环境大气参数（温度、湿度、风向、风力、大气稳定度等）都有密切关系。若在测算中遇到事先评价所无法定量预见的条件时，则按较严重的条件进行评估。当一种物质既具有燃爆特性又具有毒性时，则人员伤亡按两者中较重的情况进行测算，财产损失按燃烧燃爆伤害模型进行测算。毒物泄漏伤害区也分死亡区、重伤区、轻伤区。轻度中毒无须住院治疗即可在短时间内康复的一般吸入反应不算轻伤。各种等级的毒物泄漏伤害区呈纺锤形，为了测算方便，同样将它们简化成等面积的当量圆，但当量圆的圆心不在单元中心处，而在各伤害区的圆心上。

在本评价方法中使用下面的折算公式：

$$S = C + 20(N_1 + 0.5 \times N_2 + 105/6000N_3) \tag{2-4}$$

式中　　　　　　S——事故严重度，万元；

　　　　　　　　C——事故中财产损失的评估值，万元；

　　N_1、N_2、N_3——事故中人员死亡、重伤、轻伤人数的评估值。

7. 危险性抵消因子

尽管单元的固有危险性是由物质的危险性和工艺的危险性所决定的，但是工艺、设备、容器、建筑结构上的各种用于防范和减轻事故后果的各种设施，危险岗位上操作人员的良好素质，严格的安全管理制度等，能够大大抵消单元内的现实危险性。

在本评价方法中，工艺、设备、容器和建筑结构抵消因子由 23 个指标组成评价指标集，安全管理状况由 11 类 72 个指标组成评价指标集，危险岗位操作人员素质由 4 个指标组成评价指标集。

大量事故统计表明，工艺设备故障、人的误操作和生产安全管理上的缺陷是引发事故发生的三大原因，因而对工艺设备危险进行有效监控，提高操作人员基本素质，提高安全管理的有效性，能大大抑制事故的发生。但是大量的事故统计资料表明，上述三种因素在许多情况下并不相互独立，而是耦合在一起发生作用的，如果只控制其中一种或两种，是不可能完全杜绝事故发生的；甚至当上述三种因素都得到充分控制以后，只要有固有危险性存在，现实危险性不可能抵消至零，这是因为还有很少一部分事故是由上述三种原因以外的原因（自然灾害或其他单元事故牵连）引发的。因此，一种因素在控制事故发生中的作用是与另外两种因素的受控程度密切相关的。每种因素都是在其他两种因素控制得越好时，发挥出来的控制效率越大。根据对火灾爆炸事故的统计资料，用条件概率方法和模糊数学隶属度算法，给出了各种控制因素的最大事故抵消率关联算法以及综合抵消因子的算法。

8. 危险性分级与危险控制程度分级

用 $A^* = \lg(B_1^*)$ 作为危险源分级标准，式中，B_1^* 是以 10 万元为缩尺单位的单元固有危险性的评分值。分级如下：

一级重大危险源：$A^* \geqslant 3.5$；

二级重大危险源：$2.5 \leqslant A^* < 3.5$；

三级重大危险源：$1.5 \leqslant A^* < 2.5$；

四级重大危险源：$A^* < 1.5$。

单元综合抵消因子的值愈小，说明单元现实危险性与单元固有危险性比值愈小，即单元内危险性的受控程度愈高。因此，可以用单元综合抵消因子值的大小说明该单元安全管理与控制的绩效。一般说来，单元的危险性级别愈高，要求的受控级别也应愈高。建议用下列标准作为单元危险性控制程度的分级依据：

A 级：$B_2 \leqslant 0.001$；

B 级：$0.001 < B_2 \leqslant 0.01$；

C 级：$0.01 < B_2 \leqslant 0.1$；

D 级：$B_2 > 0.1$。

各级重大危险源应达到的受控标准是：一级危险源在 A 级以上，二级危险源在 B 级以上，三级和四级危险源在 C 级以上。

五、重大危险源的监控监管

安全生产监督管理部门应建立重大危险源分级监督管理体系，建立重大危险源宏观监控信息网络，实施重大危险源的宏观监控与管理，最终建立和健全重大危险源的管理制度和监控手段。

生产经营单位应对重大危险源建立实时的监控预警系统。应用系统论、控制论、信息论的原理和方法，结合自动检测与传感器技术、计算机仿真、计算机通信等现代高新技术，对危险源对象的安全状况进行实时监控，严密监视那些可能使危险源对象的安全状态向事故临界状态转化的各种参数变化趋势，及时给出预警信息或应急控制指令，把事故隐患消灭在萌芽状态。

（一）重大危险源宏观监控系统

1. 重大危险源监管的主要思路

在对重大危险源进行普查、分级，并制定有关重大危险源监督管理法规的基础上，明确存在重大危险源的企业对于危险源的管理责任、管理要求（包括组织制度、报告制度、监控管理制度及措施、隐患整改方案、应急措施方案等），促使企业建立重大危险源控制机制，确保安全。

安全生产监督管理部门依据有关法规，对存在重大危险源的企业实施分级管理，针对不同级别的企业确定规范的现场监督方法，督促企业执行有关法规，建立监控机制，并督促隐患整改。建立、健全新建、改建企业重大危险源申报和分级制度，使重大危险源管理规范化、制度化。同时与技术中介组织配合，根据企业的行业、规模等具体情况，提供监控的管理及技术指导。在各地开展工作的基础上，逐步建立全国范围内的重大危险源信息系统，建立"工业互联网＋危化安全生产"生态系统，以便各级安全生产监督管理部门及时了解、掌握重大危险源状况，从而建立企业负责、安全生产监督管理部门监督的重大危险源监控体系。

重大危险源的安全生产监督管理工作主要由区县一级安全生产监督管理部门进行。信息网络建成之后，市级安全生产监督管理部门可以通过网络了解一、二级危险源的情况和监察信息，有重点地进行现场监察；国家安全生产监督管理部门可以通过网络对各城市的一级危险源的监察情况进行监督。

2. 监管系统的设计思想

各城市应建立重大危险源监管系统。该系统包括各企业重大危险源的普查分类申报信息、危险源分级评价信息、企业对重大危险源管理情况信息及事故应急救援预案，以及安全生产监督管理部门对重大危险源的监察记录等信息。有条件的城市可建立以地理信息系统为基础的重大危险源信息管理系统，使重大危险源的分布情况更加直观。该系统可以把安全生产监督管理部门对重大危险源监控管理工作提高到一个新的层次，直接通过计算机实现对各企业重大危险源监控工作的监督管理及跟踪企业重大危险源的分布变化情况，使安全生产监督管理部门的管理工作从直观性到实时性都有很大的提高，为安全生产监督管理部门更好地服务。

　　为了便于信息的传递和更新，各城市应建立各区县安全生产监督管理部门与市安全生产监督管理部门的信息网络系统，定期进行数据的更新。

　　设立国家重大危险源监管中心，建立以地理信息系统为基础的国家重大危险源监管系统，并搜集各城市重大危险源的分布管理情况，对已经建立地理信息系统的城市，可以将城市重大危险源的分布、状况信息和管理情况直接在总系统的电子地图上显示出来，为国家安全生产监督管理部门决策所用。待条件成熟之后，可以把国家重大危险源监管系统、各城市的监管子系统以及企业的计算机监控系统通过网络相连。

　　3. 国家重大危险源监管系统网络设计方案

　　各城市重大危险源监管子系统要求采集城市辖区内的重大危险源信息，在各城市的地理信息系统（电子地图）上进行危险源信息的统计、报表以及多媒体信息显示，并将危险源信息和监察企业执行重大危险源安全管理有关规定的情况及时发送给监控总系统。

　　国家重大危险源监管系统通过国际互联网（Internet）与各子系统实现信息共享，授权用户可通过网络进入国家重大危险源监管系统，子系统将危险源信息和监察企业执行重大危险源安全管理有关规定的情况通过 Internet 及时发送给国家重大危险源监管系统。

　　重大危险源监管系统的网络组成结构框图如图 2－2 所示。

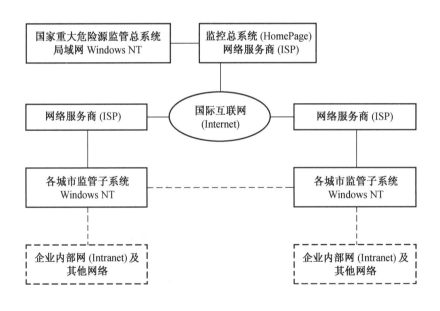

图 2－2　重大危险源监管系统的网络组成结构框图

　　4. 城市重大危险源监管子系统

　　城市重大危险源监管子系统集计算机数据管理、多媒体、地理信息系统于一身，能够为领导和有关部门及时、直观、形象地提供重大危险源信息和发生事故后抢险、救援信息，有利于有关领导及时、准确地决策，最大限度地减少发生重大事故的可能性及事故后造成的各项损失。城市重大危险源信息管理系统，为城市重大危险源的管理工作在综合采用现代技术和科技新成果，提高工作的现代化水平方面探索了一条新路。目前，北京、青岛等城市已在此方面作出了有益的尝试。

系统的目标和任务主要包括：

（1）重大危险源信息（包括多媒体及地理信息）的管理。

（2）重大危险源危险程度评估的计算机辅助分析。

（3）重大危险源事故应急救援预案的形象表述。

（4）为政府部门宏观管理和政府决策提供准确、全面、形象的信息、依据和手段，提高政府部门安全生产管理水平，促进重大事故隐患及重大危险源管理的规范化和科学化。

地理信息管理系统各功能的关系如图 2 - 3 所示。

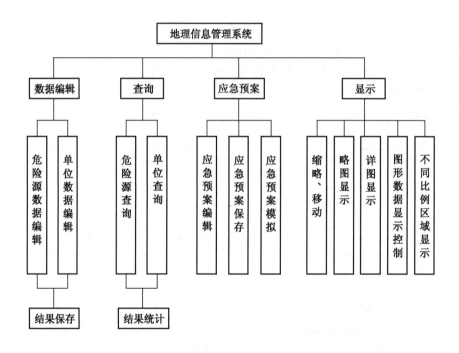

图 2 - 3　地理信息管理系统各功能的关系

5.《城市安全风险综合监测预警平台建设指南（试行)》

为提升城市安全风险辨识、防范、化解水平，推进安全发展示范城市创建工作，2021年 9 月 23 日国务院安委会办公室发布《城市安全风险综合监测预警平台建设指南（试行)》（安委办函〔2021〕45 号）。该指南提出对危险化学品、煤矿、非煤矿山、烟花爆竹、建筑施工（含轨道交通施工）等高危企业气体、压力、液位、温度、位移、人员、机械、环境等运行状态信息和工业设施故障状态信息进行集成处理，科学设置报警阈值，一旦大于设定阈值，将会自动启动报警。将监管监察业务数据与企业安全生产基础数据、实时监测数据、安全监控系统运行状态数据、日常安全监理数据、视频智能分析数据相结合，建立行业企业安全生产风险评估模型，动态评估行业企业安全生产风险状况，对高风险事项进行分析预警。提出了"城市安全风险综合监测预警平台应用系统整体框架"，系统总体设计基于"感、传、知、用"，分为"五层两翼"。"五层"依次为风险监测感知层、网络传输层、数据服务层、应用系统层和前端展示层；"两翼"是指系统建设应遵循的标准规范体系和安全保障体系。整体架构如图2-4所示。该文件的发布为城市安全风险综合监测预警平台的建设提出了明确要求，同时为重大危险源预警平台的建设提供了依据。

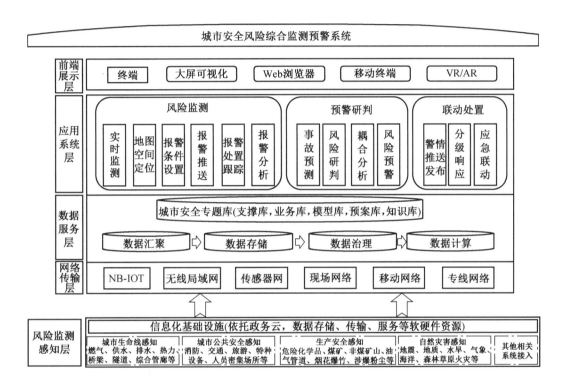

图2-4 城市安全风险综合监测预警系统

（二）重大危险源实时监控预警技术

1. 计算机控制系统的组成原理

重大危险源实时监控预警系统的主体框架如图2-5所示。

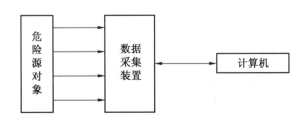

图2-5 重大危险源实时监控预警系统的主体框架

图 2－5 中危险源对象是指工业生产过程中所需的以及各种生产场所拥有的设施或设备，如罐区、库区、生产场所等对象。这些对象有各种易燃易爆、毒性等危险物质，对安全生产和人身安全构成了极大的威胁。它们的特性参数是重大危险源监控预警系统所要关注的主要参数，将这些参数进行数据采集，转换成计算机所能识别的信号，利用计算机对重大危险源进行检测、监视、预警和控制，预防重大事故的发生，实现安全生产。

2. 危险源数据采集系统

应用系统安全工程的理论、观点和方法，结合过程控制、自动检测、传感器、计算机仿真、数据传输和网络通信等理论与实践技术，构成易燃易爆、有毒重大危险源监控预警系统。

首先从危险源数据采集系统开始，分析哪些因素是造成事故的原因，找到需要采集的危险源对象和参数。

将标准信号通过数据采集装置，转换成计算机能够识别的数字信号，用于控制或预警系统的后处理。

数据采集装置可以是数据采集卡、单片机或 PLC。它往往可以同时采集多路标准信号。如果需采集的标准信号很多，也可以选用多个数据采集装置。

有的系统需要采用数据采集装置所采集来的数据，且监控计算机可能与数据采集装置相距很远，因而需要采用远距离通信技术将数据采集装置采集的数字信号传送到较远的监控计算机上。必要的时候，还要采用网络技术，将其连成局域网。

3. 计算机监控预警系统

重大危险源对象大多数时间运行在安全状况下。监控预警系统的目的主要是监视其正常情况下危险源对象的运行情况及状态，并对其实时和历史趋势作一个整体评判，对系统的下一时刻做出一种超前（或提前）的预警行为。因而在正常工况下和非正常工况下应该有对危险源对象及参数的记录显示、报表等功能。

（1）正常运行阶段。正常工况下，危险源运行模拟流程，进行主要参数（温度、压力、浓度、油/水界面、泄漏检测传感器输出等）的数据显示、报表、超限报警，并根据临界状态判据自动判断是否转入应急控制程序。

（2）事故临界状态。当被实时监测的危险源对象的各种参数超出正常值的界限时，如不采取应急控制措施，就会引发火灾、爆炸及重大毒物泄漏事故。在这种状态下，监控系统一方面给出声、光或语言报警信息，由应急决策系统显示排除故障系统的操作步骤，指导操作人员正确、迅速恢复正常工况，同时发出应急控制指令（例如，条件具备时可自动开启喷淋装置，使危险源对象降温，自动开启泄放阀降压，关闭进料阀制止液位上升等）；或者当可燃气体传感器检测到危险源对象周围空气中的可燃气体浓度达到阈值时，监控预警系统将及时报警，同时还能根据检测的可燃气体的浓度及气象参数（风速、风向、气温、气压、湿度等）传感器的输出信息，快速绘制出混合气云团在电子地图上的覆盖区域、浓度预测值，以便采取相应的措施，防止火灾、毒物泄漏的进一步扩大。

（3）事故初始阶段。如果上述预防措施全部失效，或因其他原因致使危险源及周边空间起火，为及时控制火势，应与消防措施结合，可从两个方面采取补救措施：①应用早期火灾智能探测与空间定位系统及时报告火灾发生的准确位置，以便迅速扑救；②自动启动应急控制系统，将事故抑制在萌芽状态。

4. 重大危险源安全生产风险监测预警系统

2021 年 3 月 28 日应急管理部下发《"工业互联网 + 危化安全生产"试点建设方案》，指出以危险化学品重大危险源安全生产风险监测预警系统为基础，结合设备设施信息数据库，拓展对安全阀、紧急切断阀、消防泵、安全仪表系统等安全设施状态实时监控；以温度、液位、压力、可燃气体浓度、有毒气体浓度、组分、流量等重大危险源重点监控参数以及视频智能分析信息和联锁投用情况、能源（水电气风热等）综合管理数据为基础，结合周边地理、气象环境条件、人口分布、历史事故信息等建立重大危险源安全风险预警模型，实现对安全风险全面监测并精准预警。除涉及国家秘密、商业秘密的项目外，企业应通过应急管理部门官网等渠道将重大危险源安全评价报告全文对外公开，接受社会监督和查询。

重大危险源安全生产风险监测预警平台应用。围绕感知数据、生产工艺、设备设施等维度，通过历史资料分析、模拟推演等方式，建立安全生产风险分类分级预警样本库。基于样本库、深度学习算法，对安全生产风险预警模型进行训练及优化并进行测试，形成较为可靠并能够动态迭代、不断完善的安全生产风险监测预警模型。制定风险特征库和失效数据库标准，分析各类感知数据，通过数据和风险类别、风险程度等指标之间的对应关系形成风险特征模型，通过数据和零部件失效指标之间的对应关系形成零部件失效特征模型。依托边缘云建设，将上述特征模型分发到边缘端，加速对安全生产风险的分析预判，从而实现智能预警和超前预警。

重大危险源管理 App。支持查看储罐、装置、仓库等处的液位、温度、压力和气体浓度的实时监测数据、历史数据、报警数据，DCS、SIS 系统联锁运行状态，联锁投用、摘除、恢复以及变更历史信息，视频监控画面信息，安全承诺信息；可查看重大危险源物料的最大储量产能和具体实时储量产能分布；支持通过设备名称、编号、重大危险源等级和名称进行精确和模糊查询；可接收各类预警推送信息；也可查看重大危险源的安全评价报告，并支持全文内容查询。

在此基础上，建立和研究优化完善重大危险源安全生产风险监测预警模型；研究评估重大危险源安全生产风险监测预警系统运行指标体系；优化重大危险源安全生产风险监测预警系统功能；不断提升重大危险源安全生产风险监测预警系统数据稳定性、完整性、准确性、实时性。

第七节 安全设施管理

生产经营单位加强对设备设施的安全管理，是防止和减少各类安全事故，保障职工的生命安全和健康及财产、环境不受损失的有效手段。

一、安全设施

安全设施是在生产经营活动中用于预防、控制、减少与消除事故影响采用的设备、设施、装备及其他技术措施的总称。安全设施分为预防事故设施、控制事故设施、减少与消除事故影响设施三类。

（一）预防事故设施

（1）检测、报警设施：包括压力、温度、液位、流量、组分等报警设施，可燃气体、有毒有害气体、氧气等检测和报警设施，用于安全检查和安全数据分析等检验检测设备、仪器。

（2）设备安全防护设施：包括防护罩、防护屏、负荷限制器、行程限制器，制动、限速、防雷、防潮、防晒、防冻、防腐、防渗漏等设施，传动设备安全锁闭设施，电器过载保护设施，静电接地设施。

（3）防爆设施：包括各种电气、仪表的防爆设施，抑制助燃物品混入（如氮封）、易燃易爆气体和粉尘形成等设施，阻隔防爆器材，防爆工器具。

（4）作业场所防护设施：包括作业场所的防辐射、防静电、防噪声、通风（除尘、排毒）、防护栏（网）、防滑、防灼烫等设施。

（5）安全警示标志：包括各种禁止、警告、指令、提示作业安全等警示标志。

（二）控制事故设施

（1）泄压和止逆设施：包括用于泄压的阀门、爆破片、安全阀、水封系统、放空管等设施，用于止逆的阀门等设施，真空系统的密封设施。

（2）紧急处理设施：包括紧急备用电源，紧急切断、分流、排放（火炬）、吸收、中和、冷却等设施，通入或者加入惰性气体、反应抑制剂等设施，紧急停车、仪表连锁等设施。

（三）减少与消除事故影响设施

（1）防止火灾蔓延设施：包括阻火器、安全水封、回火防止器、防油（火）堤，防爆墙、防爆门等隔爆设施，防火墙、防火门、蒸汽幕、水幕等设施，防火材料涂层。

（2）灭火设施：包括水喷淋、惰性气体、蒸汽、泡沫释放等灭火设施，消火栓、高压水枪（炮）、消防车、消防水管网、消防站等。

（3）紧急个体处置设施：包括洗眼器、喷淋器、逃生器、逃生索、应急照明等设施。

（4）应急救援设施：包括堵漏、工程抢险装备和现场受伤人员医疗抢救装备。

（5）逃生避难设施：包括逃生和避难的安全通道（梯）、安全避难所（带空气呼吸系统）、避难信号等。

（6）劳动防护用品和装备：包括头部，面部，视觉、呼吸、听觉器官，四肢，躯干防火、防毒、防灼烫、防腐蚀、防噪声、防光射、防高处坠落、防砸击、防刺伤等免受作业场所物理、化学因素伤害的劳动防护用品和装备。

二、安全设施管理总体要求

安全设施是预防、控制、减少与消除事故的重要措施，其设置程序不仅要满足有关法律法规的要求，在具体设置时还要符合有关技术规范的要求，同时还要做好日常管理，才能发挥其应有的作用。在日常管理方面，生产经营单位的各职能部门重点要做好以下工作：

（1）根据《建设项目安全设施"三同时"监督管理办法》（国家安全生产监督管理总

局令第 36 号，第 77 号修订），建设项目安全设施必须与主体工程同时设计、同时施工、同时投入生产和使用。

（2）生产经营单位应确保安全设施配备符合国家有关规定和标准，做到：

① 宜按照《石油化工可燃气体和有毒气体检测报警设计标准》（GB/T 50493）在易燃易爆、有毒区域设置固定式可燃气体、有毒气体的检测报警设施，报警信号应发送至工艺装置、储运设施等控制室或操作室。检测报警系统应独立于其他系统单独设置（GDS 系统）。

② 按照《储罐区防火堤设计规范》（GB 50351）在可燃液体罐区设置防火堤，在酸、碱罐区设置围堤并进行防腐处理。

③ 宜按照《石油化工静电接地设计规范》（SH/T 3097）在输送易燃物料的设备、管道安装防静电设施。

④ 按照《建筑物防雷设计规范》（GB 50057）在厂区安装防雷设施。

⑤ 按照《建筑设计防火规范（2018 年版）》（GB 50016）、《建筑灭火器配置设计规范》（GB 50140）配置消防设施和器材。

⑥ 按照《爆炸危险环境电力装置设计规范》（GB 50058）设置电力装置。

⑦ 按照《个体防护装备配备规范》（GB 39800）配备个体防护装备。

⑧ 厂房、库房、装置等生产设施应符合《建筑设计防火规范（2018 年版）》（GB 50016）、《石油化工企业设计防火标准（2018 年版）》（GB 50160）、《精细化工企业工程设计防火标准》（GB 51283）。

⑨ 在工艺装置上可能引起火灾、爆炸的部位设置超温、超压等检测仪表、声光报警和安全连锁装置等设施。

（3）设计危险化工工艺和重点监管危险化学品的化工生产装置要根据风险状况设置安全连锁或紧急停车系统、安全仪表系统等。

（4）安全设施实行安全监督和专业管理相结合的管理方法。

（5）要建立安全设施档案、台账，监督检查安全设施的配备、校验与完好情况，定期组织对安全设施的使用、维护、保养、校验情况进行专业性安全检查。

（6）在安全设施采购时应确保符合设计要求，保证质量，应选用工艺技术先进、产品成熟可靠、符合国家标准和规范、有政府部门颁发的生产经营许可的安全设施，其功能、结构、性能和质量应满足安全生产要求；不得选用国家明令淘汰、未经鉴定、带有试用性质的安全设施。生产经营单位必须对安全设备进行经常性维护、保养，并定期检测，保证正常运转。维护、保养、检测应当做好记录，并由有关人员签字。

（7）严格执行建设项目"三同时"规定，确保安全设施与主体工程同时施工，必须按照批准的安全设施设计施工，并对安全设施的工程质量负责，施工结束后，要组织安全设施的检验调试、竣工验收，确保竣工资料齐全和安全设施性能良好，并与主体工程同时投入生产和使用。安全设施投资应当纳入建设项目概算。

（8）对建设项目中消防、气防设施"三同时"制度执行情况进行监督检查，做好消防、气防设施更新、停用（临时停用）、报废的审查备案，建立消防、气防设施档案和台账，组织编制和修订消防、气防设施安全操作规定，定期对相关岗位员工进行培训，确保正确使用。

（9）要制定安全设施更新、停用（临时停用）、拆除、报废管理制度，认真落实安全设施管理使用有关规定，严格执行安全设施更新、校验、检修、停用（临时停用）、拆除、报废申报程序。要按照用途及配备数量，将安全设施放置在规定的使用位置，确定管理人员和维护责任，不允许挪作他用，严禁擅自拆除、停用（临时停用）安全设施。要定期对安全设施进行检查，并配合校验及维护工作，确保完好，并经常组织对操作员工进行正确使用安全设施的技术培训，定期开展岗位练兵和应急演练，不断提高员工使用安全设施的技能。

（10）安全设施应编入设备检维修计划，定期检维修。安全设施不得随意拆除、挪用或弃置不用，因检维修拆除的，检维修完毕后应立即复原。

（11）在防爆场所选用的安全设施，应取得国家指定防爆检验机构发放的防爆许可证，并达到安装、使用场所的防爆等级要求。在设计安全设施的安装位置、方式时，应充分考虑员工操作、维护的安全需要。

（12）要建立安全连锁系统管理制度，严禁擅自拆除安全连锁系统进行生产。

（13）安全设施校验的单位和人员应取得国家和行业规定的相应资质，校验用校验仪器、校验方法和校验周期等符合标准、规范要求。

（14）生产经营单位不得关闭、破坏直接关系生产安全的监控、报警设施。

（15）安全设备的设计、制造、安装、使用、检测、维修、改造和报废，应当符合国家标准或者行业标准。

第八节　特种设备设施安全

一、特种设备的定义与分类

特种设备是指对人身和财产安全有较大危险性的锅炉、压力容器（含气瓶）、压力管道、电梯、起重机械、客运索道、大型游乐设施、场（厂）内专用机动车辆，以及法律、行政法规规定适用《特种设备安全法》的其他特种设备。

特种设备依据其主要工作特点，分为承压类特种设备和机电类特种设备。

（一）承压类特种设备

承压类特种设备是指承载一定压力的密闭设备或管状设备，主要包括锅炉、压力容器（含气瓶）、压力管道。

（1）锅炉，是指利用各种燃料、电或者其他能源，将所盛装的液体加热到一定的参数，并通过对外输出介质的形式提供热能的设备，其范围规定为设计正常水位容积大于或者等于 30 L，且额定蒸汽压力大于或者等于 0.1 MPa（表压）的承压蒸汽锅炉；出口水压大于或者等于 0.1 MPa（表压），且额定功率大于或者等于 0.1 MW 的承压热水锅炉；额定功率大于或者等于 0.1 MW 的有机热载体锅炉。

（2）压力容器，是指盛装气体或者液体，承载一定压力的密闭设备，其范围规定为最高工作压力大于或者等于 0.1 MPa（表压）的气体、液化气体和最高工作温度高于或者等于标准沸点的液体、容积大于或者等于 30 L 且内直径（非圆形截面指截面内边界最大几何尺寸）大于或者等于150 mm的固定式容器和移动式容器；盛装公称工作压力大于或者等于0.2 MPa（表压），且压力与容积的乘积大于或者等于1.0 MPa·L的气体、液化气体和标准沸点等于或者低于60 ℃液体的气瓶；氧舱。

（3）压力管道，是指利用一定的压力，用于输送气体或者液体的管状设备，其范围规定为最高工作压力大于或者等于0.1 MPa（表压），介质为气体、液化气体、蒸汽或者可燃、易爆、有毒、有腐蚀性、最高工作温度高于或者等于标准沸点的液体，且公称直径大于或者等于50 mm的管道。公称直径小于150 mm，且其最高工作压力小于1.6 MPa（表压）的输送无毒、不可燃、无腐蚀性气体的管道和设备本体所属管道除外。

（二）机电类特种设备

机电类特种设备是指必须由电力牵引或者驱动的设备，包括电梯、起重机械、客运索道、大型游乐设施和场（厂）内专用机动车辆等。

（1）电梯，是指动力驱动，利用沿刚性导轨运行的箱体或者沿固定线路运行的梯级（踏步），进行升降或者平行运送人、货物的机电设备，包括载人（货）电梯、自动扶梯、自动人行道等。

（2）起重机械，是指用于垂直升降或者垂直升降并水平移动重物的机电设备，其范围规定为额定起重量大于或者等于0.5 t的升降机；额定起重量大于或者等于3 t（或额定起重力矩大于或者等于40 t·m的塔式起重机，或生产率大于或者等于300 t/h的装卸桥），且提升高度大于或者等于2 m的起重机；层数大于或者等于2层的机械式停车设备。

（3）场（厂）内专用机动车辆，是指除道路交通、农用车辆以外仅在工厂厂区、旅游景区、游乐场所等特定区域使用的专用机动车辆。

特种设备包括其所用的材料、附属的安全附件、安全保护装置和与安全保护装置相关的设施。国家对特种设备实行目录管理。特种设备目录由国务院负责特种设备安全监督管理的部门制定，报国务院批准后执行。

二、特种设备的安全管理

特种设备的安全管理，应严格遵守《特种设备安全法》，认真执行《特种设备使用管理规则》（简称《规则》）。《规则》旨在规范特种设备使用管理，保障特种设备安全经济运行，适用于《特种设备目录》范围内特种设备的安全节能管理，对使用单位主体责任、监督管理，使用单位特种设备管理的机构设置，管理人员和作业人员的配备及职责作了具体规定；对特种设备的使用，检维修、检验、改造、移装、停用及报废以及使用登记方式与程序等作了详细要求。

（一）特种设备的使用

1. 使用合格产品

特种设备使用单位应当使用取得许可生产并经检验合格的特种设备。禁止使用国家明令淘汰和已经报废的特种设备。

国家按照分类监督管理的原则对特种设备生产实行许可制度。特种设备生产单位经负责特种设备安全监督管理的部门许可，方可从事生产活动。购置、选用特种设备应是许可厂家的合格产品，并随附安全技术规范要求的设计文件、产品质量合格证明、安装及使用维护保养说明、监督检验证明等相关技术资料和文件，并在特种设备显著位置设置产品铭牌、安全警示标志及其说明。

2. 使用登记

特种设备使用单位应当在特种设备投入使用前或者投入使用后 30 日内，向负责特种设备安全监督管理的部门办理使用登记，取得使用登记证书。登记标志应当置于该特种设备的显著位置。

特种设备进行登记时，使用单位要按照安全技术规范的要求，向负责使用登记的特种设备安全监督管理部门提交特种设备的有关文件资料、使用单位的管理机构和人员情况、持证作业人员情况、各项规章制度建立情况等，并填写特种设备使用登记表，附产品数据表。符合规定的，方可进行登记。负责使用登记的特种设备安全监督管理的部门建立有数据档案，并利用信息技术建立设备数据库。

特种设备使用单位应当将使用登记证明文件置于设备的显著位置，包括设备本体、附近或者操作间，如可置于锅炉房内墙上或者操作间内，可置于电梯轿厢内。也可将登记编号置于显著位置，如压力容器本体铭牌上留有标贴使用登记证编号的位置，气瓶可以在瓶体上加登记标签，移动式压力容器采用在罐体上喷涂使用登记证编号等方式。逐步推行特种设备管理二维码身份信息管理方式，将特种设备二维码置于设备显著位置。

使用登记应当结合检验合格标记，证明该设备能够合法使用。置于显著位置，可以提示使用者（乘坐者）在有效期内可安全使用。这对使用者是一种提示，同时对安全监督管理部门是一种了解情况的告示，告知该设备使用是否合法。

（二）管理机构和人员配备要求

电梯、客运索道、大型游乐设施等为公众提供服务的特种设备的运营使用单位，应当对特种设备的使用安全负责，设置特种设备安全管理机构或者配备专职的特种设备安全管理人员；其他特种设备使用单位，应当根据情况设置特种设备安全管理机构或者配备专职、兼职的特种设备安全管理人员。

安全管理机构、安全管理人员应当履行以下职责：负责建立安全管理制度并检查各项制度的落实情况；负责制定并落实设备维护保养及安全检查计划；负责设备使用状况日常检查，纠正违规行为，排查事故隐患，发现问题应当停止使用设备，并及时报告本单位有关负责人；负责组织设备自检，申报使用登记和定期检验；负责组织应急救援演习，协助事故调查处理；负责组织本单位人员的安全教育和培训；负责技术档案的管理；其他法律法规、安全技术规范及相关标准对使用管理的要求。

无论是专职或者兼职安全管理人员，其职能和责任都是一样的，必须具备特种设备安全管理的专业知识和管理水平，按照国家有关规定取得相应资格。特种设备安全管理人员应当对特种设备使用状况进行经常性检查，发现问题应当立即处理；情况紧急时，可以决定停止使用特种设备并及时报告本单位有关负责人。

（三）安全管理制度和操作规程

特种设备使用单位应当建立岗位责任、隐患排查、应急救援等安全管理制度，制定操作规程，保证特种设备安全运行。

1. 岗位责任制

岗位责任制是指特种设备使用单位根据各个工作岗位的性质和所承担活动的特点，明确规定有关单位及人员的职责、权限，并按照规定的标准进行考核及奖惩而建立的制度。岗位责任制一般包括岗位职责制度、交接班制度、巡回检查制度等。实施岗位责任制一般应遵循能力与岗位相统一的原则、职责与权利相统一的原则、考核与奖惩相一致的原则，定岗到人，明确各种岗位的工作内容、数量和质量，应承担的责任等，以保证各项工作有秩序地进行。

2. 隐患排查制度

特种设备使用单位应加强对事故隐患的预防和管理，以防止、减少事故发生，保障员工生命财产安全为目的，建立隐患排查治理长效机制的安全管理制度。开展隐患排查一般按照"谁主管、谁负责"的原则，针对各岗位可能发生的隐患建立安全检查制度，在规定时间、内容和频次对该岗位进行检查，及时收集、查找并上报发现的事故隐患，并积极采取措施进行整改。

3. 应急救援制度

特种设备使用单位应结合本单位所使用的特种设备的主要失效模式及其失效后果，建立应急救援制度，即针对特种设备引起的突发、具有破坏力的紧急事件而有计划、有针对性和可操作性地建立预防、预备、应急处置、应急救援和恢复活动的安全管理制度。特种设备应急救援制度的内容，一般应当包括应急指挥机构、职责分工、设备危险性评估、应急响应方案、应急队伍及装备、应急演练及救援等。

4. 操作规程

特种设备操作规程是指特种设备使用单位为保证设备正常运行制定的具体作业指导文件和程序，内容和要求应当结合本单位的具体情况和设备的具体特性，符合特种设备使用维护保养说明书要求。特种设备使用安全管理人员和操作人员在操作这些特种设备时必须遵循这些文件或程序。建立特种设备操作规程，严格按照规程实施作业，是保证特种设备安全使用的一种具体实施措施。

（四）作业人员持证上岗

特种设备的作业人员及其相关管理人员统称特种设备作业人员。特种设备作业人员作业种类与项目目录由原国家质量监督检验检疫总局统一发布。从事特种设备作业的人员应当按照规定，经考核合格取得特种设备作业人员证，方可从事相应的作业或者管理工作。持有《特种设备作业人员证》的人员，必须经用人单位的法定代表人（负责人）或者其授权人雇（聘）用后，方可在许可的项目范围内作业。

特种设备作业人员应当遵守以下规定：作业时随身携带证件，并自觉接受用人单位的安全管理和质量技术监督部门的监督检查；积极参加特种设备安全教育和安全技术培训；严格执行特种设备操作规程和有关安全规章制度；拒绝违章指挥；发现事故隐患或者不安全因素应当立即向现场管理人员和单位有关负责人报告；其他国家及企业与特种设备安全有关的规定。

（五）安全技术档案

特种设备使用单位应当建立特种设备安全技术档案。特种设备安全技术档案应当包括以下内容：

（1）使用登记证。

（2）《特种设备使用登记表》。

（3）特种设备的设计文件、产品质量合格证明、安装及使用维护保养说明、监督检验证明等相关技术资料和文件。

（4）特种设备的定期检验和定期自行检查记录。

（5）特种设备的日常使用状况记录。

（6）特种设备及其附属仪器仪表的维护保养记录。

（7）特种设备安全附件和安全保护装置校验检修、更换记录和有关报告。

（8）特种设备的运行故障和事故记录。

特种设备使用单位建立特种设备技术档案，是特种设备管理的一项重要内容。由于设备在使用过程中，会因各种因素产生缺陷，需要不断地维护保养、修理，定期进行检验，部分特种设备还需要进行能效状况评估，有的可能还会进行改造。这些都要依据特种设备的设计、制造、安装等原始文件资料和使用过程中的历次改造、修理、检验、检测等过程文件资料。特种设备安全技术档案也是建立一种设备"身份证"制度的主要内容，完整详细的技术档案，不仅可以让使用单位准确掌握该特种设备的性能、运行特点、应注意的情况，而且一旦在哪个环节出现故障或发生事故，也可以比较准确地查清原因，有针对性地改进工作，充分发挥特种设备安全技术档案的作用。

（六）安装、维修保养、改造和定期检验

锅炉、压力容器、起重机械、客运索道、大型游乐设施的安装、改造、维修以及场（厂）内专用机动车辆的改造、维修，必须由依法取得许可的单位进行。电梯的安装、改造、维修，必须由电梯制造单位或者其通过合同委托、同意的依法取得许可的单位进行。电梯制造单位对电梯质量以及安全运行涉及的质量问题负责。特种设备安装、改造、维修的施工单位应当在施工前将拟进行的特种设备安装、改造、维修情况书面告知直辖市或者设区的市的特种设备安全监督管理部门，告知后即可施工。安装、改造、重大维修过程，必须经国务院特种设备安全监督管理部门核准的检验检测机构按照安全技术规范的要求进行监督检验；未经监督检验合格的不得出厂或者交付使用。

特种设备使用单位应当对使用的特种设备进行经常性维护保养和定期自行检查，并作出记录，并且应当对特种设备安全附件、安全保护装置进行定期校验、检修，并作出记录。记录是相关工作开展的见证，是重要的追溯资料，也是相关单位履行义务的凭证。安全技术规范对做好记录工作有明确要求。

特种设备使用单位应当按照安全技术规范的要求，在检验合格有效期届满前一个月向特种设备检验机构提出定期检验的要求，并将定期检验标志置于该特种设备的显著位置。未经定期检验或者检验不合格的特种设备，不得继续使用。

做好在用特种设备的定期检验工作，是特种设备安全监督管理的一项重要制度，是确保安全使用的必要手段。特种设备在使用过程中，受环境、工况等因素的影响，因为腐蚀、疲劳、磨损，随着使用时间产生一些新的问题，或原来允许存在的问题逐步扩大，如裂纹、腐蚀等缺陷，安全附件和安全保护装置失效等问题，产生事故隐患，会直接导致事故或者增加发生事故的概率。在使用单位自行检查、检测和维护保养的基础上，通过定期检验及时发现特种设备的缺陷和存在的问题，有针对性地采取相应措施，消除隐患，使特种设备在具备规定安全性能的状态下，能够在规定周期内，将发生事故的概率控制在可以接受的范围内，保障特种设备能够运行至下一个周期。

根据特种设备本身机构和使用情况，在有关检验的安全技术规范中，规定了特种设备的检验周期。经过检验，其下次检验日期都在检验报告或检验合格证明中注明。

（1）锅炉使用单位应当按照安全技术规范的要求进行锅炉水（介）质处理，并接受特种设备检验机构的定期检验。从事锅炉清洗，应当按照安全技术规范的要求进行，并接受特种设备检验机构的监督检验。锅炉定期检验包括外部检验、内部检验、水（耐）压试验，成套装置中的锅炉或 A 级高压以上电站锅炉由于检修周期等原因，不能按期进行内部检验时，在保证安全运行（或停运）的前提下，在使用单位主要负责人审批后，可以延期安排内部检验（一般不超过一年并且不得连续延期），并且向锅炉使用登记机关备案，注明采取的措施及下次内部检验的期限。当移装锅炉投运前或锅炉停运一年以上需要恢复锅炉运行前也应进行内部检验。

（2）电梯的维护保养应当由电梯制造单位或者依照《中华人民共和国特种设备安全法》取得许可的安装、改造、修理单位进行。电梯的维护保养单位应当在维护保养中严格执行安全技术规范的要求，保证其维护保养的电梯的安全性能，并负责落实现场安全防护措施，保证施工安全。电梯的维护保养单位应当对其维护保养的电梯的安全性能负责；接到故障通知后，应当立即赶赴现场，并采取必要的应急救援措施。

为确保特种设备的安全运行，规定未经定期检验或者检验不合格的特种设备不得继续使用，强化了特种设备使用单位的责任，促使定期检验工作顺利开展。

（七）变更登记

特种设备进行改造、修理，按照规定需要变更使用登记的，应当办理变更登记，方可继续使用。

特种设备在使用过程中，如进行改造，其性能参数、材质、技术指标等发生变化，进行改造的单位也可能不是原设备制造单位，导致其在使用登记中的信息发生变化，所以使用单位应及时提供相关材料，到原使用登记的负责特种设备安全监督管理的部门办理变更登记手续；特种设备进行修理的，如施工单位等与原使用登记中的信息发生变化的，使用单位也应及时提供相关材料向原设备登记部门提出变更申请，变更后设备方可继续使用。对使用登记变更的具体要求，在相关安全技术规范中予以说明。

（八）应急管理

（1）特种设备安全监督管理部门应当制定特种设备重特大事故应急预案。特种设备使用单位应当制定事故应急专项预案，并定期进行应急演练。

（2）特种设备事故发生后，事故发生单位应当按照应急预案采取措施，组织抢救，防止事故扩大，减少人员伤亡和财产损失，保护事故现场和有关证据，并及时向事故发生地县以上特种设备安全监督管理部门和有关部门报告。

（3）电梯的日常维护保养单位，应当对其维护保养的电梯的安全性能负责。接到故障通知后，应当立即赶赴现场，并采取必要的应急救援措施。有关约定应当在维保合同中明确。

（九）报废

特种设备存在严重事故隐患，无改造、修理价值，或者达到安全技术规范规定的其他报废条件的，特种设备使用单位应当依法履行报废义务，采取必要措施消除该特种设备的使用功能，并向原登记的负责特种设备安全监督管理的部门办理使用登记证书注销手续。报废条件以外的特种设备，达到设计使用年限可以继续使用的，应当按照安全技术规范的要求通过检验或者安全评估，并办理使用登记证书变更，方可继续使用。允许继续使用的，应当采取加强检验、检测和维护保养等措施，确保使用安全。

特种设备在使用过程中会发生磨损、腐蚀、裂纹等损坏情况，丧失全部或部分功能，影响设备安全使用；特种设备的材料在使用一定周期后，也存在疲劳的情况，继续使用可能引发严重事故。所以，有必要对涉及生命安全的特种设备规定报废的相关要求。

一般来讲，报废的原因有两种：一是由于使用年限过长或严重损坏，设备的功能丧失；二是产品不合格。以上两种情况都会危及安全使用，可能引发事故，所以要停止使用，予以报废。

使用单位是保障特种设备使用安全的责任主体，其最了解特种设备的使用状况，也是特种设备产权所有者或受委托的管理者，对达到报废条件的特种设备，应当由其履行报废的义务。

为防止报废的特种设备再次流入使用环节，特种设备报废必须进行去功能化处理，如将承压部件割孔、电梯部件拆解、气瓶压扁等使其不具备再次使用的条件。为了使特种设备监督管理部门掌握特种设备使用情况，特种设备报废后，使用单位必须到原特种设备使用登记部门将报废的特种设备注销，交回使用登记证。

特种设备的设计使用年限由设计单位或制造单位提出，设备出厂时在使用说明书中明确，但这个年限数值只是理论数据，是设计制造单位通过理论计算，在规定的使用工况和环境下的一个期限值，并非设备实际能够使用的年限，不能作为强制报废的条件。每台（套）特种设备使用工况和环境差异较大，维护保养的情况也不同，有的特种设备虽达到设计使用年限，但仍保持良好安全运行状态，因此，按照节约发展的原则，对达到设计使用年限但没有达到报废条件，并且使用单位希望继续使用的，可以按照安全技术规范的要求履行以下程序，在保障安全使用的前提下继续使用：一是设备需要进行修理、改造的，由具有相应资格的修理、改造单位实施修理、改造后，按照规定经特种设备检验机构监督检验合格；二是设备不需要进行修理、改造的，由使用单位申请安全评估，在经过具有相应许可资格的制造单位或其他专业技术机构安全评估，作出可以继续使用的结论。承担安全评估的单位或者机构应当对达到设计使用年限评估作出继续使用的安全负责。对按照以上要求通过检验或安全评估的特种设备，使用单位要提供有关材料，在原使用登记的部门办理使用登记证书变更手续，方可使用。

对达到设计使用年限的特种设备，原制造企业不再承担相应安全责任，而是由对其进行修理、改造或安全评估的机构承担相应安全责任。对于允许继续使用的特种设备，使用单位也应当加强安全管理，采取增加维护保养的频次和项目、缩短检验和检测的周期、增加检验和检测的项目等措施，确保特种设备使用安全。

第九节 安全技术措施

安全技术措施是生产经营单位为消除生产过程中的不安全因素、防止人身伤害和职业危害、改善劳动条件和保证生产安全所采取的各项技术组织措施。

一、安全技术措施的类别

安全技术措施按照行业，可分为煤矿安全技术措施、非煤矿山安全技术措施、石油化工安全技术措施、冶金安全技术措施、建筑安全技术措施、水利水电安全技术措施、旅游安全技术措施等；按照危险、有害因素的类别，可分为防火防爆安全技术措施、锅炉与压力容器安全技术措施、起重与机械安全技术措施、电气安全技术措施等；按照导致事故的原因，可分为防止事故发生的安全技术措施、减少事故损失的安全技术措施等。

（一）防止事故发生的安全技术措施

防止事故发生的安全技术措施是指为了防止事故发生，采取的约束、限制能量或危险物质，防止其意外释放的技术措施。常用的防止事故发生的安全技术措施有消除危险源、限制能量或危险物质、隔离等。

（1）消除危险源。消除系统中的危险源，可以从根本上防止事故的发生。但是，按照现代安全工程的观点，彻底消除所有危险源是不可能的。因此，人们往往首先选择危险性较大、在现有技术条件下可以消除的危险源，作为优先考虑的对象。可以通过选择合适的工艺技术、设备设施，合理的结构形式，选择无害、无毒或不能致人伤害的物料来彻底消除某种危险源。

（2）限制能量或危险物质。限制能量或危险物质可以防止事故的发生，如减少能量或危险物质的量，防止能量蓄积，安全地释放能量等。

（3）隔离。隔离是一种常用的控制能量或危险物质的安全技术措施。采取隔离技术，既可以防止事故的发生，也可以防止事故的扩大，减少事故的损失。

（4）故障—安全设计。在系统、设备设施的一部分发生故障或破坏的情况下，在一定时间内也能保证安全的技术措施称为故障—安全设计。通过设计，使得系统、设备设施发生故障或事故时处于低能状态，防止能量的意外释放。

（5）减少故障和失误。通过增加安全系数、增加可靠性或设置安全监控系统等减轻物的不安全状态，减少物的故障或事故的发生。

（二）减少事故损失的安全技术措施

防止意外释放的能量引起人的伤害或物的损坏，或减轻其对人的伤害或对物的破坏的技术措施称为减少事故损失的安全技术措施。该类技术措施是在事故发生后，迅速控制局面，防止事故的扩大，避免引起二次事故的发生，从而减少事故造成的损失。常用的减少事故损失的安全技术措施有隔离、设置薄弱环节、个体防护、避难与救援等。

（1）隔离。隔离是把被保护对象与意外释放的能量或危险物质等隔开。隔离措施按照被保护对象与可能致害对象的关系可分为隔开、封闭和缓冲等。

（2）设置薄弱环节。设置薄弱环节是利用事先设计好的薄弱环节，使事故能量按照人们的意图释放,防止能量作用于被保护的人或物,如锅炉上的易熔塞、电路中的熔断器等。

（3）个体防护。个体防护是把人体与意外释放能量或危险物质隔离开,是一种不得已的隔离措施,却是保护人身安全的最后一道防线。

（4）避难与救援。设置避难场所,当事故发生时,人员暂时躲避,免遭伤害或赢得救援的时间。事先选择撤退路线,当事故发生时,人员按照撤退路线迅速撤离。事故发生后,组织有效的应急救援力量,实施迅速的救护,是减少事故人员伤亡和财产损失的有效措施。

此外,安全监控系统作为防止事故发生和减少事故损失的安全技术措施,是发现系统故障和异常的重要手段。安装安全监控系统,可以及早发现事故,获得事故发生、发展的数据,避免事故的发生或减少事故的损失。

二、安全技术措施计划

安全技术措施计划是生产经营单位生产财务计划的一个组成部分,是改善生产经营单位生产条件,有效防止事故和职业病的重要保证制度。生产经营单位为了保证安全资金的有效投入,应编制安全技术措施计划。

我国的《安全生产法》,1956年劳动部、全国总工会颁布的《安全技术措施计划项目总名称表》,1963年国务院颁发的《关于加强企业生产中安全工作的几项规定》,1977年国家计委、财政部、国家劳动总局颁布的《关于加强有计划改善劳动条件工作的联合通知》,1979年国家计委、国家经委、国家建委颁布的《关于安排落实劳动保护措施经费的通知》,1979年国务院批转劳动总局、卫生部颁布的《关于加强厂矿企业防尘防毒工作的报告》,2006年财政部、国家安全监管总局颁布的《高危行业企业安全生产费用财务管理暂行办法》(财企〔2006〕478号)、《矿山安全法实施条例》等法规和文件中均对编制安全技术措施计划提出了明确具体的要求。

（一）安全技术措施计划的编制原则

编制安全技术措施计划应以安全生产方针为指导思想,以《安全生产法》等法律法规、国家和行业标准为依据。结合生产经营单位安全生产管理、设备设施的具体情况,由安全生产管理部门牵头,工会、财务、人力资源等部门参与,共同研究,也可同时发动生产技术管理部门、基层班组共同提出。对提出的项目,按轻重缓急,根据总体费用投入情况进行分类、排序,对涉及人身安全、公共安全和对生产经营有重大影响的事项应优先安排。具体应遵循如下4条原则。

1. 必要性和可行性原则

编制计划时,一方面要考虑安全生产的实际需要,如针对在安全生产检查中发现的隐患、可能引发伤亡事故和职业病的主要原因,新技术、新工艺、新设备等的应用,安全技术革新项目和职工提出的合理化建议等方面编制安全技术措施;另一方面,还要考虑技术可行性与经济承受能力。

2. 自力更生与勤俭节约的原则

编制计划时,要注意充分利用现有的设备和设施,挖掘潜力,讲求实效。

3. 轻重缓急与统筹安排的原则

对影响最大、危险性最大的项目应优先考虑，逐步有计划地解决。

4. 领导和群众相结合的原则

加强领导，依靠群众，使计划切实可行，以便顺利实施。

（二）安全技术措施计划的基本内容

1. 安全技术措施计划的项目范围

安全技术措施计划的项目范围包括改善劳动条件、防止事故、预防职业病、提高职工安全素质等技术措施，大体可分以下 4 类。

（1）安全技术措施，指以防止工伤事故和减少事故损失为目的的一切技术措施，如安全防护装置、保险装置、信号装置、防火防爆装置等。

（2）卫生技术措施，指改善对职工身体健康有害的生产环境条件、防止职业中毒与职业病的技术措施，如防尘、防毒、防噪声与振动、通风、降温、防寒、防辐射等装置或设施。

（3）辅助措施，指保证工业卫生方面所必需的房屋及一切卫生保障措施，如尘毒作业人员的淋浴室、更衣室或存衣箱、消毒室、妇女卫生室、急救室等。

（4）安全宣传教育措施，指提高作业人员安全素质的有关宣传教育设备、仪器、教材和场所等，如安全教育室，安全卫生教材、挂图、宣传画、培训室、安全卫生展览等。

安全技术措施计划的项目应按《安全技术措施计划项目总名称表》执行，以保证安全技术措施费用的合理使用。

2. 安全技术措施计划的编制内容

每一项安全技术措施计划至少应包括以下内容：

（1）措施应用的单位或工作场所。

（2）措施名称。

（3）措施目的和内容。

（4）经费预算及来源。

（5）实施部门和负责人。

（6）开工日期和竣工日期。

（7）措施预期效果及检查验收。

对有些单项投入费用较大的安全技术措施，还应进行可行性论证，从技术的先进性、可靠性，以及经济性方面进行比较，编制单独的《可行性研究报告》，报上级主管或邀请专家进行评审。

（三）安全技术措施计划的编制方法

1. 确定编制时间

年度安全技术措施计划一般应与同年度的生产、技术、财务、物资采购等计划同时编制。

2. 布置

企业领导应根据本单位具体情况向下属单位或职能部门提出编制安全技术措施计划的具体要求，并就有关工作进行布置。

3. 确定项目和内容

下属单位在认真调查和分析本单位存在的问题，并征求群众意见的基础上，确定本单位的安全技术措施计划项目和主体内容，报上级安全生产管理部门。安全生产管理部门对上报的安全技术措施计划进行审查、平衡、汇总后，确定安全技术措施计划项目，并报有关领导审批。

4. 编制

安全技术措施计划项目经审批后，由安全生产管理部门和下属单位组织相关人员，编制具体的安全技术措施计划和方案，经讨论后，送上级安全生产管理部门和有关部门审查。

5. 审批

上级安全、技术、计划管理部门对上报的安全技术措施计划进行联合会审后，报单位有关领导审批。安全技术措施计划一般由生产经营单位主管生产的领导或总工程师审批。

6. 下达

单位主要负责人根据审批意见，召集有关部门和下属单位负责人审查、核定安全技术措施计划。审查、核定安全技术通过后，与生产计划同时下达到有关部门贯彻执行。

7. 实施

安全技术措施计划落实到各执行部门后，各执行部门应按要求实施计划。已完成的安全技术措施计划项目要按规定组织竣工验收。竣工验收时一般应注意：所有材料、成品等必须经检验部门检验；外购设备必须有质量证明书；负责单位应向安全技术部门填报竣工验收单，由安全技术部门组织有关单位验收；验收合格后，由负责单位持竣工验收单向计划部门报完工，并办理财务结算手续；使用单位应建立台账，按《安全设施管理制度》进行维护管理。安全技术措施计划验收后，应及时补充、修订相关管理制度、操作规程，开展对相关人员的培训工作，建立相关的档案和记录。

对不能按期完成的项目，或没有达到预期效果的项目，必须认真分析原因，制定出相应的补救措施。经上级部门审批的项目，还应上报上级相关部门。

8. 监督检查

安全技术措施计划落实到各有关部门和下属单位后，上级安全生产管理部门应定期进行检查。企业领导在检查生产计划的同时，应同时检查安全技术措施计划的完成情况。安全管理与安全技术部门应经常了解安全技术措施计划项目的实施情况，协助解决实施中的问题，及时汇报并督促有关单位按期完成。

第十节 作业现场环境安全管理

一、作业现场环境管理概述

作业现场环境是指劳动者从事生产劳动的场所内各种构成要素的总和，它包括设备、工具、物料的布局、放置，物流通道的流向，作业人员的操作空间范围，事故疏散通道、出口及泄险区域，安全标志，职业卫生状况及噪声、温度、放射性和空气质量等要素。

作业现场环境管理是指运用科学的标准和方法对现场存在的各种环境因素进行有效的计划、组织、协调、控制和检测，使其处于良好的状态，以达到优质、高效、低耗、均衡、安全、文明生产的目的。

二、作业现场环境的危险和有害因素分类

结合作业现场环境的实际情况，参照《生产过程危险和有害因素分类与代码》（GB/T 13861）的具体要求，生产作业现场环境的危险和有害因素包括4类。

（一）室内作业场所环境不良

室内作业涉及的作业环境不良的因素包括室内地面滑，室内作业场所狭窄，室内作业场所杂乱，室内地面不平，室内梯架缺陷，地面、墙和天花板上的开口缺陷，房屋基础下沉，室内安全通道缺陷，房屋安全出口缺陷，采光照明不良，作业场所空气不良，室内温度、湿度、气压不适，室内给、排水不良，室内涌水，其他室内作业场所环境不良。

室内作业场所环境不良因素没有固定的存在区域，而广泛存在于设计施工不符合要求、日常维护不到位的生产、生活区域，受人为因素影响较大，同一生产区域在不同的时间段存在的室内作业场所环境不良因素可能不相同。

（二）室外作业场所环境不良

室外作业涉及的作业环境不良的因素包括恶劣气候与环境，作业场地和交通设施湿滑，作业场地狭窄，作业场地杂乱，作业场地不平，交通环境不良，脚手架、阶梯和活动梯架缺陷，地面及地面开口缺陷，建（构）筑物和其他结构缺陷，门和周界设施缺陷，作业场地地基下沉，作业场地安全通道缺陷，作业场地安全出口缺陷，作业场地光照不良，作业场地空气不良，作业场地温度、湿度、气压不适，作业场地涌水，排水系统故障，其他室外作业场地环境不良。

与室内作业场所环境不良因素类似，室外作业场所环境不良因素也没有固定的存在区域，主要存在于设计施工不符合要求、日常维护不到位及周边环境恶劣的生产、生活区域，受人为、环境因素影响较大，同一生产区域在不同的时间段存在的室外作业场所环境不良因素可能不相同。

（三）地下（含水下）作业环境不良

地下（含水下）涉及的作业环境不良的因素包括隧道/矿井顶板或巷帮缺陷，隧道/矿井作业面缺陷，隧道/矿井底板缺陷，地下作业面空气不良，地下火，冲击地压（岩爆），地下水，水下作业供氧不当，其他地下作业环境不良。

地下（含水下）作业环境不良因素主要存在于地下和水下的作业环境中，如地下矿井、山体隧道、水下石油勘探开采井道、陆基石油勘探开采井道及其他地下、水下作业的环境中。地下（含水下）作业环境不良因素受人为和环境因素的影响较大，部分环境因素为不可控因素。以山体隧道挖掘为例，可能存在的地下作业环境不良因素既有基于人为因素造成的地下作业面空气质量不良、地下作业环境积水，也有基于环境因素造成的冲击地压等有害因素。

（四）其他作业环境不良

其他作业环境不良的因素包括强迫体位，综合性作业环境不良，以上未包括的其他作业环境不良。

三、一般作业现场环境的布设及安全管理

进行作业现场的安全管理，就是要确保作业现场环境中"以人为本"的工作理念，保障人与物在生产空间、场地中关系的平衡，使作业环境整洁有序、无毒无害，保障生产安全、高效、有序地开展。作业现场环境布设及安全管理的内容包括：现场调查，了解作业环境现状，分析生产作业过程，辨识危险及有害因素；评价有害因素危害程度，确定整治对象；确定整治方案并实施，评价整治效果；日常检查，维护作业现场环境规范有序、无毒无害；制定长期改进计划，不断完善，持续提升现场作业环境的规范化。

四、危险作业现场环境的安全管理

危险作业是指对周围环境具有较高危险性，容易引起较大的生产安全事故的作业。

（一）危险作业的固有特点

（1）危险作业造成的后果有较大的危害性。由于危险作业涉及的危险因素较多，并且作业过程中可能牵扯的能量较大，一旦发生事故，其后果具有较大的危害性。

（2）危险作业的事故风险具有一定的不可控性。危险作业造成的后果的不可控性体现在即使采取了相关的防护措施，危险作业仍有可能对周边环境和作业人员造成伤害，按现有社会科学技术发展水平，人们还不能完全控制或有效防止危险作业所带来的风险。

（3）危险作业的危害范围具有一定的不确定性。危险作业的危害的不确定性体现在危险作业的风险影响范围在某种程度上不能够被准确地划分，也难以有效控制，并且可能超过人们所认知的范围。

（二）环境因素对危险作业的影响

作业现场环境因素是影响作业危险性的重要因素之一，也是作业过程中需要重点监测、控制的因素之一。如常规的作业在密闭空间等缺氧环境下进行则构成危险作业，具有较大的危险性，需要按照《缺氧危险作业安全规程》（GB 8958）等标准的要求在作业前和作业过程中对氧含量、有毒有害气体含量、温湿度等环境因素进行检测，时刻确保作业处于一个安全可控的作业环境中。常规的动火作业如果在火灾爆炸危险区域内进行则其危险性也会增加，作业前需要对各种环境因素进行监测合格后方可进行作业，同时在作业过程中的安全防护要求也会相应变得严格。

五、作业现场环境安全管理要求

（一）安全标志

安全标志用以表达特定的安全信息，由图形符号、安全色、几何形状（边框）或文字构成。

安全标志是规范作业现场，降低现场作业隐患的有力工具之一，正确设置安全标志也是营造良好的作业现场环境的必备工作。安全标志能够通过禁止、警告、指示和提醒的方式指导工作人员安全作业、规避危险，从而达到避免事故发生的目的。当危险发生时，它

又能够指示人们尽快逃离,或者指示人们采取正确、有效、得力的措施,对危害加以遏制,从而实现人员伤亡和经济损失最小化的目的。安全标志不仅类型要与所警示的内容相吻合,而且设置位置要正确合理,面对的作业人员要明确,否则难以真正充分发挥其警示作用。

根据《安全标志及其使用导则》(GB 2894)的要求,国家规定了4类传递安全信息的安全标志。

1. 禁止标志

禁止标志是禁止人们不安全行为的图形标志。

禁止标志的几何图形是带斜杠的圆环,其中圆环与斜杠相连,用红色;图形符号用黑色,背景用白色。

我国规定的禁止标志共有40个,如禁止吸烟、禁止烟火、禁止带火种、禁止用水灭火、禁止放置易燃物、禁止堆放、禁止启动、禁止合闸、禁止转动等。

2. 警告标志

警告标志是提醒人们对周围环境引起注意,以避免可能发生危险的图形标志。

警告标志的几何图形是黑色的正三角形、黑色符号和黄色背景。

我国规定的警告标志共有39个,如注意安全、当心火灾、当心爆炸、当心腐蚀、当心中毒、当心感染、当心触电、当心电缆、当心自动启动、当心机械伤人、当心塌方、当心冒顶、当心坑洞、当心落物、当心吊物、当心碰头、当心挤压、当心烫伤、当心伤手、当心夹手、当心扎脚、当心有犬、当心弧光、当心高温表面、当心低温等。

3. 指令标志

指令标志是强制人们必须做出某种动作或采用防范措施的图形标志。

指令标志的几何图形是圆形,蓝色背景,白色图形符号。

我国规定的指令标志共有16个,如必须戴防护眼镜、必须佩戴遮光护目镜、必须戴防尘口罩、必须戴防毒面具、必须戴护耳器、必须戴安全帽、必须戴防护帽、必须系安全带、必须穿救生衣、必须穿防护服等。

4. 提示标志

提示标志是向人们提供某种信息（如标明安全设施或场所等）的图形标志。

提示标志的几何图形是方形,绿色背景,白色图形符号及文字。

提示标志共有8个,如紧急出口、避险处、应急避难场所、可动火区、击碎板面、急救点、应急电话、紧急医疗站。

（二）光照条件

作业现场的采光情况是作业现场布设需要考虑的一项重要因素,良好的光照不仅能够使作业环境更加舒适,并且能够提高工作效率,减少工作人员的疲劳感,从而减少由于疲劳和心理原因造成的事故。

劳动者作业所需的光源有两种:天然光（阳光）与人工光。利用天然光照明的技术叫采光;利用电光源等人工光源弥补作业时天然光不足的技术叫照明。对于人眼,天然采光的效果优于照明。但一般作业中,往往是采光与照明混合或交替使用,构成劳动者作业的光环境。

为了充分利用天然光创造良好光环境和节约能源,避免炫光等不良光照带来的负面影响、达到作业环境舒适、自然、安全和高效的目的，国家制定了一系列的标准对相关领域内的光照条件作了相关的要求。例如，《建筑采光设计标准》（GB 50033）对利用天然采光的居住、公共和工业建筑的新建、改建和扩建工程的采光设计要求作了规定，《建筑照明设计标准》（GB 50034）对工业企业中的新建、改建和扩建工程的照明设计要求作了规定。

（三）噪声

凡是妨碍人们正常休息、学习和工作的声音，及使人烦躁、讨厌、不需要的声音，对人们要听的声音产生干扰的声音均可称之为噪声。引起噪声的声源很多，就工业生产作业环境中的噪声来讲，主要有空气动力性噪声、机械性噪声、电磁性噪声等三种。

噪声对人体可能造成多种负面影响，它不仅可能造成人体听觉损伤，同时还可能分散人们的注意力，妨碍人们的正常思考，使作业人员心情烦躁、效率低下、容易疲劳。所以，作业环境中必须合理地控制噪声。控制作业环境中的噪声的方式主要有源头控制、传播途径控制和作业人员个体防护三种。原国家卫生计生委、人力资源和社会保障部、原国家安全监管总局、全国总工会联合印发的《职业病危害因素分类目录》中已将作业环境中的噪声危害划定为职业危害，《工作场所职业病危害作业分级　第 4 部分：噪声》（GBZ/T 229.4）中将作业环境中的噪声危害分为轻度危害、中度危害、重度危害、极重危害 4 个级别。《工作场所有害因素职业接触限值　第 2 部分：物理因素》（GBZ 2.2）以每周工作 5 天，每天工作 8 h 的稳态作业环境接触为例，噪声的作业环境接触限值为 85 dB，在非稳态接触噪声的作业环境中，噪声的非稳态等效接触限值为 85 dB。

（四）温度

人体的体温常年维持在一个恒定的范围内（36～37 ℃），这个范围是维持人体正常生理需求的最合适的温度，如果由于外界环境的改变，导致人体的体温不能够及时地恢复正常，就有可能引起人体的不适，从而降低工作效率、增加疲劳感，进而引起事故的发生。《职业病危害因素分类目录》中将高温、低温划归为职业病危害因素。

由环境温度因素引起的危害主要有两种：高温作业和低温作业。《工业场所有害因素职业接触限值　第 2 部分：物理因素》（GBZ 2.2）中将高温作业定义为在生产劳动过程中，其工作地点平均 WBGT 指数等于或大于 25 ℃的作业；《低温作业分级》（GB/T 14440）中将低温作业定义为在生产劳动过程中，其工作地点平均气温等于或低于 5 ℃的作业。

为了预防作业环境温度因素对作业人员带来的不良影响，涉及环境温度危害的作业应采取必要的防护手段来保障作业人员的健康。对于某些高温作业，如金属冶炼、烧结、热塑、矿石干燥、饲料制粒和蒸煮等，应通过采取加强通风及合理规划作业人员的作业时间等手段进行防护，同时厂房应参照《工业企业设计卫生标准》（GBZ 1）中的要求进行合理布局，保障厂房的散热效果；对于某些低温作业，如潜水员水下工作、现代化工厂的低温车间以及寒冷气候下的野外作业，应采取加强保暖并合理规划作业人员的作业时间等手段进行防护。

（五）湿度

湿度是表示大气干燥程度的物理量，作业环境的湿度不仅能够影响环境的舒适程度，而且与作业人员的身体健康、工作效率息息相关。长时间在环境湿度较大的地方工作容易患职业性浸渍、糜烂、湿痹症等疾病；在环境湿度过小的地方工作时，又有可能由于水分蒸发加快，造成皮肤干燥、鼻腔黏膜刺激等不良症状，从而诱发呼吸系统病症。如纺织业煮茧、腌制业腌咸菜、家禽屠宰分割、稻田的拔秧插秧等作业均属于高湿作业。

（六）空气质量

空气作为人类生存必需的条件在人们生产作业过程中扮演着极其重要的角色，作业环境中的粉尘、有毒有害气体不仅能够严重影响作业人员的身体健康，造成职业损伤，并且还能够影响作业人员的工作效率，如熏蒸、纺织、采煤、金属冶炼等作业均涉及有毒有害气体或粉尘的危害。《职业病危害因素分类目录》中将各类粉尘、氨及多种有毒有害物质的蒸气均划为职业病危害因素。

改善作业环境质量的控制措施主要包括控制污染源头、加强环境通风和增强个体防护三类。控制污染源头主要是通过改进工艺技术等方式，使用不产生或产生污染物较少的生产工艺来控制污染物的源头，从而从根本上降低作业环境中的污染物的浓度；加强环境通风是通过主动地将作业环境中污染物质排除的方式降低污染物浓度的方法；增强个体防护主要是通过佩戴防毒面具、口罩等防护装备来被动地防护有毒有害物质。

六、作业现场安全管理方法

（一）"5S"安全管理法

"5S"安全管理法是指对生产现场的各种要素进行合理配置和优化组合的动态过程，即令所使用的人、财、物等资源处于良好的、平衡的状态。"5S"即整理、整顿、清扫、清洁、素养，又被称为"五常法则"或"五常法"。整理，就是将工作场所收拾成井然有序的状态。整顿，就是明确整理后需要物品的摆放区域和形式，即定置定位。清扫，就是大扫除，清扫一切污垢、垃圾，创造一个明亮、整齐的工作环境。清洁，就是要维持整理、整顿、清扫后的成果，认真维护和保持在最佳状态，并且制度化，管理公开化、透明化。素养，就是提高人的素质，养成严格执行各种规章制度、工作程序和各项作业标准的良好习惯和作风，这是"5S"活动的核心。

"5S"活动中5个部分不是孤立的，它们是一个相互联系的有机整体。整理、整顿、清扫是进行日常"5S"活动的具体内容；清洁则是对整理、整顿、清扫工作的规范化和制度化管理，以便使其持续开展；素养是要求员工建立自律精神，养成自觉进行"5S"活动的良好习惯。"5S"管理目标看板样例如图2-6所示。

整理 SEIRI	有用无用	区分清楚	腾出空间	防止误用
整顿 SEITON	有用物品	准确定位	用完归位	再取便捷
清扫 SEISO	见污即除	保养设备	环境优美	心情舒畅
清洁 SEIKETSU	干净亮丽	六面整洁	行为文明	创造优质
素养 SHITSUKE	以人为本	贵在自觉	点滴做起	重在执行

图2-6　"5S"管理目标看板样例

（二）作业现场的"PDCA"操作程序

"PDCA"循环又叫戴明环，首先由美国质量管理专家休哈特博士提出，"PDCA"是英语单词 Plan（计划）、Do（执行）、Check（检查）和 Action（处理）的第一个字母，"PDCA"循环就是按照"计划—执行—检查—处理"的顺序不断地进行自我检查和完善，从而提升质量安全管理效能的方法，其主要目的是通过持续改进的方式不断地发现系统中存在的不足，并且通过自我完善和修复的方式持续地改进系统中的不足，从而达到不断提升质量安全管理能力的目的。

（三）作业现场目视化管理

目视化管理就是通过安全色、标签、标牌等方式，明确人员的资质和身份、工器具和设备设施的使用状态，以及生产作业区域的危险状态的一种现场安全管理方法，它具有视觉化、透明化和界限化的特点。目视化管理是利用形象直观而又色彩适宜的各种视觉感知信息来组织现场生产活动，达到提高劳动生产率的一种管理手段，也是一种利用视觉来进行管理的科学方法。目视化管理的目的是通过简单、明确、易于辨别的安全管理模式或方法，强化现场安全管理，确保工作安全，并通过外在状态的观察，达到发现人、设备、现场的不安全状态。作业现场目视化管理包括人员目视化管理、工器具目视化管理、设备设施目视化管理和生产作业区域目视化管理。

目视化管理是一种以公开化和视觉显示为特征的管理方式，也可称为看得见的管理，或一目了然的管理，这种管理方式可以贯穿于各种管理领域当中。

第十一节　安全生产投入与安全生产责任保险

一、对安全生产投入的基本要求

新中国成立以来，党中央、国务院一直重视安全生产的投入问题。从 1963 年国务院颁发的《关于加强企业生产中安全工作的几项规定》开始，逐步明确、规范和加大安全生产投入。《国务院关于进一步加强安全生产工作的决定》指出要"建立企业提取安全费用制度"，并提出要"借鉴煤矿提取安全费用的经验，在条件成熟后，逐步建立对高危行业生产企业提取安全费用制度。企业安全费用的提取，要根据地区和行业的特点，分别确定提取标准，由企业自行提取，专户储存，专项用于安全生产"。

2012 年 2 月 14 日，财政部、国家安全监管总局联合印发了《企业安全生产费用提取和使用管理办法》（财企〔2012〕16 号），明确了安全生产费用提取、使用和监督管理等工作的要求，对保证安全生产费用的投入发挥了重要作用。

为贯彻安全发展新理念，推动企业落实主体责任，加强企业安全生产投入，根据《中华人民共和国安全生产法》等法律法规，财政部、应急管理部对 2012 年印发的《企业安全生产费用提取和使用管理办法》进行了修订，并印发了《企业安全生产费用提取和使用管理办法》（财资〔2022〕136 号）。该办法规定我国境内直接从事煤炭生产、非煤矿山开采、石油天然气开采、建设工程施工、危险品生产与储存、交通运输、烟花爆竹生产、民用爆炸物品生产、冶金、机械制造、武器装备研制生产与试验（含民用航空及核燃料）、电力生产与供应的企业及其他经济组织需要按照规定标准提取企业安全生产费用，并在成本（费用）中列支，专门用于完善和改进企业或者项目安全生产条件。同时，提出企业安全生产费用应按照"筹措有章、支出有据、管理有序、监督有效"的原则进行管理。

生产经营单位是安全生产的责任主体，也是企业安全生产费用提取、使用和管理的主体。安全生产投入的决策程序，因生产经营单位的性质不同而异。但其项目计划、费用预测大体相同，即生产经营单位主管安全生产的部门牵头，工会、职业危害管理部门参加，共同制定安全技术措施计划（或安全技术劳动保护措施计划），经财务或生产费用主管部门审核，经分管领导审查后提交主要负责人或安全生产委员会审定。股份制生产经营单位一般在提交董事会讨论批准前，应经过董事会下属的财务管理委员会审查。个体经营的生产经营单位则由投资人决定。

已明确企业安全生产费用的提取标准的，应严格执行国家的相关标准和要求。其他生产经营单位应按照相关规定满足从业人员安全教育培训，安全设施的维护，特种设备的检测、检验，应急演练、器材配置，职业病危害因素检测、评价等要求。由于管理体制和财务管理方式的不同，有的生产经营单位人员安全教育、培训等费用，从教育培训费用中列支；有的生产经营单位，因其生产的连续性较高，如供水、供电、供气、供热等单位，其安全措施计划中有的不包括保证设备运行可靠性的费用等，在检查和考核其安全生产投入时应计算在内。

二、保证企业安全生产费用的法律依据与责任主体

保证必要的安全生产投入是实现安全生产的重要基础。《安全生产法》第二十三条规定，生产经营单位应当具备安全生产条件所必需的资金投入。生产经营单位必须安排适当的资金，用于改善安全设施，进行安全教育培训，更新安全技术装备、器材、仪器、仪表以及其他安全生产设备设施，以保证生产经营单位达到法律法规、标准规定的安全生产条件，并对由于安全生产所必需的资金投入不足导致的后果承担责任。

安全生产投入资金具体由谁来保证，应根据企业的性质而定。一般说来，股份制企业、合资企业等安全生产投入资金由决策机构（董事会）予以保证；一般国有企业由主要负责人（厂长或者总经理）予以保证；个体工商户等个体经济组织由投资人予以保证。上述保证人承担由于安全生产所必需的资金投入不足而导致事故后果的法律责任。

企业安全生产投入是一项长期性的工作，安全生产设施的投入必须有一个治本的总体规划，有计划、有步骤、有重点地进行，要克服盲目无序投入的现象。因此，企业切实加强安全生产投入资金的管理，要制定安全生产费用提取和使用计划，并纳入企业全面预算。

三、企业安全生产费用的提取标准和使用范围

《企业安全生产费用提取和使用管理办法》（财资〔2022〕136号）第二章明确规定了煤炭生产、非煤矿山开采、石油天然气开采、建设工程施工、危险品生产与储存、交通运输、烟花爆竹生产、民用爆炸物品生产、冶金、机械制造、武器装备研制生产与试验（含民用航空及核燃料）、电力生产与供应等企业安全生产费用的提取标准和使用范围。

（一）煤炭生产企业

（1）煤炭生产企业依据当月开采的原煤产量，于月末提取企业安全生产费用。提取

标准如下：

① 煤（岩）与瓦斯（二氧化碳）突出矿井、冲击地压矿井吨煤 50 元。

② 高瓦斯矿井，水文地质类型复杂、极复杂矿井，容易自燃煤层矿井吨煤 30 元。

③ 其他井工矿吨煤 15 元。

④ 露天矿吨煤 5 元。

矿井瓦斯等级划分执行《煤矿安全规程》和《煤矿瓦斯等级鉴定办法》的规定；矿井冲击地压判定执行《煤矿安全规程》和《防治煤矿冲击地压细则》的规定；矿井水文地质类型划分执行《煤矿安全规程》和《煤矿防治水细则》的规定。

多种灾害并存矿井，从高提取企业安全生产费用。

（2）煤炭生产企业安全生产费用的使用范围：

① 煤与瓦斯突出及高瓦斯矿井落实综合防突措施支出，包括瓦斯区域预抽、保护层开采区域防突措施、开展突出区域和局部预测、实施局部补充防突措施等两个"四位一体"综合防突措施，以及更新改造防突设备和设施、建立突出防治实验室等支出。

② 冲击地压矿井落实防冲措施支出，包括开展冲击地压危险性预测、监测预警、防范治理、效果检验、安全防护等防治措施，更新改造防冲设备和设施，建立防冲实验室等支出。

③ 煤矿安全生产改造和重大事故隐患治理支出，包括通风、防瓦斯、防煤尘、防灭火、防治水、顶板、供电、运输等系统设备改造和灾害治理工程，实施煤矿机械化改造、智能化建设，实施矿压、热害、露天煤矿边坡治理等支出。

④ 完善煤矿井下监测监控、人员位置监测、紧急避险、压风自救、供水施救和通信联络等安全避险设施设备支出，应急救援技术装备、设施配置和维护保养支出，事故逃生和紧急避难设施设备的配置和应急救援队伍建设、应急预案制修订与应急演练支出。

⑤ 开展重大危险源检测、评估、监控支出，安全风险分级管控和事故隐患排查整改支出，安全生产信息化建设、运维和网络安全支出。

⑥ 安全生产检查、评估评价（不含新建、改建、扩建项目安全评价）、咨询、标准化建设支出。

⑦ 配备和更新现场作业人员安全防护用品支出。

⑧ 安全生产宣传、教育、培训和从业人员发现并报告事故隐患的奖励支出。

⑨ 安全生产适用新技术、新标准、新工艺、煤矿智能装备及煤矿机器人等新装备的推广应用支出。

⑩ 安全设施及特种设备检测检验、检定校准支出。

⑪ 安全生产责任保险支出。

⑫ 与安全生产直接相关的其他支出。

（二）非煤矿山开采企业

（1）非煤矿山开采企业依据当月开采的原矿产量，于月末提取企业安全生产费用。提取标准如下：

① 金属矿山，其中露天矿山每吨 5 元，地下矿山每吨 15 元。

② 核工业矿山，每吨 25 元。

③ 非金属矿山，其中露天矿山每吨 3 元，地下矿山每吨 8 元。

④ 小型露天采石场，即年生产规模不超过 50 万吨的山坡型露天采石场，每吨 2 元。

原矿产量不含金属、非金属矿山尾矿库和废石场中用于综合利用的尾砂和低品位矿石。

地质勘探单位按地质勘查项目或工程总费用的 2%，在项目或工程实施期内逐月提取企业安全生产费用。

尾矿库运行按当月入库尾矿量计提企业安全生产费用，其中三等及三等以上尾矿库每吨 4 元，四等及五等尾矿库每吨 5 元。

尾矿库回采按当月回采尾矿量计提企业安全生产费用，其中三等及三等以上尾矿库每吨 1 元，四等及五等尾矿库每吨 1.5 元。

（2）非煤矿山开采企业安全生产费用的使用范围：

① 完善、改造和维护安全防护设施设备（不含"三同时"要求初期投入的安全设施）和重大事故隐患治理支出，包括矿山综合防尘、防灭火、防治水、危险气体监测、通风系统、支护及防治边帮滑坡、防冒顶片帮设备、机电设备、供配电系统、运输（提升）系统和尾矿库等完善、改造和维护支出以及实施地压监测监控、露天矿边坡治理等支出。

② 完善非煤矿山监测监控、人员位置监测、紧急避险、压风自救、供水施救和通信联络等安全避险设施设备支出，完善尾矿库全过程在线监测监控系统支出，应急救援技术装备、设施配置及维护保养支出，事故逃生和紧急避难设施设备的配置和应急救援队伍建设、应急预案制修订与应急演练支出。

③ 开展重大危险源检测、评估、监控支出，安全风险分级管控和事故隐患排查整改支出，机械化、智能化建设，安全生产信息化建设、运维和网络安全支出。

④ 安全生产检查、评估评价（不含新建、改建、扩建项目安全评价）、咨询、标准化建设支出。

⑤ 配备和更新现场作业人员安全防护用品支出。

⑥ 安全生产宣传、教育、培训和从业人员发现并报告事故隐患的奖励支出。

⑦ 安全生产适用的新技术、新标准、新工艺、智能化、机器人等新装备的推广应用支出。

⑧ 安全设施及特种设备检测检验、检定校准支出。

⑨ 尾矿库闭库、销库费用支出。

⑩ 地质勘探单位野外应急食品、应急器械、应急药品支出。

⑪ 安全生产责任保险支出。

⑫ 与安全生产直接相关的其他支出。

（三）石油天然气开采企业

（1）陆上采油（气）、海上采油（气）企业依据当月开采的石油、天然气产量，于月末提取企业安全生产费用。其中每吨原油 20 元，每千立方米原气 7.5 元。

钻井、物探、测井、录井、井下作业、油建、海油工程等企业按照项目或工程造价中的直接工程成本的 2% 逐月提取企业安全生产费用。工程发包单位应当在合同中单独约定并及时向工程承包单位支付企业安全生产费用。

煤层气（地面开采）企业参照陆上采油（气）企业执行。石油天然气开采企业的储备油、地下储气库参照危险品储存企业执行。

（2）石油天然气开采企业安全生产费用的使用范围：

① 完善、改造和维护安全防护设施设备支出（不含"三同时"要求初期投入的安全设施），包括油气井（场）、管道、站场、海洋石油生产设施、作业设施等设施设备的监测、监控、防井喷、防灭火、防坍塌、防爆炸、防泄漏、防腐蚀、防颠覆、防漂移、防雷、防静电、防台风、防中毒、防坠落等设施设备支出。

② 事故逃生和紧急避难设施设备的配置及维护保养支出，应急救援器材、设备配置及维护保养支出，应急救援队伍建设、应急预案制修订与应急演练支出。

③ 开展重大危险源检测、评估、监控支出，安全风险分级管控和事故隐患排查整改支出，安全生产信息化、智能化建设、运维和网络安全支出。

④ 安全生产检查、评估评价（不含新建、改建、扩建项目安全评价）、咨询、标准化建设支出。

⑤ 配备和更新现场作业人员安全防护用品支出。

⑥ 安全生产宣传、教育、培训和从业人员发现并报告事故隐患的奖励支出。

⑦ 安全生产适用的新技术、新标准、新工艺、新装备的推广应用支出。

⑧ 安全设施及特种设备检测检验、检定校准支出。

⑨ 野外或海上作业应急食品、应急器械、应急药品支出。

⑩ 安全生产责任保险支出。

⑪ 与安全生产直接相关的其他支出。

（四）建设工程施工企业

（1）建设工程施工企业以建筑安装工程造价为依据，于月末按工程进度计算提取企业安全生产费用。提取标准如下：

① 矿山工程 3.5%。

② 铁路工程、房屋建筑工程、城市轨道交通工程 3%。

③ 水利水电工程、电力工程 2.5%。

④ 冶炼工程、机电安装工程、化工石油工程、通信工程 2%。

⑤ 市政公用工程、港口与航道工程、公路工程 1.5%。

建设工程施工企业编制投标报价应当包含并单列企业安全生产费用，竞标时不得删减。国家对基本建设投资概算另有规定的，从其规定。

建设单位应当在合同中单独约定并于工程开工日一个月内向承包单位支付至少 50% 企业安全生产费用。总包单位应当在合同中单独约定并于分包工程开工日一个月内将至少 50% 企业安全生产费用直接支付分包单位并监督使用，分包单位不再重复提取。工程竣工决算后结余的企业安全生产费用，应当退回建设单位。

（2）建设工程施工企业安全生产费用的使用范围：

① 完善、改造和维护安全防护设施设备支出（不含"三同时"要求初期投入的安全设施），包括施工现场临时用电系统、洞口或临边防护、高处作业或交叉作业防护、临时

安全防护、支护及防治边坡滑坡、工程有害气体监测和通风、保障安全的机械设备、防火、防爆、防触电、防尘、防毒、防雷、防台风、防地质灾害等设施设备支出。

② 应急救援技术装备、设施配置及维护保养支出，事故逃生和紧急避难设施设备的配置和应急救援队伍建设、应急预案制修订与应急演练支出。

③ 开展施工现场重大危险源检测、评估、监控支出，安全风险分级管控和事故隐患排查整改支出，工程项目安全生产信息化建设、运维和网络安全支出。

④ 安全生产检查、评估评价（不含新建、改建、扩建项目安全评价）、咨询和标准化建设支出。

⑤ 配备和更新现场作业人员安全防护用品支出。

⑥ 安全生产宣传、教育、培训和从业人员发现并报告事故隐患的奖励支出。

⑦ 安全生产适用的新技术、新标准、新工艺、新装备的推广应用支出。

⑧ 安全设施及特种设备检测检验、检定校准支出。

⑨ 安全生产责任保险支出。

⑩ 与安全生产直接相关的其他支出。

（五）危险品生产与储存企业

（1）危险品生产与储存企业以上一年度营业收入为依据，采取超额累退方式确定本年度应计提金额，并逐月平均提取。提取标准如下：

① 上一年度营业收入不超过 1000 万元的，按照 4.5% 提取。

② 上一年度营业收入超过 1000 万元至 1 亿元的部分，按照 2.25% 提取。

③ 上一年度营业收入超过 1 亿元至 10 亿元的部分，按照 0.55% 提取。

④ 上一年度营业收入超过 10 亿元的部分，按照 0.2% 提取。

（2）危险品生产与储存企业安全生产费用的使用范围：

① 完善、改造和维护安全防护设施设备支出（不含"三同时"要求初期投入的安全设施），包括车间、库房、罐区等作业场所的监控、监测、通风、防晒、调温、防火、灭火、防爆、泄压、防毒、消毒、中和、防潮、防雷、防静电、防腐、防渗漏、防护围堤和隔离操作等设施设备支出。

② 配备、维护、保养应急救援器材、设备支出和应急救援队伍建设、应急预案制修订与应急演练支出。

③ 开展重大危险源检测、评估、监控支出，安全风险分级管控和事故隐患排查整改支出，安全生产风险监测预警系统等安全生产信息系统建设、运维和网络安全支出。

④ 安全生产检查、评估评价（不含新建、改建、扩建项目安全评价）、咨询和标准化建设支出。

⑤ 配备和更新现场作业人员安全防护用品支出。

⑥ 安全生产宣传、教育、培训和从业人员发现并报告事故隐患的奖励支出。

⑦ 安全生产适用的新技术、新标准、新工艺、新装备的推广应用支出。

⑧ 安全设施及特种设备检测检验、检定校准支出。

⑨ 安全生产责任保险支出。

⑩ 与安全生产直接相关的其他支出。

（六）交通运输企业

（1）交通运输企业以上一年度营业收入为依据，确定本年度应计提金额，并逐月平均提取。提取标准如下：

① 普通货运业务 1%。

② 客运业务、管道运输、危险品等特殊货运业务 1.5%。

（2）交通运输企业安全生产费用的使用范围：

① 完善、改造和维护安全防护设施设备支出（不含"三同时"要求初期投入的安全设施），包括道路、水路、铁路、城市轨道交通、管道运输设施设备和装卸工具安全状况检测及维护系统、运输设施设备和装卸工具附属安全设备等支出。

② 购置、安装和使用具有行驶记录功能的车辆卫星定位装置、视频监控装置、船舶通信导航定位和自动识别系统、电子海图等支出。

③ 铁路和城市轨道交通防灾监测预警设备及铁路周界入侵报警系统、铁路危险品运输安全监测设备支出。

④ 配备、维护、保养应急救援器材、设备支出和应急救援队伍建设、应急预案制修订与应急演练支出。

⑤ 开展重大危险源检测、评估、监控支出，安全风险分级管控和事故隐患排查整改支出，安全生产信息化、智能化建设、运维和网络安全支出。

⑥ 安全生产检查、评估评价（不含新建、改建、扩建项目安全评价）、咨询和标准化建设支出。

⑦ 配备和更新现场作业人员安全防护用品支出。

⑧ 安全生产宣传、教育、培训和从业人员发现并报告事故隐患的奖励支出。

⑨ 安全生产适用的新技术、新标准、新工艺、新装备的推广应用支出。

⑩ 安全设施及特种设备检测检验、检定校准、铁路和城市轨道交通基础设备安全检测支出。

⑪ 安全生产责任保险及承运人责任保险支出。

⑫ 与安全生产直接相关的其他支出。

（七）烟花爆竹生产企业

（1）烟花爆竹生产企业以上一年度营业收入为依据，采取超额累退方式确定本年度应计提金额，并逐月平均提取。提取标准如下：

① 上一年度营业收入不超过 1000 万元的，按照 4% 提取。

② 上一年度营业收入超过 1000 万元至 2000 万元的部分，按照 3% 提取。

③ 上一年度营业收入超过 2000 万元的部分，按照 2.5% 提取。

（2）烟花爆竹生产企业安全生产费用的使用范围：

① 完善、改造和维护安全设备设施支出（不含"三同时"要求初期投入的安全设施），包括作业场所的防火、防爆（含防护屏障）、防雷、防静电、防护围墙（网）与栏杆、防高温、防潮、防山体滑坡、监测、检测、监控等设施设备支出。

② 配备、维护、保养防爆机械电器设备支出。

③ 配备、维护、保养应急救援器材、设备支出和应急救援队伍建设、应急预案制修

订与应急演练支出。

④ 开展重大危险源检测、评估、监控支出，安全风险分级管控和事故隐患排查整改支出，安全生产信息化、智能化建设、运维和网络安全支出。

⑤ 安全生产检查、评估评价（不含新建、改建、扩建项目安全评价）、咨询和标准化建设支出。

⑥ 安全生产宣传、教育、培训和从业人员发现并报告事故隐患的奖励支出。

⑦ 配备和更新现场作业人员安全防护用品支出。

⑧ 安全生产适用新技术、新标准、新工艺、新装备的推广应用支出。

⑨ 安全设施及特种设备检测检验、检定校准支出。

⑩ 安全生产责任保险支出。

⑪ 与安全生产直接相关的其他支出。

（八）民用爆炸物品生产企业

（1）民用爆炸物品生产企业以上一年度营业收入为依据，采取超额累退方式确定本年度应计提金额，并逐月平均提取。提取标准如下：

① 上一年度营业收入不超过1000万元的，按照4%提取。

② 上一年度营业收入超过1000万元至1亿元的部分，按照2%提取。

③ 上一年度营业收入超过1亿元至10亿元的部分，按照0.5%提取。

④ 上一年度营业收入超过10亿元的部分，按照0.2%提取。

（2）民用爆炸物品生产企业安全生产费用的使用范围：

① 完善、改造和维护安全防护设施设备（不含"三同时"要求初期投入的安全设施），包括车间、库房、罐区等作业场所的监控、监测、通风、防晒、调温、防火、灭火、防爆、泄压、防毒、消毒、中和、防潮、防雷、防静电、防腐、防渗漏、防护屏障、隔离操作等设施设备支出。

② 配备、维护、保养应急救援器材、设备支出和应急救援队伍建设、应急预案制修订与应急演练支出。

③ 开展重大危险源检测、评估、监控支出，安全风险分级管控和事故隐患排查整改支出，安全生产信息化、智能化建设、运维和网络安全支出。

④ 安全生产检查、评估评价（不含新建、改建、扩建项目安全评价）、咨询和标准化建设支出。

⑤ 配备和更新现场作业人员安全防护用品支出。

⑥ 安全生产宣传、教育、培训和从业人员发现并报告事故隐患的奖励支出。

⑦ 安全生产适用的新技术、新标准、新工艺、新设备的推广应用支出。

⑧ 安全设施及特种设备检测检验、检定校准支出。

⑨ 安全生产责任保险支出。

⑩ 与安全生产直接相关的其他支出。

（九）冶金企业

（1）冶金企业以上一年度营业收入为依据，采取超额累退方式确定本年度应计提金额，并逐月平均提取。提取标准如下：

① 上一年度营业收入不超过 1000 万元的，按照 3% 提取。

② 上一年度营业收入超过 1000 万元至 1 亿元的部分，按照 1.5% 提取。

③ 上一年度营业收入超过 1 亿元至 10 亿元的部分，按照 0.5% 提取。

④ 上一年度营业收入超过 10 亿元至 50 亿元的部分，按照 0.2% 提取。

⑤ 上一年度营业收入超过 50 亿元至 100 亿元的部分，按照 0.1% 提取。

⑥ 上一年度营业收入超过 100 亿元的部分，按照 0.05% 提取。

（2）冶金企业安全生产费用的使用范围：

① 完善、改造和维护安全防护设备设施支出（不含"三同时"要求初期投入的安全设施），包括车间、站、库房等作业场所的监控、监测、防高温、防火、防爆、防坠落、防尘、防毒、防雷、防窒息、防触电、防噪声与振动、防辐射和隔离操作等设施设备支出。

② 配备、维护、保养应急救援器材、设备支出和应急救援队伍建设、应急预案制修订与应急演练支出。

③ 开展重大危险源检测、评估、监控支出，安全风险分级管控和事故隐患排查整改支出，安全生产信息化、智能化建设、运维和网络安全支出。

④ 安全生产检查、评估评价（不含新建、改建、扩建项目安全评价）和咨询及标准化建设支出。

⑤ 安全生产宣传、教育、培训和从业人员发现并报告事故隐患的奖励支出。

⑥ 配备和更新现场作业人员安全防护用品支出。

⑦ 安全生产适用的新技术、新标准、新工艺、新装备的推广应用支出。

⑧ 安全设施及特种设备检测检验、检定校准支出。

⑨ 安全生产责任保险支出。

⑩ 与安全生产直接相关的其他支出。

（十）机械制造企业

（1）机械制造企业以上一年度营业收入为依据，采取超额累退方式确定本年度应计提金额，并逐月平均提取。提取标准如下：

① 上一年度营业收入不超过 1000 万元的，按照 2.35% 提取。

② 上一年度营业收入超过 1000 万元至 1 亿元的部分，按照 1.25% 提取。

③ 上一年度营业收入超过 1 亿元至 10 亿元的部分，按照 0.25% 提取。

④ 上一年度营业收入超过 10 亿元至 50 亿元的部分，按照 0.1% 提取。

⑤ 上一年度营业收入超过 50 亿元的部分，按照 0.05% 提取。

（2）机械制造企业安全生产费用的使用范围：

① 完善、改造和维护安全防护设施设备支出（不含"三同时"要求初期投入的安全设施），包括生产作业场所的防火、防爆、防坠落、防毒、防静电、防腐、防尘、防噪声与振动、防辐射和隔离操作等设施设备支出，大型起重机械安装安全监控管理系统支出。

② 配备、维护、保养应急救援器材、设备支出和应急救援队伍建设、应急预案制修订与应急演练支出。

③ 开展重大危险源检测、评估、监控支出，安全风险分级管控和事故隐患排查整改

支出，安全生产信息化、智能化建设、运维和网络安全支出。

④ 安全生产检查、评估评价（不含新建、改建、扩建项目安全评价）、咨询和标准化建设支出。

⑤ 安全生产宣传、教育、培训和从业人员发现并报告事故隐患的奖励支出。

⑥ 配备和更新现场作业人员安全防护用品支出。

⑦ 安全生产适用的新技术、新标准、新工艺、新装备的推广应用支出。

⑧ 安全设施及特种设备检测检验、检定校准支出。

⑨ 安全生产责任保险支出。

⑩ 与安全生产直接相关的其他支出。

（十一）武器装备研制生产与试验企业

（1）武器装备研制生产与试验企业以上一年度军品营业收入为依据，采取超额累退方式确定本年度应计提金额，并逐月平均提取。

① 军工危险化学品研制、生产与试验企业，包括火炸药、推进剂、弹药（含战斗部、引信、火工品）、火箭导弹发动机、燃气发生器等，提取标准如下：

上一年度营业收入不超过1000万元的，按照5%提取；

上一年度营业收入超过1000万元至1亿元的部分，按照3%提取；

上一年度营业收入超过1亿元至10亿元的部分，按照1%提取；

上一年度营业收入超过10亿元的部分，按照0.5%提取。

② 核装备及核燃料研制、生产与试验企业，提取标准如下：

上一年度营业收入不超过1000万元的，按照3%提取；

上一年度营业收入超过1000万元至1亿元的部分，按照2%提取；

上一年度营业收入超过1亿元至10亿元的部分，按照0.5%提取；

上一年度营业收入超过10亿元的部分，按照0.2%提取。

③ 军用舰船（含修理）研制、生产与试验企业，提取标准如下：

上一年度营业收入不超过1000万元的，按照2.5%提取；

上一年度营业收入超过1000万元至1亿元的部分，按照1.75%提取；

上一年度营业收入超过1亿元至10亿元的部分，按照0.8%提取；

上一年度营业收入超过10亿元的部分，按照0.4%提取。

④ 飞船、卫星、军用飞机、坦克车辆、火炮、轻武器、大型天线等产品的总体、部分和元器件研制、生产与试验企业，提取标准如下：

上一年度营业收入不超过1000万元的，按照2%提取；

上一年度营业收入超过1000万元至1亿元的部分，按照1.5%提取；

上一年度营业收入超过1亿元至10亿元的部分，按照0.5%提取；

上一年度营业收入超过10亿元至100亿元的部分，按照0.2%提取；

上一年度营业收入超过100亿元的部分，按照0.1%提取。

⑤ 其他军用危险品研制、生产与试验企业，提取标准如下：

上一年度营业收入不超过1000万元的，按照4%提取；

上一年度营业收入超过1000万元至1亿元的部分，按照2%提取；

上一年度营业收入超过 1 亿元至 10 亿元的部分，按照 0.5% 提取；

上一年度营业收入超过 10 亿元的部分，按照 0.2% 提取。

核工程按照工程造价 3% 提取企业安全生产费用。企业安全生产费用在竞标时列为标外管理。

（2）武器装备研制生产与试验企业安全生产费用的使用范围：

① 完善、改造和维护安全防护设施设备支出（不含"三同时"要求初期投入的安全设施），包括研究室、车间、库房、储罐区、外场试验区等作业场所监控、监测、防触电、防坠落、防爆、泄压、防火、灭火、通风、防晒、调温、防毒、防雷、防静电、防腐、防尘、防噪声与振动、防辐射、防护围堤和隔离操作等设施设备支出。

② 配备、维护、保养应急救援、应急处置、特种个人防护器材、设备、设施支出和应急救援队伍建设、应急预案制修订与应急演练支出。

③ 开展重大危险源检测、评估、监控支出，安全风险分级管控和事故隐患排查整改支出，安全生产信息化、智能化建设、运维和网络安全支出。

④ 高新技术和特种专用设备安全鉴定评估、安全性能检验检测及操作人员上岗培训支出。

⑤ 安全生产检查、评估评价（不含新建、改建、扩建项目安全评价）、咨询和标准化建设支出。

⑥ 安全生产宣传、教育、培训和从业人员发现并报告事故隐患的奖励支出。

⑦ 军工核设施（含核废物）防泄漏、防辐射的设施设备支出。

⑧ 军工危险化学品、放射性物品及武器装备科研、试验、生产、储运、销毁、维修保障过程中的安全技术措施改造费和安全防护（不含工作服）费用支出。

⑨ 大型复杂武器装备制造、安装、调试的特殊工种和特种作业人员培训支出。

⑩ 武器装备大型试验安全专项论证与安全防护费用支出。

⑪ 特殊军工电子元器件制造过程中有毒有害物质监测及特种防护支出。

⑫ 安全生产适用新技术、新标准、新工艺、新装备的推广应用支出。

⑬ 安全生产责任保险支出。

⑭ 与安全生产直接相关的其他支出。

（十二）电力生产与供应企业

（1）电力生产与供应企业以上一年度营业收入为依据，采取超额累退方式确定本年度应计提金额，并逐月平均提取。

① 电力生产企业，提取标准如下：

上一年度营业收入不超过 1000 万元的，按照 3% 提取；

上一年度营业收入超过 1000 万元至 1 亿元的部分，按照 1.5% 提取；

上一年度营业收入超过 1 亿元至 10 亿元的部分，按照 1% 提取；

上一年度营业收入超过 10 亿元至 50 亿元的部分，按照 0.8% 提取；

上一年度营业收入超过 50 亿元至 100 亿元的部分，按照 0.6% 提取；

上一年度营业收入超过 100 亿元的部分，按照 0.2% 提取。

② 电力供应企业，提取标准如下：

上一年度营业收入不超过 500 亿元的，按照 0.5% 提取；

上一年度营业收入超过 500 亿元至 1000 亿元的部分，按照 0.4% 提取；

上一年度营业收入超过 1000 亿元至 2000 亿元的部分，按照 0.3% 提取；

上一年度营业收入超过 2000 亿元的部分，按照 0.2% 提取。

（2）电力生产与供应企业安全生产费用的使用范围：

① 完善、改造和维护安全防护设备、设施支出（不含"三同时"要求初期投入的安全设施），包括发电、输电、变电、配电等设备设施的安全防护及安全状况的完善、改造、检测、监测及维护，作业场所的安全监控、监测以及防触电、防坠落、防物体打击、防火、防爆、防毒、防窒息、防雷、防误操作、临边、封闭等设施设备支出。

② 配备、维护、保养应急救援器材、设备设施支出和应急救援队伍建设、应急预案制修订与应急演练支出。

③ 开展重大危险源检测、评估、监控支出，安全风险分级管控和事故隐患排查整改支出（不含水电站大坝重大隐患除险加固支出、燃煤发电厂贮灰场重大隐患除险加固治理支出），安全生产信息化、智能化建设、运维和网路安全支出。

④ 安全生产检查、评估评价（不含新建、改建、扩建项目安全评价）、咨询和标准化建设支出。

⑤ 安全生产宣传、教育、培训和从业人员发现并报告事故隐患的奖励支出。

⑥ 配备和更新现场作业人员安全防护用品支出。

⑦ 安全生产适用的新技术、新标准、新工艺、新设备的推广应用支出。

⑧ 安全设施及特种设备检测检验、检定校准支出。

⑨ 安全生产责任保险支出。

⑩ 与安全生产直接相关的其他支出。

上述规定范围以外的企业为达到应当具备的安全生产条件所需的资金投入，从成本（费用）中列支。自营烟花爆竹储存仓库的烟花爆竹销售企业、自营民用爆炸物品储存仓库的民用爆炸物品销售企业，分别参照烟花爆竹生产企业、民用爆炸物品生产企业执行。实行企业化管理的事业单位参照上述要求执行。

四、企业安全生产费用的管理和监督

（一）企业对安全生产费用的管理

1. 制度与计划管理

企业应当建立健全内部企业安全生产费用管理制度，明确企业安全生产费用提取和使用的程序、职责及权限，落实责任，确保按规定提取和使用企业安全生产费用。在安全生产费用管理中，企业应当编制年度企业安全生产费用提取和使用计划，纳入企业财务预算，确保资金投入。

2. 财务资金管理

企业提取的安全生产费用从成本（费用）中列支并专项核算。符合规定的企业安全生产费用支出应当取得发票、收据、转账凭证等真实凭证。本企业职工薪酬、福利不得从企业安全生产费用中支出。企业从业人员发现报告事故隐患的奖励支出从企业安全生产费

用中列支。

3. 计提管理

企业安全生产费用年度结余资金结转下年度使用。企业安全生产费用出现赤字（即当年计提企业安全生产费用加上年初结余小于年度实际支出）的，应当于年末补提企业安全生产费用。以上一年度营业收入为依据提取安全生产费用的企业，新建和投产不足一年的，当年企业安全生产费用据实列支，年末以当年营业收入为依据，按照规定标准计算提取企业安全生产费用。企业按规定标准连续两年补提安全生产费用的，可以按照最近一年补提数提高提取标准。企业安全生产费用月初结余达到上一年应计提金额三倍及以上的，自当月开始暂停提取企业安全生产费用，直至企业安全生产费用结余低于上一年应计提金额三倍时恢复提取。

4. 对几种情况的具体规定

（1）企业当年实际使用的安全生产费用不足年度应计提金额60%的，除按规定进行信息披露外，还应当于下一年度4月底前，按照属地监管权限向县级以上人民政府负有安全生产监督管理职责的部门提交经企业董事会、股东会等机构审议的书面说明。

（2）企业同时开展两项及两项以上以营业收入为安全生产费用计提依据的业务，能够按业务类别分别核算的，按各项业务计提标准分别提取企业安全生产费用；不能分别核算的，按营业收入占比最高业务对应的提取标准对各项合计营业收入计提企业安全生产费用。

（3）企业作为承揽人或承运人向客户提供纳入规定范围的服务，且外购材料和服务成本高于自客户取得营业收入85%以上的，可以将营业收入扣除相关外购材料和服务成本的净额，作为企业安全生产费用计提依据。

（4）企业内部有两个及两个以上独立核算的非法人主体，主体之间生产和转移产品和服务按规定需提取企业安全生产费用的，各主体可以以本主体营业收入扣除自其他主体采购产品和服务的成本（即剔除内部互供收入）的净额，作为企业安全生产费用计提依据。

（5）承担集团安全生产责任的企业集团母公司（一级，简称集团总部），可以对全资及控股子公司提取的企业安全生产费用按照一定比例集中管理，统筹使用。子公司转出资金作为企业安全生产费用支出处理，集团总部收到资金作为专项储备管理，不计入集团总部收入。

（6）集团总部统筹的企业安全生产费用应当用于规定的应急救援队伍建设、应急预案制修订与应急演练，安全生产检查、咨询和标准化建设，安全生产宣传、教育、培训，安全生产适用的新技术、新标准、新工艺、新装备的推广应用等安全生产直接相关支出。

（7）在规定的使用范围内，企业安全生产费用应当优先用于达到法定安全生产标准所需支出和按各级应急管理部门、矿山安全监察机构及其他负有安全生产监督管理职责的部门要求开展的安全生产整改支出。

（8）煤炭生产企业和非煤矿山企业已提取维持简单再生产费用的，应当继续提取，但不得重复开支规定的企业安全生产费用。

（9）企业由于产权转让、公司制改建等变更股权结构或者组织形式的，其结余的企业安全生产费用应当继续按照规定管理使用。

（10）企业调整业务、终止经营或者依法清算的，其结余的企业安全生产费用应当结转本期收益或者清算收益。下列情形除外：

① 矿山企业转产、停产、停业或者解散的，应当将企业安全生产费用结余用于矿山闭坑、尾矿库闭库后可能的危害治理和损失赔偿。

② 危险品生产与储存企业转产、停产、停业或者解散的，应当将企业安全生产费用结余用于处理转产、停产、停业或者解散前的危险品生产或者储存设备、库存产品及生产原料支出。

第①项和第②项企业安全生产费用结余，有存续企业的，由存续企业管理；无存续企业的，由清算前全部股东共同管理或者委托第三方管理。

（11）企业提取的安全生产费用属于企业自提自用资金，除集团总部按规定统筹使用外，任何单位和个人不得采取收取、代管等形式对其进行集中管理和使用。法律、行政法规另有规定的，从其规定。

（二）政府部门对安全生产费用使用的监督

各级应急管理部门、矿山安全监察机构及其他负有安全生产监督管理职责的部门和财政部门依法对企业安全生产费用提取、使用和管理进行监督检查。县级以上应急管理部门应当将本地区企业安全生产费用提取使用情况纳入定期统计分析。

企业未按规定提取和使用安全生产费用的，由县级以上应急管理部门、矿山安全监察机构及其他负有安全生产监督管理职责的部门和财政部门按照职责分工，责令限期改正，并依照《中华人民共和国安全生产法》《中华人民共和国会计法》和相关法律法规进行处理、处罚。情节严重、性质恶劣的，依照有关规定实施联合惩戒。

建设单位未按规定及时向施工单位支付企业安全生产费用、建设工程施工总承包单位未向分包单位支付必要的企业安全生产费用以及承包单位挪用企业安全生产费用的，由建设、交通运输、铁路、水利、应急管理、矿山安全监察等部门按职责分工依法进行处理、处罚。

各级应急管理部门、矿山安全监察机构及其他负有安全生产监督管理职责的部门和财政部门及其工作人员，在企业安全生产费用监督管理中存在滥用职权、玩忽职守、徇私舞弊等违法违纪行为的，按照《中华人民共和国安全生产法》《中华人民共和国监察法》等有关规定追究相应责任。构成犯罪的，依法追究刑事责任。

五、工伤保险管理

为保障因工作遭受事故伤害或者患职业病的职工获得医疗救治和经济补偿，促进工伤预防和职业康复，分散用人单位的工伤风险，国务院于 2003 年制定了《工伤保险条例》，并于 2010 年进行了修订，新版《工伤保险条例》于 2011 年 1 月 1 日起实施。

《工伤保险条例》明确了工伤保险基金、工伤认定、劳动能力鉴定、工伤保险待遇、监督管理等工作要求和相关方的法律责任。规定我国境内的企业、事业单位、社会团体、民办非企业单位、基金会、律师事务所、会计师事务所等组织和有雇工的个体工商户均应当依照条例规定参加工伤保险，为本单位全部职工或者雇工缴纳工伤保险费；我国境内的企业、事业单位、社会团体、民办非企业单位、基金会、律师事务所、会计师事务所等组织的职工和个体工商户的雇工，均有享受工伤保险待遇的权利。

（一）工伤保险基金的管理

工伤保险基金由用人单位缴纳的工伤保险费、工伤保险基金的利息和依法纳入工伤保险基金的其他资金构成。

工伤保险费根据以支定收、收支平衡的原则，确定费率。国家根据不同行业的工伤风险程度确定行业的差别费率，并根据工伤保险费使用、工伤发生率等情况在每个行业内确定若干费率档次。行业差别费率及行业内费率档次由国务院社会保险行政部门制定，报国务院批准后公布施行。统筹地区经办机构根据用人单位工伤保险费使用、工伤发生率等情况，适用所属行业内相应的费率档次确定单位缴费费率。

工伤保险费由用人单位缴纳，职工个人不缴纳工伤保险费。用人单位缴纳工伤保险费的数额为本单位职工工资总额乘以单位缴费费率之积。对难以按照工资总额缴纳工伤保险费的行业，其缴纳工伤保险费的具体方式，由国务院社会保险行政部门规定。工伤保险基金逐步实行省级统筹，对于跨地区、生产流动性较大的行业，可以采取相对集中的方式异地参加统筹地区的工伤保险。

工伤保险基金存入社会保障基金财政专户，用于工伤保险待遇，劳动能力鉴定，工伤预防的宣传、培训等费用，以及法律法规规定的用于工伤保险的其他费用的支付。

（二）工伤认定

（1）职工有下列情形之一的，应当认定为工伤：

① 在工作时间和工作场所内，因工作原因受到事故伤害的。

② 工作时间前后在工作场所内，从事与工作有关的预备性或者收尾性工作受到事故伤害的。

③ 在工作时间和工作场所内，因履行工作职责受到暴力等意外伤害的。

④ 患职业病的。

⑤ 因工外出期间，由于工作原因受到伤害或者发生事故下落不明的。

⑥ 在上下班途中，受到非本人主要责任的交通事故或者城市轨道交通、客运轮渡、火车事故伤害的。

⑦ 法律、行政法规规定应当认定为工伤的其他情形。

（2）职工有下列情形之一的，视同工伤：

① 在工作时间和工作岗位，突发疾病死亡或者在 48 h 之内经抢救无效死亡的。

② 在抢险救灾等维护国家利益、公共利益活动中受到伤害的。

③ 职工原在军队服役，因战、因公负伤致残，已取得革命伤残军人证，到用人单位后旧伤复发的。

职工有第①项、第②项情形的，按照有关规定享受工伤保险待遇；职工有第③项情形的，按照有关规定享受除一次性伤残补助金以外的工伤保险待遇。

（3）职工符合前述规定，但是有下列情形之一的，不得认定为工伤或者视同工伤：

① 故意犯罪的。

② 醉酒或者吸毒的。

③ 自残或者自杀的。

（4）典型案例：

某市付某经人介绍前往某钢结构公司工作，上班后第二天下午，付某在用钻机给钢板打眼时左臂不慎被绞入钻机，造成左臂受伤。该市劳动和社会保障局依据《工伤保险条例》第十四条的规定，在工作时间和在工作场所内，因工作原因受到事故伤害的，应认定为工伤，付某的情形完全符合工伤认定的要求，认定付某为工伤。劳动者与用人单位之间存在事实劳动关系，即使未签订书面劳动合同也不影响其申请工伤认定的权利，并且事实劳动关系的存在与否，并不取决于劳动者在用人单位工作时间的长短。

职工发生事故伤害或者按照《职业病防治法》规定被诊断、鉴定为职业病，所在单位应当自事故伤害发生之日或者被诊断、鉴定为职业病之日起 30 日内，向统筹地区社会保险行政部门提出工伤认定申请。遇有特殊情况，经报社会保险行政部门同意，申请时限可以适当延长。

用人单位未按规定提出工伤认定申请的，工伤职工或者其近亲属、工会组织在事故伤害发生之日或者被诊断、鉴定为职业病之日起 1 年内，可以直接向用人单位所在地统筹地区社会保险行政部门提出工伤认定申请。用人单位未在规定的时限内提交工伤认定申请，在此期间发生符合规定的工伤待遇等有关费用由该用人单位负担。

提出工伤认定申请应当提交下列材料：

① 工伤认定申请表。

② 与用人单位存在劳动关系（包括事实劳动关系）的证明材料。

③ 医疗诊断证明或者职业病诊断证明书（或者职业病诊断鉴定书）。

工伤认定申请表应当包括事故发生的时间、地点、原因以及职工伤害程度等基本情况。

工伤认定申请人提供材料不完整的，社会保险行政部门应当一次性书面告知工伤认定申请人需要补正的全部材料。申请人按照书面告知要求补正材料后，社会保险行政部门应当受理。

社会保险行政部门受理工伤认定申请后，根据审核需要，可以对事故伤害进行调查核实，用人单位、职工、工会组织、医疗机构以及有关部门应当予以协助。职业病诊断和诊断争议的鉴定，依照《职业病防治法》的有关规定执行。对依法取得职业病诊断证明书或者职业病诊断鉴定书的，社会保险行政部门不再进行调查核实。职工或者其近亲属认为是工伤，用人单位不认为是工伤的，由用人单位承担举证责任。

社会保险行政部门应当自受理工伤认定申请之日起 60 日内作出工伤认定的决定，并书面通知申请工伤认定的职工或者其近亲属和该职工所在单位。社会保险行政部门对受理的事实清楚、权利义务明确的工伤认定申请，应当在 15 日内作出工伤认定的决定。作出工伤认定决定需要以司法机关或者有关行政主管部门的结论为依据的，在司法机关或者有关行政主管部门尚未作出结论期间，作出工伤认定决定的时限中止。

（三）劳动能力鉴定

劳动能力鉴定是指劳动功能障碍程度和生活自理障碍程度的等级鉴定。劳动功能障碍分为十个伤残等级，最重的为一级，最轻的为十级。生活自理障碍分为三个等级：生活完全不能自理、生活大部分不能自理和生活部分不能自理。劳动能力鉴定标准由国务院社会保险行政部门会同国务院卫生行政部门等部门制定。

劳动能力鉴定由用人单位、工伤职工或者其近亲属向设区的市级劳动能力鉴定委员会提出申请，并提供工伤认定决定和职工工伤医疗的有关资料。省、自治区、直辖市劳动能力鉴定委员会和设区的市级劳动能力鉴定委员会分别由省、自治区、直辖市和设区的市级社会保险行政部门、卫生行政部门、工会组织、经办机构代表以及用人单位代表组成。

劳动能力鉴定委员专家库的医疗卫生专业技术人员应当具备下列条件：

（1）具有医疗卫生高级专业技术职务任职资格。

（2）掌握劳动能力鉴定的相关知识。

（3）具有良好的职业品德。

设区的市级劳动能力鉴定委员会收到劳动能力鉴定申请后，应当从其建立的医疗卫生专家库中随机抽取 3 名或者 5 名相关专家组成专家组，由专家组提出鉴定意见。设区的市级劳动能力鉴定委员会根据专家组的鉴定意见作出工伤职工劳动能力鉴定结论；必要时，可以委托具备资格的医疗机构协助进行有关的诊断。设区的市级劳动能力鉴定委员会应当自收到劳动能力鉴定申请之日起 60 日内作出劳动能力鉴定结论，必要时，作出劳动能力鉴定结论的期限可以延长 30 日。劳动能力鉴定结论应当及时送达申请鉴定的单位和个人。

申请鉴定的单位或者个人对设区的市级劳动能力鉴定委员会作出的鉴定结论不服的，可以在收到该鉴定结论之日起 15 日内向省、自治区、直辖市劳动能力鉴定委员会提出再次鉴定申请。省、自治区、直辖市劳动能力鉴定委员会作出的劳动能力鉴定结论为最终结论。

自劳动能力鉴定结论作出之日起 1 年后，工伤职工或者其近亲属、所在单位或者经办机构认为伤残情况发生变化的，可以申请劳动能力复查鉴定。

（四）工伤保险待遇

工伤职工已经评定伤残等级并经劳动能力鉴定委员会确认需要生活护理的，从工伤保险基金按月支付生活护理费。生活护理费按照生活完全不能自理、生活大部分不能自理或者生活部分不能自理 3 个不同等级支付，其标准分别为统筹地区上年度职工月平均工资的50%、40% 或者30%。

（1）职工因工致残被鉴定为一级至四级伤残的，保留劳动关系，退出工作岗位，享受以下待遇：

① 从工伤保险基金按伤残等级支付一次性伤残补助金，标准为：一级伤残为 27 个月的本人工资，二级伤残为 25 个月的本人工资，三级伤残为 23 个月的本人工资，四级伤残为 21 个月的本人工资。

② 从工伤保险基金按月支付伤残津贴，标准为：一级伤残为本人工资的90%，二级伤残为本人工资的85%，三级伤残为本人工资的80%，四级伤残为本人工资的75%。伤残津贴实际金额低于当地最低工资标准的，由工伤保险基金补足差额。

③ 工伤职工达到退休年龄并办理退休手续后，停发伤残津贴，按照国家有关规定享受基本养老保险待遇。基本养老保险待遇低于伤残津贴的，由工伤保险基金补足差额。

职工因工致残被鉴定为一级至四级伤残的，由用人单位和职工个人以伤残津贴为基数，缴纳基本医疗保险费。

（2）职工因工致残被鉴定为五级、六级伤残的，享受以下待遇：

① 从工伤保险基金按伤残等级支付一次性伤残补助金，标准为：五级伤残为 18 个月的本人工资，六级伤残为 16 个月的本人工资。

② 保留与用人单位的劳动关系，由用人单位安排适当工作。难以安排工作的，由用人单位按月发给伤残津贴，标准为：五级伤残为本人工资的 70%，六级伤残为本人工资的 60%，并由用人单位按照规定为其缴纳应缴纳的各项社会保险费。伤残津贴实际金额低于当地最低工资标准的，由用人单位补足差额。

经工伤职工本人提出，该职工可以与用人单位解除或者终止劳动关系，由工伤保险基金支付一次性工伤医疗补助金，由用人单位支付一次性伤残就业补助金。一次性工伤医疗补助金和一次性伤残就业补助金的具体标准由省、自治区、直辖市人民政府规定。

（3）职工因工致残被鉴定为七级至十级伤残的，享受以下待遇：

① 从工伤保险基金按伤残等级支付一次性伤残补助金，标准为：七级伤残为 13 个月的本人工资，八级伤残为 11 个月的本人工资，九级伤残为 9 个月的本人工资，十级伤残为 7 个月的本人工资。

② 劳动、聘用合同期满终止，或者职工本人提出解除劳动、聘用合同的，由工伤保险基金支付一次性工伤医疗补助金，由用人单位支付一次性伤残就业补助金。一次性工伤医疗补助金和一次性伤残就业补助金的具体标准由省、自治区、直辖市人民政府规定。

工伤职工工伤复发，确认需要治疗的，享受规定的工伤待遇。

（4）职工因工死亡，其近亲属按照下列规定从工伤保险基金领取丧葬补助金、供养亲属抚恤金和一次性工亡补助金：

① 丧葬补助金为 6 个月的统筹地区上年度职工月平均工资。

② 供养亲属抚恤金按照职工本人工资的一定比例发给由因工死亡职工生前提供主要生活来源、无劳动能力的亲属。标准为：配偶每月 40%，其他亲属每人每月 30%，孤寡老人或者孤儿每人每月在上述标准的基础上增加 10%。核定的各供养亲属的抚恤金之和不应高于因工死亡职工生前的工资。供养亲属的具体范围由国务院社会保险行政部门规定。

③ 一次性工亡补助金标准为上一年度全国城镇居民人均可支配收入的 20 倍。

伤残职工在停工留薪期内因工伤导致死亡的，其近亲属享受丧葬补助金、供养亲属抚恤金和一次性工亡补助金的待遇。一级至四级伤残职工在停工留薪期满后死亡的，其近亲属可以享受丧葬补助金和供养亲属抚恤金的待遇。

职工因工外出期间发生事故或者在抢险救灾中下落不明的，从事故发生当月起 3 个月内照发工资，从第 4 个月起停发工资，由工伤保险基金向其供养亲属按月支付供养亲属抚恤金。生活有困难的，可以预支一次性工亡补助金的 50%。职工被人民法院宣告死亡的，按照职工因工死亡的规定处理。

（5）工伤职工有下列情形之一的，停止享受工伤保险待遇：

① 丧失享受待遇条件的。

② 拒不接受劳动能力鉴定的。

③ 拒绝治疗的。

用人单位分立、合并、转让的，承继单位应当承担原用人单位的工伤保险责任；原用人单位已经参加工伤保险的，承继单位应当到当地经办机构办理工伤保险变更登记。用人单位实行承包经营的，工伤保险责任由职工劳动关系所在单位承担。职工被借调期间受到工伤事故伤害的，由原用人单位承担工伤保险责任，但原用人单位与借调单位可以约定补偿办法。企业破产的，在破产清算时依法拨付应当由单位支付的工伤保险待遇费用。

职工被派遣出境工作，依据前往国家或者地区的法律应当参加当地工伤保险的，参加当地工伤保险，其国内工伤保险关系中止；不能参加当地工伤保险的，其国内工伤保险关系不中止。

职工再次发生工伤，根据规定应当享受伤残津贴的，按照新认定的伤残等级享受伤残津贴待遇。

六、企业安全生产责任保险

2006 年 5 月 31 日，国务院第 138 次常务会议专题研究保险业改革发展问题，制定和发布了《国务院关于保险业改革发展的若干意见》，提出了要"大力发展责任保险，健全安全生产保障和突发事件应急保险机制"。2006 年 9 月 27 日，国家出台了《关于大力推进安全生产领域责任保险健全安全生产保障体系的意见》，进一步明确了安全生产责任保险中各方的工作要求。《国家安全监管总局关于在高危行业推进安全生产责任保险的指导意见》(安监总政法〔2009〕137 号)指出要"充分发挥保险在促进安全生产中的经济补偿和社会管理功能"。

《安全生产法》第五十一条规定，"国家鼓励生产经营单位投保安全生产责任保险；属于国家规定的高危行业、领域的生产经营单位，应当投保安全生产责任保险。"2019 年 8 月，应急管理部发布了《安全生产责任保险事故预防技术服务规范》(AQ 9010)，规定了保险机构开展安全生产责任保险事故预防技术服务基本原则、服务项目和形式、服务流程、服务保障、服务评估和改进的规范性要求。2021 年 9 月，应急管理部下发《应急管理部关于进一步做好安全生产责任保险工作的紧急通知》(应急〔2021〕61 号)，要求依法依规做好安全生产责任保险实施工作，要以保险为纽带，通过市场化手段加快建立社会化安全生产技术服务体系，加强安全风险管控，帮助企业提升安全生产技术和管理水平。

安全生产责任保险是在综合分析研究工伤社会保险、各种商业保险利弊的基础上，借鉴国际上一些国家通行的做法和经验，提出来的一种带有一定公益性质、采取政府推动、立法强制实施、由商业保险机构专业化运营的新的保险险种和制度。它的特点是强调各方主动参与事故预防，积极发挥保险机构的社会责任和社会管理功能，运用行业的差别费率和企业的浮动费率以及预防费用机制，实现安全与保险的良性互动。推进安全生产责任保险的目的是将保险的风险管理职能引入安全生产监管体系，实现风险专业化管理与安全监管监察工作的有机结合，通过强化事前风险防范，最终减少事故发生，促进安全生产，提高安全生产突发事件的应对处置能力。

第十二节　安全生产检查与隐患排查治理

一、安全生产检查

安全生产检查是生产经营单位安全生产管理的重要内容，其工作重点是辨识安全生产管理工作存在的漏洞和死角，检查生产现场安全防护设施、作业环境是否存在不安全状态，现场作业人员的行为是否符合安全规范，以及设备、系统运行状况是否符合现场规程的要求等。通过安全检查，不断堵塞管理漏洞，改善劳动作业环境，规范作业人员的行为，保证设备系统的安全、可靠运行，实现安全生产的目的。

（一）安全生产检查的类型

安全生产检查习惯上分为以下 6 种类型。

1. 定期安全生产检查

定期安全生产检查一般是通过有计划、有组织、有目的的形式来实现，一般由生产经营单位统一组织实施，如月度检查、季度检查、年度检查等。检查周期的确定，应根据生产经营单位的规模、性质以及地区气候、地理环境等确定。定期安全生产检查一般具有组织规模大、检查范围广、有深度、能及时发现并解决问题等特点。定期安全生产检查一般和重大危险源评估、安全现状评价等工作结合开展。

2. 经常性安全生产检查

经常性安全生产检查是由生产经营单位的安全生产管理部门、车间、班组或岗位组织进行的日常检查。一般来讲，包括交接班检查、班中检查、特殊检查等几种形式。

交接班检查是指在交接班前，岗位人员对岗位作业环境、管辖的设备及系统安全运行状况进行检查，交班人员要向接班人员说清楚，接班人员根据自己检查的情况和交班人员的交代，做好工作中可能发生问题及应急处置措施的预想。

班中检查包括岗位作业人员在工作过程中的安全检查，以及生产经营单位领导、安全生产管理部门和车间班组的领导或安全监督人员对作业情况的巡视或抽查等。

特殊检查是针对设备、系统存在的异常情况，所采取的加强监视运行的措施。一般来讲，措施由工程技术人员制定，岗位作业人员执行。

交接班检查和班中岗位的自行检查，一般应制定检查路线、检查项目、检查标准，并设置专用的检查记录本。

岗位经常性检查发现的问题记录在记录本上，并及时通过信息系统和电话逐级上报。一般来讲，对危及人身和设备安全的情况，岗位作业人员应根据操作规程、应急处置措施的规定，及时采取紧急处置措施，不需请示，处置后则立即汇报。有些生产经营单位如化工单位等习惯做法是，岗位作业人员发现危及人身、设备安全的情况，只需紧急报告，而不要求就地处置。

3. 季节性及节假日前后安全生产检查

季节性安全生产检查由生产经营单位统一组织，检查内容和范围则根据季节变化，按事故发生的规律对易发的潜在危险，突出重点进行检查，如冬季防冻保温、防火、防煤气中毒，夏季防暑降温、防汛、防雷电等检查。由于节假日（特别是重大节日，如元旦、春节、劳动节、国庆节）前后容易发生事故，因而应在节假日前后进行有针对性的安全检查。

4. 专业（项）安全生产检查

专业（项）安全生产检查是对某个专业（项）问题或在施工（生产）中存在的普遍性安全问题进行的单项定性或定量检查。如对危险性较大的在用设备设施，作业场所环境条件的管理性或监督性定量检测检验则属专业（项）安全生产检查。专业（项）安全生产检查具有较强的针对性和专业要求，可能有制定好的检查标准或评估标准、使用专业性较强的仪器等，用于检查难度较大的项目。

5. 综合性安全生产检查

综合性安全生产检查一般是由上级主管部门组织对生产单位进行的安全检查。综合性安全生产检查具有检查内容全面、检查范围广等特点，可以对被检查单位的安全状况进行全面了解。

6. 职工代表不定期对安全生产的巡查

根据《工会法》及《安全生产法》的有关规定，生产经营单位的工会应定期或不定期组织职工代表进行安全生产检查。重点检查国家安全生产方针、法规的贯彻执行情况，各级人员安全生产责任制和规章制度的落实情况，从业人员安全生产权利的保障情况，生产现场的安全状况等。

（二）安全生产检查的内容

安全生产检查的内容包括软件系统和硬件系统。软件系统主要是查思想、查意识、查制度、查管理、查事故处理、查隐患、查整改。硬件系统主要是查生产设备、查辅助设施、查安全设施、查作业环境。

安全生产检查具体内容应本着突出重点的原则进行确定。对于危险性大、易发事故、事故危害大的生产系统、部位、装置、设备等应加强检查。一般应重点检查：易造成重大损失的易燃易爆危险物品、剧毒品、锅炉、压力容器、起重设备、运输设备、冶炼设备、电气设备、冲压机械，本企业易发生工伤、火灾、爆炸等事故的设备、工种、场所及其作业人员；易造成职业中毒或职业病的尘毒产生点及其岗位作业人员；危险作业活动许可制度的执行情况，如动火、临时用电、吊装、受限空间等；直接管理的重要危险点和有害点的部门及其负责人。

对非矿山企业，目前国家有关规定要求强制性检查的项目有：锅炉、压力容器、压力管道、高压医用氧舱、起重机、电梯、自动扶梯、施工升降机、简易升降机、防爆电器、厂内机动车辆、客运索道、游艺机及游乐设施等，作业场所的粉尘、噪声、振动、辐射、温度和有毒物质的浓度等。

对矿山企业，目前国家有关规定要求强制性检查的项目有：矿井风量、风质、风速及井下温度、湿度、噪声，瓦斯、粉尘，矿山放射性物质及其他有毒有害物质，露天矿山边坡，尾矿坝，提升、运输、装载、通风、排水、瓦斯抽放、压缩空气和起重设备，各种防爆电器、电器安全保护装置，矿灯、钢丝绳等，瓦斯、粉尘及其他有毒有害物质检测仪器、仪表，自救器，救护设备，安全帽，防尘口罩或面罩，防护服、防护鞋，防噪声耳塞、耳罩。

（三）安全生产检查的方法

1. 常规检查

常规检查是常见的一种检查方法，通常是由安全管理人员作为检查工作的主体，到作业场所现场，通过感观或辅助一定的简单工具、仪表等，对作业人员的行为、作业场所的环境条件、生产设备设施等进行的定性检查。安全检查人员通过这一手段，及时发现现场存在的安全隐患并采取措施予以消除，纠正人员的不安全行为。

常规检查主要依靠安全检查人员的经验和能力，检查的结果直接受到检查人员个人素质的影响。检查中应有检查记录表，及时记录检查中发现的问题，记录表应包含隐患描述、隐患区域、隐患发现时间等相关内容。

2. 安全检查表法

为使安全检查工作更加规范，将个人的行为对检查结果的影响减少到最小，常采用安全检查表法。安全检查表一般由工作小组讨论制定。安全检查表一般包括检查项目、检查内容、检查标准、检查结果及评价、检查发现问题等内容。

编制安全检查表应依据国家有关法律法规，生产经营单位现行有效的有关标准、规程、管理制度，有关事故教训，生产经营单位安全管理文化、理念，反事故技术措施和安全措施计划，季节性、地理、气候特点等。我国许多行业如建筑、电力、机械、煤炭等行业都编制并实施了适合行业特点的安全检查标准。

3. 仪器检查及数据分析法

有些生产经营单位的设备、系统运行数据具有在线监视和记录的系统设计，对设备、系统的运行状况可通过对数据的变化趋势进行分析得出结论。对没有在线数据检测系统的机器、设备、系统，只能通过仪器检查法来进行定量化的检验与测量。

（四）安全生产检查的工作程序

1. 安全检查准备

（1）确定检查对象、目的、任务。

（2）查阅、掌握有关法规、标准、规程的要求。

（3）了解检查对象的工艺流程、生产情况、可能出现危险和危害的情况。

（4）制定检查计划，安排检查内容、方法、步骤。

（5）编写安全检查表或检查提纲。

（6）准备必要的检测工具、仪器、书写表格或记录本。

（7）挑选和训练检查人员并进行必要的分工等。

2. 实施安全检查

实施安全检查就是通过访谈、查阅文件和记录、现场观察、仪器测量的方式获取信息。

（1）访谈。通过与有关人员谈话来检查安全意识和规章制度执行情况等。

（2）查阅文件和记录。检查设计文件、作业规程、安全措施、责任制度、操作规程等是否齐全，是否有效；查阅相应记录，判断上述文件是否被执行。

（3）现场观察。对作业现场的生产设备、安全防护设施、作业环境、人员操作等进行观察，寻找不安全因素、事故隐患、事故征兆等。

（4）仪器测量。利用一定的检测检验仪器设备，对在用的设施、设备、器材状况及作业环境条件等进行测量，发现隐患。

3. 综合分析

经现场检查和数据分析后，检查人员应对检查情况进行综合分析，提出检查的结论和意见。一般来讲，生产经营单位自行组织的各类安全检查，应由安全管理部门会同有关部门对检查结果进行综合分析；上级主管部门或地方政府负有安全生产监督管理职责的部门组织的安全检查，由检查组统一研究得出检查意见或结论。

4. 结果反馈

现场检查和综合分析完成后，应将检查的结论和意见反馈至被检查对象。结果反馈形式可以是现场反馈，也可以是书面反馈。现场反馈的周期较短，可以及时将检查中发现的问题反馈至被检查对象。书面反馈的周期较长但比较正式，上级主管部门或地方政府负有安全生产监督管理职责的部门组织的安全检查，在作出正式结论和意见后，应通过书面反馈的形式将检查结论和意见反馈至被检查对象。

5. 提出整改要求

检查结束后，针对检查发现的问题，应根据问题性质的不同，提出相应的整改措施和要求。生产经营单位自行组织的安全检查，由安全管理部门会同有关部门共同制定整改措施计划并组织实施；由上级主管部门或地方政府负有安全生产监督管理职责的部门组织的安全检查，检查组提出书面的整改要求后，生产经营单位组织相关部门制定整改措施计划。

6. 整改落实

对安全检查发现的问题和隐患，生产经营单位应制定整改计划，建立安全生产问题隐患台账，定期跟踪隐患的整改落实情况，确保隐患按要求整改完成，形成隐患整改的闭环管理。安全生产问题隐患台账应包括隐患分类、隐患描述、问题依据、整改要求、整改责任单位、整改期限等内容。

7. 信息反馈及持续改进

生产经营单位自行组织的安全检查，在整改措施计划完成后，安全管理部门应组织有关人员进行验收。对于上级主管部门或地方政府负有安全生产监督管理职责的部门组织的安全检查，在整改措施完成后，应及时上报整改完成情况，申请复查或验收。

对安全检查中经常发现的问题或反复发现的问题，生产经营单位应从规章制度的健全和完善、从业人员的安全教育培训、设备系统的更新改造、加强现场检查和监督等环节入手，做到持续改进，不断提高安全生产管理水平，防范生产安全事故的发生。

二、隐患排查治理

（一）定义及分类

《安全生产事故隐患排查治理暂行规定》（国家安全生产监督管理总局令第16号）指出，安全生产事故隐患（简称事故隐患），是指生产经营单位违反安全生产法律、法规、规章、标准、规程和安全生产管理制度的规定，或者因其他因素在生产经营活动中存在可能导致事故发生的物的危险状态、人的不安全行为和管理上的缺陷。

事故隐患分为一般事故隐患和重大事故隐患。一般事故隐患是指危害和整改难度较小，发现后能够立即整改排除的隐患。重大事故隐患是指危害和整改难度较大，应当全部或者局部停产停业，并经过一定时间整改治理方能排除的隐患，或者因外部因素影响致使生产经营单位自身难以排除的隐患。

（二）生产经营单位的主要职责

（1）生产经营单位应当依照法律法规、规章、标准和规程的要求从事生产经营活动。严禁非法从事生产经营活动。

（2）生产经营单位是事故隐患排查、治理和防控的责任主体。

（3）生产经营单位应当建立、健全事故隐患排查治理和建档监控等制度，逐级建立并落实从主要负责人到每个从业人员的隐患排查治理和监控责任制。《国务院关于进一步加强企业安全生产工作的通知》指出："企业要经常性开展安全隐患排查，并切实做到整改措施、责任、资金、时限和预案'五到位'。建立以安全生产专业人员为主导的隐患整改效果评价制度，确保整改到位。对隐患整改不力造成事故的，要依法追究企业和企业相关负责人的责任，对停产整改逾期未完成的不得复产。"

（4）生产经营单位应当保证事故隐患排查治理所需的资金，建立资金使用专项制度。

（5）生产经营单位应当定期组织安全生产管理人员、工程技术人员和其他相关人员排查本单位的事故隐患。对排查出的事故隐患，应当按照事故隐患的等级进行登记，建立事故隐患信息档案，并按照职责分工实施监控治理。

（6）生产经营单位应当建立事故隐患报告和举报奖励制度，鼓励、发动职工发现和排除事故隐患，鼓励社会公众举报。对发现、排除和举报事故隐患的有功人员，应当给予物质奖励和表彰。

（7）生产经营单位将生产经营项目、场所、设备发包、出租的，应当与承包、承租单位签订安全生产管理协议，并在协议中明确各方对事故隐患排查、治理和防控的管理职责。生产经营单位对承包、承租单位的事故隐患排查治理负有统一协调和监督管理的职责。

（8）安全监管监察部门和有关部门的监督检查人员依法履行事故隐患监督检查职责时，生产经营单位应当积极配合，不得拒绝和阻挠。

（9）生产经营单位应当每季、每年对本单位事故隐患排查治理情况进行统计分析，并分别于下一季度 15 日前和下一年 1 月 31 日前向安全监管监察部门和有关部门报送书面统计分析表。统计分析表应当由生产经营单位主要负责人签字。对于重大事故隐患，生产经营单位除依照上述要求报送外，还应当及时向安全监管监察部门和有关部门报告。重大事故隐患报告内容应当包括：

① 隐患的现状及其产生原因。

② 隐患的危害程度和整改难易程度分析。

③ 隐患的治理方案。

（10）对于一般事故隐患，由生产经营单位（车间、分厂、区队等）负责人或者有关人员立即组织整改。对于重大事故隐患，由生产经营单位主要负责人组织制定并实施事故隐患治理方案。重大事故隐患治理方案应当包括以下内容：治理的目标和任务，采取的方法和措施，经费和物资的落实，负责治理的机构和人员，治理的时限和要求，安全措施和应急预案。

（11）生产经营单位在事故隐患治理过程中，应当采取相应的安全防范措施，防止事故发生。事故隐患排除前或者排除过程中无法保证安全的，应当从危险区域内撤出作业人员，并疏散可能危及的其他人员，设置警戒标志，暂时停产停业或者停止使用；对暂时难以停产或者停止使用的相关生产储存装置、设施、设备，应当加强维护和保养，防止事故发生。

（12）生产经营单位应当加强对自然灾害的预防。对于因自然灾害可能导致事故灾难的隐患，应当按照有关法律法规、标准和《安全生产事故隐患排查治理暂行规定》的要求排查治理，采取可靠的预防措施，制定应急预案。在接到有关自然灾害预报时，应当及时向下属单位发出预警通知；发生自然灾害可能危及生产经营单位和人员安全的情况时，应当采取撤离人员、停止作业、加强监测等安全措施，并及时向当地人民政府及其有关部门报告。

（13）地方人民政府或者安全监管监察部门及有关部门挂牌督办并责令全部或者局部停产停业治理的重大事故隐患，治理工作结束后，有条件的生产经营单位应当组织本单位的技术人员和专家对重大事故隐患的治理情况进行评估；其他生产经营单位应当委托具备相应资质的安全评价机构对重大事故隐患的治理情况进行评估。

经治理后符合安全生产条件的，生产经营单位应当向安全监管监察部门和有关部门提出恢复生产的书面申请，经安全监管监察部门和有关部门审查同意后，方可恢复生产经营。申请报告应当包括治理方案的内容、项目和安全评价机构出具的评价报告等。

（三）监督管理

各级安全监管监察部门按照职责对所辖区域内生产经营单位排查治理事故隐患工作依法实施综合监督管理，各级人民政府有关部门在各自职责范围内对生产经营单位排查治理事故隐患工作依法实施监督管理。任何单位和个人发现事故隐患，均有权向安全监管监察部门和有关部门报告。安全监管监察部门接到事故隐患报告后，应当按照职责分工立即组织核实并予以查处；发现所报告事故隐患应当由其他有关部门处理的，应当立即移送有关部门并记录备查。

安全监管监察部门应当指导、监督生产经营单位按照有关法律法规、规章、标准和规程的要求，建立、健全事故隐患排查治理等各项制度，定期组织对生产经营单位事故隐患排查治理情况开展监督检查。对检查过程中发现的重大事故隐患，应当下达整改指令书，并建立信息管理台账。必要时，报告同级人民政府并对重大事故隐患实行挂牌督办。

安全监管监察部门应当配合有关部门做好对生产经营单位事故隐患排查治理情况开展的监督检查，依法查处事故隐患排查治理的非法和违法行为及其责任者。

安全监管监察部门发现属于其他有关部门职责范围内的重大事故隐患的，应该及时将有关资料移送有管辖权的有关部门，并记录备查。

已经取得安全生产许可证的生产经营单位，在其被挂牌督办的重大事故隐患治理结束前，安全监管监察部门应当加强监督检查。必要时，可以提请原许可证颁发机关依法暂扣其安全生产许可证。

对挂牌督办并采取全部或者局部停产停业治理的重大事故隐患，安全监管监察部门收到生产经营单位恢复生产的申请报告后，应当在10日内进行现场审查。审查合格的，对事故隐患进行核销，同意恢复生产经营；审查不合格的，依法责令改正或者下达停产整改指令。对整改无望或者生产经营单位拒不执行整改指令的，依法实施行政处罚；不具备安全生产条件的，依法提请县级以上人民政府按照国务院规定的权限予以关闭。

第十三节　个体防护装备管理

个体防护装备（即劳动防护用品）是指从业人员为防御物理、化学、生物等外界因素伤害所穿戴、配备和使用的护品的总称。个体防护装备由用人单位为从业人员提供，正确佩戴和使用个体防护装备，可以使从业人员在劳动过程中免遭或者减轻事故伤害及职业危害，是保障从业人员人身安全与健康的重要措施，也是生产经营单位安全生产日常管理的重要工作内容。

一、常用个体防护装备分类

（一）按防护部位分类

1. 头部防护用品

头部防护用品指为防御头部不受外来物体打击、挤压伤害和其他因素危害配备的个体防护装备，如安全帽、防静电工作帽等。

2. 眼面部防护用品

眼面部防护用品指用于防护作业人员的眼睛及面部免受粉尘、颗粒物、金属火花、飞屑、烟气、电磁辐射、化学飞溅物等外界有害因素伤害的个体防护装备，如焊接眼护具、激光防护镜、强光源防护镜、职业眼面部防护具等。

3. 听力防护用品

听力防护用品指能够防止过量的声能侵入外耳道，使人耳避免噪声的过度刺激，减少听力损失，预防由噪声对人身引起的不良影响的个体防护装备，如耳塞、耳罩等。

4. 呼吸器官防护用品

呼吸器官防护用品指为防御有害气体、蒸气、粉尘、烟、雾由呼吸道吸入，或向使用者供氧或新鲜空气，保证尘、毒污染或缺氧环境中作业人员正常呼吸的个体防护装备，是预防尘肺病和职业中毒的重要护具，如长管呼吸器、动力送风过滤式呼吸器、自给闭路式压缩氧气呼吸器、自给闭路式氧气逃生呼吸器、自给开路式压缩空气呼吸器、自给开路式压缩空气逃生呼吸器、自吸过滤式防毒面具、自吸过滤式防颗粒物呼吸器（又称防尘口罩）等。

5. 防护服装

通常讲的防护服装即躯干防护用品，如防电弧服、防静电服、职业用防雨服、高可视性警示服、隔热服、焊接服、化学防护服、抗油易去污防静电防护服、冷环境防护服、熔融金属飞溅防护服、微波辐射防护服、阻燃服等。

6. 手部防护用品

手部防护用品指保护手和手臂，供作业者劳动时戴用的个体防护装备，如带电作业用绝缘手套、防寒手套、防化学品手套、防静电手套、防热伤害手套、焊工防护手套、机械危害防护手套、电离辐射及放射性污染物防护手套等。

7. 足部防护用品

足部防护用品指防止生产过程中有害物质和能量损伤劳动者足部的护具，通常人们称劳动防护鞋，如安全鞋、防化学品鞋等。

8. 坠落防护用品

坠落防护用品指防止高处作业坠落或高处落物伤害的个体防护装备，如安全带、安全绳、缓冲器、缓降装置、连接器、水平生命线装置、速差自控器、自锁器、安全网、登杆脚扣、挂点装置等。

（二）按用途分类

个体防护装备按防止伤亡事故的用途可分为防坠落用品、防冲击用品、防触电用品、防机械外伤用品、防酸碱用品、耐油用品、防水用品、防寒用品。

个体防护装备按预防职业病的用途可分为防尘用品、防毒用品、防噪声用品、防振动用品、防辐射用品、防高低温用品等。

二、个体防护装备配备管理

《安全生产法》第四十五条规定："生产经营单位必须为从业人员提供符合国家标准或者行业标准的劳动防护用品，并监督、教育从业人员按照使用规则佩戴、使用。"

《职业病防治法》第二十二条规定，用人单位必须为劳动者提供个人使用的职业病防护用品。用人单位为劳动者个人提供的职业病防护用品必须符合防治职业病的要求；不符合要求的，不得使用。

（一）基本要求

（1）用人单位应当建立健全个体防护装备管理制度，至少应包括采购、验收、保管、选择、发放、使用、报废、培训等内容，并应建立健全个体防护装备管理档案。

（2）用人单位应在入库前对个体防护装备进行进货验收，确定产品是否符合国家或行业标准；对国家规定应进行定期强检的个体防护装备，用人单位应按相关规定，委托具有检测资质的检验检测机构进行定期检验。

（3）劳动者在作业过程中，应当按照规章制度和个体防护装备使用规则，正确佩戴和使用个体防护装备。在作业过程中发现存在其他危害因素，现有个体防护装备不能满足作业安全要求，需要另外配备时，应立即停止相关作业，按照要求配备相应的个体防护装备后，方可继续作业。

（4）生产经营单位应当监督、教育从业人员按照使用规则正确佩戴、使用个体防护装备。

（5）生产经营单位应当安排专项经费用于配备个体防护装备，在成本中据实列支，不得以货币或者其他物品替代。

（二）追踪溯源

（1）用人单位应购置在最小贴码包装及运输包装上具有追踪溯源标识的个体防护装备，该标识应能通过全国性追踪溯源系统实现追踪溯源。

（2）制造商在每一批产品售出前应在全国性追踪溯源系统录入制造商信息、产品信息及该产品款号的由具有检验资质的检验检测机构出具的检验检测报告信息，每一批产品应对应一个由全国性追踪溯源系统生成的产品追踪溯源标识。

（3）经销商在产品售出前应在全国性追踪溯源系统录入必要的销售信息。

（4）检验检测机构应在全国性追踪溯源系统录入检验检测报告信息，每一个检验检测报告应对应一个由全国性追踪溯源系统生成的检验检测报告追踪溯源标识。

（5）用人单位在采购个体防护装备时，可通过产品和检验检测报告的追踪溯源标识，对实物信息和产品检验检测报告信息进行核实。

（三）配备原则

（1）用人单位应当为作业人员提供符合国家标准或者行业标准的个体防护装备。使用进口的个体防护装备，其防护性能不得低于我国相关标准。

（2）用人单位为作业人员配备的个体防护装备应当与作业场所的环境状况、作业状况、存在的危害因素和危害程度相适应，应与作业人员相适应，且个体防护装备本身不应导致其他额外的风险。

（3）用人单位配备个体防护装备时，应在保证有效防护的基础上，兼顾舒适性。

（4）需要同时配备多个个体防护装备时，应考虑使用的兼容性和功能替代性，确保防护有效。

（5）用人单位应对其使用的劳务派遣工、临时聘用人员、接纳的实习生和允许进入作业地点的其他外来人员进行个体防护装备的配备及管理。

（四）配备程序

个体防护装备的配备应按照相关流程执行，其中危害因素的辨识和评估、个体防护装备的选择是整个配备流程的关键环节。

1. 危害因素的识别原则

（1）应依据国家法律、法规、标准及专业知识，针对不同作业场所、生产工艺、作业环境的特点，识别可能的危害因素。

（2）应对生产经营活动中各因素，包括人员、设备设施、使用物料、工艺方法、环境条件、管理制度等进行系统分析，不仅应分析正常生产操作中存在的危害因素，还应分析技术、材料、工艺等发生变化、设备故障或失效、人员操作失误等情况下可能产生的危害因素。

2. 辨识方法

（1）应采用现场调查、测量、查阅相关记录、询问与交流等方式对作业环境中的危害因素进行分析。常见的作业类别及可能造成的事故或伤害、生产过程危险和有害因素分类与代码参见《个体防护装备配备规范 第1部分：总则》（GB 39800.1）中的附录B和附录C。

（2）在识别危害因素时，应主要从以下方面进行分析：①正常工作状态；②异常工作状态；③人员作业活动；④设备采购、贮存和输送，以及设备设施的运行、维修和保养；⑤原辅材料、中间产品和最终产品；⑥生产、施工工艺；⑦环境条件；⑧管理制度；⑨其他辅助活动和意外情况。

3. 危害评估

应依据国家法规、标准等由专业人员对所识别的危害因素进行评估，判断是否超过职业接触限值和实际的危害水平，结合危害因素存在的位置、危害方式、危害发生的时间、途径及后果，确定需要防护的人群范围，以及各类人员需要防护的部位和需要的防护水平。

4. 个体防护装备的选择

应根据辨识的作业场所危害因素和危害评估结果，结合个体防护装备的防护部位、防护功能、适用范围和防护装备对作业环境和使用者的适合性，选择合适的个体防护装备。常用个体防护装备的分类、防护功能及适用范围参见《个体防护装备配备规范 第1部分：总则》（GB 39800.1）中的表1。个体防护装备的配备应按照《个体防护装备配备规范 第1部分：总则》（GB 39800.1）有关规定，并根据行业特点结合《个体防护装备配备规范 第2部分：石油、化工、天然气》（GB 39800.2）、《个体防护装备配备规范 第3部分：冶金、有色》（GB 39800.3）、《个体防护装备配备规范 第4部分：非煤矿山》（GB 39800.4）、《煤矿职业安全卫生个体防护用品配备标准》（AQ 1051）等标准的相关规定进行科学合理配备。

（五）培训及使用

（1）用人单位应制定培训计划和考核办法，并建立和保留培训和考核记录。

（2）用人单位应按计划定期对作业人员进行培训，培训内容至少应包括工作中存在的危害种类和法律法规、标准等规定的防护要求，本单位采取的控制措施，以及个体防护装备的选择、防护效果、使用方法及维护、保养方法、检查方法等。

（3）当有新员工入职、员工转岗、个体防护装备配备发生变化、法律法规及标准发生变化等情况，需要培训时用人单位应及时进行培训。

（4）未按规定佩戴和使用个体防护装备的作业人员，不得上岗作业。

（5）作业人员应熟练掌握个体防护装备正确佩戴和使用方法，用人单位应监督作业人员个体防护装备的使用情况。

（6）在使用个体防护装备前，作业人员应对个体防护装备进行检查（如外观检查、适合性检查等），确保个体防护装备能够正常使用。

（7）用人单位应按照产品使用说明书的有关内容和要求，指导并监督个体防护装备使用人员对在用的个体防护装备进行正确的日常维护和使用前的检查，对必须由专人负责的，应指定受过培训的合格人员负责日常检查和维护。

（六）维护、判废和更换

（1）个体防护装备应当按照要求妥善保存。公用的防护装备应当由车间或班组统一保管，定期维护。

（2）用人单位应当对应急个体防护装备进行经常性的维护、检修，定期检测个体防护装备的性能和效果，保证其完好有效。

（3）用人单位应当按照个体防护装备发放周期定期发放，对工作过程中损坏的，用人单位应及时更换。

（4）安全帽、呼吸器、绝缘手套等安全性能要求高、易损耗的个体防护装备，应当按照有效防护功能最低指标和有效使用期，到期强制报废。

（5）被判废或被更换后的个体防护装备不得再次使用。出现以下情况之一，用人单位应当给予判废和更换新品：①个体防护装备经检验或检查被判定不合格；②个体防护装备超过有效期；③个体防护装备功能已经失效；④个体防护装备的使用说明书中规定的其他判废或更换条件。

第十四节　特殊作业安全管理

生产经营单位由于新建、改建、扩建工程项目施工和装置检修等需求，每年都有大量的施工队伍和作业人员从事各种各样的施工作业。这些作业涉及土建开挖、设备安装、管道焊接、装置防腐等多种工作，包括动火作业、受限空间作业、盲板抽堵作业、高处作业、吊装作业、临时用电作业、动土作业、断路作业等特殊作业，这些作业都是由作业人员通过使用专用设备设施、工器具直接操作、实施和参与，很容易发生人身伤害事故。特别是在化学品生产经营单位内，原料、成品及半成品等介质多是易燃易爆或有毒物料，作业过程中除可能造成人身伤害事故外，还可能酿成火灾爆炸、危险化学品泄漏等事故。因此必须严格动火作业等特殊作业的许可管理和作业的安全风险管控，加强作业过程的安全监督，预防各类事故发生。

通常情况下，企业需要实行作业许可的作业包括动火作业、受限空间作业、盲板抽堵作业、高处作业、吊装作业、临时用电作业、动土作业、断路作业等特殊作业。

一、特殊作业安全管理通用要求

（一）安全作业票

（1）安全作业票应规范填写，不得涂改。

（2）作业内容变更、作业范围扩大、作业地点转移或超过安全作业票有效期限时，应重新办理安全作业票。

（3）工艺条件、作业条件、作业方式或作业环境改变时，应重新进行作业危害分析，核对风险管控措施，重新办理安全作业票。

（二）作业前

作业前，危险化学品企业应组织作业单位对作业现场和作业过程中可能存在的危险有害因素进行辨识，开展作业危害分析，制定相应的安全风险管控措施。

1. 设备设施、管线的处理

作业前，危险化学品企业应采取措施对拟作业的设备设施、管线进行处理，确保满足相应作业安全要求：

（1）对设备、管线内介质有安全要求的特殊作业，应采用倒空、隔绝、清洗、置换等方式进行处理。

（2）对具有能量的设备设施、环境应采取可靠的能量隔离措施。

注：能量隔离是指将潜在的、可能因失控造成人身伤害、环境损害、设备损坏、财产

损失的能量进行有效的控制、隔离和保护。包括机械隔离、工艺隔离、电气隔离、放射源隔离等。

（3）对放射源采取相应安全处置措施。

2. 安全措施交底

作业前，危险化学品企业应对参加作业的人员进行安全措施交底，主要包括：

（1）作业现场和作业过程中可能存在的危险、有害因素及采取的具体安全措施与应急措施。

（2）会同作业单位组织作业人员到作业现场，了解和熟悉现场环境，进一步核实安全措施的可靠性，熟悉应急救援器材的位置及分布。

（3）涉及断路、动土作业时，应对作业现场的地下隐蔽工程进行交底。

3. 设备、设施、工器具等的检查

作业前，危险化学品企业应组织作业单位对作业现场及作业涉及的设备、设施、工器具等进行检查，并使之符合如下要求：

（1）作业现场消防通道、行车通道应保持畅通，影响作业安全的杂物应清理干净。

（2）作业现场的梯子、栏杆、平台、箅子板、盖板等设施应完整、牢固，采用的临时设施应确保安全。

（3）作业现场可能危及安全的坑、井、沟、孔洞等应采取有效防护措施，并设警示标志；需要检修的设备上的电器电源应可靠断电，在电源开关处加锁并加挂安全警示牌。

（4）作业使用的个体防护器具、消防器材、通信设备、照明设备等应完好。

（5）作业时使用的脚手架、起重机械、电气焊（割）用具、手持电动工具等各种工器具符合作业安全要求，超过安全电压的手持式、移动式电动工器具应逐个配置漏电保护器和电源开关。

（6）设置符合《安全标志及其使用导则》（GB 2894）的安全警示标志。

（7）按照《危险化学品单位应急救援物资配备要求》（GB 30077）要求配备应急设施。

（8）腐蚀性介质的作业场所应在现场就近（30 m 内）配备人员应急用冲洗水源。

4. 审批手续

作业前，危险化学品企业应组织办理作业审批手续，并由相关责任人签字审批。同一作业涉及两种或两种以上特殊作业时，应同时执行各自作业要求，办理相应的作业审批手续。

作业时，审批手续应齐全、安全措施应全部落实、作业环境应符合安全要求。

（三）作业时

1. 监护人

作业期间应设监护人。监护人应由具有生产（作业）实践经验的人员担任，并经专项培训考试合格，佩戴明显标识，持培训合格证上岗。

监护人的通用职责要求：

（1）作业前检查安全作业票。安全作业票应与作业内容相符并在有效期内；核查安全作业票中各项安全措施已得到落实。

（2）确认相关作业人员持有效资格证书上岗。

（3）核查作业人员配备和使用的个体防护装备满足作业要求。

（4）对作业人员的行为和现场安全作业条件进行检查与监督，负责作业现场的安全协调与联系。

（5）当作业现场出现异常情况时应中止作业，并采取安全有效措施进行应急处置；当作业人员违章时，应及时制止违章，情节严重时，应收回安全作业票，中止作业。

（6）作业期间，监护人不应擅自离开作业现场且不应从事与监护无关的事。确需离开作业现场时，应收回安全作业票，中止作业。

2. 审批人

作业审批人的职责要求：

（1）应在作业现场完成审批工作。

（2）应核查安全作业票审批级别与企业管理制度中规定级别一致情况，各项审批环节符合企业管理要求情况。

（3）应核查安全作业票中各项风险识别及管控措施落实情况。

3. 照明系统

作业现场照明系统配置要求：

（1）作业现场应设置满足作业要求的照明装备。

（2）受限空间内使用的照明电压不应超过 36 V，并满足安全用电要求；在潮湿容器、狭小容器内作业电压不应超过 12 V；在盛装过易燃易爆气体、液体等介质的容器内作业应使用防爆灯具；在可燃性粉尘爆炸环境作业时应采用符合相应防爆等级要求的灯具。

（3）作业现场可能危及安全的坑、井、沟、孔洞等周围，夜间应设警示红灯。

（4）动力和照明线路应分路设置。

4. 其他要求

（1）同一作业区域应减少、控制多工种、多层次交叉作业，最大限度避免交叉作业；交叉作业应由危险化学品企业指定专人统一协调管理，作业前要组织开展交叉作业风险辨识，采取可靠的保护措施，并保持作业之间信息畅通，确保作业安全。

（2）当生产装置或作业现场出现异常，可能危及作业人员安全时，作业人员应立即停止作业，迅速撤离，并及时通知相关单位及人员。

（3）特殊作业涉及的特种作业和特种设备作业人员应取得相应资格证书，持证上岗。界定为《职业禁忌证界定导则》（GBZ/T 260）中规定的职业禁忌证者不应参与相应作业。

（四）作业完毕

（1）作业完毕，应及时恢复作业时拆移的盖板、箅子板、扶手、栏杆、防护罩等安全设施的使用功能，恢复临时封闭的沟渠或地井，并清理作业现场，恢复原状。

（2）作业完毕，应及时进行验收确认。

二、动火作业安全管理

（一）动火作业定义及分级

1. 动火作业定义

《危险化学品企业特殊作业安全规范》(GB 30871)将动火作业定义为：在直接或间接产生明火的工艺设施以外的禁火区内从事可能产生火焰、火花或炽热表面的非常规作业。

注：包括使用电焊、气焊（割）、喷灯、电钻、砂轮、喷砂机等进行的作业。

2. 动火作业分级

固定动火区外的动火作业分为特级动火、一级动火和二级动火三个级别；遇节假日、公休日、夜间或其他特殊情况，动火作业应升级管理。

特级动火作业：在火灾爆炸危险场所处于运行状态下的生产装置设备、管道、储罐、容器等部位上进行的动火作业（包括带压不置换动火作业）；存有易燃易爆介质的重大危险源罐区防火堤内的动火作业。

一级动火作业：在火灾爆炸危险场所进行的除特级动火作业以外的动火作业，管廊上的动火作业按一级动火作业管理。

二级动火作业：除特级动火作业和一级动火作业以外的动火作业。

生产装置或系统全部停车，装置经清洗、置换、分析合格并采取安全隔离措施后，根据其火灾、爆炸危险性大小，经危险化学品企业生产负责人或安全管理负责人批准，动火作业可按二级动火作业管理。

（二）动火作业安全管理要求

1. 动火作业许可管理

动火作业应办理动火作业许可证或动火安全作业票（简称动火证），实行一个动火点、一张动火证的动火作业管理，不得随意涂改和转让动火证，不得异地使用或扩大使用范围。

特级动火、一级动火、二级动火的动火证应以明显标记加以区分。

特级动火作业和一级动火作业的动火证有效期不应超过 8 h，二级动火作业的动火证有效期不应超过 72 h。

动火作业超过有效期限，应重新办理动火证。

2. 动火作业安全措施

（1）动火作业前应进行气体分析，要求如下：

① 气体分析的检测点要有代表性，在较大的设备内动火，应对上、中、下（左、中、右）各部位进行检测分析。

② 在管道、储罐、塔器等设备外壁上动火，应在动火点 10 m 范围内进行气体分析，同时还应检测设备内气体含量；在设备及管道外环境动火，应在动火点 10 m 范围内进行气体分析。

③ 气体分析取样时间与动火作业开始时间间隔不应超过 30 min。

④ 特级、一级动火作业中断时间超过 30 min，二级动火作业中断时间超过 60 min，应重新进行气体分析；每日动火前均应进行气体分析；特级动火作业期间应连续进行监测。

（2）动火作业应有专人监护，作业前应清除动火现场及周围的易燃物品，或采取其他有效安全防火措施，并配备消防器材，满足作业现场应急需求。

（3）凡在盛有或盛装过助燃或易燃易爆危险化学品的设备、管道等生产、储存设施及《危险化学品企业特殊作业安全规范》（GB 30871）规定的火灾爆炸危险场所中生产设备上的动火作业，应将上述设备设施与生产系统彻底断开或隔离，不应以水封或仅关闭阀门代替盲板作为隔断措施。

（4）拆除管线进行动火作业时，应先查明其内部介质危险特性、工艺条件及其走向，并根据所要拆除管线的情况制定安全防护措施。

（5）动火点周围或其下方如有可燃物、电缆桥架、孔洞、窨井、地沟、水封设施、污水井等，应检查分析并采取清理或封盖等措施；对于动火点周围 15 m 范围内有可能泄漏易燃、可燃物料的设备设施，应采取隔离措施；对于受热分解可产生易燃易爆、有毒有害物质的场所，应进行风险分析并采取清理或封盖等防护措施。

（6）在有可燃物构件和使用可燃物做防腐内衬的设备内部进行动火作业时，应采取防火隔绝措施。

（7）在作业过程中可能释放出易燃易爆、有毒有害物质的设备上或设备内部动火时，动火前应进行风险分析，并采取有效的防范措施，必要时应连续检测气体浓度，发现气体浓度超限报警时，应立即停止作业；在较长的物料管线上动火，动火前应在彻底隔绝区域内分段采样分析。

（8）在生产、使用、储存氧气的设备上进行动火作业时，设备内氧含量不应超过 23.5%（体积分数）。

（9）在油气罐区防火堤内进行动火作业时，不应同时进行切水、取样作业。

（10）动火期间，距动火点 30 m 内不应排放可燃气体；距动火点 15 m 内不应排放可燃液体；在动火点 10 m 范围内、动火点上方及下方不应同时进行可燃溶剂清洗或喷漆等作业；在动火点 10 m 范围内不应进行可燃性粉尘清扫作业。

（11）在厂内铁路沿线 25 m 以内动火作业时，如遇装有危险化学品的火车通过或停留时，应立即停止作业。

（12）特级动火作业应采集全过程作业影像，且作业现场使用的摄录设备应为防爆型。

（13）使用电焊机作业时，电焊机与动火点的间距不应超过 10 m，不能满足要求时应将电焊机作为动火点进行管理。

（14）使用气焊、气割动火作业时，乙炔瓶应直立放置，不应卧放使用；氧气瓶与乙炔瓶的间距不应小于 5 m，二者与动火点间距不应小于 10 m，并应采取防晒和防倾倒措施；乙炔瓶应安装防回火装置。

（15）遇五级风以上（含五级）天气，禁止露天动火作业；因生产确需动火，动火作业应升级管理。

（16）作业完毕后应清理现场，确认无残留火种后方可离开。

三、受限空间作业安全管理

（一）受限空间作业定义

受限空间作业是指进入或探入受限空间进行的作业。

《危险化学品企业特殊作业安全规范》（GB 30871）将受限空间定义为：进出口受限，

通风不良，可能存在易燃易爆、有毒有害物质或缺氧，对进入人员的身体健康和生命安全构成威胁的封闭、半封闭设施及场所。注：包括反应器、塔、釜、槽、罐、炉膛、锅筒、管道以及地下室、窖井、坑（池）、管沟或其他封闭、半封闭场所。

（二）受限空间作业安全管理要求

受限空间作业一般存在活动空间小、工作场地狭窄、通风不畅、照明不良，导致作业人员出入困难等问题，特别是有些受限空间残存有毒有害介质，危险性非常高，且一旦发生事故后难以施救。因此，必须加强受限空间作业的安全管理。

1. 受限空间作业许可管理

受限空间作业应办理受限空间作业许可证。受限空间安全作业票有效期不应超过24 h。

2. 受限空间作业安全措施

（1）作业前，应对受限空间进行安全隔离，要求如下：

① 与受限空间连通的可能危及安全作业的管道应采用加盲板或拆除一段管道的方式进行隔离；不应采用水封或关闭阀门代替盲板作为隔断措施。

② 与受限空间连通的可能危及安全作业的孔、洞应进行严密封堵。

③ 对作业设备上电器电源，应采取可靠的断电措施，电源开关处应上锁并加挂警示牌。

（2）作业前，应保持受限空间空气流通良好，可采取如下措施：

① 打开人孔、手孔、料孔、风门、烟门等与大气相通的设施进行自然通风。

② 必要时，可采用强制通风或管道送风，管道送风前应对管道内介质和风源进行分析确认。

③ 在忌氧环境中作业，通风前应对作业环境中与氧性质相抵的物料采取卸放、置换或清洗合格的措施，达到可以通风的安全条件要求。

（3）应确保受限空间内的气体环境满足作业要求：

① 氧气含量为19.5% ~21%（体积分数），在富氧环境下不应大于23.5%（体积分数）；有毒物质、可燃气体、蒸气浓度应符合相关规定。

② 作业前30 min内，应对受限空间进行气体检测，检测分析合格后方可入内。检测点应有代表性，容积较大的受限空间，应对上、中、下（左、中、右）各部位进行检测分析。

③ 检测人员进入或探入受限空间检测时，应佩戴符合规定的个人防护装备。

④ 作业时，作业现场应配置移动式气体检测报警仪，连续检测受限空间内可燃气体、有毒气体及氧气浓度，并2 h记录1次；气体浓度超限报警时，应立即停止作业、撤离人员、对现场进行处理，重新检测合格后方可恢复作业。

⑤ 涂刷具有挥发性溶剂的涂料时，应采取强制通风措施。

⑥ 不应向受限空间充纯氧气或富氧空气。

⑦ 作业中断时间超过60 min时，应重新进行气体检测分析。

（4）进入受限空间作业人员应正确穿戴相应的个体防护装备。进入下列受限空间作业应采取如下防护措施：

① 缺氧或有毒的受限空间经清洗或置换仍达不到安全要求的，应佩戴隔绝式呼吸防护装备，并正确拴带救生绳。

② 易燃易爆的受限空间经清洗或置换仍达不到安全要求的，应穿防静电工作服及工作鞋，使用防爆工器具。

③ 存在酸碱等腐蚀性介质的受限空间，应穿戴防酸碱防护服、防护鞋、防护手套等防腐蚀装备。

④ 有噪声产生的受限空间，应佩戴耳塞或耳罩等防噪声护具。

⑤ 有粉尘产生的受限空间，应佩戴防尘口罩等防尘护具。

⑥ 高温的受限空间，应穿戴高温防护用品，必要时采取通风、隔热等防护措施。

⑦ 低温的受限空间，应穿戴低温防护用品，必要时采取供暖措施。

⑧ 在受限空间内从事电焊作业时，应穿绝缘鞋。

⑨ 在受限空间内从事清污作业，应佩戴隔绝式呼吸防护装备，并正确拴带救生绳。

⑩ 在受限空间内作业时，应配备相应的通信工具。

（5）受限空间作业应满足的其他要求：

① 受限空间出入口应保持畅通。

② 作业人员不应携带与作业无关的物品进入受限空间；作业中不应抛掷材料、工器具等物品；在有毒、缺氧环境下不应摘下防护面具。

③ 难度大、劳动强度大、时间长、高温的受限空间作业应采取轮换作业方式。

④ 接入受限空间的电线、电缆、通气管应在进口处进行保护或加强绝缘，应避免与人员出入使用同一出入口。

⑤ 作业期间发生异常情况时，未穿戴符合规定个体防护装备的人员严禁入内救援。

⑥ 停止作业期间，应在受限空间入口处增设警示标志，并采取防止人员误入的措施。

⑦ 作业结束后，应将工器具带出受限空间。

（6）照明及用电安全要求如下：

① 受限空间照明电压应小于或等于 36 V，在潮湿容器、狭小容器内作业电压应小于或等于 12 V。

② 在盛装过易燃易爆气体、液体等介质的容器内作业应使用防爆灯具；在可燃性粉尘爆炸环境作业时应采用符合相应防爆等级要求的灯具。

（7）作业监护要求如下：

① 在受限空间外应设有专人监护，作业期间监护人员不应离开。不应在无任何防护措施的情况下探入或进入受限空间。

② 在风险较大的受限空间作业时，应增设监护人员，并随时与受限空间作业人员保持联络。

③ 监护人应对进入受限空间的人员及其携带的工器具种类、数量进行登记，作业完毕后再次进行清点，防止遗漏在受限空间内。

④ 受限空间外应设置安全警示标志，保持出入口的畅通。

四、盲板抽堵作业安全管理

（一）盲板抽堵作业定义

盲板抽堵作业是指在设备、管道上安装或拆卸盲板的作业。

（二）盲板抽堵作业安全管理要求

（1）作业前，危险化学品企业应预先绘制盲板位置图，对盲板进行统一编号，并设专人统一指挥作业。

（2）在不同危险化学品企业共用的管道上进行盲板抽堵作业，作业前应告知上下游相关单位。

（3）作业单位应根据管道内介质的性质、温度、压力和管道法兰密封面的口径等选择相应材料、强度、口径和符合设计、制造要求的盲板及垫片，高压盲板使用前应经超声波探伤。

（4）作业单位应按位置图进行盲板抽堵作业，并对每个盲板设标牌进行标识。

（5）作业前，应降低系统管道压力至常压，保持作业现场通风良好，并设专人监护。

（6）在火灾爆炸危险场所进行盲板抽堵作业时，作业人员应穿防静电工作服、工作鞋，并使用防爆工具；距盲板抽堵作业地点 30 m 内不得有动火作业。

（7）在强腐蚀性介质的管道、设备上进行盲板抽堵作业时，作业人员应采取防止酸碱化学灼伤的措施。

（8）在介质温度较高或较低、可能造成人员烫伤或冻伤的管道、设备上进行盲板抽堵作业时，作业人员应采取防烫、防冻措施。

（9）在有毒介质的管道、设备上进行盲板抽堵作业时，作业人员应按要求选用防护用具。在涉及硫化氢、氯气、氨气、一氧化碳及氰化物等毒性气体的管道、设备上作业时，除满足上述要求外，还应佩戴移动式气体检测仪。

（10）不应在同一管道上同时进行两处及两处以上的盲板抽堵作业。

（11）同一盲板的抽、堵作业，应分别办理盲板抽、堵安全作业票，一张安全作业票只能进行一块盲板的一项作业。

（12）盲板抽堵作业结束，由作业单位和危险化学品企业专人共同确认。

五、高处作业安全管理

（一）高处作业定义

高处作业是指在距坠落基准面 2 m 及 2 m 以上有可能坠落的高处进行的作业。注：坠落基准面是坠落处最低点的水平面。

（二）高处作业分级

（1）作业高度 h 分为 4 个区段：2 m≤h≤5 m，5 m<h≤15 m，15 m<h≤30 m，h>30 m。

（2）直接引起坠落的客观危险因素主要分为 9 种：

① 阵风风力五级（风速 8.0 m/s）以上。

② 平均气温等于或低于 5 ℃的作业环境。

③ 接触冷水温度等于或低于 12 ℃的作业。

④ 作业场地有冰、雪、霜、油、水等易滑物。

⑤ 作业场所光线不足或能见度差。

⑥ 作业活动范围与危险电压带电体距离小于表 2-5 的规定。

表 2-5　作业活动范围与危险电压带电体的距离

危险电压带电体的电压等级/kV	距离/m	危险电压带电体的电压等级/kV	距离/m
≤10	1.7	220	4.0
35	2.0	330	5.0
63~110	2.5	500	6.0

⑦ 摆动，立足处不是平面或只有很小的平面，即任一边小于 500 mm 的矩形平面、直径小于 500 mm 的圆形平面或具有类似尺寸的其他形状的平面，致使作业者无法维持正常姿势。

⑧ 存在有毒气体或空气中含氧量低于 19.5%（体积分数）的作业环境。

⑨ 可能会引起各种灾害事故的作业环境和抢救突然发生的各种灾害事故。

（3）不存在第（2）项列出的任一种客观危险因素的高处作业按表 2-6 规定的 A 类法分级，存在第（2）项列出的一种或一种以上客观危险因素的高处作业按表 2-6 规定的 B 类法分级。

表 2-6　高 处 作 业 分 级

分类法	高处作业高度/m			
	2≤h≤5	5<h≤15	15<h≤30	h>30
A	Ⅰ	Ⅱ	Ⅲ	Ⅳ
B	Ⅱ	Ⅲ	Ⅳ	Ⅳ

（三）高处作业安全管理要求

（1）高处作业人员应正确佩戴符合要求的安全带、安全绳，30 m 以上高处作业应配备通信联络工具。

（2）高处作业应设专人监护，作业人员不应在作业处休息。

（3）应根据实际需要配备符合安全要求的作业平台、吊笼、梯子、挡脚板、跳板等；脚手架的搭设、拆除和使用应符合《建筑施工脚手架安全技术统一标准》（GB 51210）等有关标准要求。

（4）高处作业人员不应站在不牢固的结构物上进行作业；在彩钢板屋顶、石棉瓦、瓦棱板等轻型材料上作业，应铺设牢固的脚手板并加以固定，脚手板上要有防滑措施；不应在未固定、无防护设施的构件及管道上进行作业或通行。

（5）在邻近排放有毒有害气体、粉尘的放空管线或烟囱等场所进行作业时，应预先与作业属地生产人员取得联系，并采取有效的安全防护措施，作业人员应配备必要的符合国家相关标准的防护装备（如隔绝式呼吸防护装备、过滤式防毒面具或口罩等）。

（6）雨天和雪天作业时，应采取可靠的防滑、防寒措施；遇有五级以上强风（含五级风）、浓雾等恶劣天气，不应进行露天高处作业、露天攀登与悬空高处作业；暴风雪、台风、暴雨后，应对作业安全设施进行检查，发现问题立即处理。

（7）作业使用的工具、材料、零件等应装入工具袋，上下时手中不应持物，不应投掷工具、材料及其他物品；易滑动、易滚动的工具、材料堆放在脚手架上时，应采取防坠落措施。

（8）在同一坠落方向上，一般不应进行上下交叉作业，如需进行交叉作业，中间应设置安全防护层，坠落高度超过 24 m 的交叉作业，应设双层防护。

（9）因作业需要，须临时拆除或变动作业对象的安全防护设施时，应经作业审批人员同意，并采取相应的防护措施，作业后应及时恢复。

（10）拆除脚手架、防护棚时，应设警戒区并派专人监护，不应上下同时施工。

（11）安全作业票的有效期最长为 7 天。当作业中断，再次作业前，应重新对环境条件和安全措施进行确认。

六、吊装作业安全管理

（一）吊装作业定义

吊装作业是指利用各种吊装机具将设备、工件、器具、材料等吊起，使其发生位置变化的作业。

（二）吊装作业分级

吊装作业按吊装重物的质量 m 不同分为三级：

一级吊装作业：$m > 100$ t；

二级吊装作业：40 t $\leq m \leq 100$ t；

三级吊装作业：$m < 40$ t。

（三）吊装作业安全管理要求

（1）一、二级吊装作业，应编制吊装作业方案。吊装物体质量虽不足 40 t，但形状复杂、刚度小、长径比大、精密贵重，以及在作业条件特殊的情况下，三级吊装作业也应编制吊装作业方案；吊装作业方案应经审批。

（2）吊装场所如有含危险物料的设备、管道时，应制定详细吊装方案，并对设备、管道采取有效防护措施，必要时停车，放空物料，置换后再进行吊装作业。

（3）不应靠近高架电力线路进行吊装作业。

（4）大雪、暴雨、大雾、六级及以上大风时，不应露天作业。

（5）作业前，作业单位应对起重机械、吊具、索具、安全装置等进行检查，确保其处于完好、安全状态，并签字确认。

（6）应按规定负荷进行吊装，吊具、索具应经计算选择使用，不应超负荷吊装。

（7）不应利用管道、管架、电杆、机电设备等作吊装锚点；未经土建专业人员审查核算，不应将建筑物、构筑物作为锚点。

（8）起吊前应进行试吊，试吊中检查全部机具、锚点受力情况，发现问题应立即将吊物放回地面，排除故障后重新试吊，确认正常后方可正式吊装。

（9）指挥人员应佩戴明显的标志，并按规定的联络信号进行指挥。

（10）吊装作业人员应遵守如下规定：

① 按指挥人员发出的指挥信号进行操作；任何人发出的紧急停车信号均应立即执行；吊装过程中出现故障，应立即向指挥人员报告。

② 吊物接近或达到额定起重吊装能力时，应检查制动器，用低高度、短行程试吊后，再吊起。

③ 利用两台或多台起重机械吊运同一重物时应保持同步，各台起重机械所承受的载荷不应超过各自额定起重能力的80%。

④ 下放吊物时，不应自由下落（溜）；不应利用极限位置限制器停车。

⑤ 不应在起重机械工作时对其进行检修；不应有载荷的情况下调整起升变幅机构的制动器。

⑥ 停工和休息时，不应将吊物、吊笼、吊具和吊索悬在空中。

⑦ 以下情况不应起吊：无法看清场地、吊物，指挥信号不明；起重臂吊钩或吊物下面有人、吊物上有人或浮置物；重物捆绑、紧固、吊挂不牢，吊挂不平衡，索具打结，索具不齐，斜拉重物，棱角吊物与钢丝绳之间无衬垫；吊物质量不明，与其他吊物相连，埋在地下，与其他物体冻结在一起。

（11）司索人员应遵守如下规定：

① 听从指挥人员的指挥，并及时报告险情。

② 不应用吊钩直接缠绕吊物及将不同种类或不同规格的索具混在一起使用。

③ 吊物捆绑应牢靠，吊点设置应根据吊物重心位置确定，保证吊装过程中吊物平衡；起升吊物时应检查其连接点是否牢固、可靠；吊运零散件时，应使用专门的吊篮、吊斗等器具，吊篮、吊斗等不应装满。

④ 吊物就位时，应与吊物保持一定的安全距离，用拉绳或撑杆、钩子辅助其就位。

⑤ 吊物就位前，不应解开吊装索具。

⑥ 第（10）项中与司索人员有关的不应起吊的情况，司索人员应作相应处理。

（12）监护人员应确保吊装过程中警戒范围区内没有非作业人员或车辆经过；吊装过程中吊物及起重臂移动区域下方不应有任何人员经过或停留。

（13）用定型起重机械（如履带吊车、轮胎吊车、桥式吊车等）进行吊装作业时，除遵守《危险化学品企业特殊作业安全规范》（GB 30871）中吊装作业相关规定外，还应遵守该定型起重机械的操作规程。

（14）作业完毕应做如下工作：

① 将起重臂和吊钩收放到规定位置，所有控制手柄均应放到零位，电气控制的起重机械的电源开关应断开。

② 对在轨道上作业的吊车，应将吊车停放在指定位置有效锚定。

③ 吊索、吊具收回，放置到规定位置，并对其进行例行检查。

七、临时用电安全管理

（一）临时用电定义

临时用电是指在正式运行的电源上所接的非永久性用电。

（二）临时用电安全管理要求

（1）在运行的火灾爆炸危险性生产装置、罐区和具有火灾爆炸危险场所内不应接临时电源，确需时应对周围环境进行可燃气体检测分析，分析结果应符合《危险化学品企业特殊作业安全规范》（GB 30871）有关动火分析合格判定指标的要求。

（2）各类移动电源及外部自备电源，不应接入电网。

（3）在开关上接引、拆除临时用电线路时，其上级开关应断电、加锁，并挂安全警示标牌，接、拆线路作业时，应有监护人在场。

（4）临时用电应设置保护开关，使用前应检查电气装置和保护设施的可靠性。所有的临时用电均应设置接地保护。

（5）临时用电设备和线路应按供电电压等级和容量正确配置、使用，所用的电器元件应符合国家相关产品标准及作业现场环境要求，临时用电电源施工、安装应符合《建设工程施工现场供用电安全规范》（GB 50194）的有关要求，并有良好的接地。

（6）临时用电还应满足如下要求：

① 火灾爆炸危险场所应使用相应防爆等级的电气元件，并采取相应的防爆安全措施。

② 临时用电线路及设备应有良好的绝缘，所有的临时用电线路应采用耐压等级不低于 500 V 的绝缘导线。

③ 临时用电线路经过火灾爆炸危险场所以及有高温、振动、腐蚀、积水及产生机械损伤等区域，不应有接头，并应采取相应的保护措施。

④ 临时用电架空线应采用绝缘铜芯线，并应架设在专用电杆或支架上，其最大弧垂与地面距离，在作业现场不低于 2.5 m，穿越机动车道不低于 5 m。

⑤ 沿墙面或地面敷设电缆线路应符合下列规定：

——电缆线路敷设路径应有醒目的警告标志；

——沿地面明敷的电缆线路应沿建筑物墙体根部敷设，穿越道路或其他易受机械损伤的区域，应采取防机械损伤的措施，周围环境应保持干燥；

——在电缆敷设路径附近，当有产生明火的作业时，应采取防止火花损伤电缆的措施。

⑥ 对需埋地敷设的电缆线路应设有走向标志和安全标志。电缆埋地深度不应小于 0.7 m，穿越道路时应加设防护套管。

⑦ 现场临时用电配电盘、箱应有电压标志和危险标志，应有防雨措施，盘、箱、门应能牢靠关闭并上锁管理。

⑧ 临时用电设施应安装符合规范要求的漏电保护器，移动工具、手持式电动工具应逐个配置漏电保护器和电源开关。

（7）未经批准，临时用电单位不应向其他单位转供电或增加用电负荷，以及变更用电地点和用途。

（8）临时用电时间一般不超过 15 天，特殊情况不应超过 30 天；用于动火、受限空间作业的临时用电时间应和相应作业时间一致；用电结束后，用电单位应及时通知供电单位拆除临时用电线路。

八、动土作业安全管理

（一）动土作业定义

动土作业是指挖土、打桩、钻深、坑探、地锚入土深度在 0.5 m 以上；使用推土机、压路机等施工机械进行填土或平整场地等可能对地下隐蔽设施产生影响的作业。

（二）动土作业安全管理要求

（1）作业前，应检查工器具、现场支撑是否牢固、完好，发现问题应及时处理。

（2）作业现场应根据需要设置护栏、盖板或警告标志，夜间应悬挂警示灯。

（3）在动土开挖前，应先做好地面和地下排水，防止地面水渗入作业层面造成塌方。

（4）动土作业应设专人监护。

（5）挖掘坑、槽、井、沟等作业，应遵守下列规定：

① 挖掘土方应自上而下逐层挖掘，不应采用挖底脚的办法挖掘；使用的材料、挖出的泥土应堆在距坑、槽、井、沟边沿至少 1 m 处，堆土高度不应大于 1.5 m；挖出的泥土不应堵塞下水道和窨井。

② 不应在土壁上挖洞攀登。

③ 不应在坑、槽、井、沟上端边沿站立、行走。

④ 应视土壤性质、湿度和挖掘深度设置安全边坡或固壁支撑；作业过程中应对坑、槽、井、沟边坡或固壁支撑架随时检查，特别是雨雪后和解冻时期，如发现边坡有裂缝、松疏或支撑有折断、走位等异常情况时，应立即停止作业，并采取相应措施。

⑤ 在坑、槽、井、沟的边缘安放机械、铺设轨道及通行车辆时，应保持适当距离，采取有效的固壁措施，确保安全。

⑥ 在拆除固壁支撑时，应从下而上进行；更换支撑时，应先装新的，后拆旧的。

⑦ 不应在坑、槽、井、沟内休息。

（6）机械开挖时，应避开构筑物、管线，在距管道边 1 m 范围内应采用人工开挖；在距直埋管线 2 m 范围内宜采用人工开挖，避免对管线或电缆造成影响。

（7）动土作业人员在沟（槽、坑）下作业应按规定坡度顺序进行，使用机械挖掘时，人员不应进入机械旋转半径内；深度大于 2 m 时，应设置人员上下的梯子等能够保证人员快速进出的设施；两人以上同时挖土时应相距 2 m 以上，防止工具伤人。

（8）动土作业区域周围发现异常时，作业人员应立即撤离作业现场。

（9）在生产装置区、罐区等危险场所动土时，监护人员应与所在区域的生产人员建立联系，当生产装置区、罐区等场所发生突然排放有害物质时，监护人员应立即通知作业人员停止作业，迅速撤离现场。

（10）在生产装置区、罐区等危险场所动土时，遇有埋设的易燃易爆、有毒有害介质管线、窨井等可能引起燃烧、爆炸、中毒、窒息危险，且挖掘深度超过 1.2 m 时，应执行受限空间作业相关规定。

（11）动土作业结束后，应及时回填土石，恢复地面设施。

九、断路作业安全管理

（一）断路作业定义

断路作业是指生产区域内交通主、支路与车间引道上进行工程施工、吊装、吊运等各种影响正常交通的作业。

（二）断路作业安全管理要求

（1）作业前，作业单位应会同危险化学品企业相关部门制定交通组织方案，应能保证消防车和其他重要车辆的通行，并满足应急救援要求。

（2）作业单位应根据需要在断路的路口和相关道路上设置交通警示标志，在作业区域附近设置路栏、道路作业警示灯、导向标等交通警示设施。

（3）在道路上进行定点作业，白天不超过 2 h、夜间不超过 1 h 即可完工的，在有现场交通指挥人员指挥交通的情况下，只要作业区域设置了相应的交通警示设施，可不设标志牌。

（4）在夜间或雨、雪、雾天进行断路作业应设置道路作业警示灯：

① 设置高度应离地面 1.5 m，不低于 1.0 m。

② 其设置应能反映作业区域的轮廓。

③ 应能发出至少自 150 m 以外清晰可见的连续、闪烁或旋转的红光。

（5）作业结束后，作业单位应清理现场，撤除作业区域、路口设置的路栏、道路作业警示灯、导向标等交通警示设施，并与危险化学品企业检查核实，报告有关部门恢复交通。

第十五节　承包商管理

生产经营单位在生产经营过程中大量使用承包商进行装置建设、设备改造和设备设施检维修服务。承包商在提供服务过程中发生生产安全事故，不但可能对其自身造成伤害，也往往给企业和周边社区带来灾难性后果。承包商管理是生产经营单位安全生产管理的重要内容，也是管理的薄弱环节。《国务院关于进一步加强企业安全生产工作的通知》和《企业安全生产标准化基本规范》（GB/T 33000）都对承包商管理提出了具体要求。概括起来主要有 4 个方面：一是要明确双方的安全管理责任，二是要严格审查承包商的安全资质和专业技术能力，三是做好现场作业的安全风险分析，四是开展对作业现场的监督和管理。

一、生产经营单位及承包商的安全管理责任

（一）生产经营单位安全管理责任

生产经营单位发包工程项目，应以生产经营单位名义进行，严禁以某一部门的名义进

行发包。生产经营单位应明确发包工程归口管理部门，统一对发包工程进行管理。生产经营单位要建立完善承包商安全管理制度，明确有关职能部门的管理责任。要对承包商进行资质审查，选择具备相应资质、安全生产条件，安全业绩好的企业作为承包商，要对进入本单位的承包商人员进行全员安全教育，向承包商进行作业现场安全交底，对承包商的安全作业规程、施工方案和应急预案进行审查，对承包商的作业进行全过程监督。

生产经营单位应及时收集承包商的信息，建立安全表现评价准则，定期对承包商的安全业绩进行评价。同时将评价结果通过预先确定的渠道反馈给承包商管理层或上级部门，以促进其改进管理。对不能履行安全职责，甚至发生生产安全事故的承包商，要予以相应考核直至清退。

（二）承包商安全管理责任

承包商从事建设工程的新建、扩建、改建和拆除等活动，应当具备国家规定的注册资本、专业技术人员、技术装备和安全生产等条件，依法取得相应等级的资质证书，并在其资质等级许可的范围内承揽工程。

承包商主要负责人依法对本单位的安全生产工作全面负责。承包商应当建立、健全安全生产责任制度和安全生产教育培训制度，制定安全生产规章制度和操作规程，保证本单位安全生产条件所需资金的投入，对所承担的工程项目进行定期和专项安全检查，并做好检查记录。

承包商应确保员工开展各种作业之前，接受与工作有关的安全培训，确保其知道并掌握与作业有关的潜在安全风险和应急处置方案。作业之前，承包商应确保员工了解并执行操作规程等有关安全作业规程。

同一工程项目或同一施工场所有多个承包商施工时，生产经营单位应与承包商签订专门的安全管理协议或者在承包合同中约定各自的安全生产管理职责，生产经营单位对各承包商的安全生产工作统一协调、管理。

二、承包商的准入管理

（一）承包商资质审查

生产经营单位应对各类承包商的准入进行审查，并办理临时或长期承包商准入许可相关手续。

承包商资质审查一般包括业务资质审查和安全资质审查两部分。生产经营单位承包商主管部门对承包商进行业务资质审查后，再由生产经营单位安全管理部门对其进行安全资质审查，审查合格后报主管领导审批。对于临时服务的承包商，经审批后发放临时承包商安全许可证，仅限当次服务使用。对于长期服务的承包商，经审批后可以发放长期承包商安全许可证，根据承包商服务具体情况规定有效期限。

（二）承包商的资质要求

对于国家有相关资质规定的承包商类别，承包商应取得国家规定相应的从业安全资质证书，建立安全管理机构，并配备不少于一定比例的专职安全管理人员。工程技术人员要达到其资质规定的数量要求。

（三）承包商资质审查应提供的资料

1. 业务资质审查

业务资质审查应提供的资料包括：

（1）承包商准入审查表。

（2）有效的企业资信证明，如有效的营业执照、法定代表人证明书、税务登记证、组织机构代码证、银行开户许可证、开立单位银行结算账户申请书等。

（3）企业资质证明，如施工资质证书、特种作业证书、安全生产许可证等。

（4）其他应提供的资料，如近期业绩和表现等有关资料。

2. 安全资质审查

安全资质审查应提供的资料包括：

（1）承包商安全资质审查表。

（2）安全资质证书，如安全生产许可证、职业安全健康管理体系认证证书等。

（3）主要负责人、项目负责人、安全生产管理人员经政府有关部门安全生产考核合格名单及证书。施工人员年龄、工种、健康状况等符合要求。

（4）企业近两年的安全业绩，包括施工经历、重大安全事故情况档案、事故发生率及原始记录、安全隐患治理情况档案等。

（5）安全管理体系程序文件及有效评审报告。

三、现场安全管理要求

（一）设备和工具

承包商应建立针对作业过程所涉及设备和工具的管理程序。特种设备或现场安装的起重设备必须取得政府有关部门颁发的使用许可证后方可使用。涉及定期试验的工器具、绝缘用具、施工机具、安全防护用品，应具有检验、试验资质部门出具的合格的检验报告。应明确对设备和工具的定期检查、标识、修理和退出现场的要求。

（二）门禁管理

生产经营单位应针对承包商等外来人员实行门禁管理。对进出工作场所的人员进行身份确认和安全条件确认，并予以登记，防止无关人员进出作业现场。

（三）安全交底与危害告知

承包商作业人员进行施工作业前，生产经营单位应将与施工作业有关的安全技术要求向承包商作业人员作出详细说明，双方签字确认，未经安全技术交底，切勿进行作业。进行安全技术交底，可以细化、优化作业方案，作业技术方案编制过程中统筹设计安全方案，始终将安全放到第一位。应使作业人员了解和掌握该作业项目的安全技术操作规程和注意事项，减少违章操作，避免作业过程发生事故。

针对作业要求，生产经营单位应对承包商作业方案和作业安全措施进行审查、细化和补充，告知承包商与作业相关的泄漏、火灾、爆炸、中毒、窒息、触电、坠落、物体打击和机械伤害等危害信息，保证作业人员的人身安全。

（四）施工方案制定

施工方案是根据一个施工项目制定的具体实施方案，包括组织机构方案（各职能机构的构成、各自职责、相互关系等)、人员组成方案(项目负责人、各机构负责人、各专业负责人等)、技术方案(进度安排、关键技术预案、重大施工步骤预案等)、应急预案(安全总体要求、施工危险因素分析、安全措施、重大施工步骤应急预案)等。

(五)施工计划审查

施工计划审查主要包括施工组织设计、施工方案、施工技术等内容。根据现场作业条件和施工工艺步骤制定预防措施,即应急预案、检查和评价计划、培训要求等。

(六)安全教育培训

在承包商队伍进入作业现场前,发包单位要对其进行消防安全、设备设施保护及社会治安方面的教育。所有教育培训和考试完成后,办理准入手续,凭证件出入现场。证件上应有本人近期免冠照片和姓名、承包商名称、准入的现场区域等信息。

四、承包商作业过程控制

(一)现场危害确认

生产经营单位应与承包商就作业相关的泄漏、火灾、爆炸、中毒、窒息、触电、坠落、物体打击和机械伤害等危害进行确认,并明确作业许可的相关要求。

(二)作业过程监督

作业过程中,生产经营单位应派具备监督管理职能的人员对承包商作业现场进行监督检查,建立监督检查记录,及时协调作业过程中的事项,通报相关安全信息,督促作业过程中隐患的整改。

作业过程监督内容主要包括施工用电管理、个体防护用品的使用管理、文明施工管理、应急和消防管理、警示和标识管理、危险化学品管理、变更管理,以及职业健康管理等。

第十六节　企业安全文化建设

一、企业安全文化建设的基本内容

(一)企业安全文化建设的总体要求

企业在安全文化建设过程中,应充分考虑自身内部的和外部的文化特征,引导全体员工的安全态度和安全行为,实现在法律和政府监管要求基础上的安全自我约束,通过全员参与实现企业安全生产水平持续提高。

(二)企业安全文化建设基本要素

1. 安全承诺

企业应建立包括安全价值观、安全愿景、安全使命和安全目标等在内的安全承诺。安全承诺应做到:切合企业特点和实际,反映共同安全志向;明确安全问题在组织内部具有最高优先权;声明所有与企业安全有关的重要活动都追求卓越;含义清晰明了,并被全体员工和相关方所知晓和理解。

领导者应做到:提供安全工作的领导力,坚持保守决策,以有形的方式表达对安全的关注；在安全生产上真正投入时间和资源；制定安全发展的战略规划，以推动安全承诺的实施；接受培训，在与企业相关的安全事务上具有必要的能力；授权组织的各级管理者和员工参与安全生产工作，积极质疑安全问题；安排对安全实践或实施过程的定期审查；与相关方进行沟通和合作。

各级管理者应做到：清晰界定全体员工的岗位安全责任；确保所有与安全相关的活动均采用了安全的工作方法；确保全体员工充分理解并胜任所承担的工作；鼓励和肯定在安全方面的良好态度，注重从差错中学习和获益；在追求卓越的安全绩效、质疑安全问题方面以身作则；接受培训，在推进和辅导员工改进安全绩效上具有必要的能力；保持与相关方的交流合作，促进组织部门之间的沟通与协作。

每个员工应做到：在本职工作上始终采取安全的方法；对任何与安全相关的工作保持质疑的态度；对任何安全异常和事件保持警觉并主动报告；接受培训，在岗位工作中具有改进安全绩效的能力；与管理者和其他员工进行必要的沟通。

企业应将自己的安全承诺传达到相关方。必要时应要求供应商、承包商等相关方提供相应的安全承诺。

2. 行为规范与程序

企业内部的行为规范是企业安全承诺的具体体现和安全文化建设的基础要求。企业应确保拥有能够达到和维持安全绩效的管理系统，建立清晰界定的组织结构和安全职责体系，有效控制全体员工的行为。行为规范的建立和执行应做到：体现企业的安全承诺；明确各级各岗位人员在安全生产工作中的职责与权限；细化有关安全生产的各项规章制度和操作程序；行为规范的执行者参与规范系统的建立，熟知自己在组织中的安全角色和责任；由正式文件予以发布；引导员工理解和接受建立行为规范的必要性，知晓由于不遵守规范所引发的潜在不利后果；通过各级管理者或被授权者观测员工行为，实施有效监控和缺陷纠正；广泛听取员工意见，建立持续改进机制。

程序是行为规范的重要组成部分。企业应建立必要的程序，以实现对与安全相关的所有活动进行有效控制的目的。程序的建立和执行应做到：识别并说明主要的风险，简单易懂，便于操作；程序的使用者（必要时包括承包商）参与程序的制定和改进过程，并应清楚理解不遵守程序可导致的潜在不利后果；由正式文件予以发布；通过强化培训，向员工阐明在程序中给出特殊要求的原因；对程序的有效执行保持警觉，即使在生产经营压力很大时，也不能容忍走捷径和违反程序；鼓励员工对程序的执行保持质疑的安全态度，必要时采取更加保守的行动并寻求帮助。

3. 安全行为激励

企业在审查和评估自身安全绩效时，除使用事故发生率等消极指标外，还应使用旨在对安全绩效给予直接认可的积极指标。员工应该受到鼓励，在任何时间和地点，挑战所遇到的潜在不安全实践，并识别所存在的安全缺陷。对员工所识别的安全缺陷，企业应给予及时处理和反馈。

企业应建立员工安全绩效评估系统，建立将安全绩效与工作业绩相结合的奖励制度。审慎对待员工的差错，避免过多关注错误本身，而应以吸取经验教训为目的。应仔细权衡惩罚措施，避免因处罚而导致员工隐瞒错误。企业宜在组织内部树立安全榜样或典范，发挥安全行为和安全态度的示范作用。

4. 安全信息传播与沟通

企业应建立安全信息传播系统，综合利用各种传播途径和方式，提高传播效果。企业应优化安全信息的传播内容，将组织内部有关安全的经验、实践和概念作为传播内容的组成部分。企业应就安全事项建立良好的沟通程序，确保企业与政府监管机构和相关方、各级管理者与员工、员工相互之间的沟通。沟通应满足：确认有关安全事项的信息已经发送，并被接受方所接收和理解；涉及安全事件的沟通信息应真实、开放；每个员工都应认识到沟通对安全的重要性，从他人处获取信息和向他人传递信息。

5. 自主学习与改进

企业应建立有效的安全学习模式，实现动态发展的安全学习过程，保证安全绩效的持续改进。企业应建立正式的岗位适任资格评估和培训系统，确保全体员工充分胜任所承担的工作。应制定人员聘任和选拔程序，保证员工具有岗位适任要求的初始条件；安排必要的培训及定期复训，评估培训效果；培训内容除有关安全知识和技能外，还应包括对严格遵守安全规范的理解，以及个人安全职责的重要意义和因理解偏差或缺乏严谨而产生失误的后果；除借助外部培训机构外，应选拔、训练和聘任内部培训教师，使其成为企业安全文化建设过程的知识和信息传播者。

企业应将与安全相关的任何事件，尤其是人员失误或组织错误事件，当作能够从中汲取经验教训的宝贵机会，从而改进行为规范和程序，获得新的知识和能力。应鼓励员工对安全问题予以关注，进行团队协作，利用既有知识和能力，辨识和分析可供改进的机会，对改进措施提出建议，并在可控条件下授权员工自主改进。经验教训、改进机会和改进过程的信息宜编写到企业内部培训课程或宣传教育活动的内容中，使员工广泛知晓。

6. 安全事务参与

全体员工都应认识到自己负有对自身和同事安全作出贡献的重要责任。员工对安全事务的参与是落实这种责任的最佳途径。企业组织应根据自身的特点和需要确定员工参与的形式。员工参与的方式可包括但不局限于以下类型：建立在信任和免责备基础上的微小差错员工报告机制；成立员工安全改进小组，给予必要的授权、辅导和交流；定期召开有员工代表参加的安全会议，讨论安全绩效和改进行动；开展岗位风险预见性分析和不安全行为或不安全状态的自查自评活动。

所有承包商对企业的安全绩效改进均可作出贡献。企业应建立让承包商参与安全事务和改进过程的机制，将与承包商有关的政策纳入安全文化建设的范畴；应加强与承包商的沟通和交流，必要时给予培训，使承包商清楚企业的要求和标准；应让承包商参与工作准备、风险分析和经验反馈等活动；倾听承包商对企业生产经营过程中所存在的安全改进机会的意见。

7. 审核与评估

企业应对自身安全文化建设情况进行定期的全面审核，审核内容包括：领导者应定期组织各级管理者评审企业安全文化建设过程的有效性和安全绩效结果；领导者应根据审核结果确定并落实整改不符合、不安全实践和安全缺陷的优先次序，并识别新的改进机会；

必要时，应鼓励相关方实施这些优先次序和改进机会，以确保其安全绩效与企业协调一致。在安全文化建设过程中及审核时，应采用有效的安全文化评估方法，关注安全绩效下滑的前兆，给予及时的控制和改进。

（三）推进与保障

1. 规划与计划

企业应充分认识安全文化建设的阶段性、复杂性和持续改进性，由企业主要领导人组织制定推动本企业安全文化建设的长期规划和阶段性计划。规划和计划应在实施过程中不断完善。

2. 保障条件

企业应充分提供安全文化建设的保障条件，明确安全文化建设的领导职能，建立领导机制；确定负责推动安全文化建设的组织机构与人员，落实其职能；保证必需的建设资金投入；配置适用的安全文化信息传播系统。

3. 推动骨干的选拔和培养

企业宜在管理者和普通员工中选拔和培养一批能够有效推动安全文化发展的骨干。这些骨干扮演员工、团队和各级管理者指导老师的角色，承担辅导和鼓励全体员工向良好的安全态度和行为转变的职责。

二、企业安全文化建设的操作步骤

（一）建立机构

领导机构可以定为安全文化建设委员会，必须由生产经营单位主要负责人亲自担任委员会主任，同时要确定一名生产经营单位高层领导人担任委员会的常务副主任。

其他高层领导可以任副主任，有关管理部门负责人任委员。其下还必须建立一个安全文化办公室，办公室可以由生产（经营）、宣传、党群、团委、安全管理等部门的人员组成，负责日常工作。

（二）制定规划

（1）对本单位的安全生产观念、状态进行初始评估。

（2）对本单位的安全文化理念进行定格设计。

（3）制定出科学的时间表及推进计划。

（三）培训骨干

培训骨干是推动企业安全文化建设不断更新、发展非做不可的事情。训练内容可包括理论、事例、经验和本企业应该如何实施的方法等。

（四）宣传教育

宣传、教育、激励、感化是传播安全文化，促进精神文明的重要手段。规章制度那些刚性的东西固然必要，但安全文化这种柔的东西往往能起到制度和纪律起不到的作用。

（五）努力实践

安全文化建设是安全管理中高层次的工作，是实现零事故目标的必由之路，是超越传统安全管理来解决安全生产问题的根本途径。安全文化要在生产经营单位安全工作中真正发挥作用，必须让所倡导的安全文化理念深入到员工头脑里，落实到员工的行动上。在安全文化建设过程中，紧紧围绕"安全—健康—文明—环保"的理念，通过采取管理控制、精神激励、环境感召、心理调适、习惯培养等一系列方法，既推进安全文化建设的深入发展，又丰富安全文化的内涵。

三、企业安全文化建设评价

安全文化评价的目的是为了解企业安全文化现状或企业安全文化建设效果而采取的系统化测评行为，并得出定性或定量的分析结论。《企业安全文化建设评价准则》（AQ/T 9005）给出了企业安全文化评价的要素、指标、减分指标、计算方法等。

（一）评价指标

评价指标如下：

（1）基础特征：企业状态特征、企业文化特征、企业形象特征、企业员工特征、企业技术特征、监管环境、经营环境、文化环境。

（2）安全承诺：安全承诺内容、安全承诺表述、安全承诺传播、安全承诺认同。

（3）安全管理：安全权责、管理机构、制度执行、管理效果。

（4）安全环境：安全指引、安全防护、环境感受。

（5）安全培训与学习：重要性体现、充分性体现、有效性体现。

（6）安全信息传播：信息资源、信息系统、效能体现。

（7）安全行为激励：激励机制、激励方式、激励效果。

（8）安全事务参与：安全会议与活动、安全报告、安全建议、沟通交流。

（9）决策层行为：公开承诺、责任履行、自我完善。

（10）管理层行为：责任履行、指导下属、自我完善。

（11）员工层行为：安全态度、知识技能、行为习惯、团队合作。

（二）减分指标

减分指标包括死亡事故、重伤事故、违章记录。

（三）评价程序

评价程序如下：

（1）建立评价组织机构与评价实施机构。企业开展安全文化评价工作时，首先应成立评价组织机构，并由其确定评价工作的实施机构。企业实施评价时，由评价组织机构负责确定评价工作人员并成立评价工作组。必要时可选聘有关咨询专家或咨询专家组。咨询专家（组）的工作任务和工作要求由评价组织机构明确。评价工作人员应具备以下基本条件：熟悉企业安全文化评价相关业务，有较强的综合分析判断能力与沟通能力；具有较丰富的企业安全文化建设与实施专业知识；坚持原则、秉公办事。评价项目负责人应有丰富的企业安全文化建设经验，熟悉评价指标及评价模型。

（2）制定评价工作实施方案。评价实施机构应参照本标准制定《评价工作实施方案》，方案中应包括所用评价方法、评价样本、访谈提纲、测评问卷、实施计划等内容，并应报送评价组织机构批准。

（3）下达评价通知书。在实施评价前，由评价组织机构向选定的样本单位下达评价通知书。评价通知书中应当明确评价的目的、用途、要求，应提供的资料及对所提供资料应负的责任，以及其他需要在评价通知书中明确的事项。

（4）调研、收集与核实基础资料。根据本标准设计评价的调研问卷，根据《评价工作实施方案》收集整理评价基础数据和基础资料。资料收集可以采取访谈、问卷调查、召开座谈会、专家现场观测、查阅有关资料和档案等形式进行。评价人员要对评价基础数据和基础资料进行认真检查、整理，确保评价基础资料的系统性和完整性。评价工作人员应对接触的资料内容履行保密义务。

（5）数据统计分析。对调研结构和基础数据核实无误后，可借助 Excel、SPSS、SAS 等统计软件进行数据统计，然后根据本标准建立的数学模型和实际选用的调研分析方法，对统计数据进行分析。

（6）撰写评价报告。统计分析完成后，评价工作组应该按照规范的格式，撰写《企业安全文化建设评价报告》，报告评价结果。

（7）反馈企业征求意见。评价报告提出后，应反馈企业征求意见并作必要修改。

（8）提交评价报告。评价工作组修改完成评价报告后，经评价项目负责人签字，报送评价组织机构审核确认。

（9）进行评价工作总结。评价项目完成后，评价工作组要进行评价工作总结，将工作背景、实施过程、存在的问题和建议等形成书面报告，报送评价组织机构，同时建立好评价工作档案。

第十七节　安全生产标准化

一、安全生产标准化工作背景和重要意义

（一）工作背景

安全生产标准化工作自 20 世纪 80 年代首先由煤炭行业提出以来，大体可划分为行业试点、逐步规范、全面推进、全面提升 4 个阶段。

1. 行业试点阶段（20 世纪 80 年代至 2003 年）

20 世纪 80 年代初期，为了加强煤炭行业安全生产管理，煤炭工业部于 1986 年在全国煤矿开展"质量标准化、安全创水平"活动，目的是通过质量标准化促进安全生产，认为安全与质量之间存在着相辅相成、密不可分的内在联系，讲安全必须讲质量。此后，有色、建材、电力、黄金等多个行业也相继开展了质量标准化创建活动，提高了企业安全生产水平。

2003 年 10 月 16 日，国家煤矿安全监察局、中国煤炭工业协会在黑龙江省七台河市召开了全国煤矿安全质量标准化现场会，提出了新形势下煤矿安全质量标准化的内容，会后联合印发《关于在全国煤矿深入开展安全质量标准化活动的指导意见》（煤安监办字〔2003〕96 号），明确提出了"煤矿安全质量标准化"这一概念，并对推进全国煤矿安全质量标准化工作作出总体部署。

2. 逐步规范阶段（2004—2010 年）

2004 年 1 月，国务院印发了《关于进一步加强安全生产工作的决定》，作出了在全国

开展安全质量标准化活动的部署，要求"制定和颁布重点行业、领域安全生产技术规范和安全生产质量工作标准，在全国所有工矿、商贸、交通运输、建筑施工等企业普遍开展安全质量标准化活动。企业生产流程的各环节、各岗位要建立严格的安全生产质量责任制。生产经营活动和行为，必须符合安全生产有关法律法规和安全生产技术规范的要求，做到规范化和标准化。"国家安全监管局印发了《关于开展安全质量标准化活动的指导意见》（安监管政法字〔2004〕62号），对煤矿、非煤矿山、危险化学品、交通运输、建筑施工等重点行业和领域开展安全质量标准化工作提出了具体要求。随后，除煤炭行业强调煤矿安全生产状况与质量管理相结合外，其他多数行业逐步弱化了质量的内容，提出了安全生产标准化的概念。

2010年4月15日，国家安全监管总局发布《企业安全生产标准化基本规范》（AQ/T 9006），对安全生产标准化进行定义，并对目标、组织机构和职责、安全生产投入、法律法规与安全管理制度、教育培训、生产设备设施、作业安全、隐患排查和治理、重大危险源监控、职业健康、应急救援、事故报告调查和处理、绩效评定和持续改进共13个方面的核心要求作了具体内容规定。这一规范的出台，标志着我国安全生产标准化建设工作进入了一个规范发展时期。

2010年7月，国务院印发《关于进一步加强企业安全生产工作的通知》，提出要深入开展以岗位达标、专业达标和企业达标为内容的安全生产标准化建设，安全生产监管监察部门、负有安全生产监管职责的有关部门和行业管理部门要按照职责分工，对当地企业包括中央、省属企业实行严格的安全生产监督检查和管理，组织对企业安全生产状况进行安全标准化分级考核评价，评价结果向社会公开，并向银行业、证券业、保险业、担保业等主管部门通报，作为企业信用评级的重要参考依据。

3. 全面推进阶段（2011—2016年）

2011年3月2日，国务院办公厅印发《关于继续深化"安全生产年"活动的通知》，要求有序推进企业安全标准化达标升级：在工矿商贸和交通运输企业广泛开展以"企业达标升级"为主要内容的安全生产标准化创建活动，着力推进岗位达标、专业达标和企业达标；各有关部门要加快制定完善有关标准，分类指导，分步实施，促进企业安全基础不断强化。

2011年5月，国务院安委会为落实《关于进一步加强企业安全生产工作的通知》和《关于继续深化"安全生产年"活动的通知》两个文件精神，全面推进企业安全生产标准化建设，印发《国务院安委会关于深入开展企业安全生产标准化建设的指导意见》（安委〔2011〕4号），明确要求在工矿商贸和交通运输行业（领域）深入开展安全生产标准化建设，重点突出煤矿、非煤矿山、交通运输、建筑施工、危险化学品、烟花爆竹、民用爆炸物品、冶金等行业（领域），并提出煤矿要在2011年底前，危险化学品、烟花爆竹企业要在2012年底前，非煤矿山和冶金、机械等工贸行业（领域）规模以上企业要在2013年底前，冶金、机械等工贸行业（领域）规模以下企业要在2015年前实现达标的目标任务。随后国务院安委会办公室发布《国务院安委会办公室关于深入开展全国冶金等工贸企业安全生产标准化建设的实施意见》（安委办〔2011〕18号），进一步明确了工作目标、安全生产标准化建设的主要途径以及保障措施。随后国家安全监管总局印发冶金等工贸企业安全生产标准化考评办法以及多个评定标准化。

2011年11月，国务院印发《国务院关于坚持科学发展安全发展促进安全生产形势持续稳定好转的意见》，进一步加强了安全生产标准化工作的推进力度，明确要求推进安全生产标准化建设。在工矿商贸和交通运输行业领域普遍开展岗位达标、专业达标和企业达标建设，对在规定期限内未实现达标的企业，要依据有关规定暂扣其生产许可证、安全生产许可证，责令停产整顿；对整改逾期仍未达标的，要依法予以关闭。

2012年2月，国务院办公厅印发《国务院办公厅关于继续深入扎实开展"安全生产年"活动的通知》，再次对安全生产标准化工作提出要求，即"着力推进企业安全生产达标创建。加快制定和完善重点行业领域、重点企业安全生产的标准规范，以工矿商贸和交通运输行业领域为主攻方向，全面推进安全生产标准化达标工程建设。对一级企业要重点抓巩固、二级企业着力抓提升、三级企业督促抓改进，对不达标的企业要限期抓整顿，经整改仍不达标的要责令关闭退出，促进企业安全条件明显改善、管理水平明显提高"。

2013年1月，国家安全监管总局等部门下发《关于全面推进全国工贸行业企业安全生产标准化建设的意见》(安监总管四〔2013〕8号)，提出要进一步建立、健全工贸行业企业安全生产标准化建设政策法规体系，加强企业安全生产规范化管理，推进全员、全方位、全过程安全管理，努力实现企业安全管理标准化、作业现场标准化和操作过程标准化，2015年底前所有工贸行业企业实现安全生产标准化达标，企业安全生产基础得到明显强化。

2014年6月，国家安全监管总局印发《企业安全生产标准化评审工作管理办法（试行）》(安监总办〔2014〕49号)，对非煤矿山、危险化学品、化工、医药、烟花爆竹、冶金、有色、建材、机械、轻工、纺织、烟草、商贸企业安全生产标准化的企业自评、评审程序、监督管理等工作进行系统规范。

2014年8月，新修订的《安全生产法》中，明确要求"生产经营单位必须遵守本法和其他有关安全生产的法律、法规，加强安全生产管理，建立、健全安全生产责任制和安全生产规章制度，改善安全生产条件，推进安全生产标准化建设，提高安全生产水平，确保安全生产。"自此，安全生产标准化建设工作以法律要求形式，成为一项我国各行各业进行生产必须开展的工作。总之，随着全国安全生产标准化建设工作全面、深入推进，安全生产标准化建设作为有效防范事故、建立安全生产长效机制的重要手段，推动企业落实安全生产主体责任的重要抓手，在创新社会管理、创新安全生产监管体制机制、促进企业转型升级和加快转变经济发展方式等诸多方面必将发挥作用。

4. 全面提升阶段（2017年—）

2017年4月1日，国家标准《企业安全生产标准化基本规范》(GB/T 33000) 正式实施。该标准由原国家安全监管总局提出，全国安全生产标准化技术委员会归口，中国安全生产协会负责起草。代替安全生产行业标准《企业安全生产标准化基本规范》(AQ/T 9006)。

近年来，国家高度重视企业安全生产标准化工作的推动、实施，在各级安全监管部门和相关行业管理部门的大力推动下，广大企业积极开展安全生产标准化创建工作。经不断探索与实践，企业安全生产标准化工作在增强安全发展理念、强化安全生产"红线"意识、夯实企业安全生产基础、推动落实企业安全生产主体责任、提升安全生产管理水平等方面发挥了重要作用，取得了显著成效。特别是2021年6月新修订的《安全生产法》将安全生产标准化建设写入生产经营单位主要负责人对本单位安全生产工作负有的职责中，成为衡量企业负责人是否履行安全生产主体责任的重要依据。

随着经济社会的不断发展和机构、政策的调整，应急管理部在深入研究的基础上，组织对《企业安全生产标准化评审工作管理办法（试行）》进行了修订完善，形成了《企业安全生产标准化建设定级办法》（应急〔2021〕83号），于2021年10月27日印发。这对进一步规范企业开展安全生产标准化、建立并保持安全生产管理体系、全面管控生产经营活动各环节的安全生产工作、不断提升安全管理水平起到积极的促进作用。

（二）重要意义

开展安全生产标准化建设工作，是落实习近平总书记关于企业落实安全生产主体责任必须做到"安全投入到位，安全培训到位，基础管理到位，应急救援到位"的具体举措，是落实企业安全生产主体责任，强化企业安全生产基础工作，改善安全生产条件，提高安全生产管理水平，预防事故的重要手段，对保障职工群众生命财产安全有着重要意义。具体体现在以下几个方面：

一是落实企业安全生产主体责任的重要途径。国家有关安全生产法律法规、政策明确要求，要严格企业安全管理，全面开展安全达标。企业是安全生产的责任主体，也是安全生产标准化建设的主体，要通过加强企业每个岗位和环节的安全生产标准化建设，不断提高安全管理水平，促进企业安全生产主体责任落实到位。

二是强化企业安全生产基础工作的长效机制。安全生产标准化建设涵盖了增强人员安全素质、提高装备设施水平、改善作业环境、强化岗位责任落实等各个方面，是一项长期的、基础性的系统工程，有利于全面促进企业提高安全生产保障水平。

三是政府实施安全生产分类指导、分级监管的重要依据。实施安全生产标准化建设考评，将企业划分为不同等级，能够客观真实地反映出各地区企业安全生产状况和不同安全生产水平的企业数量，为加强安全监管提供有效的基础数据。

四是有效防范事故发生的重要手段。深入开展安全生产标准化建设，能够进一步规范从业人员的安全行为，提高机械化和信息化水平，促进现场各类隐患的排查治理，推进安全生产长效机制建设，有效防范和坚决遏制事故发生，促进全国安全生产状况持续稳定好转。

五是维护从业人员合法权益的重要体现。安全生产的目的就是保护劳动者在生产中的安全和健康，促进经济建设的发展。安全生产标准化是企业安全生产工作的基础，是提高企业核心竞争力的关键。安全生产工作做不好，安全生产没有保证，企业不仅没有进入市场、参与竞争的能力，甚至被关闭、淘汰，生存发展就是一句空话。只有抓好安全生产标准化，做到强基固本，才能迎接市场经济的挑战，在市场竞争中立于不败之地。

二、安全生产标准化建设内容与要求

（一）安全生产标准化定义

企业安全生产标准化是指通过建立安全生产责任制，制定安全管理制度和操作规程，排查治理隐患和监控重大危险源，建立预防机制，规范生产行为，使各生产环节符合有关安全生产法律法规和标准规范的要求，人、机、物、环处于良好的生产状态，并持续改进，不断加强企业安全生产规范化建设。

进一步展开来说，安全生产标准化是以计划为基础，以目标为引领，以排查治理隐患为核心和抓手，以监控重大危险源为重点，通过建立、健全并落实各级各类人员的安全生产及职业健康责任制，成立安全生产相关机构进行领导和组织统筹协调，落实资金保障安全投入，辨识法律法规、标准规范等外部要求，制定并遵守合规、全面、适用的企业制度与员工操作规程，开展教育培训及安全文化建设，提高全员的安全意识、素质与能力，建立具有企业特点的职业健康管理、应急救援和事故处理体系，规范以危险作业安全为主的各类生产行为，使各生产环节符合有关要求，人员、设备设施、工作环境处于良好的生产状态，定期对安全生产各项工作开展与岗位考核奖惩挂钩的绩效评定，并持续改进，形成齐抓共管、综合治理及预防为主的长效机制，不断加强企业安全生产规范化建设。

（二）安全生产标准化的内涵

安全生产标准化体现了"安全第一、预防为主、综合治理"的方针和"以人为本"的科学发展观、依法治国的基本方略，强调企业安全生产工作的规范化、科学化、系统化和法制化，强化风险管理和过程控制，注重绩效管理和持续改进，符合安全管理的基本规律，代表了现代安全管理的发展方向，是先进安全管理思想与我国传统安全管理方法、企业具体实际的有机结合，有效提高企业安全生产水平，从而推动我国安全生产状况的根本好转。安全生产标准化包含目标职责、制度化管理、教育培训、现场管理、安全风险管控及隐患排查治理、应急管理、事故管理、持续改进8个方面。

企业安全生产标准化遵循"PDCA"动态管理理念，即采用"策划、实施、检查、改进"动态循环的模式，要求企业结合自身的特点，建立并保持安全生产标准化系统，实现以安全生产标准化为基础的企业安全生产管理体系有效运行；通过自我检查、自我纠正和自我完善，及时发现和解决安全生产问题，建立安全绩效持续改进的安全生产长效机制，不断提高安全生产水平。

（三）安全生产标准化主要特点

《企业安全生产标准化基本规范》在总结企业安全生产标准化建设工作实践经验的基础上，突出体现三个特点。

1. 突出了企业安全管理系统化要求

《企业安全生产标准化基本规范》贯彻落实国家法律法规、标准规范的有关要求，进一步规范从业人员的作业行为，提升设备现场本质安全水平，促进风险管理和隐患排查治理工作，有效夯实企业安全基础，提升企业安全管理水平。更加注重安全管理系统的建立、有效运行并持续改进，引导企业自主进行安全管理。

2. 明确了企业安全生产标准化管理体系的核心要素

《企业安全生产标准化基本规范》规定了安全生产目标职责、制度化管理、教育培训、现场管理、安全风险管控及隐患排查治理、应急管理、事故管理、持续改进8个体系的核心技术要求（表2-7），更加强调了落实企业领导层责任、全员参与、构建双重预防机制等安全管理核心要素，指导企业实现安全健康管理系统化、岗位操作行为规范化、设备设施本质安全化、作业环境器具定置化，并持续改进。

表2-7 《企业安全生产标准化基本规范》要素

一级要素（8个）	二级要素（28个）	一级要素（8个）	二级要素（28个）
1. 目标职责	1.1 目标	4. 现场管理	4.3 职业健康
	1.2 机构和职责		4.4 警示标志
	1.3 全员参与	5. 安全风险管控及隐患排查治理	5.1 安全风险管理
	1.4 安全生产投入		5.2 重大危险源辨识与管理
	1.5 安全文化建设		5.3 隐患排查治理
	1.6 安全生产信息化建设		5.4 预测预警
2. 制度化管理	2.1 法规标准识别	6. 应急管理	6.1 应急准备
	2.2 规章制度		6.2 应急处置
	2.3 操作规程		6.3 应急评估
	2.4 文档管理	7. 事故管理	7.1 报告
3. 教育培训	3.1 教育培训管理		7.2 调查和处理
	3.2 人员教育培训		7.3 管理
4. 现场管理	4.1 设备设施管理	8. 持续改进	8.1 绩效评定
	4.2 作业安全		8.2 绩效改进

3. 提出了安全生产与职业健康管理并重的要求

《中共中央 国务院关于推进安全生产领域改革发展的意见》中要求，企业对本单位安全生产和职业健康工作负全面责任，要严格履行安全生产法定责任，建立健全自我约束、持续改进的内生机制。建立企业全过程安全生产和职业健康管理制度，坚持管安全生产必须管职业健康。

《企业安全生产标准化基本规范》将安全生产与职业健康要求一体化，强化企业职业健康主体责任的落实。同时，实行了企业安全生产标准化体系与国际通行的职业健康管理体系的对接。

《企业安全生产标准化基本规范》作为企业安全生产管理体系建立的重要依据，以国家标准发布实施，将在企业安全生产标准化实践中发挥积极的推动作用，指导和规范广大企业自主进行安全管理，深化企业安全生产标准化建设成效，引导企业科学发展、安全发展，做到安全不是"投入"而是"投资"，实现企业生产质量、效益和安全的有机统一，能够产生广泛而实际的社会效益和经济效益。

（四）重点内容与要求

1. 目标职责

1）目标

（1）主要内容：企业应根据自身安全生产实际，制定文件化的总体和年度安全生产与职业卫生目标，并纳入企业生产经营目标。明确目标的制定、分解、实施、检查、考核等环节要求，并按照所属基层单位和部门在生产经营中所承担的职能，将目标分解为指标，确保落实。企业应定期对安全生产与职业卫生目标、指标实施情况进行评估和考核，并结合实际及时进行调整。

（2）相关要求：各企业具体目标不尽相同，但应是合理、可实现的，其制定应满足符合性原则、持续进步原则、三全原则、可测量原则等要求。

2）机构设置

（1）主要内容：企业应落实安全生产组织领导机构，成立安全生产委员会，并应按照有关规定设置安全生产和职业卫生管理机构，或配备相应的专职或兼职安全生产和职业卫生管理人员，按照有关规定配备注册安全工程师，建立、健全从管理机构到基层班组的管理网络。

企业主要负责人全面负责安全生产和职业卫生工作，并履行相应责任和义务。分管负责人应对各自职责范围内的安全生产和职业卫生工作负责。各级管理人员应按照安全生产和职业卫生责任制的相关要求，履行其安全生产和职业卫生职责。

（2）相关要求：企业应按照有关要求成立安全生产委员会，并设置安全生产和职业卫生管理机构，或配备相应的专职或兼职安全生产和职业卫生管理人员，配备注册安全工程师，建立、健全从管理机构到基层班组的管理网络，履行其安全生产和职业卫生职责。

3）全员参与

（1）主要内容：企业应建立、健全安全生产和职业卫生责任制，明确各级部门和从业人员的安全生产和职业卫生职责，并对职责的适宜性、履职情况进行定期评估和监督考核。

企业应为全员参与安全生产和职业卫生工作创造必要的条件，建立激励约束机制，鼓励从业人员积极建言献策，营造自下而上、自上而下全员重视安全生产和职业卫生的良好氛围，不断改进和提升安全生产和职业卫生管理水平。

（2）相关要求：应制定所有部门、所有岗位的安全生产责任制，做到"横向到边、纵向到底"。

4）安全生产投入

（1）主要内容：企业应建立安全生产投入保障制度，按照有关规定提取和使用安全生产费用，并建立使用台账。企业应按照有关规定，为从业人员缴纳相关保险费用。企业宜投保安全生产责任保险。

（2）相关要求：2022年，财政部联合应急管理部下发《企业安全生产费用提取和使用管理办法》（财资〔2022〕136号），明确了企业提取安全生产费用的标准和使用范围。

5）安全文化建设

（1）主要内容：企业应开展安全文化建设，确立本企业的安全生产和职业病危害防治理念及行为准则，并教育、引导全体从业人员贯彻执行。企业开展安全文化建设活动，应符合《企业安全文化建设导则》（AQ/T 9004）的规定。

（2）相关要求：企业应开展安全文化示范企业创建活动，营造良好的安全文化氛围，让文化成为一种习惯。

6）安全生产信息化

（1）主要内容：企业应根据自身实际情况，利用信息化手段加强安全生产管理工作，开展安全生产电子台账管理、重大危险源监控、职业病危害防治、应急管理、安全风险管控和隐患自查自报、安全生产预测预警等信息系统的建设。

（2）相关要求：企业应建立安全生产预测预警体系，为推动工作科学决策提供技术支撑和依据。

2. 制度化管理

1）法规标准识别

（1）主要内容：企业应建立安全生产和职业卫生法律法规、标准规范的管理制度，明确主管部门，确定获取的渠道、方式，及时识别和获取适用、有效的法律法规、标准规范，建立安全生产和职业卫生法律法规、标准规范清单和文本数据库。企业应将适用的安全生产和职业卫生法律法规、标准规范的相关要求及时转化为本单位的规章制度、操作规程，并及时传达给相关从业人员，确保相关要求落实到位。

（2）相关要求：企业应及时获取安全生产和职业卫生法律法规、标准规范，将适用的安全生产和职业卫生法律法规、标准规范的相关要求转化为规章制度、操作规程，并严格执行。

2）规章制度

（1）主要内容：企业应建立、健全安全生产和职业卫生规章制度，并征求工会及从业人员意见和建议，规范安全生产和职业卫生管理工作。企业应确保从业人员及时获取制度文本。

（2）相关要求：企业安全生产和职业卫生规章制度包括但不限于下列内容，目标管理，安全生产和职业卫生责任制，安全生产承诺，安全生产投入，安全生产信息化，"四新"（新技术、新材料、新工艺、新设备设施）管理，文件、记录和档案管理，安全风险管理、隐患排查治理，职业病危害防治，教育培训，班组安全活动，特种作业人员管理，建设项目安全设施、职业病防护设施"三同时"管理，设备设施管理，施工和检维修安全管理，危险物品管理，危险作业安全管理，安全警示标志管理，安全预测预警，安全生产奖惩管理，相关方安全管理，变更管理，个体防护用品管理，应急管理，事故管理，安全生产报告，绩效评定管理。

3）操作规程

（1）主要内容：企业应按照有关规定，结合本企业生产工艺、作业任务特点以及岗位作业安全风险与职业病防护要求，编制齐全适用的岗位安全生产和职业卫生操作规程，发放到相关岗位员工，并严格执行。企业应确保从业人员参与岗位安全生产和职业卫生操作规程的编制和修订工作。企业应在新技术、新材料、新工艺、新设备设施投入使用前，组织制修订相应的安全生产和职业卫生操作规程，确保其适宜性和有效性。

（2）相关要求：岗位操作规程应包含对岗位的风险分析、评估与控制等内容，要结合岗位实际确保其适用性和针对性。

4）文档管理

（1）主要内容：企业应建立文件和记录管理制度，明确安全生产和职业卫生规章制度、操作规程的编制、评审、发布、使用、修订、作废以及文件和记录管理的职责、程序和要求。企业应建立、健全主要安全生产和职业卫生过程与结果的记录，应每年至少评估一次安全生产和职业卫生法律法规、标准规范、规章制度、操作规程的适宜性、有效性和执行情况。企业应根据评估结果、安全检查情况、自评结果、评审情况、事故情况等，及时修订安全生产和职业卫生规章制度、操作规程。

（2）相关要求：每年至少一次的安全生产法律法规、标准规范、规章制度、操作规程等执行情况和适用情况的检查与评估，应以评估报告形式呈现。

3. 教育培训

1）教育培训管理

（1）主要内容：企业应建立、健全安全教育培训制度，按照有关规定进行培训，培训大纲、内容、时间应满足有关标准的规定。企业安全教育培训应包括安全生产和职业卫生的内容。企业应明确安全教育培训主管部门，定期识别安全教育培训需求，制定、实施安全教育培训计划，并保证必要的安全教育培训资源。企业应如实记录全体从业人员的安全教育和培训情况，建立安全教育培训档案和从业人员个人安全教育培训档案，并对培训效果进行评估和改进。

（2）相关要求：企业应按《生产经营单位安全培训规定》对岗位操作人员培训；注意对相关方人员的分类管理，重点要突出安全生产和职业卫生的内容。

2）人员教育培训

（1）主要内容：

① 企业的主要负责人和安全生产管理人员应具备与本企业所从事的生产经营活动相适应的安全生产和职业卫生知识与能力。

② 企业应对各级管理人员进行教育培训，确保其具备正确履行岗位安全生产和职业卫生职责的知识与能力。

③ 法律法规要求考核其安全生产和职业卫生知识与能力的人员，应按照有关规定经考核合格。

④ 企业应对从业人员进行安全生产和职业卫生教育培训，保证从业人员具备满足岗位要求的安全生产和职业卫生知识，熟悉有关的安全生产和职业卫生法律法规、规章制度、操作规程，掌握本岗位的安全操作技能和职业危害防护技能、安全风险辨识和管控方法，了解事故现场应急处置措施，并根据实际需要，定期进行复训考核。

（2）相关要求：强调对各类人员培训的要求，特别是岗位人员要掌握安全操作技能和职业危害防护技能，安全风险辨识和管控方法，事故现场应急处置措施。

4. 现场管理

1）设备设施管理

（1）主要内容：

① 企业总平面布置应符合《工业企业总平面设计规范》（GB 50187）的规定，建筑设计防火和建筑灭火器配置应分别符合《建筑设计防火规范（2018年版）》（GB 50016）和《建筑灭火器配置设计规范》（GB 50140）的规定；建设项目的安全设施和职业病防护设施应与建设项目主体工程同时设计、同时施工、同时投入生产和使用。

② 企业应按照有关规定进行建设项目安全生产、职业病危害评价，严格履行建设项目安全设施和职业病防护设施设计审查、施工、试运行、竣工验收等管理程序。企业应执行设备设施采购、到货验收制度，购置、使用设计符合要求、质量合格的设备设施。设备设施安装后企业应进行验收，并对相关过程及结果进行记录。

③ 企业应对设备设施进行规范化管理，建立设备设施管理台账。企业应有专人负责管理各种安全设施以及检测与监测设备，定期检查维护并做好记录。企业应针对高温、高压和生产、使用、储存易燃易爆、有毒有害物质等高风险设备，以及海洋石油开采特种设备和矿山井下特种设备，建立运行、巡检、保养的专项安全管理制度，确保其始终处于安全可靠的运行状态。

④ 安全设施和职业病防护设施不应随意拆除、挪用或弃置不用；确因检维修拆除的，应采取临时安全措施，检维修完毕后立即复原。

⑤ 企业应建立设备设施检维修管理制度，制定综合检维修计划，加强日常检维修和定期检维修管理，落实"五定"原则，即定检维修方案、定检维修人员、定安全措施、定检维修质量、定检维修进度，并做好记录。

⑥ 检维修方案应包含作业安全风险分析、控制措施、应急处置措施及安全验收标准。检维修过程中应执行安全控制措施，隔离能量和危险物质，并进行监督检查，检维修后应进行安全确认。

⑦ 特种设备应按照有关规定，委托具有专业资质的检测、检验机构进行定期检测、检验。涉及人身安全、危险性较大的海洋石油开采特种设备和矿山井下特种设备，应取得矿用产品安全标志或相关安全使用证。

⑧ 企业应建立设备设施报废管理制度。设备设施的报废应办理审批手续，在报废设备设施拆除前应制定方案，并在现场设置明显的报废设备设施标志。报废、拆除涉及许可作业的，在作业前对相关作业人员进行培训和安全技术交底。报废、拆除应按方案和许可内容组织落实。

（2）相关要求：企业应制定并严格执行检维修管理制度，落实日常检维修和定期检维修管理，对于年度综合检维修计划，应落实"五定"，即定检修方案、定检修人员、定安全措施、定检修质量、定检修进度原则。检维修方案应包含作业风险分析、控制措施及应急处置措施。检维修过程中应执行风险控制措施并进行监督检查，检维修后应进行安全确认。

2）作业安全

（1）主要内容：

① 企业应事先分析和控制生产过程及工艺、物料、设备设施、器材、通道、作业环境等存在的安全风险。

② 生产现场应实行定置管理，保持作业环境整洁。生产现场应配备相应的安全、职业病防护用品（具）及消防设施与器材，按照有关规定设置应急照明、安全通道，并确保安全通道畅通。

③ 企业应对临近高压输电线路作业、危险场所动火作业、有（受）限空间作业、临时用电作业、爆破作业、封道作业等危险性较大的作业活动，实施作业许可管理，严格履

行作业许可审批手续。作业许可应包含安全风险分析、安全及职业病危害防护措施、应急处置等内容。作业许可实行闭环管理。

④ 企业应对作业人员的上岗资格、条件等进行作业前的安全检查，做到特种作业人员持证上岗，并安排专人进行现场安全管理，确保作业人员遵守岗位操作规程和落实安全及职业病危害防护措施。

⑤ 企业应采取可靠的安全技术措施，对设备能量和危险有害物质进行屏蔽或隔离。两个以上作业队伍在同一作业区域内进行作业活动时，不同作业队伍相互之间应签订管理协议，明确各自的安全生产、职业卫生管理职责和采取的有效措施，并指定专人进行检查与协调。

⑥ 危险化学品生产、经营、储存和使用单位的特殊作业，应符合《危险化学品企业特殊作业安全规范》（GB 30871）的规定。

⑦ 企业应依法合理进行生产作业组织和管理，加强对从业人员作业行为的安全管理，对设备设施、工艺技术以及从业人员作业行为等进行安全风险辨识，采取相应的措施，控制作业行为安全风险。企业应监督、指导从业人员遵守安全生产和职业卫生规章制度、操作规程，杜绝违章指挥、违规作业和违反劳动纪律的"三违"行为。企业应为从业人员配备与岗位安全风险相适应的、符合《个体防护装备配备规范》（GB 39800）规定的个体防护装备与用品，并监督、指导从业人员按照有关规定正确佩戴、使用、维护、保养和检查个体防护装备与用品。企业应建立班组安全活动管理制度，开展岗位达标活动，明确岗位达标的内容和要求。从业人员应熟练掌握本岗位安全职责、安全生产和职业卫生操作规程、安全风险及管控措施、防护用品使用、自救互救及应急处置措施。

⑧ 各班组应按照有关规定开展安全生产和职业卫生教育培训、安全操作技能训练、岗位作业危险预知、作业现场隐患排查、事故分析等工作，并做好记录。

⑨ 企业应建立承包商、供应商等安全管理制度，将承包商、供应商等相关方的安全生产和职业卫生纳入企业内部管理，对承包商、供应商等相关方的资格预审、选择，作业人员培训，作业过程检查、监督，提供的产品与服务，绩效评估，续用或退出等进行管理。企业应建立合格承包商、供应商等相关方的名录和档案，定期识别服务行为安全风险，并采取有效的控制措施。

⑩ 企业不应将项目委托给不具备相应资质或安全生产、职业病防护条件的承包商、供应商等相关方。企业应与承包商、供应商等签订合作协议，明确规定双方的安全生产及职业病防护的责任和义务。企业应通过供应链关系促进承包商、供应商等相关方达到安全生产标准化要求。

（2）相关要求：企业应建立至少包括危险区域动火作业、进入受限空间作业、能源介质作业、高处作业、大型吊装作业、交叉作业等危险作业在内的安全管理制度，明确责任部门、人员、许可范围、审批程序、许可签发人员等；应根据《建筑设计防火规范（2018 年版）》（GB 50016）、《爆炸危险环境电力装置设计规范》（GB 50058）的规定，结合生产实际，确定具体的危险场所，设置危险标志牌或警告标志牌，并严格管理其区域内的作业；应在有较大危险因素的作业场所或有关设备上，设置符合《安全标志及其使用导则》（GB 2894）和《安全色》（GB 2893）规定的安全警示标志和安全色。

3) 职业健康

（1）主要内容：

① 企业应为从业人员提供符合职业卫生要求的工作环境和条件，为接触职业病危害的从业人员提供个人使用的职业病防护用品，建立、健全职业卫生档案和健康监护档案。

② 产生职业病危害的工作场所应设置相应的职业病防护设施，并符合《工业企业设计卫生标准》（GBZ 1）的规定。

③ 企业应确保使用有毒有害物品的工作场所与生活区、辅助生产区分开，工作场所不应住人；将有害作业与无害作业分开，高毒工作场所与其他工作场所隔离。

④ 对可能导致发生急性职业病危害的有毒有害工作场所，应设置检测报警装置，制定应急预案，配置现场急救用品、设备，设置应急撤离通道和必要的泄险区，并定期检查监测。

⑤ 企业应组织从业人员进行上岗前、在岗期间、特殊情况应急后和离岗时的职业健康检查，将检查结果书面如实告知从业人员并存档。对检查结果异常的从业人员，应及时就医，并定期复查。企业不应安排未经职业健康检查的从业人员从事接触职业病危害的作业，不应安排有职业禁忌的从业人员从事禁忌作业。从业人员的职业健康监护应符合《职业健康监护技术规范》（GBZ 188）的规定。

⑥ 各种防护用品、各种防护器具应定点存放在安全、便于取用的地方，建立台账，并有专人负责保管，定期校验、维护和更换。

⑦ 涉及放射工作场所和放射性同位素运输、贮存的企业，应配置防护设备和报警装置，为接触放射线的从业人员佩戴个人剂量计。

⑧ 企业与从业人员订立劳动合同时，应将工作过程中可能产生的职业病危害及其后果和防护措施如实告知从业人员，并在劳动合同中写明。

⑨ 企业应按照有关规定，在醒目位置设置公告栏，公布有关职业病防治的规章制度、操作规程、职业病危害事故应急救援措施和工作场所职业病危害因素检测结果。对存在或产生职业病危害的工作场所、作业岗位、设备设施，应在醒目位置设置警示标识和中文警示说明；使用有毒物品作业场所，应设置黄色区域警示线、警示标识和中文警示说明；高毒作业场所应设置红色区域警示线、警示标识和中文警示说明，并设置通信报警设备。高毒物品作业岗位职业病危害告知应符合《高毒物品作业岗位职业病危害告知规范》（GBZ/T 203）的规定。

⑩ 企业应按照有关规定，及时、如实向所在地安全监管部门申报职业病危害项目，并及时更新信息。

⑪ 企业应改善工作场所职业卫生条件，控制职业病危害因素浓（强）度不超过《工作场所有害因素职业接触限值　第1部分：化学有害因素》（GBZ 2.1）、《工作场所有害因素职业接触限值　第2部分：物理因素》（GBZ 2.2）等规定的限值。

⑫ 企业应对工作场所职业病危害因素进行日常监测，并保存监测记录。存在职业病危害的，应委托具有相应资质的职业卫生技术服务机构进行定期检测，每年至少进行一次全面的职业病危害因素检测；职业病危害严重的，应委托具有相应资质的职业卫生技术服务机构，每三年至少进行一次职业病危害现状评价。检测、评价结果存入职业卫生档案，

并向安全监管部门报告，向从业人员公布。

⑬ 定期检测结果中职业病危害因素浓度或强度超过职业接触限值的，企业应根据职业卫生技术服务机构提出的整改建议，结合本单位的实际情况，制定切实有效的整改方案，立即进行整改。整改落实情况应有明确的记录并存入职业卫生档案备查。

（2）相关要求：企业应按照《职业病防治法》《工作场所职业卫生监督管理规定》《职业病危害项目申报办法》《用人单位职业健康监护监督管理办法》等要求开展职业健康管理工作；存在职业病危害的生产经营单位应当委托具有相应资质的中介技术服务机构，每年至少进行一次职业危害因素检测，每三年至少进行一次职业危害现状评价。

4）警示标志

（1）主要内容：

① 企业应按照有关规定和工作场所的安全风险特点，在有重大危险源、较大危险因素和严重职业病危害因素的工作场所，设置明显的、符合有关规定要求的安全警示标志和职业病危害警示标识。其中，安全警示标志的安全色和安全标志应分别符合《安全色》（GB 2893）和《安全标志及其使用导则》（GB 2894）的规定，道路交通标志和标线应符合《道路交通标志和标线》（GB 5768）（所有部分）的规定，工业管道安全标识应符合《工业管道的基本识别色、识别符号和安全标识》（GB 7231）的规定，消防安全标志应符合《消防安全标志　第1部分：标志》（GB 13495.1）的规定，工作场所职业病危害警示标识应符合《工作场所职业病危害警示标识》（GBZ 158）的规定。安全警示标志和职业病危害警示标识应标明安全风险内容、危险程度、安全距离、防控办法、应急措施等内容；在有重大隐患的工作场所和设备设施上设置安全警示标志，标明治理责任、期限及应急措施；在有安全风险的工作岗位设置安全告知卡，告知从业人员本企业、本岗位主要危险、有害因素、后果、事故预防及应急措施、报告电话等内容。

② 企业应定期对警示标志进行检查维护，确保其完好有效。

③ 企业应在设备设施施工、吊装、检维修等作业现场设置警戒区域和警示标志，在检维修现场的坑、井、渠、沟、陡坡等场所设置围栏和警示标志，进行危险提示、警示，告知危险的种类、后果及应急措施等。

（2）相关要求：应根据工作场所的安全风险特点，在有重大危险源、较大危险因素和严重职业病危害因素的工作场所，设置明显的、符合有关规定要求的安全警示标志和职业病危害警示标识。

5. 安全风险管控及隐患排查治理

1）安全风险管理

（1）主要内容：

① 企业应建立安全风险辨识管理制度，组织全员对本单位安全风险进行全面、系统的辨识。

② 安全风险辨识范围应覆盖本单位的所有活动及区域，并考虑正常、异常和紧急三种状态及过去、现在和将来三种时态。安全风险辨识应采用适宜的方法和程序，且与现场实际相符。

③ 企业应对安全风险辨识资料进行统计、分析、整理和归档。

④ 企业应建立安全风险评估管理制度，明确安全风险评估的目的、范围、频次、准则和工作程序等。

⑤ 企业应选择合适的安全风险评估方法，定期对所辨识出的存在安全风险的作业活动、设备设施、物料等进行评估。在进行安全风险评估时，至少应从影响人、财产和环境三个方面的可能性和严重程度进行分析。

⑥ 矿山、金属冶炼和危险物品生产、储存企业，每三年应委托具备规定资质条件的专业技术服务机构对本企业的安全生产状况进行安全评价。

⑦ 企业应选择工程技术措施、管理控制措施、个体防护措施等，对安全风险进行控制。

⑧ 企业应根据安全风险评估结果及生产经营状况等，确定相应的安全风险等级，对其进行分级分类管理，实施安全风险差异化动态管理，制定并落实相应的安全风险控制措施。

⑨ 企业应将安全风险评估结果及所采取的控制措施告知相关从业人员，使其熟悉工作岗位和作业环境中存在的安全风险，掌握、落实应采取的控制措施。

⑩ 企业应制定变更管理制度。变更前应对变更过程及变更后可能产生的安全风险进行分析，制定控制措施，履行审批及验收程序，并告知和培训相关从业人员。

（2）相关要求：企业要建立风险评估管理制度，明确安全风险评估的目的、范围、频次、准则和工作程序等，并根据评估结果制定工程技术措施、管理控制措施、个体防护措施，对安全风险进行控制。

2）重大危险源辨识与管理

（1）主要内容：

① 企业应建立重大危险源管理制度，全面辨识重大危险源，对确认的重大危险源制定安全管理技术措施和应急预案。

② 涉及危险化学品的企业应按照《危险化学品重大危险源辨识》（GB 18218）的规定，进行重大危险源辨识和管理。

③ 企业应对重大危险源进行登记建档，设置重大危险源监控系统，进行日常监控，并按照有关规定向所在地安全监管部门备案。重大危险源安全监控系统应符合《危险化学品重大危险源安全监控通用技术规范》（AQ 3035）的技术规定。

④ 含有重大危险源的企业应将监控中心（室）视频监控数据、安全监控系统状态数据和监测数据与有关安全监管部门监管系统联网。

（2）相关要求：有关危险源的辨识，既要符合国家相关要求，还应包括企业内部确定的危险源，其中重大危险源应符合《危险化学品重大危险源辨识》（GB 18218）等相关要求。

3）隐患排查和治理

（1）主要内容：

① 企业应建立隐患排查治理制度，逐级建立并落实从主要负责人到每位从业人员的隐患排查治理和防控责任制，并按照有关规定组织开展隐患排查治理工作，及时发现并消除隐患，实行隐患闭环管理。

② 企业应根据有关法律法规、标准规范等，组织制定各部门、岗位、场所、设备设施的隐患排查治理标准或排查清单，明确隐患排查的时限、范围、内容、频次和要求，并组织开展相应的培训。隐患排查的范围应包括所有与生产经营相关的场所、人员、设备设施和活动，包括承包商、供应商等相关方服务范围。

③ 企业应按照有关规定，结合安全生产的需要和特点，采用综合检查、专业检查、季节性检查、节假日检查、日常检查等不同方式进行隐患排查。对排查出的隐患，按照隐患的等级进行记录，建立隐患信息档案，并按照职责分工实施监控治理。组织有关专业技术人员对本企业可能存在的重大隐患作出认定，并按照有关规定进行管理。

④ 企业应将相关方排查出的隐患统一纳入本企业隐患管理。

⑤ 企业应根据隐患排查的结果，制定隐患治理方案，对隐患及时进行治理。

⑥ 企业应按照责任分工立即或限期组织整改一般隐患。主要负责人应组织制定并实施重大隐患治理方案。治理方案应包括目标和任务、方法和措施、经费和物资、机构和人员、时限和要求、应急预案。

⑦ 企业在隐患治理过程中，应采取相应的监控防范措施。隐患排除前或排除过程中无法保证安全的，应从危险区域内撤出作业人员，疏散可能危及的人员，设置警戒标志，暂时停产停业或停止使用相关设备设施。

⑧ 隐患治理完成后，企业应按照有关规定对治理情况进行评估、验收。重大隐患治理完成后，企业应组织本企业的安全管理人员和有关技术人员进行验收或委托依法设立的为安全生产提供技术、管理服务的机构进行评估。

⑨ 企业应如实记录隐患排查治理情况，至少每月进行统计分析，及时将隐患排查治理情况向从业人员通报。

⑩ 企业应运用隐患自查、自改、自报信息系统，通过信息系统对隐患排查、报告、治理、销账等过程进行电子化管理和统计分析，并按照当地安全监管部门和有关部门的要求，定期或实时报送隐患排查治理情况。

（2）相关要求：企业应制定相应的检查表，融入相关法律法规及标准规范要求，并以此作为隐患排查的主要依据。按照隐患的危害程度和整改难度，事故隐患可以分为一般事故隐患和重大事故隐患。一般事故隐患，是指危害和整改难度较小，发现后能够立即整改排除的隐患。重大事故隐患，是指危害和整改难度较大，应当全部或者局部停产停业，并经过一定时间整改治理方能排除的隐患，或者因外部因素影响致使生产经营单位自身难以排除的隐患。企业必须建立隐患排查治理登记台账，台账应反映隐患发现的时间、内容、存在的部位、等级、整改时限、责任人等相关内容。

4）预测预警

（1）主要内容：企业应根据生产经营状况、安全风险管理及隐患排查治理、事故等情况，运用定量或定性的安全生产预测预警技术，建立体现企业安全生产状况及发展趋势的安全生产预测预警体系。

（2）相关要求：企业应运用安全生产预测预警技术，建立安全生产预测预警体系。

6. 应急管理

1）应急准备

（1）主要内容：

① 企业应按照有关规定建立应急管理组织机构或指定专人负责应急管理工作，建立与本企业安全生产特点相适应的专（兼）职应急救援队伍。按照有关规定可以不单独建立应急救援队伍的，应指定兼职救援人员，并与邻近专业应急救援队伍签订应急救援服务协议。

② 企业应在开展安全风险评估和应急资源调查的基础上，建立生产安全事故应急预案体系，制定符合《生产经营单位生产安全事故应急预案编制导则》（GB/T 29639）规定的生产安全事故应急预案，针对安全风险较大的重点场所（设施）制定现场处置方案，并编制重点岗位、人员应急处置卡。

③ 企业应按照有关规定将应急预案报当地主管部门备案，并通报应急救援队伍、周边企业等有关应急协作单位。

④ 企业应定期评估应急预案，及时根据评估结果或实际情况的变化进行修订和完善，并按照有关规定将修订的应急预案及时报当地主管部门备案。

⑤ 企业应根据可能发生的事故种类特点，按照有关规定设置应急设施，配备应急装备，储备应急物资，建立管理台账，安排专人管理，并定期检查、维护、保养，确保其完好、可靠。

⑥ 企业应按照《生产安全事故应急演练指南》（AQ/T 9007）的规定定期组织公司（厂、矿）、车间（工段、区、队）、班组开展生产安全事故应急演练，做到一线从业人员参与应急演练全覆盖，并按照《生产安全事故应急演练评估规范》（AQ/T 9009）的规定对演练进行总结和评估，根据评估结论和演练发现的问题，修订、完善应急预案，改进应急准备工作。

⑦ 矿山、金属冶炼等企业，生产、经营、运输、储存、使用危险物品或处置废弃危险物品的生产经营单位，应建立生产安全事故应急救援信息系统，并与所在地县级以上地方人民政府负有安全生产监督管理职责部门的安全生产应急管理信息系统互联互通。

（2）相关要求：企业应建立事故应急救援制度，应明确企业事故应急救援体系或应急管理组织机构（包括机构内部各成员的分工、职责以及事故应急救援中的其他事项）、应急队伍的建立与训练、应急预案的编制评审与发布、事故应急处置与救援、应急装备与保障措施等内容；应当根据有关法律法规和《生产经营单位生产安全事故应急预案编制导则》（GB/T 29639），结合本单位的危险源状况、危险性分析情况和可能发生的事故特点，制定好用、管用、有效、可操作的应急预案。

2）应急处置

（1）主要内容：

① 发生事故后，企业应根据预案要求，立即启动应急响应程序，按照有关规定报告事故情况，并开展先期处置。

② 发出警报，在不危及人身安全时，现场人员采取阻断或隔离事故源、危险源等措施；严重危及人身安全时，迅速停止现场作业，现场人员采取必要的或可能的应急措施后撤离危险区域。

③ 立即按照有关规定和程序报告本企业有关负责人，有关负责人应立即将事故发生

的时间、地点、当前状态等简要信息向所在地县级以上地方人民政府负有安全生产监督管理职责的有关部门报告，并按照有关规定及时补报、续报有关情况；情况紧急时，事故现场有关人员可以直接向有关部门报告；对可能引发次生事故灾害的，应及时报告相关主管部门。

④ 研判事故危害及发展趋势，将可能危及周边生命、财产、环境安全的危险性和防护措施等告知相关单位与人员；遇有重大紧急情况时，应立即封闭事故现场，通知本单位从业人员和周边人员疏散，采取转移重要物资、避免或减轻环境危害等措施。

⑤ 请求周边应急救援队伍参加事故救援，维护事故现场秩序，保护事故现场证据。准备事故救援技术资料，做好向所在地人民政府及其负有安全生产监督管理职责的部门移交救援工作指挥权的各项准备。

（2）相关要求：发生事故后，企业应根据预案要求，立即启动应急响应程序，按照有关规定报告事故情况，并开展先期处置。

3）应急评估

（1）主要内容：企业应对应急准备、应急处置工作进行评估。矿山、金属冶炼等企业，生产、经营、运输、储存、使用危险物品或处置废弃危险物品的企业，应每年进行一次应急准备评估。完成险情或事故应急处置后，企业应主动配合有关组织开展应急处置评估。

（2）相关要求：企业应每年开展一次应急能力评估，形成评估报告，并根据评估结果提出改进意见。

7. 事故管理

1）报告

（1）主要内容：企业应建立事故报告程序，明确事故内外部报告的责任人、时限、内容等，并教育、指导从业人员严格按照有关规定的程序报告发生的生产安全事故。企业应妥善保护事故现场以及相关证据。事故报告后出现新情况的，应当及时补报。

（2）相关要求：事故的报告和调查要严格按照《生产安全事故报告和调查处理条例》的相关规定进行；应按照《企业职工伤亡事故分类》（GB 6441）定期对事故、事件进行统计、分析。

2）调查和处理

（1）主要内容：

① 企业应建立内部事故调查和处理制度，按照有关规定、行业标准和国际通行做法，将造成人员伤亡（轻伤、重伤、死亡等人身伤害和急性中毒）和财产损失的事故纳入事故调查和处理范畴。

② 企业发生事故后，应及时成立事故调查组，明确其职责与权限，进行事故调查。事故调查应查明事故发生的时间、经过、原因、波及范围、人员伤亡情况及直接经济损失等。事故调查组应根据有关证据、资料，分析事故的直接原因、间接原因和事故责任，提出应吸取的教训、整改措施和处理建议，编制事故调查报告。

③ 企业应开展事故案例警示教育活动，认真吸取事故教训，落实防范和整改措施，防止类似事故再次发生。企业应根据事故等级，积极配合有关人民政府开展事

故调查。

（2）相关要求：企业应按照事故调查的要求开展事故调查，落实防范和整改措施，防止类似事故再次发生。

3）管理

（1）主要内容：企业应建立事故档案和管理台账，将承包商、供应商等相关方在企业内部发生的事故纳入本企业事故管理。企业应按照《企业职工伤亡事故分类》（GB 6441）、《事故伤害损失工作日标准》（GB/T 15499）的有关规定和国家、行业确定的事故统计指标开展事故统计分析。

（2）相关要求：承包商、供应商等相关方在企业内部发生的事故应纳入本企业事故管理，并建立事故档案和管理台账。

8. 持续改进

1）绩效评定

（1）主要内容：

① 企业每年至少应对安全生产标准化管理体系的运行情况进行一次自评，验证各项安全生产制度措施的适宜性、充分性和有效性，检查安全生产和职业卫生管理目标、指标的完成情况。

② 企业主要负责人应全面负责组织自评工作，并将自评结果向本企业所有部门、单位和从业人员通报。自评结果应形成正式文件，并作为年度安全绩效考评的重要依据。企业应落实安全生产报告制度，定期向业绩考核等有关部门报告安全生产情况，并向社会公示。

③ 企业发生生产安全责任死亡事故，应重新进行安全绩效评定，全面查找安全生产标准化管理体系中存在的缺陷。

（2）相关要求：企业每年至少应对安全生产标准化管理体系的运行情况进行一次自评，自评结果应形成正式文件，并作为年度安全绩效考评的重要依据。

2）持续改进

（1）主要内容：企业应根据安全生产标准化管理体系的自评结果和安全生产预测预警系统所反映的趋势，以及绩效评定情况，客观分析企业安全生产标准化管理体系的运行质量，及时调整完善相关制度文件和过程管控，持续改进，不断提高安全生产绩效。

（2）相关要求：安全生产标准化的评定结果要明确的事项包括系统运行效果，系统运行中出现的问题和缺陷、所采取的改进措施，统计技术、信息技术等在系统中的使用情况和效果，系统各种资源的使用效果，绩效监测系统的适宜性以及结果的准确性，与相关方的关系等。应将安全生产标准化实施情况的评定结果，纳入部门、所属单位、员工年度安全绩效考评。

三、安全生产标准化定级管理

企业安全生产标准化达标等级分为一级企业、二级企业、三级企业，其中一级为最高。定级标准和具体要求按照行业分别确定。企业安全生产标准化定级实行分级负责。应急管理部为一级企业以及海洋石油全部等级企业的定级部门。省级和设区的市级应急管理部门分别为本行政区域内二级、三级企业的定级部门。定级部门通过政府购买服务方式确定从事安全生产相关工作的事业单位或者社会组织作为标准化定级组织单位和评审单位，负责受理和审核企业自评报告、监督现场评审过程和质量等具体工作，并向社会公布组织单位、评审单位名单。

（一）定级程序

企业安全生产标准化定级按照自评、申请、评审、公示、公告的程序进行。

1. 自评

企业应自主开展安全生产标准化建设工作，成立由主要负责人任组长的自评工作组，对照相应定级标准开展自评，每年一次，形成自评报告在企业内部进行公示，及时整改发现的问题，持续改进安全绩效。

2. 申请

申请定级的企业，依拟申请的等级向相应组织单位提交自评报告。组织单位收到企业自评报告后，对自评报告内容存在问题的，告知企业需要补正的全部内容。符合申请条件的，将审核意见和企业自评报告报送定级部门，并书面告知企业；对不符合的，书面告知企业并说明理由。审核、报送和告知工作应在 10 个工作日内完成。

3. 评审

定级部门对组织单位报送的审核意见和企业自评报告进行确认后，由组织单位通知负责现场评审的单位成立现场评审组在 20 个工作日内完成现场评审，形成现场评审报告，初步确定企业是否达到拟申请的等级，书面告知企业。

企业收到现场评审报告后，应当在 20 个工作日内完成不符合项整改工作，并将整改情况报告现场评审组。现场评审组应指导企业做好整改工作，并在收到企业整改情况报告后 10 个工作日内采取书面检查或者现场复核的方式，确认整改是否合格，书面告知企业和组织单位。企业未在规定期限内完成整改的，视为整改不合格。

4. 公示

组织单位将确认整改合格、符合相应定级标准的企业名单定期报送相应定级部门；定级部门确认后，在本级政府或者本部门网站向社会公示，接受社会监督，公示时间不少于 7 个工作日。公示期间，收到企业存在不符合定级标准以及其他相关要求问题反映的，由定级部门组织核实。

5. 公告

对公示无异议或者经核实不存在所反映问题的定级企业，由定级部门确认定级等级，予以公告，并抄送同级工业和信息化、人力资源社会保障、国有资产监督管理、市场监督管理等部门和工会组织，以及相应银行保险和证券监督管理机构。对未予公告的企业，由定级部门书面告知其未通过定级，并说明理由。

（二）定级条件

申请定级的企业应当在自评报告中，由其主要负责人承诺符合以下条件：

（1）依法应当具备的证照齐全有效。

（2）依法设置安全生产管理机构或者配备安全生产管理人员。

（3）主要负责人、安全生产管理人员、特种作业人员依法持证上岗。

（4）申请定级之日前 1 年内，未发生死亡、总计 3 人及以上重伤或者直接经济损失总计 100 万元及以上的生产安全事故。

（5）未发生造成重大社会不良影响的事件。

（6）未被列入安全生产失信惩戒名单。

（7）前次申请定级被告知未通过之日起满 1 年。

（8）被撤销安全生产标准化等级之日起满 1 年。

（9）全面开展隐患排查治理，发现的重大隐患已完成整改。

申请一级定级的企业，还应当承诺符合以下条件：

（1）从未发生过特别重大生产安全事故，且申请定级之日前 5 年内未发生过重大生产安全事故、前 2 年内未发生过生产安全死亡事故。

（2）按照《企业职工伤亡事故分类》（GB 6441）、《事故伤害损失工作日标准》（GB/T 15499），统计分析年度事故起数、伤亡人数、损失工作日、千人死亡率、千人重伤率、伤害频率、伤害严重率等，并自前次取得安全生产标准化等级以来逐年下降或者持平。

（3）曾被定级为一级，或者被定级为二级、三级并有效运行 3 年以上。

发现企业存在承诺不实的，定级相关工作即行终止，3 年内不再受理该企业安全生产标准化定级申请。

（三）期满定级申请

企业安全生产标准化等级有效期为 3 年。已经取得安全生产标准化等级的企业，可以在有效期届满前 3 个月再次按照安全生产标准化定级程序申请定级。对再次申请原等级的企业，在安全生产标准化等级有效期内符合以下条件的，经定级部门确认后，直接予以公示和公告。

（1）未发生生产安全死亡事故。

（2）一级企业未发生总计重伤 3 人及以上或者直接经济损失总计 100 万元及以上的生产安全事故，二级、三级企业未发生总计重伤 5 人及以上或者直接经济损失总计 500 万元及以上的生产安全事故。

（3）未发生造成重大社会不良影响的事件。

（4）有关法律、法规、规章、标准及所属行业定级相关标准未作重大修订。

（5）生产工艺、设备、产品、原辅材料等无重大变化，无新建、改建、扩建工程项目。

（6）按照规定开展自评并提交自评报告。

（四）定级等级撤销

取得安全生产标准化定级的企业，在证书有效期内发生下列行为之一的，由原定级部门撤销其等级并予以公告，同时抄送同级工业和信息化、人力资源社会保障、国有资产监督管理、市场监督管理等部门和工会组织，以及相应银行保险和证券监督管理机构。

（1）发生生产安全死亡事故的。

（2）连续 12 个月内发生总计重伤 3 人及以上或者直接经济损失总计 100 万元及以上的生产安全事故的。

（3）发生造成重大社会不良影响事件的。

（4）瞒报、谎报、迟报、漏报生产安全事故的。

（5）被列入安全生产失信惩戒名单的。

（6）提供虚假材料，或者以其他不正当手段取得安全生产标准化等级的。

（7）行政许可证照注销、吊销、撤销的，或者不再从事相关行业生产经营活动的。

（8）存在重大生产安全事故隐患，未在规定期限内完成整改的。

（9）未按照安全生产标准化管理体系持续、有效运行，情节严重的。

（五）激励和监督保障措施

企业安全生产标准化建设情况将作为应急管理部门和有关部门分类分级监管的重要依据，对不同等级的企业实施差异化监管。

（1）对安全生产标准化一级企业，减少执法检查频次，不纳入政策性限产、停产范围，优先办理复工复产验收。

（2）加大对安全生产标准化等级企业在工伤保险费、安全生产责任保险、信贷信用等级评定、评先创优和安全文化示范企业创建等方面的支持力度。

（3）各级定级部门加强对定级组织单位、评审单位工作过程和质量进行监督，发现现场评审报告质量低、现场评审把关不严、收取企业费用、出具虚假报告等行为依法依规严肃处理。

（4）企业安全生产标准化定级各环节相关工作通过应急管理部企业安全生产标准化信息管理系统进行。

四、企业开展安全生产标准化建设流程及注意事项

（一）安全生产标准化建设流程

企业安全生产标准化建设流程包括策划准备及制定目标、教育培训、现状梳理、管理文件制修订、实施运行及整改、企业自评、评审申请、现场评审等阶段。

1. 策划准备及制定目标

策划准备阶段首先要成立领导小组，由企业主要负责人担任领导小组组长，所有相关的职能部门的主要负责人作为成员，确保安全生产标准化建设组织保障；成立执行小组，由各部门负责人、工作人员共同组成，负责安全生产标准化建设过程中的具体问题。

制定安全生产标准化建设目标，并根据目标来制定推进方案，分解落实达标建设责任，确保各部门在安全生产标准化建设过程中任务分工明确，顺利完成各阶段工作目标。

2. 教育培训

安全生产标准化建设需要全员参与。教育培训首先要解决企业领导层对安全生产标准化建设工作重要性的认识，加强其对安全生产标准化工作的理解，从而使企业领导层重视该项工作，加大推动力度，监督检查执行进度；其次要解决执行部门、人员操作的问题，培训评定标准的具体条款要求是什么，本部门、本岗位、相关人员应该做哪些工作，如何将安全生产标准化建设和企业日常安全管理工作相结合。

同时，要加大安全生产标准化工作的宣传力度，充分利用企业内部资源广泛宣传安全生产标准化的相关文件和知识，加强全员参与度，解决安全生产标准化建设的思想认识和关键问题。

3. 现状梳理

对照相应专业评定标准（或评分细则），对企业各职能部门及下属各单位安全管理情况、现场设备设施状况进行现状摸底，摸清各单位存在的问题和缺陷；对发现的问题，定责任部门、定措施、定时间、定资金，及时进行整改并验证整改效果。现状摸底的结果作为企业安全生产标准化建设各阶段进度任务的针对性依据。

企业要根据自身经营规模、行业地位、工艺特点及现状摸底结果等因素及时调整达标目标，注重建设过程真实有效可靠，不可盲目一味追求达标等级。

4. 管理文件制修订

安全生产标准化对安全管理制度、操作规程等的要求，核心在其内容的符合性和有效性，而不是对其名称和格式的要求。企业要对照评定标准，对主要安全管理文件进行梳理，结合现状摸底所发现的问题，准确判断管理文件亟待加强和改进的薄弱环节，提出有关文件的制修订计划；以各部门为主，自行对相关文件进行制修订，由标准化执行小组对管理文件进行把关。

5. 实施运行及整改

根据制修订后的安全管理文件，企业要在日常工作中进行实际运行。根据运行情况，对照评定标准的条款，按照有关程序，将发现的问题及时进行整改及完善。

6. 企业自评

企业在安全生产标准化系统运行一段时间后，依据评定标准，由标准化执行小组组织相关人员，开展自主评定工作。

企业对自主评定中发现的问题进行整改，整改完毕后，着手准备安全生产标准化评审申请材料。

7. 评审申请

企业要通过应急管理部企业安全生产标准化信息管理系统完成评审申请工作。企业在自评材料中，应当将每项考评内容的得分及扣分原因进行详细描述，要通过申请材料反映企业工艺及安全管理情况；根据自评结果确定拟申请的等级，按相关规定到属地或上级安全监管部门办理外部评审推荐手续后，正式向相应的评审组织单位（承担评审组织职能的有关部门）递交评审申请。

8. 现场评审

接受企业自评报告的组织单位对自评报告审核后，将审核意见和企业自评报告一并报送定级部门，在接到定级部门确认的意见后，通知负责现场评审的单位完成现场评审工作。企业应对评审报告中列举的全部问题，形成整改计划，及时进行整改，并配合评审单位上报有关评审材料。

（二）企业在建设过程中应注意的问题

1. 要树立系统化思想

安全生产标准化以要素方式运用"PDCA"循环进行动态循环管理，具有点面结合、条块结合、循环滚动、持续改进的特点，整个标准化体系是一个大的循环，每个要素内部也是一个一个的小循环，大循环是小循环的母体和依据，小循环是大循环的分解和保证，经过层层循环，科学系统地将安全生产管理各项工作有机地联系起来。因此，企业在建设过程要统筹规划设计，形成系统化思想，实现企业各部门的有机协调；不能分项式开展工作，如隐患排查治理工作，要和法律法规辨识、管理制度制定、危险源辨识与监控、应急体系建立与维护等，建立系统性联系；不能只注重对设备设施、生产环境等"硬件"问题的排查整改，而忽略管理缺陷、人的不安全行为等"软件"问题的治理等。

2. 要体现"三全"要求

安全生产标准化是一项系统工程，其 8 个要素涵盖了安全生产管理的各项工作，在建设过程中要体现"全员、全过程、全方位"的"三全"要求，特别是在隐患排查治理过程中，更应该做到"三全"。其中："全员"指的是从企业领导到一线职工、从职能部门到生产班组、从本企业（内部）到相关方（外部）的全部人员参与；"全过程"指的是涉及生产工艺全流程，设备采购、安装、调试、使用、检修、维护、保养、拆除、报废等全周期，项目建设到投产运营全过程；"全方位"指的是覆盖所有活动（常规、非常规）、所有场所（内部、外部租赁）、所有设备设施、建筑物，考虑三种时态（过去、现在和将来）、三种状态（正常、异常和紧急）。

3. 要把握"四重"特点

安全生产标准化根据我国有关法律法规的要求、企业生产工艺特点和中国人文社会特性，借鉴国外现代先进安全管理思想，强化隐患排查治理，注重过程控制，做到持续改进，是一套具有现代安全管理思想和科学方法的、与当前中国经济社会发展水平相适应的安全管理体系；其与职业健康安全管理体系一样都强调预防为主和动态管理的现代安全管理理念，但更"重在基础、重在基层、重在落实、重在治本"。"重在基础"就是要扎实做好责任制体系构建、法律法规辨识、各类人员教育培训、各类检查表的制修订等基础工作，为有效落实责任、依法依规开展工作、使隐患排查治理富有成效奠定坚实基础。"重在基层"就是要以岗位达标、专业达标、班组建设为重点，实现由传统的自上而下向自上而下与自下而上相结合转变。"重在落实"就是要落实责任、落实要求，要避免"两张皮"现象，要通过目标、投入、规章制度、操作规程等将相关法规要求融入并在实际工作中得以有效执行。"重在治本"就是不放过任何看似微不足道的隐患，要通过现象看本质，真正将预防为主落到实处。

4. 要避免两个误区

（1）不能有急功近利的思想。企业主要负责人对安全工作的态度至关重要，现行的各种态度归纳起来主要包括：①不作为、抱侥幸心理的，认为一直没发生过事故，安全工作不重要；②被动反应的，口头喊安全第一震天响，实际工作不上心，应付了事，出事故后亡羊补牢；③负责任但存有矛盾心理的，能够认识到安全工作的重要性，较好地落实安全生产责任，按相关要求将安全工作做扎实，但遇到生产与安全或经济与安全有重大冲突时，往往让安全靠边站；④主动的、有创造力的，极为重视安全工作，能够从理念影响、投入支持、文化宣传、奖惩考核等多方面，带领企业职工一道前瞻地发现问题、研究对策，做到真正的"安全第一、预防为主、综合治理"。可以说前三种态度目前占据着较大的市场，因此也将直接影响安全生产标准化建设，企业在建设达标过程中不能有急功近利的思想，不能为了达标而达标，要真正领会并落实安全标准化建设的作用和意义。

（2）避免安全管理部门"保姆式"管理。安全生产标准化建设要求实现全员参与，要能够自上而下、自下而上相结合系统化开展，而实际中不少企业的安全基础工作，包括制度设计、风险分析、危险源辨识、法律法规识别与获取，甚至隐患排查工作等全部由安全管理部门来做。出现这种情况，一方面是不少企业存在安全工作就应该安全管理部门来做的认识误区，没有领会和落实"一岗双责"的要求；另一方面也有受到急功近利思想作祟，即使组织开展全员性的如危险源辨识等工作，受一线员工或其他岗位人员素质、能力等因素影响，结果与预期一有差距，就浅尝辄止，类似情况不一而足。短期看，以某个部门或部分人为主包办安全生产标准化工作，确实能较快地满足评定标准要求，但失去建设达标这次"破冰"的机会，不能改变长期以来企业部门间在安全问题上无法有机协调、不能实现综合治理的状况，使安全生产标准化建设成了走形式的粉饰工程，也就难以真正建立起以安全生产标准化为重要载体的安全生产长效机制。

第十八节　企业双重预防机制建设

《安全生产法》第四条规定，生产经营单位构建安全风险分级管控和隐患排查治理双重预防机制（简称"双重预防机制"），健全风险防范化解机制，提高安全生产水平，确保安全生产。《中共中央　国务院关于推进安全生产领域改革发展的意见》《国务院安委会办公室关于印发标本兼治遏制重特大事故工作指南的通知》（安委办〔2016〕3号）、《国务院安委会办公室关于实施遏制重特大事故工作指南构建双重预防机制的意见》（安委办〔2016〕11号）等文件要求企业构建双重预防工作机制，准确把握安全生产的特点和规律，坚持风险预控、关口前移，全面推行安全风险分级管控，强化隐患排查治理，推进事故预防工作科学化、信息化、标准化，实现把风险控制在隐患形成之前、把隐患消灭在事故前面，着力解决当前安全生产领域存在的薄弱环节和突出问题，坚决遏制重特大事故频发势头。生产经营单位构建安全风险分级管控和隐患排查治理双重预防机制需经历以下阶段。

一、准备工作

企业应成立工作机构，全面负责双重预防机制建设工作，制定双重预防机制建设的相关工作方案，明确工作目标、实施内容、责任部门、工作进度、保障措施和工作要求等相关内容。

企业应组织开展有针对性的专题培训，包括风险管理理论、风险辨识评估方法和双重预防机制建设的要求等内容，使全体员工掌握双重预防机制建设相关知识，尤其是具备参与风险辨识、评估、管控和事故隐患排查的能力，为双重预防机制建设奠定坚实的基础。

二、危险源辨识

通过资料分析和现场勘查，全面查找企业存在的危险源，确定其存在的部位、方式以及发生作用的途径和可能导致的事故后果。

（一）信息收集与准备

在开展危险源辨识前，企业应做好前期的信息收集与准备，具体包括：

（1）相关法规、政策规定和标准。

（2）作业流程。

（3）设备设施操作运行规程、维修措施、应急处置措施。

（4）工业物料或危险化学品的理化性质说明书。

（5）本单位及相关机构事故资料。

（二）划分危险源辨识单元

企业可以按照建构筑物、生产车间、工艺流程、作业活动等方式进行风险辨识单元的划分，也可以从地理区域、自然条件、作业环境、工艺流程、设备设施、作业任务等方面进行风险辨识，例如：

（1）选址及周边环境。

（2）建构筑物。

（3）作业场所环境。

（4）常规和非常规活动。

（5）所有进入工作场所的人员（包括承包方人员和访问者）的活动。

（6）特种设备、电气设备、消防设备及其他设备设施。

（三）开展危险源辨识

企业主要从设备设施（能量载体）、场所环境（危险物质）、作业活动（高处作业带来的势能等）等维度，全面辨识存在的危险源，并分析危险源可能导致的生产安全事故途径和后果，建立危险源辨识清单。

对于危险源可能导致的生产安全事故类型，企业可以采用《企业职工伤亡事故分类》（GB 6441）的规定，将事故划分为物体打击、车辆伤害、机械伤害、起重伤害、触电、淹溺、灼烫、火灾、高处坠落、坍塌、锅炉爆炸、容器爆炸、其他爆炸、中毒和窒息以及其他伤害等 20 类。

三、安全风险评估

安全风险评估是在危险源辨识的基础上，通过确定事故发生的可能性和事故后果严重程度，从而确定安全风险大小和等级的过程。

风险评估是决策的辅助工具，其风险量化有着不确定性，存在部分主观判断。企业可根据自身实际情况，选择适用的定性或定量风险评估方法，依据统一标准对本单位的安全风险进行有效的分级。在风险评估过程中，应紧扣遏制重特大事故目标，把事故可能造成的后果摆在突出位置，高度关注事故影响和覆盖人群。

目前，企业普遍使用风险矩阵法或作业条件危险性评价法开展安全风险等级评估。

（1）风险矩阵法。通过判定事故发生的可能性和事故后果严重程度，选择适用的定性或定量方法科学确定安全风险大小。

（2）作业条件危险性评价法（LEC）。LEC 法是一种简单易行的、评价员工在具有潜在危险性环境中作业时危险性的半定量评价方法。影响作业条件危险性的因素主要包括：

L——事故或危险事件发生的可能性；

E——暴露于危险环境的频率；

C——发生事故或危险事件的可能结果。

以现场作业条件（或类比作业条件）为基础，由熟悉作业条件的人员组成专家组，按规定标准给 L、E、C 分别打分，取三组分值的平均值作为 L、E、C 的计算分值，用计算的危险性分值（D）来评价作业条件的危险等级。

$$D = L \times E \times C$$

四、安全风险分级管控

企业应遵循"分类、分级、分专业"的方法，明确安全风险分级管控原则和责任主体，制定针对性的安全风险管理措施，并落实领导层、管理层、员工层的安全风险管控职责。

安全风险管控的目的是消除或尽量降低风险，以保护员工远离不利的安全和健康影响。安全风险管控措施应满足五个条件。

（1）必须充分控制安全风险，尽可能消除对员工的不利影响。

（2）必须保护可能暴露在风险中的员工。

（3）不得在工作场所中形成新的风险。

（4）必须和员工商议，让员工参与。

（5）确保风险管控措施可以执行。

安全风险可从三个方面进行控制。

（1）源头控制。包括替换或降低危险物质的量，改进维护方式，修复防护装置等。

（2）在源头和员工之间的控制。包括加强对员工的监督，更有针对性的安全操作规程等。

（3）在员工处的控制。包括提供个人防护用品，开展安全培训，提高防范意识和能力等。

五、建立安全风险分级管控清单

企业在完成危险源辨识、安全风险评估和制定分级管控措施之后，应建立安全风险分级管控清单。安全风险分级管控清单应包括危险源位置、危险源名称、危险源可能导致事故的途径、可能导致的事故类型、安全风险等级、风险管控措施、管控责任主体等内容。

另外，企业应在安全风险较高区域的醒目位置设置重大风险公告栏，标明主要安全风险、可能引发事故类别、风险管控措施、应急处置措施及信息报告方式等内容。

六、事故隐患排查治理

《安全生产法》第四十一条规定，生产经营单位应当建立健全并落实生产安全事故隐患排查治理制度，采取技术、管理措施，及时发现并消除事故隐患。事故隐患排查治理情况应当如实记录，并通过职工大会或者职工代表大会、信息公示栏等方式向从业人员通报。其中，重大事故隐患排查治理情况应当及时向负有安全生产监督管理职责的部门和职工大会或者职工代表大会报告。

企业应从以下六个方面开展事故隐患排查治理工作。

（1）建立健全事故隐患排查治理制度，完善事故隐患自查、自改、自报的管理机制，对事故隐患的排查、记录、治理、通报各环节和资金保障等事项作出具体规定，规范隐患排查治理闭环运行。

（2）结合所属行业领域的相关法律、法规、标准要求，以及本单位制定的安全风险管控措施，编制符合本单位实际的事故隐患排查清单，明确排查内容、排查周期、责任部门及人员，作为企业各层级、各岗位事故隐患排查依据。

（3）按照事故隐患排查清单，组织开展事故隐患排查，并对排查发现的事故隐患进行登记。

（4）及时开展事故隐患治理工作，对一般事故隐患立即或短时间内采取措施予以整改，对重大事故隐患应按照相关要求开展治理，做到整改措施、责任、资金、时限和预案"五到位"。事故隐患治理过程中，应加强监测监控，无法保证安全的，应当从危险区域内撤出作业人员，暂时停产停业或者停止使用相关设施、设备，防止事故发生。

重大事故隐患治理工作结束后，企业应当对重大事故隐患的治理情况进行评估。对应急管理部门和其他负有安全生产监督管理职责的部门在安全生产行政执法工作中发现的，需要责令暂时停产停业或者停止使用相关设施、设备的重大事故隐患，企业完成治理并评估后，经有关部门审查同意后，方可恢复生产经营和使用。

（5）建立事故隐患排查治理台账，如实记录事故隐患排查治理情况。事故隐患排查治理台账包括排查时间、事故隐患内容、整改措施及整改结果等信息。

（6）事故隐患排查治理情况通过职工大会或者职工代表大会、信息公示栏等方式向从业人员通报。其中，重大事故隐患排查治理情况应当及时向负有安全生产监督管理职责的部门和职工大会或者职工代表大会报告。

七、企业双重预防机制的实施

双重预防机制从企业存在的危险源出发，通过危险源辨识和安全风险评估，采取针对性的管控措施，使危险源得到有效管控，安全风险降低到可接受程度；一旦管控措施失效，通过事故隐患排查治理工作，可以及时发现并整改管控措施的缺陷，使安全风险重回可接受程度。因此，双重预防机制是避免生产安全事故发生的两道屏障，两道屏障相互关联，不可分割。

企业在完成双重预防机制的创建后，应当依据安全风险分级管控和事故隐患排查治理相关制度，切实将双重预防机制落实到位。

第三章 安 全 评 价

第一节 安全评价的分类、原则及依据

一、安全评价的分类

2007 年，经国家安全监管总局批准颁发了《安全评价通则》(AQ 8001)、《安全预评价导则》(AQ 8002)、《安全验收评价导则》(AQ 8003)。根据上述标准，安全评价是指以实现安全为目的，应用安全系统工程原理和方法，辨识与分析工程、系统、生产经营活动中的危险、有害因素，预测发生事故或造成职业危害的可能性及其严重程度，提出科学、合理、可行的安全对策措施建议，作出评价结论的活动。安全评价可针对一个特定的对象，也可针对一定区域范围。

安全评价按照实施阶段不同分为三类：安全预评价、安全验收评价、安全现状评价。

（一）安全预评价

安全预评价是在建设项目可行性研究阶段、工业园区规划阶段或生产经营活动组织实施之前，根据相关的基础资料，辨识与分析建设项目、工业园区、生产经营活动潜在的危险、有害因素，确定其与安全生产法律法规、标准、行政规章、规范的符合性，预测发生事故的可能性及其严重程度，提出科学、合理、可行的安全对策措施建议，作出安全评价结论的活动。

安全预评价内容主要包括危险及有害因素识别、危险度评价和安全对策措施及建议。它是以拟建建设项目为研究对象，根据建设项目可行性研究报告提供的生产工艺过程、使用和产出的物质、主要设备和操作条件等，研究系统固有的危险及有害因素，应用系统安全工程的方法，对系统的危险性和危害性进行定性、定量分析，确定系统的危险、有害因素及其危险、危害程度；针对主要危险、有害因素及其可能产生的危险、危害后果提出消除、预防和降低的对策措施；评价采取措施后的系统是否能满足规定的安全要求，从而得出建设项目应如何设计、管理才能达到安全要求的结论。

（二）安全验收评价

安全验收评价是在建设项目竣工后正式生产运行前或工业园区建设完成后，通过检查建设项目安全设施与主体工程同时设计、同时施工、同时投入生产和使用的情况或工业园区内的安全设施、设备、装置投入生产和使用的情况，检查安全生产管理措施到位情况，检查安全生产规章制度健全情况，检查事故应急救援预案建立情况，审查确定建设项目、工业园区建设满足安全生产法律法规、标准规范要求的符合性，从整体上确定建设项目、

工业园区的运行状况和安全管理情况，作出安全验收评价结论的活动。

安全验收评价程序内容主要包括：前期准备；危险、有害因素辨识；划分评价单元；选择评价方法，定性、定量评价；提出安全管理对策措施及建议；作出安全验收评价结论；编制安全验收评价报告等。

（三）安全现状评价

安全现状评价是针对生产经营活动、工业园区的事故风险、安全管理等情况，辨识与分析其存在的危险、有害因素，审查确定其与安全生产法律法规、规章、标准规范要求的符合性，预测发生事故或造成职业危害的可能性及其严重程度，提出科学、合理、可行的安全对策措施建议，作出安全现状评价结论的活动。

安全现状评价既适用于对一个生产经营单位或一个工业园区的评价，也适用于某一特定的生产方式、生产工艺、生产装置或作业场所的评价。

二、安全评价的原则

安全评价是落实安全生产方针的重要技术保障，是安全生产监督管理的重要手段。安全评价工作不但具有较复杂的技术性，而且还有很强的政策性。在安全评价工作中应遵循合法性、科学性、公正性和针对性的原则。

（一）合法性

安全评价工作中的一项任务是辨识与分析评价对象可能存在的危险、有害因素，确定其与安全生产法律法规、标准、行政规章、规范的符合性。政策、法规、标准是安全评价的依据，政策性是安全评价工作的灵魂。

（二）科学性

安全评价涉及的学科范围广，影响因素复杂多变。安全预评价在实现项目的本质安全上有预测、预防性，安全验收评价在项目的可行性上具有较强的客观性，安全现状评价在整个项目上具有全面的现实性。为保证安全评价能准确地反映被评价项目的客观实际且保证结论的正确，在开展安全评价的全过程中，必须依据科学的方法、程序，以严谨的科学态度全面、准确、客观地进行工作，提出科学的对策措施，作出科学的结论。

危险、有害因素产生危险、危害后果需要一定条件和触发因素，要根据内在的客观规律分析危险、有害因素的种类、程度，产生的原因，出现危险、危害的条件及其后果，才能为安全评价提供可靠的依据。

现有的评价方法均有其局限性。评价人员应全面、仔细、科学地分析各种评价方法的原理、特点、适用范围和使用条件，必要时，还应用多种评价方法进行评价，互为补充、互相验证，提高评价的准确性，避免局限和失真。评价时，切忌生搬硬套、主观臆断、以偏概全。

从收集资料、调查分析、筛选评价因子、测试取样、数据处理、模式计算和权重值的给定，直至提出对策措施、作出评价结论和建议，每个环节都必须严守科学态度，用科学的方法，依据可靠的数据，按科学的工作程序一丝不苟地完成各项工作，努力在最大程度上保证评价结论的正确性和对策措施的合理性、可行性、可靠性。

受一系列不确定因素的影响，安全评价在一定程度上存在着误差。评价结果的准确与否直接影响到决策是否正确，安全设计是否完善，运行是否安全、可靠。因此，对评价结果进行验证十分重要。为不断提高安全评价的准确性，评价单位应有计划、有步骤地对同类装置、国内外的安全生产经验、相关事故案例和预防措施以及评价后的实际运行情况进行考察、分析、验证，利用建设项目建成后的事后评价进行验证，并运用统计方法对评价误差进行统计和分析，以便改进原有的评价方法和修正评价的参数，不断提高评价的准确性、科学性。

（三）公正性

评价结论是评价项目的决策依据、设计依据、能否安全运行的依据，也是国家安全生产监督管理部门进行安全生产监督管理的执法依据。因此，对于安全评价的每一项工作都要做到客观和公正。既要防止受评价人员主观因素的影响，又要排除外界因素的干扰，避免出现不合理、不公正。

评价的公正性直接关系到被评价项目能否安全运行，国家财产和声誉会不会受到破坏和影响，被评价单位的财产是否受到损失，生产能否正常进行，周围单位及居民会不会受到影响，被评价单位职工乃至周围居民的安全和健康是否受到影响。因此，评价单位和评价人员必须严肃、认真、实事求是地进行公正的评价。

安全评价有时会涉及一些部门、集团、个人的某些利益。因此，在评价时，必须以国家和劳动者的总体利益为重，要充分考虑劳动者在劳动过程中的安全与健康，要依据有关标准法规和经济技术的可行性提出明确的要求和建议。评价结论和建议不能模棱两可、含糊其词。

（四）针对性

进行安全评价时，首先应针对被评价项目的实际情况和特征，收集有关资料，对系统进行全面分析。其次要对众多的危险、有害因素及单元进行筛选，针对主要的危险、有害因素及重要单元应进行重点评价，并辅以重大事故后果和典型案例进行分析、评价。由于各类评价方法都有特定的适用范围和使用条件，要有针对性地选用评价方法。最后要从实际的经济、技术条件出发，提出有针对性的、操作性强的对策措施，对被评价项目作出客观、公正的评价。

三、安全评价的依据

安全评价是一项政策性很强的工作，必须依据我国现行的法律法规和技术标准，保障被评价项目的安全运行，保障劳动者在劳动过程中的安全与健康。

（一）法律法规

安全评价法律法规包括宪法、法律、行政法规、部门规章、地方性法规和地方规章、国际法律文件等。

（1）宪法。宪法的许多条文直接涉及安全生产和劳动保护问题，这些规定既是安全法规制定的最高法律依据，又是安全法律法规的一种表现形式。

（2）法律。法律是由国家立法机构以法律形式颁布实施的，如《中华人民共和国劳动法》《中华人民共和国安全生产法》《中华人民共和国矿山安全法》等。

（3）行政法规。行政法规是由国务院制定的安全生产行政法规，如国务院发布的

《危险化学品管理条例》《女职工劳动保护规定》等。

（4）部门规章。部门规章是由国务院有关部门制定的专项安全规章，是安全法规各种形式中数量最多的一类。

（5）地方性法规和地方规章。地方性法规是由各省、自治区、直辖市人民代表大会及其常务委员会制定的有关安全生产的规范性文件；地方规章是由各省、自治区、直辖市政府，省会城市和经国务院批准的较大的市政府制定的有关安全生产的专项文件。

（6）国际法律文件。国际法律文件主要是我国政府批准加入的国际劳工公约。

（二）标准

安全评价相关标准可按来源、法律效力、对象特征等分类。

（1）按标准的来源可分为四类：一是国家标准，如《危险化学品重大危险源辨识》（GB 18218）、《生产过程危险和有害因素分类与代码》（GB/T 13861）等；二是行业标准，如《火力发电厂职业安全设计规程》（DL 5053）等；三是地方标准，如《山东省劳动防护用品配备标准》（DB 37/1922）；四是国际标准和外国标准。

（2）按标准的法律效力可分为两类：一是强制性标准，如《建筑设计防火规范（2018年版）》（GB 50016）、《爆炸危险环境电力装置设计规范》（GB 50058）等；二是推荐性标准，如《火力发电企业生产安全设施配置》（DL/T 1123）等。

（3）按标准的对象特征可分为管理标准和技术标准，其中技术标准又可分为基础标准、产品标准和方法标准三类。

（三）风险判别指标

风险判别指标或判别准则的目标值，是用来衡量系统风险大小以及危险、危害性是否可接受的尺度。无论是定性评价还是定量评价，若没有判别指标，评价者将无法判定系统的危险和危害性是高还是低，是否达到了可接受的程度，以及改善到什么程度的系统安全水平可以接受，定性评价、定量评价也就失去了意义。

常用的风险判别指标有安全系数、可接受指标、安全指标（包括事故频率、财产损失率和死亡概率等）或失效概率等。

在风险判别指标中，特别值得说明的是风险的可接受指标。世界上没有绝对的安全，所谓安全就是事故风险达到了合理可接受并尽可能低的程度。减少风险是要付出代价的，无论减少危险发生的概率还是采取防范措施使可能造成的损失降到最小，都要投入资金、技术和劳务。通常的做法是将风险限定在一个合理的、可接受的水平上。因此，在安全评价中不是以危险性、危害性为零作为可接受的标准，而是以一个合理的、可接受的指标作为可接受标准。风险判别指标不是随意规定的，而是根据具体的经济、技术情况，对危险、危害后果，危险、危害发生的可能性（概率、频率）和安全投资水平进行综合分析、归纳和优化，依据统计数据，有时也依据相关标准，制定出的一系列有针对性的危险危害等级、指数，以此作为要实现的目标值，即可接受风险。

可接受风险是指在规定的性能、时间和成本范围内达到的最佳可接受风险程度。显然，可接受风险指标不是一成不变的，它将随着人们对危险根源的深入了解，随着技术的进步和经济综合实力的提高而变化。另外需要指出，风险可接受并非说就放弃对这类风险的管理，因为低风险随时间和环境条件的变化有可能升级为重大风险，所以应不断进行控制，使风险始终处于可接受范围内。

随着与国际并轨的需要，在安全评价中经常采用一些国外的定量评价方法。其指标反映了评价方法制定国（或公司）的经济、技术和安全水平，一般是比较先进的。采用时必须考虑国外与国内定量评价方法之间的具体差异，进行必要的修正，否则会得出不符合实际情况的评价结果。

第二节 安全评价的程序和内容

一、安全评价的程序

安全评价的程序主要包括前期准备，辨识与分析危险、有害因素，划分评价单元，定性、定量评价，提出安全对策措施建议，作出安全评价结论，编制安全评价报告，如图 3－1 所示。

（一）前期准备

明确被评价对象，备齐有关安全评价所需的设备、工具，收集国内外相关法律法规、技术标准及工程、系统的技术资料。

（二）辨识与分析危险、有害因素

根据被评价对象的具体情况，辨识与分析危险、有害因素，确定危险、有害因素存在的部位、存在的方式和事故发生的途径及其变化的规律。

（三）划分评价单元

在辨识与分析危险、有害因素的基础上，划分评价单元。评价单元的划分应科学、合理，便于实施评价，相对独立且具有明显的特征界限，见表 3－1。

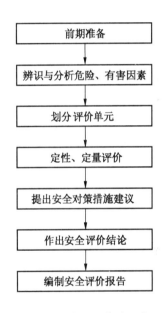

图 3－1 安全评价的程序

表 3-1 评价单元划分及评价内容表

序号	评价单元	主 要 内 容
1	人力与管理单元	安全管理体系、管理组织、管理制度、责任制、操作规程、持证上岗、应急救援等
2	设备与设施单元	生产设备、安全装置、辅助设施、特种设备、电器仪表、避雷设施、消防器材等
3	物料与材料单元	危险化学品、包装材料、储存容器材质
4	方法与工艺单元	生产工艺、作业方法、物流路线、储存养护等
5	环境与场所单元	周边环境、建（构）筑物、生产场所、防爆区域、作业条件、安全防护等

（四）定性、定量评价

根据评价单元的特征，选择合理的评价方法，对评价对象发生事故的可能性及其严重程度进行定性、定量评价。

（五）提出安全对策措施建议

依据危险、有害因素辨识结果与定性、定量评价结果，遵循针对性、技术可行性、经济合理性的原则，提出消除或减弱危险、有害因素的技术和管理措施建议。

（六）作出安全评价结论

根据客观、公正、真实的原则，严谨、明确地作出评价结论。

（七）编制安全评价报告

依据安全评价的结果编制相应的安全评价报告。安全评价报告是安全评价过程的具体体现和概括性总结，是评价对象完善自身安全管理、应用安全技术等方面的重要参考资料；是由第三方出具的技术性咨询文件，可为政府安全生产监管部门和行业主管部门等相关单位对评价对象的安全行为进行法律法规、标准、行政规章、规范的符合性判别所用；是评价对象实现安全运行的技术性指导文件。

二、安全评价的内容

安全评价的内容包括高度概括评价结果，从风险管理角度给出评价对象在评价时与国家有关安全生产的法律法规、标准规范的符合性结论，给出事故发生的可能性和严重程度的预测性结论以及采取安全对策措施后的安全状态等。

（一）安全预评价的内容

（1）前期准备工作应包括明确评价对象和评价范围，组建评价组，收集国内外相关法律法规、标准、行政规章、规范，收集并分析评价对象的基础资料、相关事故案例，对类比工程进行实地调查等。

（2）辨识和分析评价对象可能存在的各种危险、有害因素，分析危险、有害因素发生作用的途径及其变化规律。

（3）评价单元划分应考虑安全预评价的特点，以自然条件、基本工艺条件、危险和有害因素分布及状况、便于实施评价为原则进行。

（4）根据评价的目的、要求和评价对象的特点、工艺、功能或活动分布，选择科学、合理、适用的定性、定量评价方法对危险、有害因素导致事故发生的可能性及其严重程度进行评价。对于不同的评价单元，可根据评价的需要和单元特征选择不同的评价方法。

（5）为保障评价对象建成或实施后能安全运行，应从评价对象的总图布置、功能分布、工艺流程、设施、设备、装置等方面提出安全技术对策措施；从评价对象的组织机构设置、人员管理、物料管理、应急救援管理等方面提出安全管理对策措施；提出其他安全对策措施。

（6）概括评价结果，给出评价对象在评价时的条件下与国家有关法律法规、标准、行政规章、规范的符合性结论，给出危险、有害因素引发各类事故的可能性及其严重程度的预测性结论，明确评价对象建成或实施后能否安全运行的结论。

（二）安全验收评价的内容

安全验收评价的内容主要包括危险、有害因素的辨识与分析，符合性评价和危险危害程度的评价，安全对策措施建议，安全验收评价结论等。

安全验收评价主要从以下方面进行：评价对象前期（安全预评价、可行性研究报告、初步设计中安全卫生专篇等）对安全生产保障等内容的实施情况和相关对策措施建议的落实情况，评价对象的安全对策措施的具体设计、安装施工情况有效保障程度，评价对象的安全对策措施在试投产中的合理有效性和安全措施的实际运行情况，评价对象的安全管理制度和事故应急预案的建立与实际开展和演练有效性。

（1）前期准备工作包括：明确评价对象及其评价范围；组建评价组；收集国内外相关法律法规、标准、行政规章、规范；安全预评价报告、初步设计文件、施工图、工程监理报告、工业园区规划设计文件，各项安全设施、设备、装置检测报告和交工报告，现场勘察记录、检测记录，查验特种设备使用、特种作业和从业等许可证件，典型事故案例、事故应急预案及演练报告、安全管理制度台账、各级各类从业人员安全培训落实情况等实地调查收集到的基础资料。

（2）参考安全预评价报告，根据周边环境、平立面布局、生产工艺流程、辅助生产设施、公用工程、作业环境、场所特点或功能分布，分析并列出危险、有害因素及其存在部位和重大危险源的分布、监控情况。

（3）划分评价单元应符合科学、合理的原则。评价单元可按以下内容划分：法律法规等方面的符合性，设施、设备、装置及工艺方面的安全性，物料、产品安全性能，公用工程、辅助设施配套性，周边环境适应性和应急救援有效性，人员管理和安全培训方面充分性等。评价单元的划分应能够保证安全验收评价的顺利实施。

（4）根据建设项目或工业园区建设的实际情况选择适用的评价方法。同时，要进行符合性评价以及事故发生的可能性及其严重程度的预测。进行符合性评价：检查各类安全生产相关证照是否齐全，审查、确认主体工程建设、工业园区建设是否满足安全生产法律法规、标准、行政规章、规范的要求，检查安全设施、设备、装置是否已与主体工程同时设计、同时施工、同时投入生产和使用，检查安全生产管理措施是否到位，安全生产规章制度是否健全，是否建立了事故应急救援预案。进行事故发生的可能性及其严重程度的预测：采用科学、合理、适用的评价方法对建设项目、工业园区实际存在的危险、有害因素引发事故的可能性及其严重程度进行预测性评价。

（5）根据评价结果，依照国家有关安全生产的法律法规、标准、行政规章、规范的要求，提出安全对策措施建议。安全对策措施建议应具有针对性、可操作性和经济合理性。

（6）安全验收评价结论应包括：符合性评价的综合结果；评价对象运行后存在的危险、有害因素及其危险危害程度；明确给出评价对象是否具备安全验收的条件，对达不到安全验收要求的评价对象明确提出整改措施建议。

（三）安全现状评价的内容

安全现状评价针对生产经营活动、区域运行管理的安全风险状况、安全管理状况进行安全评价，辨识与分析其存在的危险、有害因素，确定其与安全生产法律法规、技术标准的符合性，预测发生事故或造成职业危害的可能性和严重程度，提出科学、合理、可行的安全风险管理对策措施建议。

安全现状评价可针对一个完整的独立系统、区域，也可针对特定或局部的生产方式、生产工艺、生产装置或某一场所进行。这种对在用生产装置、设备设施、储存、运输及安全管理状况进行的全面综合安全评价，不仅包括生产过程的安全设施，也包括生产经营单位整体的安全管理模式、制度和方法等安全管理体系的内容。一般应包括如下内容：

（1）全面收集评价所需的信息资料，采用合适的安全评价方法进行危险、有害因素识别与分析，给出安全评价所需的数据资料。

（2）对于可能造成重大事故后果的危险、有害因素，特别是事故隐患，采用合适的安全评价方法，进行定性、定量安全评价，确定危险、有害因素导致事故的可能性及其严重程度。

（3）对辨识出的危险源，按照危险性进行排序，按照可接受风险标准，确定可接受风险和不可接受风险；对于辨识出的事故隐患，根据其事故的危险性，确定整改的优先顺序。

（4）对于不可接受风险和事故隐患，提出整改措施。为了安全生产，提出安全管理对策措施。

第三节　危险、有害因素辨识

根据《生产过程危险和有害因素分类与代码》（GB/T 13861），危险和有害因素是指可对人造成伤亡、影响人的身体健康甚至导致疾病的因素。

一、危险、有害因素的术语与定义

生产过程：劳动者在生产领域从事生产活动的全过程。

危险和有害因素：可对人造成伤亡、影响人的身体健康甚至导致疾病的因素。

人的因素：在生产活动中，来自人员自身或人为性质的危险和有害因素。

物的因素：机械、设备设施、材料等方面存在的危险和有害因素。

环境因素：生产作业环境中的危险和有害因素。

管理因素：管理和管理责任缺失所导致的危险和有害因素。

二、危险、有害因素的分类

危险、有害因素分类的方法多种多样，安全评价中常按导致事故的直接原因、参照事故类别和按职业健康的方法进行分类。

（一）按导致事故的直接原因进行分类

《生产过程危险和有害因素分类与代码》（GB/T 13861）将生产过程中的危险和有害因素分为4类。

1. 人的因素

（1）心理、生理性危险和有害因素。

（2）行为性危险和有害因素。

2. 物的因素

（1）物理性危险和有害因素。

（2）化学性危险和有害因素。

（3）生物性危险和有害因素。

3. 环境因素

（1）室内作业场所环境不良。

（2）室外作业场所环境不良。

（3）地下（含水下）作业环境不良。

（4）其他作业环境不良。

4. 管理因素

（1）职业安全卫生组织机构和人员配备不健全。

（2）职业安全卫生责任制不完善或未落实。

（3）职业安全卫生管理规章制度不完善或未落实。

（4）职业安全卫生投入不足。

（5）应急管理缺陷。

（6）其他管理因素缺陷。

（二）参照事故类别进行分类

参照《企业职工伤亡事故分类》（GB 6441），综合考虑起因物、引起事故的诱导性原因、致害物、伤害方式等，将危险因素分为 20 类。

（1）物体打击，指物体在重力或其他外力的作用下产生运动，打击人体，造成人身伤亡事故，不包括因机械设备、车辆、起重机械、坍塌等引发的物体打击。

（2）车辆伤害，指企业机动车辆在行驶中引起的人体坠落和物体倒塌、下落、挤压伤亡事故，不包括起重设备提升、牵引车辆和车辆停驶时发生的事故。

（3）机械伤害，指机械设备运动（静止）部件、工具、加工件直接与人体接触引起的夹击、碰撞、剪切、卷入、绞、碾、割、刺等伤害，不包括车辆、起重机械引起的机械伤害。

（4）起重伤害，指各种起重作业（包括起重机安装、检修、试验）中发生的挤压、坠落（吊具、吊重）、物体打击等。

（5）触电，包括雷击伤亡事故。

（6）淹溺，包括高处坠落淹溺，不包括矿山、井下透水淹溺。

（7）灼烫，指火焰烧伤、高温物体烫伤、化学灼伤（酸、碱、盐、有机物引起的体内外灼伤）、物理灼伤（光、放射性物质引起的体内外灼伤），不包括电灼伤和火灾引起的烧伤。

（8）火灾。

（9）高处坠落，指在高处作业中发生坠落造成的伤亡事故，不包括触电坠落事故。

（10）坍塌，指物体在外力或重力作用下，超过自身的强度极限或因结构稳定性破坏而造成的事故，如挖沟时的土石塌方、脚手架坍塌、堆置物倒塌等，不适用于矿山冒顶片帮和车辆、起重机械、爆破引起的坍塌。

（11）冒顶片帮。

（12）透水。

（13）放炮，指爆破作业中发生的伤亡事故。

（14）火药爆炸，指火药、炸药及其制品在生产、加工、运输、储存中发生的爆炸事故。

（15）瓦斯爆炸。

（16）锅炉爆炸。

（17）容器爆炸。

（18）其他爆炸。

（19）中毒和窒息。

（20）其他伤害。

此种分类方法所列的危险、有害因素与企业职工伤亡事故处理（调查、分析、统计）和职工安全教育的口径基本一致，为安全生产监督管理部门、行业主管部门职业安全卫生管理人员和企业广大职工、安全管理人员所熟悉，易于接受和理解，便于实际应用。但尚待在应用中进一步提高其系统性和科学性。

（三）按职业健康进行分类

参照 2015 年国家卫生计生委、人力资源社会保障部、国家安全监管总局和全国总工会联合颁发的《职业病危害因素分类目录》，将危害因素分为粉尘、化学因素、物理因素、放射性因素、生物因素和其他因素 6 类。

三、危险、有害因素辨识的方法

选用哪种辨识方法，要根据分析对象的性质、特点、寿命的不同阶段和分析人员的知识、经验和习惯来定。常用的危险、有害因素辨识的方法有直观经验分析方法和系统安全分析方法。

（一）直观经验分析方法

直观经验分析方法适用于有可供参考先例、有以往经验可以借鉴的系统，不能应用在没有可供参考先例的新开发系统。

1. 对照、经验法

对照、经验法是对照有关标准、法规、检查表或依靠分析人员的观察分析能力，借助于经验和判断能力对评价对象的危险、有害因素进行分析的方法。

2. 类比方法

类比方法是利用相同或相似工程系统或作业条件的经验和劳动安全卫生的统计资料来类推、分析评价对象的危险、有害因素。

（二）系统安全分析方法

系统安全分析方法是应用系统安全工程评价方法中的某些方法进行危险、有害因素的辨识。系统安全分析方法常用于复杂、没有事故经验的新开发系统。常用的系统安全分析方法有事件树、事故树等。

四、危险、有害因素辨识的主要内容

尽管现代企业千差万别，但如果能够通过事先对危险、有害因素的识别，找出可能存

在的危险、危害，就能够对所存在的危险、危害采取相应的措施（如修改设计、增加安全设施等），从而大大提高系统的安全性。

在进行危险、有害因素的识别时，要全面、有序地进行，防止出现漏项，宜从厂址、总平面布置、道路运输、建（构）筑物、生产工艺、物流、主要设备装置、作业环境、安全措施管理等几方面进行。识别的过程实际上就是系统安全分析的过程。

（一）厂址

从厂址的工程地质、地形地貌、水文、气象条件、周围环境、交通运输条件及自然灾害、消防支持等方面进行分析、识别。

（二）总平面布置

从功能分区、防火间距和安全间距、风向、建筑物朝向、危险和有害物质设施、动力设施（氧气站、乙炔气站、压缩空气站、锅炉房、液化石油气站等）、道路、储运设施等方面进行分析、识别。

（三）道路运输

从运输、装卸、消防、疏散、人流、物流、平面交叉运输和竖向交叉运输等方面进行分析、识别。

（四）建（构）筑物

从厂房的生产火灾危险性分类、耐火等级、结构、层数、占地面积、防火间距、安全疏散等方面进行分析、识别。

从库房储存物品的火灾危险性分类、耐火等级、结构、层数、占地面积、防火间距、安全疏散等方面进行分析、识别。

（五）生产工艺

1. 对新建、改建、扩建项目设计阶段进行危险、有害因素的识别

（1）对设计阶段是否通过合理的设计进行考查，尽可能从根本上消除危险、有害因素。

（2）当消除危险、有害因素有困难时，对是否采取了预防性技术措施进行考查。

（3）在无法消除危险或危险难以预防的情况下，对是否采取了减少危险、危害的措施进行考查。

（4）在无法消除、预防、减弱的情况下，对是否将人员与危险、有害因素隔离等进行考查。

（5）当操作者失误或设备运行一旦达到危险状态时，对是否能通过连锁装置来终止危险、危害的发生进行考查。

（6）在易发生故障和危险性较大的地方，对是否设置了醒目的安全色、安全标志和声、光警示装置等进行考查。

2. 对照行业和专业制定的安全标准、规程进行危险、有害因素的分析、识别

针对行业和专业的特点，可利用各行业和专业制定的安全标准、规程进行分析、识别。例如，原劳动部曾会同有关部委制定了冶金、电子、化学、机械、石油化工、轻工、塑料、纺织、建筑、水泥、制浆造纸、平板玻璃、电力、石棉、核电站等一系列安全规程、规定，评价人员应根据这些规程、规定、要求对被评价对象可能存在的危险、有害因

素进行分析和识别。

3. 根据典型的单元过程（单元操作）进行危险、有害因素的识别

典型的单元过程是各行业中具有典型特点的基本过程或基本单元。这些单元过程的危险、有害因素已经归纳总结在许多手册、规范、规程和规定中，通过查阅均能得到。这类方法可以使危险、有害因素的识别比较系统，避免遗漏。

（六）主要设备装置

对于工艺设备可从高温、低温、高压、腐蚀、振动、关键部位的备用设备、控制、操作、检修和故障、失误时的紧急异常情况等方面进行识别。

对机械设备可从运动零部件和工件、操作条件、检修作业、误运转和误操作等方面进行识别。

对电气设备可从触电、断电、火灾、爆炸、误运转和误操作、静电、雷电等方面进行识别。

另外，还应注意识别高处作业设备、特殊单体设备（如锅炉房、乙炔站、氧气站）等的危险、有害因素。

（七）作业环境

注意识别存在各种职业病危害因素的作业部位。

（八）安全管理措施

可以从安全生产管理组织机构、安全生产管理制度、事故应急救援预案、特种作业人员培训、日常安全管理等方面进行识别。

第四节　安全评价方法

一、安全评价方法分类

安全评价方法分类有很多种，常用的有按安全评价结果的量化程度分类法、按安全评价的推理过程分类法、按针对的系统性质分类法、按安全评价要达到的目的分类法等。

（一）按安全评价结果的量化程度分类法

按安全评价结果的量化程度，安全评价方法可分为定性安全评价方法和定量安全评价方法。

1. 定性安全评价方法

定性安全评价方法主要是根据经验和直观判断能力对生产系统的工艺、设备设施、环境、人员和管理等方面的状况进行定性分析，安全评价的结果是定性的指标，如是否达到了某项安全指标、事故类别和导致事故发生的因素等。属于定性安全评价方法的有安全检查表、专家现场询问观察法、因素图分析法、事故引发和发展分析、作业条件危险性评价法（格雷厄姆－金尼法或 LEC 法）、故障类型和影响分析、危险可操作性研究等。

2. 定量安全评价方法

定量安全评价方法是运用基于大量的实验结果和广泛的事故统计资料基础上获得的指标或规律（数学模型），对生产系统的工艺、设备设施、环境、人员和管理等方面的状况

进行定量的计算，评价结果是一些定量的指标，如事故发生的概率、事故的伤害（或破坏）范围、定量的危险性、事故致因因素的事故关联度或重要度等。

按照安全评价给出的定量结果的类别不同，定量安全评价方法还可以分为概率风险评价法、伤害（或破坏）范围评价法和危险指数评价法。

（1）概率风险评价法。概率风险评价法是根据事故的基本致因因素的事故发生概率，应用数理统计中的概率分析方法，求取事故基本致因因素的关联度（或重要度）或整个评价系统的事故发生概率的安全评价方法。故障类型和影响分析、事故树分析、逻辑树分析、概率理论分析、马尔可夫模型分析、模糊矩阵法、统计图表分析法等都可以由基本致因因素的事故发生概率计算整个评价系统的事故发生概率。

（2）伤害（或破坏）范围评价法。伤害（或破坏）范围评价法是根据事故的数学模型，应用数学方法，求取事故对人员的伤害范围或对物体的破坏范围的安全评价方法。液体泄漏模型、气体泄漏模型、气体绝热扩散模型、池火火焰与辐射强度评价模型、火球爆炸伤害模型、爆炸冲击波超压伤害模型、蒸气云爆炸超压破坏模型、毒物泄漏扩散模型和锅炉爆炸伤害 TNT 当量法都属于伤害（或破坏）范围评价法。

（3）危险指数评价法。危险指数评价法是应用系统的事故危险指数模型，根据系统及其物质、设备（设施）和工艺的基本性质和状态，采用推算的办法，逐步给出事故的可能损失、引起事故发生或使事故扩大的设备、事故的危险性以及采取安全措施的有效性的安全评价方法。常用的危险指数评价法有道化学公司火灾、爆炸危险指数评价法，蒙德火灾爆炸毒性指数评价法，易燃易爆、有毒重大危险源评价法。

（二）按安全评价的推理过程分类法

按安全评价的推理过程，安全评价方法可分为归纳推理评价法和演绎推理评价法。

归纳推理评价法是从事故原因推论结果的评价方法，即从最基本的危险、有害因素开始，逐渐分析导致事故发生的直接因素，最终分析到可能的事故。

演绎推理评价法是从结果推论原因的评价方法，即从事故开始，推论导致事故发生的直接因素，再分析与直接因素相关的间接因素，最终分析和查找出致使事故发生的最基本危险、有害因素。

（三）按安全评价要达到的目的分类法

按安全评价要达到的目的，安全评价方法可分为事故致因因素安全评价方法、危险性分级安全评价方法和事故后果安全评价方法。

事故致因因素安全评价方法是采用逻辑推理的方法，由事故推论最基本的危险、有害因素或由最基本的危险、有害因素推论事故的评价法。该类方法适用于识别系统的危险、有害因素和分析事故，属于定性安全评价法。

危险性分级安全评价方法是通过定性或定量分析给出系统危险性的安全评价方法。该类方法适应于系统的危险性分级，可以是定性安全评价法，也可以是定量安全评价法。

事故后果安全评价方法可以直接给出定量的事故后果，给出的事故后果可以是系统事故发生的概率、事故的伤害（或破坏）范围、事故的损失或定量的系统危险性等，属于定量安全评价法。

此外，按照评价对象的不同，安全评价方法可分为设备（设施或工艺）故障率评价法、人员失误率评价法、物质系数评价法、系统危险性评价法等。

二、常用的安全评价方法

(一) 安全检查表法 (Safety Checklist Analysis, SCA)

为了查找工程、系统中各种设备设施、物料、工件、操作、管理和组织措施中的危险、有害因素,事先把检查对象加以分解,将大系统分割成若干小的子系统,以提问或打分的形式,将检查项目列表逐项检查,避免遗漏,这种表称为安全检查表,用安全检查表进行安全检查的方法称为安全检查表法。

安全检查项目依据相关的标准、规范,以及工程、系统中已知的危险类别、设计缺陷、一般工艺设备、操作、管理有关的潜在危险性和有害性进行设置。为了避免检查项目遗漏,事先把检查对象分割成若干系统,以提问或打分的形式,将检查项目列表。安全检查表是系统安全工程的一种最基础、最简便、广泛应用的系统危险性评价方法。安全检查表在我国不仅用于查找系统中各种潜在的事故隐患,还对各检查项目给予量化,用于进行系统安全评价。

1. 编制依据

(1) 国家、地方的相关安全法规、规定、规程、规范和标准,行业、企业的规章制度、标准及企业安全生产操作规程。

(2) 国内外行业、企业事故统计案例。

(3) 行业及企业安全生产的经验,特别是本企业安全生产的实践经验,引发事故的各种潜在不安全因素,以及杜绝或减少事故发生的成功经验。

(4) 系统安全分析的结果,即采用事故树分析方法,对系统进行分析得出能引发重大事故的各种不安全因素的基本事件,将其作为防止事故控制点源列入检查表。

2. 编制步骤

要编制一个符合客观实际、能全面识别、分析系统危险性的安全检查表,首先要建立一个编制小组,其成员应包括熟悉系统各方面的专业人员。其主要步骤有:

(1) 熟悉系统,包括系统的结构、功能、工艺流程、主要设备、操作条件、布置和已有的安全设备设施。

(2) 搜集资料,搜集有关的安全法规、标准、制度及本系统过去发生过事故的资料,作为编制安全检查表的重要依据。

(3) 划分单元,按功能或结构将系统划分成若干个子系统或单元,逐个分析潜在的危险因素。

(4) 编制检查表,针对危险因素,依据有关法规、标准规定,参考过去事故的教训和本单位的经验确定检查要点、内容,然后针对检查所处的设计、施工、验收、使用等不同阶段,按照一定的要求编制检查表。

① 按系统、单元的特点和评价的要求,列出检查要点、检查项目清单,以便全面查出存在的危险、有害因素。

② 针对各检查项目、可能出现的危险、有害因素,依据有关标准、法规列出安全指标的要求和应设计的对策措施。

③ 编制检查表。

3. 注意事项

编制安全检查表力求系统完整，不漏掉任何能引发事故的危险关键因素，因此，编制安全检查表应注意如下问题：

（1）检查表内容要重点突出，抓住要害，对重点危险部位应单独编制检查表。

（2）各类检查表的项目、内容，应针对不同被检查对象有所侧重。

（3）检查表的每项内容要定义明确，便于操作。

（4）检查表的项目、内容能随工艺的改造、设备的更新、环境的变化和生产异常情况的出现而不断修订、变更和完善。

4. 优缺点

（1）安全检查表主要有以下优点：

① 检查项目系统、完整，可以做到不遗漏任何能导致危险的关键因素，避免传统的安全检查中的易发生的疏忽、遗漏等弊端，因而能保证安全检查的质量。

② 可以根据已有的规章制度、标准、规程等，检查执行情况，得出准确的评价。

③ 安全检查表可采用提问的方式，有问有答，给人的印象深刻，能使人知道如何做才是正确的，因而可起到安全教育的作用。

④ 编制安全检查表的过程本身就是一个系统安全分析的过程，可使检查人员对系统的认识更深刻，更便于发现危险因素。

⑤ 对不同的检查对象、检查目的有不同的检查表，应用范围广。

（2）安全检查表缺点：针对不同的需要，须事先编制大量的检查表，工作量大且安全检查表的质量受编制人员的知识水平和经验影响。

（二）危险指数方法（Risk Rank，RR）

危险指数方法是通过对几种工艺现状及运行的固有属性（以作业现场危险度、事故概率和事故严重度为基础，对不同作业现场的危险性进行鉴别）进行比较计算，确定工艺危险特性、重要性，并根据评价结果，确定需要进一步评价的对象的安全评价方法。

危险指数评价可以运用在工程项目的各个阶段（可行性研究、设计、运行等），可以在详细的设计方案完成之前运用，也可以在现有装置危险分析计划制定之前运用；也可用于在役装置，作为确定工艺及操作危险性的依据。

目前已有许多种危险指数方法得到广泛的应用，如危险度评价法，道化学公司的火灾、爆炸危险指数法（DOW 法），帝国化学工业公司（ICI）的蒙德法，日本化工企业六阶段评价法，化工厂危险等级指数法等。

1. 道化学公司的火灾、爆炸危险指数法

1964 年，美国道化学公司根据化工生产的特点，首先开发出火灾、爆炸危险指数评价法，用于对化工生产装置进行安全性评价。方法经过多次修订，不断完善，在 1993 年推出了第 7 版。道化学公司的火灾、爆炸危险指数法是根据以往的事故统计资料，物质的潜在能量和现行的安全措施情况，利用系统工艺过程中的物质、设备、设备操作条件等数据，通过逐步推算的公式，对系统工艺装置及所含物料的实际潜在火灾、爆炸危险、反应性危险进行评价的方法。

道化学公司的火灾、爆炸危险指数法在各种评价类型中都可以使用，尤其在安全预评价中使用得最多。其基本特点如下：

（1）整个评价基于对物质危险性的评价和对工艺过程危险性的评价。两者相比又以物质的危险性更为基础，整个危险指数可认为是工艺过程通过对物质及其反应的影响而体现的。

（2）所评价的危险指数反映了系统的最大潜在危险，预测事故可能导致的最大危害程度与停产损失。是系统中物质、工艺定下来以后的固有危险性，基本上未涉及当时生产过程中人的、管理的因素。

（3）评价中所用数据来源于以往的事故统计、物质的潜在能量及现行防灾措施的经验。所以尽管把这些经验量化成了数据，但本质上仍属定性的、相对比较的方法。

（4）固有危险和安全措施的效能最后都通过折算为美元来表现，风险评价与保险的目的很突出。

DOW 法的评价程序如图 3-2 所示。

2. 帝国化学工业公司的蒙德法

1974 年，英国帝国化学工业公司蒙德部在道化学危险指数评价法的基础上引进了毒性概念，并发展了一些新的补偿系数，提出了蒙德火灾、爆炸、毒性指标评价法。它不仅详细规定了各种附加因素增加比例的范畴，而且针对所有的安全措施引进了补偿系数，同时扩展了毒性指标，使评价结果更加切合实际。

蒙德法在对现有装置及计划建设装置的危险性研究中，尤其是在对新设计项目的潜在危险进行评价时，对道化学公司方法进行了改进和补充。其中最重要的两个方面是：

（1）引进了毒性的概念，将道化学公司的火灾、爆炸指数扩展到包括物质毒性在内的火灾、爆炸、毒性指数的初期评价。

（2）发展了新的补偿系数，进行装置现实危险性水平再评价。

（三）预先危险分析方法（Preliminary Hazard Analysis，PHA）

预先危险分析又称初步危险分析。预先危险分析方法是一项实现系统安全危害分析的初步或初始工作，在设计、施工和生产前，首先对系统中存在的危险性类别、出现条件、导致事故的后果进行分析，目的是识别系统中的潜在危险，确定危险等级，防止危险发展成事故。

1. 分析步骤

（1）通过经验判断、技术诊断或其他方法调查确定危险源（即危险因素存在于哪个子系统中），对所需分析系统的生产目的、物料、装置及设备、工艺过程、操作条件以及周围环境等，进行充分详细的了解。

（2）根据过去的经验教训及同类行业生产中发生的事故情况，对系统的影响、损坏程度，类比判断所要分析的系统中可能出现的情况，查找能够造成系统故障、物质损失和人员伤害的危险性，分析事故的可能类型。

（3）对确定的危险源分类，制成预先危险性分析表。

（4）转化条件，即研究危险因素转变为危险状态的触发条件和危险状态转变为事故的必要条件，并进一步寻求对策措施，检验对策措施的有效性。

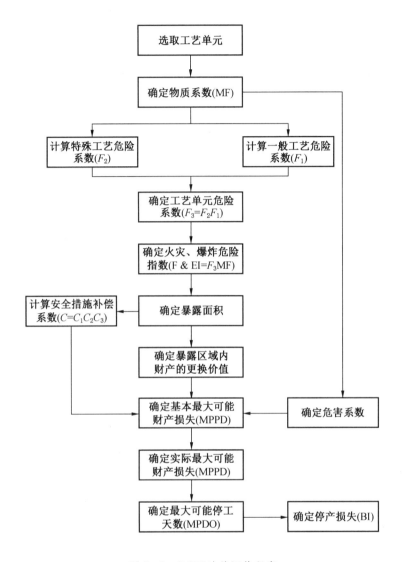

图 3 - 2 DOW 法的评价程序

（5）进行危险性分级，排列出重点和轻重缓急次序，以便处理。

（6）制定事故的预防性对策措施。

2. 划分等级

为了评判危险、有害因素的危害等级以及它们对系统破坏性的影响大小，预先危险分析方法给出了各类危险性的划分标准。该法将危险性划分为 4 个等级：

Ⅰ安全的，不会造成人员伤亡及系统损坏。

Ⅱ临界的，处于事故的边缘状态，暂时还不至于造成人员伤亡、系统破坏或降低系统性能，但应予以排除或采取控制措施。

Ⅲ危险的，会造成人员伤亡和系统损坏，要立即采取防范措施。

Ⅳ灾难性的，造成人员重大伤亡及系统严重破坏的灾难性事故，必须予以果断排除并进行重点防范。

3. 列出结果

预先危险分析的结果一般采用表格的形式列出，表格的格式和内容可根据实际情况确定。

4. 注意事项

在进行预先危险分析时，应注意以下几个要点：

（1）应考虑生产工艺的特点，列出其危险性和状态：

① 原料、中间产品、衍生产品和成品的危害特性。

② 作业环境。

③ 设备设施和装置。

④ 操作过程。

⑤ 各系统之间的联系。

⑥ 各单元之间的联系。

⑦ 消防和其他安全设施。

（2）预先危险分析过程中应考虑的因素：

① 危险设备和物料，如燃料、高反应活动性物质、有毒物质、爆炸高压系统、其他储运系统。

② 设备与物料之间与安全有关的隔离装置，如物料的相互作用，火灾、爆炸的产生和发展，控制、停车系统。

③ 影响设备与物料的环境因素，如地震、洪水、振动、静电、湿度等。

④ 操作、测试、维修以及紧急处置规定。

⑤ 辅助设施，如储槽、测试设备等。

⑥ 与安全有关的设施设备，如调节系统、备用设备等。

5. 特点和适用范围

（1）预先危险分析是进一步进行危险分析的先导，是一种宏观概略定性分析方法。在项目发展初期使用预先危险分析有以下优点：

① 方法简单、易行、经济、有效。

② 能为项目开发组分析和设计提供指南。

③ 能识别可能的危险，用很少的费用、时间实现改进。

（2）适用范围。预先危险分析适用于固有系统中采取新的方法，接触新的物料、设备和设施的危险性评价。该法一般在项目的发展初期使用。当只希望进行粗略的危险和潜在事故情况分析时，也可以用预先危险分析方法对已建成的装置进行分析。

（四）故障假设分析方法（What…If，WI）

1. 方法概述

故障假设分析方法是一种对系统工艺过程或操作过程的创造性分析方法。使用该方法时，要求人员应对工艺熟悉，通过提出一系列"如果……怎么办？"（故障假设）的问题，来发现可能和潜在的事故隐患，从而对系统进行彻底检查。

故障假设分析通常对工艺过程进行审查，一般要求评价人员用"What…If"作为开头对有关问题进行考虑，从进料开始沿着流程直到工艺过程结束。任何与工艺有关的问题，即使它与之不太相关也可以提出加以讨论。故障假设分析结果将找出暗含在分析组所提出的问题和争论中的可能事故情况。这些问题和争论常常指出了故障发生的原因。通常要将所有的问题记录下来，然后进行分类。所提出的问题要考虑到任何与装置有关的不正常的生产条件，而不仅仅是设备故障或工艺参数变化。

该方法由经验丰富的人员完成，并根据存在的安全措施等条件提出降低危险性的建议。

2. 步骤

故障假设分析比较简单，它首先提出一系列问题，然后再回答这些问题。评价结果一般以表格的形式显示，主要内容包括提出的问题，回答可能的后果，降低或消除危险性的安全措施。

故障假设分析方法由三个步骤组成，即分析准备、完成分析、编制结果文件。

（1）分析准备：

① 人员组成。进行该分析应由 2～3 名专业人员组成小组。要求成员要熟悉生产工艺，有评价危险经验。

② 确定分析目标。首先要考虑的是取什么样的结果作为目标，目标又可以进一步加以限定。目标确定后就要确定分析哪些系统。在分析某一系统时应注意与其他系统的相互作用，避免遗漏掉危险因素。

③ 资料准备。在分析会议之前收集所需的资料，包括工艺过程说明、图纸、操作规程等。

（2）完成分析：

① 了解情况，准备故障假设问题。分析会议开始应该首先由熟悉整个装置和工艺的人员阐述生产情况和工艺过程，包括原有的安全设备及措施。参加人员还应该说明装置的安全防范、安全设备、卫生控制规程。分析人员要向现场操作人员提问，然后对所分析的过程提出有关安全方面的问题。有两种方式可以采用：一种是列出所有的安全项目和问题，然后进行分析；另一种是提出一个问题讨论一个问题，即对所提出的某个问题的各个方面进行分析后再对分析组提出的下一个问题（分析对象）进行讨论。通常最好是在分析之前列出所有的问题，以免打断分析组的"创造性思维"。

② 按照准备好的问题，从工艺进料开始，一直进行到成品产出为止，逐一提出如果发生那种情况，操作人员应该怎么办，分别得出正确答案。

（3）编制结果文件。

3. 适用范围

故障假设分析方法较为灵活，适用范围很广，可用于工程、系统的任何阶段。

故障假设分析方法鼓励思考潜在的事故和后果，它弥补了基于经验的安全检查表编制时经验的不足，相反，检查表可以把故障假设分析方法更系统化。因此，出现了安全检查表分析与故障假设分析在一起使用的分析方法，以便发挥各自的优点，互相取长补短。

（五）危险和可操作性研究方法（Hazard and Operability Study，HAZOP）

1. 方法概述

危险和可操作性研究方法是一种定性的安全评价方法。它的基本过程是以关键词为引导，找出过程中工艺状态的变化（即偏差），然后分析找出偏差的原因、后果及可采取的对策。其侧重点是工艺部分或操作步骤各种具体值。

危险和可操作性研究分析是对危险和可操作性问题进行详细识别的过程，由一个小组完成。它所基于的原理是，背景各异的专家们若在一起工作，就能够在创造性、系统性和风格上互相影响和启发，能够发现和鉴别更多的问题，这样做要比他们独立工作并分别提供结果更为有效。

运用危险和可操作性研究方法，可以查出系统中存在的危险、有害因素，并能以危险、有害因素可能导致的事故后果确定设备、装置中的主要危险、有害因素。

2. 主要特征

危险和可操作性研究方法的主要特征包括：

（1）是一个创造性过程，通过应用一系列引导词来系统地辨识各种潜在的偏差，对确认的偏差，激励危险和可操作性研究小组成员思考该偏差发生的原因以及可能产生的后果。

（2）是在一位训练有素、富有经验的分析组长引导下进行的，组长需通过逻辑分析思维确保对系统进行全面的分析。分析组长宜配有一名记录员，记录识别出来的各种危险和（或）操作扰动，以备进一步评估和决策。

（3）小组由多专业的专家组成，具备合适的技能和经验，有较好的直觉和判断能力。

（4）在积极思考和坦率讨论的氛围中进行，当识别出一个问题时，应做好记录以便后续的评估和决策。

3. 分析基本步骤

危险和可操作性研究方法的目的主要是调动生产操作人员、安全技术人员、安全管理人员和相关设计人员的想象性思维，使其能够找出设备、装置中的危险、有害因素，为制定安全对策措施提供依据。危险和可操作性研究分析包括4个基本步骤，如图3-3所示。

4. 特点及适用范围

危险和可操作性研究方法的优点是简便易行，且背景各异的专家在一起工作，在创造性、系统性和风格上互相影响和启发，能够发现和鉴别更多的问题，汇集了集体的智慧，这要比他们单独工作时更为有效。其缺点是分析结果受分析评价人员主观因素的影响。危险和可操作性研究方法适用于设计阶段和现有的生产装置的评价。

（六）故障类型和影响分析方法（Failure Mode Effects Analysis，FMEA）

故障类型和影响分析方法是系统安全工程的一种方法。根据系统可以划分为子系统、设备和元件的特点，按实际需要将系统进行分割，然后分析各自可能发生的故障类型及其产生的影响，以便采取相应的对策，提高系统的安全可靠性。

故障类型和影响分析的目的是辨识单一设备和系统的故障模式及每种故障模式对系统或装置的影响。故障类型和影响分析的步骤为：明确系统本身的情况，确定分析程度和水

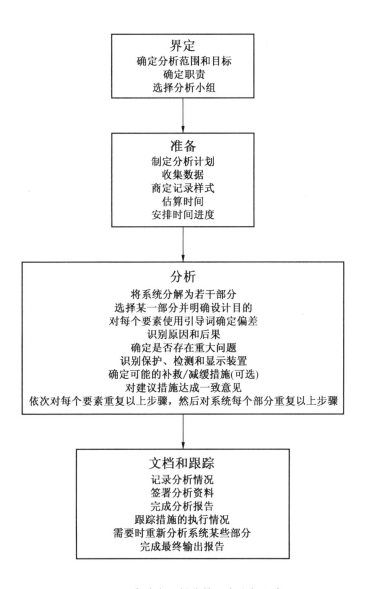

图 3 – 3 危险和可操作性研究分析程序

平，绘制系统图和可靠性框图，列出所有的故障类型并选出对系统有影响的故障类型，理出造成故障的原因。在故障类型和影响分析中不直接确定人的影响因素，但像人失误、误操作等影响通常作为一个设备故障模式表示出来。

1. 确定分析对象系统

根据分析详细程度的需要，查明组成系统的元素（子系统或单元）及其功能。

2. 分析元素故障类型和产生原因

由熟悉情况、有丰富经验的人员依据经验和有关的故障资料分析、讨论可能产生的故障类型和原因。

3. 研究故障类型的影响

研究、分析元素故障对相邻元素、邻近系统和整个系统的影响。

4. 填写故障类型和影响分析表格

将分析的结果填入预先准备好的表格，可以简洁明了地显示全部分析内容。

（七）故障树分析方法（Fault Tree Analysis，FTA）

1. 方法概述

故障树分析方法是 20 世纪 60 年代以来迅速发展的系统可靠性分析方法，它采用逻辑方法，将事故因果关系形象地描述为一株有方向的"树"：把系统可能发生或已发生的事故（称为顶上事件）作为分析起点，将导致事故原因的事件按因果逻辑关系逐层列出，用树形图表示出来，构成一种逻辑模型，然后定性或定量地分析事件发生的各种可能途径及发生的概率，找出避免事故发生的各种方案并优选出最佳安全对策。故障树分析方法形象、清晰，逻辑性强，它能对各种系统的危险性进行识别评价，既适用于定性分析，又能进行定量分析。

顶上事件通常是由故障假设、危险和可操作性研究等危险分析方法识别出来的。故障树模型是原因事件（即故障）的组合（称为故障模式或失效模式），这种组合导致顶上事件。而这些故障模式称为割集，最小割集是原因事件的最小组合。若要使顶上事件发生，则要求最小割集中的所有事件必须全部发生。

2. 分析步骤

（1）熟悉分析系统。首先要详细了解要分析的对象，包括工艺流程、设备构造、操作条件、环境状况、控制系统和安全装置等，同时还可以广泛收集同类系统发生的事故。

（2）确定分析对象系统和分析的对象事件（顶上事件）。通过实验分析、事故分析以及故障类型和影响分析确定顶上事件，明确对象系统的边界、分析深度、初始条件、前提条件和不考虑条件。

（3）确定分析边界。在分析之前要明确分析的范围和边界，系统内包含哪些内容。特别是化工等生产过程都具有连续化、大型化的特点，各工序、设备之间相互连接，如果不划定界限，得到的事故树将会非常庞大，不利于研究。

（4）确定系统事故发生概率、事故损失的安全目标值。

（5）调查原因事件。顶上事件确定之后，就要分析与之有关的原因事件，也就是找出系统的所有潜在危险因素的薄弱环节，包括设备元件等硬件故障、软件故障、人为差错及环境因素。凡是与事故有关的原因都找出来，作为故障树的原因事件。

（6）确定不予考虑的事件。与事故有关的原因各种各样，但是有些原因根本不可能发生或发生的概率很小，如雷电、飓风、地震等，编制故障树时一般都不予考虑，但要先加以说明。

（7）确定分析的深度。在分析原因事件时，要分析到哪一层为止，需要事先确定。分析得太浅可能发生遗漏；分析得太深，则事故树会过于庞大烦琐。所以，具体深度应视分析对象而定。

（8）编制故障树。从顶上事件起，一级一级往下找出所有原因事件直到最基本的事件为止，按其逻辑关系画出故障树。每一个顶上事件对应一株故障树。

（9）定量分析。按事故结构进行简化，求出最小割集和最小径集，求出概率重要度和临界重要度。

（10）得出结论。当事故发生概率超过预定目标值时，从最小割集着手研究降低事故发生概率的所有可能方案，利用最小径集找出消除事故的最佳方案；通过重要度分析确定采取对策措施的重点和先后顺序，从而得出分析、评价的结论。

3. 故障树分析基础

1）布尔代数基本运算律

定义：由元素 A、B…组成的集合称为一个布尔代数。它具有以下基本运算规律。

（1）结合律：$(A+B)+C=A+(B+C)$，$(A \cdot B) \cdot C=A \cdot (B \cdot C)$。

（2）交换律：$A+B=B+A$，$A \cdot B=B \cdot A$。

（3）分配律：$A \cdot (B+C)=A \cdot B+A \cdot C$，$A+(B \cdot C)=(A+B) \cdot (A+C)$。

（4）互补律：$A+A'=1$，$A \cdot A'=0$。

（5）对合律：$(A')'=A$。

（6）幂等律：$A \cdot A=A$，$A+A=A$。

（7）重叠率：$A+A'B=A+B=B+B'A$。

（8）吸收率：$A+AB=A$，$A \cdot (A+B)=A$。

（9）德·摩根律：$(A+B)'=A'B'$，$(AB)'=A'+B'$。

2）布尔函数

如果用某布尔代数表达式 $F(X_1, X_2, \cdots, X_n)$ 表示全集中的某个取值，则称其为布尔函数，这正是分析的基本手段。在分析故障树时，必须将图状的故障树表达为用布尔函数形式表示的函数式，以化简和进一步分析其逻辑关系。

3）故障树的图形表示法

这是直观表示顶上事件与各元素之间逻辑关系的最好方法，也是称之为"故障树"的原因。为了达到这一图形表达的目的，必须解决以下两个问题：一是如何表示各元素，二是如何表示各元素之间的关系。

《故障树名词术语和符号》（GB/T 4888）中规定了这些符号，在此只对一些常用的符号进行简要说明。

（1）事件符号：

① 矩形符号。代表顶上事件或中间事件，如图 3-4a 所示。是通过逻辑门作用的、有一个或多个原因而导致的故障事件。

② 圆形符号。代表基本事件，如图 3-4b 所示。表示不要求进一步展开的基本引发故障事件。

③ 房形符号。代表开关事件，如图 3-4c 所示。即在正常工作条件下必然发生或者必然不发生的特殊事件。

④ 菱形符号。代表未探明事件，如图 3-4d 所示。原则上应进一步探明其原因但暂时不必或者暂时不能探明其原因的事件。

⑤ 椭圆形符号。代表条件事件，如图 3-4e 所示。表示施加于任何逻辑门的条件或

限制。

(a) 矩形符号   (b) 圆形符号   (c) 房形符号   (d) 菱形符号   (e) 椭圆形符号

图 3-4 事件符号

（2）逻辑门及其符号：

在故障树分析中，逻辑门只描述事件间的逻辑因果关系。

① 与门（图 3-5a）。表示仅当所有输入事件发生时，输出事件才发生。

② 或门（图 3-5b）。表示至少一个输入事件发生时，输出事件就发生。

③ 非门（图 3-5c）。表示输出事件是输入事件的对立事件。

④ 顺序与门（图 3-5d）。表示仅当输入事件按规定的顺序发生时，输出事件才发生。

⑤ 表决门（图 3-5e）。表示仅当 n 个输入事件中有 r 个或 r 个以上的事件发生时，输出事件才发生。

⑥ 异或门（图 3-5f）。表示仅当单个输入事件发生时，输出事件才发生。

⑦ 禁门（图 3-5g）。表示仅当条件事件发生时，输入事件的发生方导致输出事件的发生。

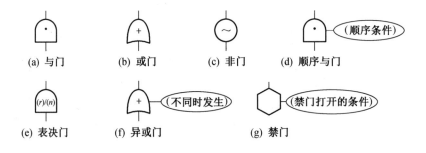

(a) 与门   (b) 或门   (c) 非门   (d) 顺序与门

(e) 表决门   (f) 异或门   (g) 禁门

图 3-5 逻辑门符号

⑧ 相同转移符号（图 3-6）。图 3-6 所示为一对相同转移符号，用以指明子树的位置。图 3-6a 所示为相同转向符号，表示"下面转到以字母数字为代号所指的子树去"。图 3-6b 所示为相同转此符号，表示"由具有相同字母数字的转向符号处转到这里来"。

⑨ 相似转移符号（图 3-7）。图 3-7 所示为一对相似转移符号，用以指明相似子树的位置。图 3-7a 所示为相似转向符号，表示"下面转到以字母数字为代号所指结构相似而事件标号不同的子树去"，不同的事件标号在三角形旁边注明。图 3-7b 所示为相似转此符号，表示"相似转向符号所指子树与此处子树相似但事件标号不同"。

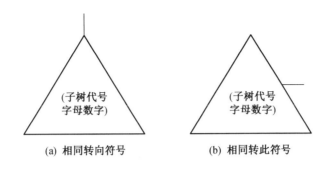

图 3-6　相同转移符号

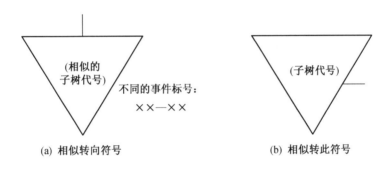

图 3-7　相似转移符号

4）故障树的数学描述

设任何时间，元部件和系统只取正常和故障两种状态，以 X 表示单元，Y 表示系统函数，则有以下结果：

$$X = \begin{cases} 1, & 发生 \\ 0, & 不发生 \end{cases}$$

$$Y = \begin{cases} 1, & 发生 \\ 0, & 不发生 \end{cases}$$

与门的结构函数可写为

$$Y = \bigcap_{i=1}^{n} X_i = X_1 \bigcap X_2 \bigcap \cdots \bigcap X_n$$

$$\Phi(X) = \prod_{i=1}^{n} X_i = X_1 X_2 \cdots X_n = \min(X_1, X_2, \cdots, X_n)$$

或门的结构函数可写为

$$Y = \bigcup_{i=1}^{n} X_i = X_1 \bigcup X_2 \bigcup \cdots \bigcup X_n$$

$$\Phi(X) = 1 - \prod_{i=1}^{n} (1 - X_i) = \bigcup_{i=1}^{n} X_i = \max(X_1, X_2, \cdots, X_n)$$

5）故障树的定性分析

所谓定性分析，主要是针对事故树分析其结构，求出故障树的最小割集和最小径集，从中得到基本事件与顶上事件的逻辑关系，即故障树的结构函数。为达到此目的，必须经过以下几个步骤，即化简故障树，求最小割集，求最小径集。

（1）化简故障树。对编制好的故障树，必须进行化简，才能真实反映各元素之间的逻辑关系。化简的方法目前有很多种，但常用的是布尔代数化简法。以图 3 – 8 所示故障树为例，其结构式为

$$T = A_1 A_2 = X_1 X_2 (X_1 + X_3)$$

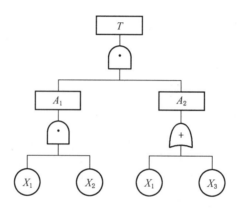

图 3 – 8　故障树举例

如不进行化简，分析其结构函数，可求其顶上事件发生概率为

$$q_\mathrm{T} = q_1 q_2 [1 - (1 - q_1)(1 - q_3)]$$

如设三个基本事件的发生概率均为 0.1，则有 $q_\mathrm{T} = 0.0019$。

如果化简，则

$$T = X_1 X_2 (X_1 + X_3) = X_1 X_2 X_1 + X_1 X_2 X_3 = X_1 X_2 + X_1 X_2 X_3 = X_1 X_2$$

$$q_T = q_1 q_2 = 0.01$$

可见，化简与不化简对故障树分析的结果影响是很大的。在分析故障树时，必须先根据结构函数，由布尔代数化简后再进行定量分析。

（2）求最小割集。割集指故障树中某些基本事件的集合，当这些事件都发生时，顶上事件必然发生。如果某一割集中任意去掉一个基本事件时，它就不再是割集了，则称其为最小割集。求最小割集的方法很多，如行列法、结构法、矩阵法、迭代法等，但最常用且简便的是布尔代数代简法。

用布尔代数化简法求故障树最小割集的步骤为：首先写出其结构函数，而后再化简得到其最小割集。只要其基本事件不同时发生，顶上事件就不会发生。最小割集对故障树分析是非常重要的。只要控制其最小割集中的各个基本事件不同时发生，就可以保证顶上事件（即事故）不会发生，这可给事故预防和控制提供科学的依据。

（3）求等价树和成功树。经过化简的故障树与原故障树在逻辑关系上是等价的，根

据化简后的结构式重新画的故障树，称为等价树（等效树）。称之为故障树，是因为常常采用这种逻辑关系图分析事故的原因，即常将事故作为顶上事件进行分析，如果以成功的事件作为顶上事件，则可将故障树改为另一种形式，称为成功树。

值得注意的是，故障树通过改变可以转变为成功树，如果将事故的补事件——成功事件作为顶上事件，采取以下措施，则可将故障树转化为成功树。这些措施是：

① 以补事件代替原事件。

② 将与门换成或门，将或门换成与门。这样做不但可以直观反映系统"安全"的逻辑关系，有时在故障树过于复杂时，成功树往往会比较简单，便于分析。

（4）求最小径集。径集指故障树中某些基本事件的集合，这些事件均不发生时，顶上事件必然不发生。如果某径集中任意去掉一个基本事件，它就不再是径集了，则称其为最小径集。求取事故树最小径集的步骤如下：

① 首先将故障树转化为成功树。

② 求成功树的最小割集。

③ 成功树最小割集的各基本事件求补，即得到故障树的最小径集。

以上就是故障树的定性分析，从中可以得到使顶上事件发生或不发生的逻辑关系，为事故预防和安全技术的使用提供科学的依据。

（5）最小割集与最小径集的意义：

① 最小割集反映了系统危险的程度，一般认为，故障树最小割集越多，系统越危险。

② 最小径集反映了系统的"安全"程度，一般认为，故障树最小径集越多，系统越安全。

6）故障树的定量分析

（1）基本事件发生概率。获取基本事件发生概率是故障树定量分析的基础，一般可通过事故统计或实验观测得到。例如，机械杠杆的故障率是 $10^{-9} \sim 10^{-6}$，继电器的故障发生率是 $10^{-7} \sim 10^{-4}$，人阅读说明书的可靠度约为 0.9918 等。

（2）顶上事件发生概率：

① 利用最小割集计算顶上事件发生概率。在求得事故树最小割集后，若最小割集无重复事件，其顶上事件发生概率计算公式为与门的结构函数；若最小割集中有重复事件，其顶上事件发生概率计算公式为

$$g = \coprod_{r=1}^{k} \prod_{x_i \in k_r} q_i$$

式中　q_i——第 i 个基本事件的发生概率；

　　　x_i——基本事件；

　　　r——最小割集的序数；

　　　k——最小割集的个数。

注：$\coprod$ 为求概率和的符号，$\prod$ 为求概率积的符号。

在此计算过程中，必须注意在最小割集中是否有重复事件。

② 利用最小径集计算顶上事件发生概率。在求得事故树最小径集后，若最小径集中无重复事件，其顶上事件发生概率计算公式与最小割集相同；若最小径集中有重复事件，

其顶上事件发生概率计算公式为

$$g = \prod_{j=1}^{p} \left[1 - \prod_{x_i \in p_j} (1 - q_i) \right]$$

式中　q_i——第 i 个基本事件的发生概率；

　　　x_i——基本事件；

　　　j——最小径集的序数；

　　　p——最小径集的个数。

在此计算过程中，必须注意最小径集中是否有重复事件。

（3）结构重要度分析。结构重要度分析是从故障树结构上分析各基本事件的重要程度。即在不考虑各基本事件的发生概率，或者说假定各基本事件的发生概率都相同的情况下，分析各基本事件的发生对顶上事件的发生所产生的影响程度。这是一种定性的重要度分析。目前，故障树分析大都停留在定性阶段的情况下，结构重要度分析也就更显出其重要性。分析过程如下：

① 由单个事件组成的最小割（径）集中，该基本事件结构重要度最大。

② 仅在同一个最小割（径）集中出现的基本事件，而且在其他最小割（径）集中不再出现，则其他基本事件结构重要度相等。

③ 若最小割（径）集中包含的基本事件数目相等，则在不同的最小割（径）集中出现次数多者结构重要度大，出现次数少者结构重要度小，出现次数相等者则结构重要度相等。

④ 当故障树中最小割（径）集中所含基本事件数目不相等时，若某几个基本事件在不同的最小割（径）集中重复出现的次数相等，则在少事件的最小割（径）集中出现的基本事件结构重要度大；其他情况则采用近似法。

一次近似法的计算公式：

$$I_\Phi(j) = \sum_{x_j \in G_r} \frac{1}{2^{n_j - 1}}$$

式中　G_r——总的基本事件的集合；

　　　x_i——基本事件；

　　　n_j——出现此基本事件的最小割（径）集中的基本事件数。

二次近似法的计算公式：

$$I_\Phi(j) = 1 - \prod_{x_j \in G_r} \left(1 - \frac{1}{2^{n_j - 1}} \right)$$

利用状态值表求取各基本事件的结构重要系数是相当复杂而烦琐的工作。因此，建议利用最小割集和最小径集及概率重要度进行结构重要度分析。

（4）概率重要度分析。结构重要度分析是从事故树的结构上分析各基本事件的重要程度。如果进一步考虑各基本事件发生概率的变化会给顶上事件发生概率以多大影响，就要分析基本事件的概率重要度。可以利用顶上事件发生概率 g 函数是一个多重线性函数这一性质，只要对自变量 q_i 求一次偏导，就可得到该基本事件的概率重要度系数，即

$$I_g(i) = \frac{\partial g}{\partial q_i}$$

当求出各基本事件的概率重要度系数后，就可以了解到诸多基本事件中减少哪个基本事件的发生概率可以有效地降低顶上事件的发生概率。

从概率重要度系数的求取中，可以看到这样的事实，一个基本事件的概率重要度大小，并不取决于它本身的概率值大小，而是取决于它所在最小割集中其他基本事件的概率积的大小及它在各个最小割集中重复出现的次数。

另外，概率重要度系数有这样一个重要性质：当所有基本事件的发生概率都等于1/2时，概率重要度系数等于结构重要度系数。

（5）临界重要度分析。一般情况下，减少概率大的基本事件的概率要比减少概率小的基本事件的概率容易，而概率重要度系数并未反映这一事实。因此，它不是从本质上反映各基本事件在事故树中的重要程度。而临界重要度系数 $CI_g(i)$ 则是从敏感度和自身发生概率的双重角度来衡量各基本事件的重要度标准，其定义为

$$CI_g(i) = \frac{\partial \ln g}{\partial \ln g q_i}$$

通过偏导数的公式变换，可以得到临界重要度系数与概率重要度系数的关系：

$$CI_g(i) = \frac{q}{g} I_g(i)$$

在三种重要度系数中，结构重要度系数从故障树结构上反映基本事件的重要程度；概率重要度系数反映基本事件概率的增减对顶上事件发生概率影响的敏感度；临界重要度系数从敏感度和自身发生概率大小双重角度反映基本事件的重要程度。其中：结构重要度系数反映了改善某一基本事件的难易程度；概率重要度系数则起着一种过渡作用，是计算两种重要度系数的基础。一般可以按这三种重要度系数来安排采取措施的先后顺序，也可按三种重要度顺序分别编制相应的安全检查表，以保证达到既有重点又能全面检查的目的。在三种检查表中，只有通过临界重要度分析产生的检查表，才能真正反映事故树的本质，也更具有实际意义。

4. 特点和适用范围

（1）故障树分析方法是采用演绎的方法分析事故的因果关系，能详细找出各系统各种固有的潜在危险因素，为安全设计、制定安全技术措施和安全管理要点提供了依据。

（2）能简洁形象地表示出事故和各原因之间的因果关系及逻辑关系。

（3）在事故分析中，顶上事件可以是已发生的事故，也可以是预想的事故。通过分析找出原因，采取对策加以控制，从而起到预测、预防事故的作用。

（4）可以用于定性分析，求出危险因素对事故影响的大小；也可以用于定量分析，由各危险因素的概率计算出事故发生的概率，从数量上说明是否能满足预定目标值的要求，从而确定采取措施的重点和轻、重、缓、急顺序。

（5）可选择最感兴趣的事故作为顶上事件进行分析。

（6）分析人员必须非常熟悉对象系统，具有丰富的实践经验，能准确和熟悉地应用分析方法。往往出现不同分析人员编制的故障树和分析结果不同的现象。

（7）复杂系统的故障树往往很庞大，分析、计算的工作量大。

（8）进行定量分析时，必须知道故障树中各事件的故障数据；如果这些数据不准确，定量分析就不可能进行。

（八）事件树分析方法（Event Tree Analysis，ETA）

1. 方法概述

事件树分析方法的理论基础是决策论，它是一种从原因到结果的自上而下的分析方法。从一个初始事件开始，交替考虑成功与失败的两种可能性，然后再以这两种可能性作为新的初始事件，如此继续分析下去，直到找到最后的结果。因此事件树分析是一种归纳逻辑树图，能够看到事故发生的动态发展过程，提供事故后果。

事故的发生是若干事件按时间顺序相继出现的结果，每一个初始事件都可能导致灾难性的后果，但不一定是必然的后果。因为事件向前发展的每一步都会受到安全防护措施、操作人员的工作方式、安全管理及其他条件的制约。因此每一阶段都有两种可能性结果，即达到既定目标的"成功"和达不到目标的"失败"。

事件树分析从事故的初始事件开始，途经原因事件到结果事件为止，每一个事件都按成功和失败两种状态进行分析。成功或失败的分叉称为歧点，用树枝的上分支作为成功事件，下分支作为失败事件，按照事件发展顺序不断延续分析直至最后结果，最终形成一个在水平方向横向展开的树形图。

2. 目的

任何事故都是一个多环节事件发展变化的结果，通常将事件树分析称为事故过程分析，其实质是利用逻辑思维的初步规律和逻辑思维的形式，分析事故形成过程。

其目的有：

（1）能够判断出事故发生与否，以便采取直观的安全方式。

（2）能够指出消除事故的根本措施，改进系统的安全状况。

（3）从宏观角度分析系统可能发生的事故，掌握事故发生的规律。

（4）可以找出最严重的事故后果，为确定顶上事件提供依据。

3. 分析步骤

（1）确定初始事件。初始事件的选定是事件树分析的重要环节，初始事件应当是系统故障、设备故障、人为失误或者工艺异常，这主要取决于安全系统或操作人员对初始事件的反应。如果所选定的初始事件能直接导致一个具体事故，事件树就能较好地确定事故的原因。在事件树分析的绝大多数应用中，初始事件是预想的，装置设计包括装置、防护围栏或工艺方法，用来对初始事件作出反应，并降低或消除初始事件的影响。确定初始事件一般依靠分析人员的经验和有关运行、故障、事故统计资料来确定；对于新开发系统或复杂系统，往往先用其他分析、评价方法从分析的因素中选定，再用事件树分析方法作进一步的重点分析。

（2）判定安全功能。在所研究的系统中包含许多能消除、预防、减弱初始事件影响的安全功能。初始事件作出响应的安全功能可被看成是防止初始事件造成后果的预防措施。安全功能（措施）通常包括：

① 系统自动对初始事件作出的响应（包括自动停车系统）。

② 当初始事件发生时，报警器向操作人员发出警报。

③ 操作人员按设计要求或规定的操作规程对报警作出响应。

④ 启动冷却系统、压力释放系统和破坏系统，以减轻事故的严重程度。

⑤ 对初始事件的影响起限制作用的围堤或封闭方法。

这些安全功能（措施）主要是避免初始事件发展成恶性事件，分析人员应该确定事件的顺序，确认能减轻初始事件后果的所有安全功能（措施），确认在事故树中安全功能（措施）是否成功。

（3）编制事件树。事件树展开的是事故序列，由初始事件开始，再对控制系统和安全系统如何响应进行处理，其结果是确定出由初始事件引起的事故。分析人员按事件顺序列出安全功能（措施），在估计安全系统对异常状况的响应时，应仔细地考虑正常工艺控制对异常状况的响应。

编制事件树的第一步，是写出初始事件和用于分析的安全功能（措施），初始事件列在左边，安全功能（措施）写在顶部（格内），如图 3-9 所示。初始事件后面的下边一条线，代表初始事件发生后，虽然采取安全功能（措施），但事故仍继续发展的那一支路。

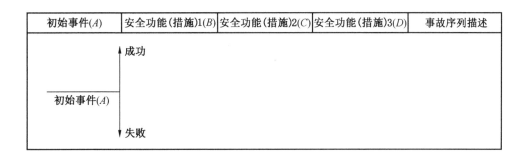

图 3-9 编制事件树的第一步

第二步是评价安全功能（措施）。通常只考虑两种可能：安全功能（措施）成功或者失败。假设初始事件已经发生，分析人员须确定所采用的安全功能（措施）成功或失败的判定标准。接着判断如果安全功能（措施）成功或失败了，对事故的发生有什么影响。如果对事故有影响，则事件树要分成两支，分别代表安全功能（措施）成功和安全功能（措施）失败，一般把成功的支路放在上面，失败的支路放在下面。如果该安全功能（措施）对事故的发生没有什么影响，则不需分叉（分支），可进行下一项安全功能（措施）。用字母标明成功的安全功能（措施），如 B、C、D；用字母上面加一横代表失败的安全功能（措施），如 $\bar{B}$、$\bar{C}$、$\bar{D}$。就图 3-9 而言，设第一项安全功能（措施）对事故发生有影响，则在节点处分叉（分支），如图 3-10 所示。

展开事件树的每一个分叉（节点）都会产生新的事故，必须对每一项安全功能（措施）依次进行评价。当评价某一事故支路的安全功能（措施）时，必须假定本支路前面的安全功能（措施）已经成功或失败，这一点可在图 3-11 所举的例子［评价第二项安全功能（措施）］中看出来。图 3-11 中，如果（上面第一支路）第一项安全功能（措施）是成功的，那么上面那一支路需要有分叉点（节点），因为第二安全功能（措施）仍

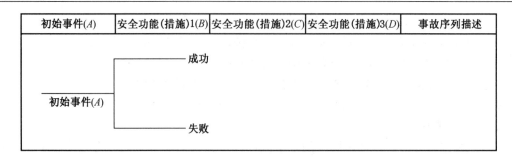

图3-10 第一项安全功能（措施）的展开

可能对事故发生产生影响。如果第一项安全功能（措施）失败了，则下面那一支路中第二项安全功能（措施）就不会有机会再去影响事故的发生了，故下面那一支路可直接进入第三项安全功能（措施）的处理（评价）。

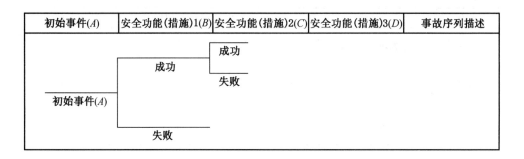

图3-11 第二项安全功能（措施）的展开

图3-12所示为所举例子的完整事件树。最上面那一支路对第三项安全功能（措施）没有分叉点（节点），这是因为在本系统的设计中，如果第一项、第二项安全功能（措施）是成功的，就不需要第三项安全功能（措施）有分叉点（节点），这是因为它对事故的出现没有影响。

所得事故序列结果的说明如下：事件树分析的下一步骤是对各事故序列结果进行解释（说明）。应说明由初始事件引起的一系列结果，其中某一序列或多个序列有可能表示安全回复到正常状态或有序地停车。从安全角度看，其重要意义在于得到事故的结果。

确定事故序列最小割集：用故障树分析法对事件树的事故序列加以分析，以便确定其最小割集。每一事故序列都由一系列安全系统失败组成，并以"与门"逻辑与初始事件相关。这样，每一事故序列都可以被看作是由"事故序列（结果）"作为顶上事件的故障树，并用"与门"将初始事件和一系列安全系统失败（故障）与"事故序列（结果）"（顶上事件）相连接。

（4）分析事件树：

① 找出事故连锁和最小割集。事件树每个分支代表初始事件一旦发生后其可能的发

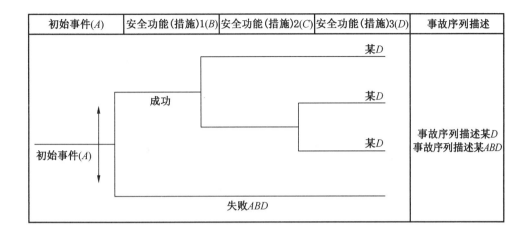

初始事件(A)	安全功能(措施)1(B)	安全功能(措施)2(C)	安全功能(措施)3(D)	事故序列描述

图3-12 事件树编制

展途径，其中导致系统事故的途径即为事故连锁，一般导致系统事故的途径有很多，即有很多事故连锁。

②找出预防事故的途径。事件树中最终达到安全的途径指导人们如何采取措施预防事故发生。在达到安全的途径中，安全功能发挥作用的事件构成事件树的最小径集。一般事件树中包含多个最小径集，即可以通过若干途径防止事故发生。

由于事件树表现了事件间的时间顺序，所以应尽可能地从最先发挥作用的安全功能着手。

（5）事件树的定量分析。由各事件发生的概率计算系统事故或故障发生的概率。

4. 特点和适用范围

事件树分析方法是一种图解形式，层次清楚。可以看作故障树分析方法的补充，可以将严重事故的动态发展过程全部揭示出来。

该方法的优点是：概率可以按照路径为基础分到节点；整个结果的范围可以在整个树中得到改善；事件树从原因到结果，概念上比较容易明白。该方法的缺点是：事件树成长非常快，为了保持合理的大小，往往使分析必须非常粗。

（九）作业条件危险性评价方法（Job Risk Analysis，JRA）

美国的 Keneth J. Graham 和 Gilbert F. Kinney 研究了人们在具有潜在危险环境中作业的危险性，提出了以所评价的环境与某些作为参考环境的对比为基础，将作业条件的危险性（D）作为因变量，事故或危险事件发生的可能性（L）、暴露于危险环境的频率（E）及发生事故或危险事件的可能结果（C）作为自变量，确定了它们之间的函数式。根据实际经验，他们给出了三个自变量的各种不同情况的分数值，采取对所评价的对象根据情况进行打分的办法，然后根据公式计算出其危险性分数值，再在按经验将危险性分数值划分的危险程度等级表或图上，查出其危险程度。这是一种简单易行的评价作业条件危险性的方法。

1. 作业条件危险性评价公式

对于一个具有潜在危险性的作业条件，格雷厄姆和金尼认为，主要有三个因素影响作业条件的危险性：

（1）发生事故或危险事件的可能性。

（2）暴露于这种危险环境的情况。

（3）事故一旦发生可能产生的后果。

作业条件危险性评价公式为

$$D = L \times E \times C$$

2. 优缺点及适用范围

作业条件危险性评价法可评价人们在某种具有潜在危险的作业环境中进行作业的危险程度。该法简单易行，危险程度的级别划分比较清楚、醒目。但是，它主要是根据经验来确定三个因素的分数值及划定危险程度等级，因此，具有一定的局限性。而且它是一种作业的局部评价，不能普遍适用于这个系统。此外，在具体应用时，还可根据自己的经验及具体情况适当加以修正。

（十）定量风险评价方法（Quantity Risk Analysis，QRA）

在识别危险分析方面，定性和半定量的评估是非常有价值的，但是这些方法仅是定性分析，不能提供足够的定量分析，特别是不能对复杂的并存在危险的工艺流程等提供决策的依据和足够的信息，在这种情况下，必须能够提供完全的定量的计算和评价。风险可以表征为事故发生的频率和事故的后果的乘积。定量风险评价对这两方面均进行评价，可以将风险的大小完全量化，并提供足够的信息，为业主、投资者、政府管理者提供定量化的决策依据。

对于事故后果模拟分析，国内外有很多研究成果。如美国、英国、德国等国家，早在20世纪80年代初便完成了以 Burro、Coyote、Thorney Island 为代表的一系列大规模现场泄漏扩散实验。在20世纪90年代，又针对毒性物质的泄漏扩散进行了现场实验研究。迄今为止，已经形成了数以百计的事故后果模型，如著名的 DEGADIS、ALOHA、SLAB、TRACE、ARCHIE 等。基于事故模型的实际应用也取得了发展，如 DNV 公司的 SAFETY Ⅱ 软件是一种多功能的定量风险分析和危险评价软件包，包含多种事故模型，可用于工厂的选址、区域和土地使用决策、运输方案选择、优化设计、提供可接受的安全标准。Shell Global Solution 公司提供的 Shell FRED、Shell SCOPE 和 Shell SHEPHERD 三个序列的模拟软件涉及泄漏、火灾、爆炸和扩散等方面的风险评价。这些软件都是建立在大量实验的基础上得出的数学模型，有着很强的可信度。评价的结果用数字或图形的方式显示事故影响区域，以及个人和社会承担的风险。根据风险的严重程度对可能发生的事故进行分级，有助于制定降低风险的措施。

（十一）专家评议法

1. 方法概述

专家评议法是一种吸收专家参加，根据事物的发展趋势，进行积极的创造性思维活动对事物进行分析、预测的方法。

（1）专家评议法。根据一定的规则，组织相关专家进行积极的创造性思维，对具体问题共同探讨、集思广益的一种专家评价方法。

（2）专家质疑法。该法需要进行两次会议，第一次会议是专家对具体的问题进行直接谈论，第二次会议是专家对第一次会议提出的设想进行质疑。主要做以下工作：

① 研究讨论有碍设想实现的问题。

② 论证已提出设想的实现可能性。

③ 讨论设想的限制因素及提出排除限制因素的建议。

④ 在质疑过程中，对出现的新的建设性的设想进行讨论。

2. 步骤

（1）明确具体分析、预测的问题。

（2）组成专家评议分析、预测小组，小组应由预测专家、专业领域的专家、推断思维能力强的演绎专家等组成。

（3）举行专家会议，对提出的问题进行分析、讨论和预测。

（4）分析、归纳专家会议的结果。

3. 特点和适用范围

对于安全评价而言，专家评议法简单易行，比较客观，所邀请的专家在专业理论上造诣较深、实践经验丰富，而且由于有专业、安全、评价、逻辑方面的专家参加，将专家的意见运用逻辑推理的方法进行综合、归纳，这样所得出的结论一般是比较全面、正确的。特别是专家质疑通过正反两方面的讨论，问题更深入、全面和透彻，所形成的结论性意见更科学、合理。但是，由于要求参加评价的专家有较高的水平，并不是所有的工程项目都适用本方法。

专家评议法适用于类比工程项目、系统和装置的安全评价，它可以充分发挥专家丰富的实践经验和理论知识。专项安全评价经常采用专家评议法，运用该评价方法，可以将问题研究讨论得更深入、更透彻，并得出具体执行意见和结论，便于进行科学决策。

（十二）安全评价方法的确认

任何一种安全评价方法都有其适用条件和范围。在安全评价中如果使用了不适用的安全评价方法，不仅浪费工作时间，影响评价工作的正常开展，而且可能导致评价结果严重失真，使安全评价失败。因此，在安全评价中，合理选择安全评价方法是十分重要的。

1. 安全评价方法的确定原则

在进行安全评价时，应该在认真分析并熟悉被评价系统的前提下确定安全评价方法，并遵循充分性、适应性、系统性、针对性和合理性的原则。

（1）充分性原则。充分性是指在确定安全评价方法之前，应该充分分析评价的系统，掌握足够多的安全评价方法，并充分了解各种安全评价方法的优缺点、适用条件和范围，同时为安全评价工作准备充分的资料。也就是说，在确定安全评价方法之前，应准备好充分的资料，供确定评价方法时参考和使用。

（2）适应性原则。适应性是指确定的安全评价方法应该适用被评价的系统。被评价的系统可能是由多个子系统构成的复杂系统，各子系统评价的重点可能有所不同，各种安全评价方法都有其适用的条件和范围，应该根据系统和子系统、工艺的性质和状态，确定适用的安全评价方法。

（3）系统性原则。系统性是指确定的安全评价方法与被评价的系统所能提供的安全评价初值和边值条件应形成一个和谐的整体。也就是说，安全评价方法获得的可信的安全评价结果，必须建立在真实、合理和系统的基础数据之上，被评价的系统应该能够提供所需的系统化数据和资料。

（4）针对性原则。针对性是指所确定的安全评价方法应该能够提供所需的结果。由于评价的目的不同，需要安全评价提供的结果可能是危险有害因素、事故发生的原因、事故发生的概率、事故后果、系统的危险性等，安全评价方法能够给出所要求的结果才能被使用。

（5）合理性原则。在满足安全评价目的、能够提供所需的安全评价结果的前提下，应该确定计算过程最简单、所需基础数据最少和最容易获取的安全评价方法，使安全评价的工作量和要获得的评价结果都是合理的，不要使安全评价出现无用的工作和不必要的麻烦。

2. 安全评价方法的确定过程

不同的被评价系统应选择不同的安全评价方法，安全评价方法的确定过程也略有不同，一般可按图 3 - 13 所示的步骤确定安全评价方法。

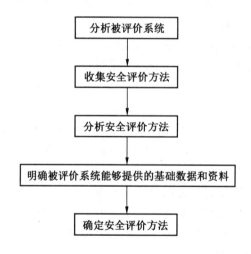

图 3 - 13　安全评价方法的确定

在确定安全评价方法时，首先应详细分析被评价系统，明确通过安全评价要达到的目标，即通过安全评价需要给出哪些、什么样的安全评价结果；然后应收集尽量多的安全评价方法，将安全评价方法进行分类整理，明确被评价的系统能够提供的基础数据、工艺和其他资料；最后根据安全评价要达到的目标以及所需的基础数据、工艺和其他资料，确定适用的安全评价方法。

3. 确定安全评价方法的准则

确定安全评价方法的准则如图 3 - 14 所示。

4. 确定安全评价方法应注意的问题

确定安全评价方法时应根据安全评价的特点、具体条件和需要，针对被评价系统的实际情况、特点和评价目标，经过认真地分析、比较。必要时，还应根据评价目标的要求，

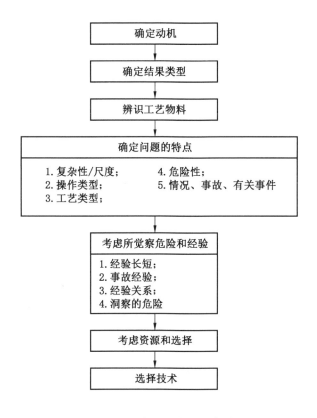

图 3-14 安全评价方法准则

选择几种安全评价方法进行安全评价，互相补充、分析综合和相互验证，以提高评价结果的可靠性。在选择安全评价方法时应该特别注意以下几方面的问题：

（1）充分考虑被评价系统的特点。根据被评价系统的规模、组成、复杂程度、工艺类型、工艺过程、工艺参数以及原料、中间产品、产品、作业环境等选择安全评价方法。随着被评价系统的规模、复杂程度的增大，有些评价方法的工作量、工作时间和费用相应地增大，甚至超过容许的条件，在这种情况下，有些评价方法即使很适合，也不能采用。

任何安全评价方法都有一定的适用范围和条件。如危险指数评价法一般适用于化工类工艺过程（系统）的安全评价，故障类型和影响分析方法适用于机械、电气系统的安全评价，而事故树分析法则适用于分析基本的事故致因因素等。

一般而言，对危险性较大的系统可采用系统的定性、定量安全评价方法，工作量也较大，如事故树分析法、危险指数评价法、TNT当量法等；反之，可采用经验的定性安全评价方法或直接引用分级（分类）标准进行评价，如安全检查表法、直观经验法或直接引用高处坠落危险性分级标准等。

被评价系统若同时存在几类危险有害因素时，往往需要用几种安全评价方法分别进行评价。对于规模大、复杂、危险性高的系统，可先用简单的定性安全评价方法进行评价，然后再对重点部位（设备或设施）采用系统的定性或定量安全评价方法进行评价。

（2）评价的具体目标和要求的最终结果。在安全评价中，评价目标不同，要求的评价最终结果是不同的，如查找引起事故的基本危险有害因素、由危险有害因素分析可能发生的事故、评价系统事故发生的可能性、评价系统的事故严重程度、评价系统的事故危险性、评价某危险有害因素对发生事故的影响程度等，所以，需要根据被评价目标选择适用的安全评价方法。

（3）评价资料的占有情况。如果被评价系统技术资料、数据齐全，可进行定性、定量评价并选择合适的定性、定量评价方法；反之，如果是一个正在设计的系统，由于缺乏足够的数据资料或工艺参数不全，则只能选择较简单的、需要数据较少的安全评价方法。

（4）安全评价师的素质。安全评价师的知识、经验和习惯，对安全评价方法的选择十分重要。

如果一个企业进行安全评价的目的是提高全体员工的安全意识，树立"以人为本"的安全理念，全面提高企业的安全管理水平，则安全评价需要全体员工的参与，使他们能够识别出与自己作业相关的危险有害因素，找出事故隐患。这时应采用较简单的安全评价方法，便于员工掌握和使用（同时还要能够提供危险性的分级）。实践表明，作业条件危险性评价法或类似的评价方法是适用的。

如果一个企业为了某项工作的需要，请专业的安全评价机构进行安全评价，参加安全评价的人员都是专业的安全评价师，他们有丰富的安全评价工作经验，掌握很多安全评价方法，甚至有专用的安全评价软件，则可以使用定性、定量安全评价方法对评价的系统进行深入的分析和系统的评价。

第五节　安全评价报告的内容及其编写要求

安全评价报告是安全评价工作过程形成的成果。安全评价报告的载体一般采用文本形式，为适应信息处理、交流和资料存档的需要，报告可采用多媒体电子载体。电子版本中能容纳大量评价现场的照片、录音、录像及文件扫描，可增强安全评价工作的可追溯性。

一、安全预评价报告的内容

（一）安全预评价报告的要求

安全预评价报告应全面、概括地反映安全预评价过程的全部工作，文字应简洁、准确，提出的资料清楚可靠，论点明确，利于阅读和审查。

（二）安全预评价报告的主要内容

1. 目的

结合评价对象的特点阐述编制安全预评价报告的目的。

2. 评价依据

列出有关的法律法规、标准、行政规章、规范、评价对象被批准设立的相关文件及其他有关参考资料。

3. 概况

列出评价对象的选址、总图及平面布置、水文情况、地质条件、工业园区规划、生产规模、工艺流程、功能分布、主要设施设备、主要装置、主要原材料、中间体、产品、经济技术指标、公用工程及辅助设施、人流、物流等。

4. 危险、有害因素的辨识与分析

列出辨识与分析危险、有害因素的依据，阐述辨识与分析危险、有害因素的过程。

5. 评价单元的划分

阐述划分评价单元的原则、分析过程等。

6. 评价方法

简介选定的安全预评价方法；阐述选此方法的原因；详细列出定性、定量评价过程；对重大危险源的分布、监控情况以及预防事故扩大的应急预案的内容，应明确给出相关的评价结果；对得出的评价结果进行分析。

7. 安全对策措施建议

列出安全对策措施建议的依据、原则、内容。

8. 评价结论

简要列出主要危险、有害因素评价结果，指出评价对象应重点防范的重大危险、有害因素，明确应重视的安全对策措施建议，明确评价对象潜在的危险、有害因素，在采取安全对策措施后，能否得到控制以及受控的程度如何。给出评价对象从安全生产角度是否符合国家有关法律法规、标准、行政规章、规范要求的客观评价。

（三）以光伏电站项目安全预评价报告为例

安全预评价报告的格式应符合《安全评价通则》（AQ 8001）要求。

1. 编制说明

（1）评价目的和评价范围。明确说明预评价的目的和范围。预评价范围为设计文件包括的范围（主体工程、辅助设施、公用工程等）；当扩建工程与已有设施发生联合共用关系时，预评价范围还应包括共用工程部分。

（2）评价依据。编制安全预评价报告依据的预可行性研究报告和有关资料、批准文件、安全预评价工作委托书，较详尽地列举安全预评价依据的国家法律、国家行政法规、地方法规、政府部门规章、政府部门规范性文件、国家标准、安全生产行业标准、光电工程技术标准、电力行业标准、行业管理规定、参考资料等。安全评价报告引用的法律法规、标准应准确、适用、有效。

（3）建设单位简介。对建设单位的基本情况、组成、业务范围等作简单概述。

2. 建设项目概况

介绍建设项目的地理位置、周边环境、水文、气象、光能资源、工程地质、项目任务和规模、站址选择及平面布置、光电系统配置及设备选择、电气、消防、土建工程、施工组织设计、工程投资等概况。

3. 主要危险、有害因素以及重大危险源辨识与分析

列出辨识与分析危险、有害因素的依据。根据设计文件资料，从站址、总平面布置、道路及运输、建（构）筑物、工艺过程、设备装置、作业环境、安全管理、应急管理、职业健康管理、类比工程、原有已建工程等积累的实际资料与公布的典型事故案例中，找

出与《生产过程危险和有害因素分类与代码》(GB/T 13861) 相对应的危险、有害因素，对太阳能光电工程（项目）生产过程中在人、物、环境、管理等方面固有或潜在的危险、有害因素进行辨识和分析，确定主要危险、有害因素存在部位、方式，以及发生作用的途径和变化规律；明确生产、施工过程中是否存在重大危险源。对危险、有害因素辨识和分析应全面、真实、具体、透彻。

按照《生产过程安全卫生要求总则》(GB/T 12801) 和《关于加强重大工程安全质量保障措施的通知》(发改投资〔2009〕3183号) 要求，评价报告还应对施工期危险、有害因素进行辨识与分析。

（1）人的因素。分别对太阳能光电工程（项目）从业人员的负荷超限、健康状况异常、从事禁忌作业、心理异常、辨识功能缺陷、指挥错误、操作错误、监护失误等危险、有害因素进行辨识与分析。

（2）物的因素。分别对光伏发电工程的光伏电池组件、逆变器、电源汇流箱柜、电源并接装置，光热发电工程的反射镜、集热装置及跟踪系统、热交换器、汽轮机、发电机、冷却装置，防雷接地、计算机监控、继电保护、工业电视、主变压器、高压配电等设备及其系统缺陷，建（构）筑物缺陷，防护缺陷，电伤害，电磁辐射，信号缺陷，标志缺陷，爆炸品，易燃液体，致病微生物，传染病媒介物，致害动物（鼠、蛇等），致害植物等危险、有害因素进行辨识与分析。

（3）环境因素。环境包括室内（中控室）、室外等作业（施工）环境。室内作业场所环境不良可从室内地面滑，室内作业场所狭窄，室内作业场所杂乱，室内地面不平，室内梯架缺陷，安全通道缺陷，房屋安全出口缺陷，采光照明不良，作业场所空气不良，室内温度、湿度、气压不适等进行辨识与分析。室外作业场地环境不良可从恶劣气候与环境（包括大风、极端的温度、雷电、高原缺氧、大雾、沙尘暴、冰雹、冰冻、盐雾、暴雨雪、洪水、泥石流、地震等），作业场地和交通设施湿滑，作业场地不平，脚手架、阶梯和活动梯架缺陷，门和围栏缺陷，作业场地安全通道缺陷，作业场地安全出口缺陷等进行辨识与分析。

（4）管理因素。分别对职业安全卫生组织机构不健全、职业安全卫生责任制未落实、职业安全卫生管理规章制度不完善（建设项目"三同时"制度未落实、操作规程不规范、事故应急预案及响应缺陷、培训制度不完善等）、职业安全卫生投入不足、职业健康管理不完善等危险因素进行辨识与分析。

（5）重大危险源辨识。按《危险化学品重大危险源辨识》(GB 18218) 和国家有关规定，对施工和生产运行过程中所涉及的危险物料进行辨识分析，类比同类工程，明确工程施工期和运行期是否存在重大危险源。

4. 评价单元划分和评价方法选择

（1）依据太阳能光电工程（项目）存在的危险、有害因素并考虑安全预评价的特点，结合太阳能光电工程（项目）特点和建设工程的具体情况，说明划分评价单元的原则并确定评价单元。

光伏发电工程安全评价单元宜划分为：站址及总平面布置单元、太阳能电池组件单元、集电线路单元、升压站单元、公用工程单元、并网安全单元、安全监测单元、作业环境单元、施工单元、安全管理单元（对改建、扩建工程）等，也可按单项工程或危险、有害因素的类别进行单元划分。

（2）根据评价的目的、要求和太阳能光电工程（项目）特点，选择科学、合理、适用的安全评价方法，可根据新技术选择其他先进的评价方法；对于不同的评价单元，可根据评价的需要和单元特征选择不同的评价方法。选定的评价方法应作简单介绍，并阐述选定此方法的原因。作业环境单元宜采用类比法进行评价。

（3）对各评价单元潜在的主要危险、有害因素的名称、部位及采用的评价方法进行汇总说明。

5. 定性、定量评价

（1）根据危险、有害因素分析的结果和确定的评价单元，参照有关资料和数据，用选定的评价方法对各评价单元存在的危险、有害因素导致事故发生的可能性及其严重程度进行评价，真实、准确地确定事故可能发生的部位、频次、严重程度的等级及相关结果，并对得出的评价结果进行分析。

（2）评价包括但不限于以下内容：光伏发电工程的站址及总平面布置，洪水、内涝、风灾、沙尘暴、雪灾、冰灾、地震、雷电、盐雾、太阳能电池组件、集电线路、升压站、公用工程、安全监测系统、作业环境、安全管理（对改建、扩建工程）、施工作业等。

（3）评价报告应将"未受控"的危险、有害因素以及重大危险源列出，并加以分析；采用《企业职工伤亡事故分类》（GB 6441）确定事故类型，并对危险等级进行排序。

6. 安全对策措施建议

（1）列出安全对策措施建议的依据、原则，以及安全技术措施应遵循的等级顺序原则。

（2）依据危险、有害因素辨识结果与定性、定量评价结果，遵循针对性、技术可行性、经济合理性的原则，提出消除或减弱危险危害的技术和管理对策措施建议。安全对策措施建议应具体翔实、具有可操作性；按照针对性和重要性的不同，措施建议可分为应采纳和宜采纳两种类型。安全对策措施应与危险、有害因素的分析和评价相一致。

（3）为保障太阳能光电工程（项目）建成后能安全运行，安全对策措施应包括：从太阳能光电工程（项目）的总图布置、功能分布、工艺流程、设施、设备、装置等方面提出安全技术对策措施，从太阳能光电工程（项目）的组织机构设置、人员管理、事故应急预案管理、职业健康管理等方面提出安全管理对策措施，从保证太阳能光电工程（项目）安全运行的需要提出其他安全对策措施。

7. 事故应急预案编制原则及框架要求

（1）简要说明事故应急预案的体系构成及其主要内容。

（2）说明事故应急预案的编制、评审、备案和演练、修订等相关要求。

（3）列出太阳能光电工程（项目）应编制的综合应急预案、专项应急预案和现场处置方案的项目。

8. 安全专项投资估算

（1）简要说明安全专项投资概算编制的依据和价格水平。

（2）说明安全专项投资主要包括的内容，并列出安全专项工程量清单。

（3）列出安全专项投资估算清单。

9. 评价结论

（1）简要列出主要危险、有害因素及评价结果，指出太阳能光电工程（项目）应重点防范的重大危险、有害因素。

（2）明确工程中是否存在重大危险源。

（3）明确工程应重视的安全对策措施建议；明确工程潜在的危险、有害因素在采取安全对策措施后，能否得到控制及受控程度如何。

（4）给出建设工程从安全生产角度是否符合国家有关法律法规、标准、规章、规范的要求。明确工程的兴建在安全方面是否可行。

10. 附件和附图要求

（1）附件包括安全预评价委托书、项目开发授权文件、预可行性研究报告审查意见等。

（2）附图包括能说明工程基本情况的主要设计图纸，图纸应签署完备。

二、安全验收评价报告的内容

（一）安全验收评价报告的要求

安全验收评价报告是安全验收评价工作过程形成的成果。安全验收评价报告应全面、概括地反映验收评价的全部工作，文字简洁、精确，可同时采用图表和照片，以使评价过程和结论清楚、明确，利于阅读和审查。符合性评价的数据、资料和可预测性计算过程等可编入附录。

（二）安全验收评价报告的主要内容

1. 目的

结合评价对象的特点阐述编制安全验收评价报告的目的。

2. 评价依据

列出有关的法律法规、标准、行政规章、规范，评价对象初步设计、变更设计或工业园区规划设计文件，相关的批复文件等评价依据。

3. 概况

介绍评价对象的选址、总图及平面布置、生产规模、工艺流程、功能分布、主要设施、主要设备、主要装置、主要原材料、主要产品（中间产品）、经济技术指标、公用工程及辅助设施、人流、物流、工业园区规划等概况。

4. 危险、有害因素的辨识与分析

列出辨识与分析危险、有害因素的依据，阐述辨识与分析危险、有害因素的过程。明确在安全运行中实际存在和潜在的危险、有害因素。

5. 评价单元划分

阐述划分评价单元的原则、分析过程等。

6. 评价方法的选择

选择适当的评价方法，并作简单介绍；描述符合性评价过程，对事故发生可能性及其严重程度进行分析计算；对得出的评价结果进行分析。

7. 安全对策措施建议

列出安全对策措施建议的依据、原则、内容。

8. 评价结论

列出评价对象存在的危险、有害因素种类及其危险危害程度；说明评价对象是否具备安全验收的条件；对达不到安全验收要求的评价对象明确提出整改措施建议，明确评价结论。

（三）以光伏电站项目安全验收评价报告为例

安全验收评价报告的格式应符合《安全评价通则》（AQ 8001）要求。

1. 编制说明

（1）评价目的和评价范围。明确说明评价的目的和验收评价范围。评价范围以工程实施的实际情况为准（主体工程、辅助设施、公用工程等）；当扩建工程与已有设施发生联合共用关系时，评价范围还应包括共用工程部分。

（2）评价依据。编制安全验收评价报告依据的初步设计、安全设施专篇和有关资料、批准文件、安全验收评价工作委托书，较详尽地列举安全验收评价依据的国家法律、国家行政法规、地方法规、政府部门规章、政府部门规范性文件、国家标准、安全生产行业标准、光电工程技术标准、电力行业标准、行业管理规定、参考资料等。安全评价报告引用的法律法规、标准应准确、适用、有效。

（3）建设单位简介。对建设单位的基本情况、设计单位、施工单位和监理单位等作简单概述。

2. 建设项目概况

介绍建设项目的地理位置、周边环境、水文、气象、光能资源、工程地质、建设规模、平面布置、太阳能发电系统（太阳能电池、太阳能控制器、逆变器、蓄电池组成）配置及设备、电气、土建工程、采暖通风系统、消防、安全管理、试运行等概况。

3. 主要危险、有害因素以及重大危险源辨识与分析

列出辨识与分析危险、有害因素的依据。根据设计文件资料和现场调查，从站址、总平面布置、道路及运输、建（构）筑物、工艺过程、设备装置、作业环境、安全管理、应急管理、职业健康管理、原有已建工程等积累的实际资料与公布的典型事故案例中，找出与《生产过程危险和有害因素分类与代码》（GB/T 13861）相对应的危险、有害因素，对太阳能光电工程（项目）生产过程中在人、物、环境、管理等方面固有或潜在的危险、有害因素进行辨识和分析，确定主要危险、有害因素存在部位、方式，以及发生作用的途径和变化规律；明确生产过程中是否存在重大危险源。对危险、有害因素辨识和分析应全面、真实、具体、透彻。

（1）人的因素。分别对太阳能光电工程（项目）从业人员的负荷超限、健康状况异常、从事禁忌作业、心理异常、辨识功能缺陷、指挥错误、操作错误、监护失误等危险、有害因素进行辨识与分析。

（2）物的因素。分别对光伏发电工程的光伏电池组件、逆变器、电源汇流箱柜、电源并接装置，光热发电工程的反射镜、集热装置及跟踪系统、热交换器、汽轮机、发电机、冷却装置，防雷接地、计算机监控、继电保护、工业电视、主变压器、高压配电等设

备及其系统缺陷，建（构）筑物缺陷，防护缺陷，电伤害，电磁辐射，信号缺陷，标志缺陷，爆炸品，易燃液体，致病微生物，传染病媒介物，致害动物（鼠、蛇等），致害植物等危险、有害因素进行辨识与分析。

（3）环境因素。环境包括室内（中控室）、室外等作业（施工）环境。室内作业场所环境不良可从室内地面滑，室内作业场所狭窄，室内作业场所杂乱，室内地面不平，室内梯架缺陷，安全通道缺陷，房屋安全出口缺陷，采光照明不良，作业场所空气不良，室内温度、湿度、气压不适等进行辨识与分析。室外作业场地环境不良可从恶劣气候与环境（包括大风、极端的温度、雷电、高原缺氧、大雾、沙尘暴、冰雹、冰冻、盐雾、暴雨雪、洪水、泥石流、地震等），作业场地和交通设施湿滑，作业场地不平，脚手架、阶梯和活动梯架缺陷，门和围栏缺陷，作业场地安全通道缺陷，作业场地安全出口缺陷等进行辨识与分析。

（4）管理因素。分别对职业安全卫生组织机构不健全、职业安全卫生责任制未落实、职业安全卫生管理规章制度不完善（建设项目"三同时"制度未落实、操作规程不规范、事故应急预案及响应缺陷、培训制度不完善等）、职业安全卫生投入不足、职业健康管理不完善等危险因素进行辨识与分析。

（5）重大危险源辨识。按《危险化学品重大危险源辨识》（GB 18218）和国家有关规定，对生产运行过程中所涉及的危险物料进行辨识分析，明确工程运行期是否存在重大危险源。

4. 评价单元划分和评价方法选择

（1）依据太阳能光电工程（项目）存在的危险、有害因素，结合太阳能光电工程（项目）特点和建设工程的具体情况，说明划分评价单元的原则并确定评价单元。

光伏发电工程安全评价单元宜划分为：站址单元、总平面布置单元、太阳能发电系统单元、电气系统单元接入系统站单元、建筑及采暖通风设施单元、防火安全单元、常规防护设施单元、作业环境单元、安全管理单元和安全预评价和安全设施专篇提出的措施落实情况等。

（2）根据评价的目的、要求和太阳能光电工程（项目）特点，采用安全检查表法。安全检查表法主要用于安全预评价和安全专篇提出的措施落实情况、站址、站区布置、发电系统、电气系统、接入系统、建筑及采暖通风设施、防火安全、常规防护设施、作业环境单元、安全管理单元，检查依据包括国家法律法规、国家标准、规范和规定，主要评价各单元是否符合工程验收的强制性执行条文，评价该项目是否具备安全设施竣工验收条件。

5. 安全符合性评价

建设项目符合性评价内容包括审查、确认建设项目是否满足安全生产法律法规、标准、规章、规范的要求，检查安全设施、设备、装置是否已与主体工程同时设计、同时施工、同时投入生产和使用，检查安全生产管理措施是否到位，检查安全生产规章制度是否健全，检查是否建立了事故应急救援预案等。

根据所划分评价单元，对建设项目安全符合性和危险程度进行评价。

6. 安全对策措施及建议

（1）通过对光伏发电站现场的检查评价，发现存在需要整改的问题，并提出整改建议，请建设单位落实。列出安全对策措施建议的依据、原则、内容。

（2）复查建设单位对需整改问题的落实情况。

7. 评价结论

（1）简要列出主要危险、有害因素及辨识结果，指出太阳能光电工程（项目）应重点防范的重大危险、有害因素。

（2）明确工程中是否存在重大危险源。

（3）明确各评价单元的评价结果。

（4）给出建设工程从安全生产角度是否符合国家有关法律法规、标准、规章、规范的要求，是否具备安全设施竣工验收条件。

8. 附件和附图要求

（1）附件包括安全验收评价委托书、各评价单元的支持性文件等。

（2）附图包括能说明工程情况的竣工图纸，图纸应签署完备。

三、安全现状评价报告的内容

（一）安全现状评价报告的要求

安全现状评价报告的要求比安全验收评价报告更详尽、更具体，特别是对危险分析要全面、具体，因此整个评价报告的编制要由懂工艺和操作的专家参与完成。

（二）安全现状评价报告的主要内容

1. 目的

包括项目单位简介、评价项目的委托方及评价要求和评价目的。

2. 评价依据

列出法规、标准、规范及项目的有关文件。

3. 概况

应包括地理位置及自然条件、工艺过程、生产运行现状、项目委托约定的评价范围。

4. 危险、有害因素的辨识与分析

应包括工艺流程、工艺参数、控制方式、操作条件、物料种类与理化特性、工艺布置、总图位置、公用工程的内容，根据危险、有害因素分析的结果和确定的评价单元、评价要素，参照有关资料和数据，并运用选定的分析方法，对存在的危险、有害因素逐一分析。

5. 评价单元的划分

阐述划分评价单元的原则、分析过程等。

6. 评价方法

说明针对主要危险、有害因素和生产特点选用的评价方法，对事故发生可能性及其严重程度进行分析计算；对得出的评价结果进行分析。

结合现场调查结果以及同行或同类生产的事故案例分析，统计其发生的原因和概率。必要时，应运用相应的数学模型进行重大事故模拟。

7. 安全对策措施建议

综合评价结果，提出相应的对策措施与建议，并按照风险程度的高低进行解决方案的排序。

8. 评价结论

明确指出项目安全状态水平，并简要说明。

（三）以油气输送管道工程项目安全现状评价报告为例

安全现状评价报告的格式应符合《安全评价通则》（AQ 8001）要求。

1. 编制说明

（1）评价目的和评价范围。明确说明评价的目的和评价范围。评价范围包括油气输送管道，首末站、输入站、中间分输站、加压（热）站、减压站、清管站等站场，阀室及配套公用工程，油气储备库、调峰库等。

（2）评价依据。编制安全现状评价报告依据的有关资料、批准文件、安全现状评价工作委托书，较详尽地列举安全现状评价依据的国家法律、国家行政法规、地方法规、政府部门规章、政府部门规范性文件、国家标准、安全生产行业标准、石油工程技术标准、石油行业标准、行业管理规定、参考资料等。安全评价报告引用的法律法规、标准应准确、适用、有效。

（3）建设单位简介。对建设单位的基本情况、组成、业务范围等作简单概述。

2. 建设项目概况

1）项目基本情况

（1）生产管理单位基本情况、项目隶属关系等。

（2）地理位置、建设时间、投产时间、规模及改扩建情况等。

2）自然及社会环境概况

（1）自然环境：线路工程沿线地理概况、气象条件、地质水文条件、地震及抗震设防烈度等。

（2）社会环境：管道沿线所经行政区域、地区等级划分、交通运输及其他可能引起危险有害的状况等。

3）工程概况

工程概况应包括但不限于以下内容：

（1）管道路由、管径和壁厚、管线长度、管材选用、管道敷设方式、穿跨越工程、水工保护工程、阀室及其他附属设施。

（2）输油（气）工艺参数、输送介质组分及物性、油气供（配）方式。按标准列表说明工程所涉及的原油、天然气等流体的性质。对含有硫化氢、二氧化碳等有毒有害物质的天然气，应特别说明天然气中硫化氢、二氧化碳等有毒有害物质的组分含量。说明工程所涉及的其他危险物质（如甲醇）或化学药剂的名称和用量。

（3）站场设置、站场工艺和主要设备、站场工艺流程、站场平面布置。站场设置简要说明各站场的功能、建设规模、位置，重点介绍区域及总平面布置，并提供平面布置图。简述调压、紧急关断、放空、清管、加热等系统的工艺流程，说明各流程的主要技术参数。

（4）腐蚀监测、控制工程和保温。

（5）自控与通信。

（6）给排水及消防。说明站场的等级及其配套消防方式、外部协作条件，消防站的等级规模，固定（半固定）消防系统配置，消防器材配置，消防系统在火灾发生时的响应启动方式。

（7）供（配）电、暖通、建（构）筑物等公用工程。

4）安全管理情况

（1）安全管理机构设置及安全管理人员配置。

（2）安全生产管理规章制度和安全操作规程。

（3）安全培训及特种作业人员持证上岗情况。

（4）事故应急预案及演练。

（5）安全投入及使用。

以上所说的项目概况只是规定了常规评价项目中需要介绍的内容，在实际工作中应根据具体工程项目的情况进行适当补充。考虑委托方的评价目的，要突出介绍 HSE 管理内容。

3. 主要危险、有害因素以及重大危险源辨识与分析

根据油气输送管道输送工艺过程及沿线自然环境和社会环境特点，识别和分析生产运行过程中存在的危险、有害因素及其存在部位。

1）主要物质危险、有害因素分析

进行油品、天然气等主要危险物质的危险、有害因素分析。

根据本项目中涉及的主要危险物质的物性参数，依据相关标准同时考虑工艺运行参数，合理确定其火灾危险性类别，并作危险分析。

2）生产过程危险、有害因素分析

对输送工艺、油（气）站场、油（气）管道线路，主要考虑区域位置、平面布置、设备设施、作业场所、储存等危险性。辨识依据要选择合适的标准，按独立生产单元、辅助单元、设施设备装置、作业场所分解，将评价对象细化，减少"辨识盲区"，同时切忌过分夸大次要因素，淡化重要因素。

3）自然灾害和社会危害因素分析

对地质灾害、气象灾害、地震、第三方破坏、管道占压等进行分析。

4）重大危险源辨识

（1）按照《危险化学品重大危险源辨识》（GB 18218）和国家有关规定，对重大危险源进行辨识。

（2）重大危险源分布，建议根据要求分物质、设备设施、场所进行辨识，列出辨识标准和工程项目中的实际情况进行对比，并描述其分布的区域位置。

5）主要危险、有害因素分布

总结危险、有害因素辨识结果，并列出其所在的危险区域，或按危险区域列出其所存在的危险、有害因素。

4. 评价单元划分和评价方法选择

1）现状评价单元划分

（1）现状评价单元划分原则：

① 根据现状评价对象的特点，为顺利开展安全现状评价划分评价单元。

② 重要设备、单体等可单独划分为一个子单元。

③ 现状评价单元划分应合理并无遗漏。

（2）现状评价单元的划分。按照工程项目安全现状评价的基本条件要求，结合油气输送管道工程的特点，按管道输送工艺过程可划分以下几个单元（也可根据工程具体情况和特点作更细的划分）：

① 油气输送管道。

② 油气站场。

③ 油气储备库、调峰库。

④ 公用工程及辅助生产设施。

⑤ 安全管理。

单元划分可根据工程具体情况和特点作更细的划分，如站场较多可划分子单元，也可根据工艺特点进行划分。评价单元划分并不要求绝对一致，只要达到评价目的即可，注意划分原则，做到合理并无遗漏。

2）现状评价方法选择

选择适当的评价方法并作简单介绍。

油气输送管道工程项目安全现状评价可供选择的方法包括安全检查表法，管道风险评价法，事故树法，易燃易爆、中毒重大危险源评价法，其他安全评价方法。

评价方法的选择应注重定性与定量方法相结合，建议根据项目特点选用适合的风险定量评价方法。进行定量评价应正确选取参数，对结论数据要作适度和可行性分析。

5. 符合性评价

1）法律法规的符合性评价

法律法规的符合性评价包括各类安全生产活动相关证明材料等。

2）工艺及设施、设备安全性评价

（1）线路工程（管道敷设方式、截断阀室的设置、穿跨越工程、水工保护、特殊地段安全措施、腐蚀监测及控制、保温、应急抢修）。

（2）站场及工艺系统（平面布置、泄压放空系统、进出站截断阀、安全阀设置、紧急关断系统、腐蚀监测及控制、保温、防水击系统等）。

（3）站场常规防护措施（泄漏探测系统、应急防护器具等）。

（4）易燃易爆场所安全措施。

（5）职业卫生防护措施。这部分内容在工程项目安全预评价时，应放在建设项目职业危害评价中，而在现状评价报告编制时，要增加这部分内容。现在国家规定工程项目运行阶段的安全生产由安全生产监管部门负责监督和管理。

（6）特种设备及其他危险性较大的设备的检验、检测。

（7）安全阀、压力表、可燃有毒气体报警仪等强制检测设备及防雷、防静电设施等的检验、检测。

所有工艺参数、设备检测、安全设施的设置等资料，应是开展评价时提供的最新数据。同时评价依据的技术标准要符合项目的实际特点，检查内容应准确、全面、清晰、简练。

3）公用工程及辅助设施评价

（1）消防系统。

（2）供配电系统。

（3）自控和通信。

（4）建（构）筑物、道路、供热、暖通、给排水等。

消防应关注周边的消防依托、消防水源情况；供电要考虑电源的可靠性是否满足负荷要求；自控系统考虑逻辑控制及全线紧急关断、仪表和系统的故障诊断、管线泄漏检测、可燃气体浓度、感温检测报警等功能的可靠性。

4）周边环境适应性和应急预案有效性评价

（1）周边环境适应性评价，包括站场、阀室和管道沿线与周边居民、企事业单位、重要设施和敏感区域等的安全间距，预防自然灾害、社会危害安全措施等。

（2）应急预案有效性评价，应急预案主要从事故应急预案的建立与实际开展和演练有效性方面进行评价。包括事故应急预案的编制，各类各级预案是否齐全以及预案内容分析（组织机构、人员安排、物资保障、外援能力等）；事故应急组织的建立和人员的配备；事故应急器材、设备的配备；事故应急预案培训、演练和预案更新等。

应急预案评价重点为评价其应急措施的有效性、可操作性。要重点列举应急预案的培训、演练和更新情况。

5）安全生产管理和安全培训充分性评价

（1）安全生产管理机构设置和安全管理人员的配备。

（2）安全生产管理规章制度制定和执行。

（3）安全操作规程制定和执行。

（4）主要负责人、分管负责人和安全管理人员、其他管理人员安全生产知识培训与取证。

（5）特种作业人员及其他从业人员的培训与取证。

（6）安全生产投入。

（7）重大危险源的监控和管理。

（8）从业人员劳动防护用品配备和检验、检测。

安全管理评价首先是依照国家法律法规、部门规章对工程项目的安全管理进行符合性评价；其次是根据项目的特点，采取有针对性的安全管理措施。

如评价安全操作规程、安全管理制度的制定是否符合生产实际，可操作性如何。

评价从业人员培训取证情况一定要与操作岗位要求相适应。

劳动防护用品配备是否与岗位相适应，检验、检测是否有管理制度，是否符合国家相关要求。

安全生产投入要根据国家对高危行业安全投入资金的要求，核实其资金支出情况是否符合要求。

6. 事故发生的可能性及其严重程度的预测

（1）有选择性地采用如下评价方法或计算模型对油气输送管道发生重大事故的可能性及后果进行预测性评价：

① 易燃易爆、有毒重大危险源评价法。

② 管道风险评价法。

③ 毒物泄漏扩散模型。

④ 池火、喷射火、火焰与辐射强度评价模型。

⑤ 火球爆炸伤害模型。

⑥ 蒸气云爆炸超压破坏模型。

⑦ 其他定量评价法。

采用定量评价方法时，建立事故数学模型要符合事故发生的条件，数值选择合理，否则难以获得可信的评价结果，数据可能谬误，事故后果的参考意义不大。

（2）事故后果预测重点放在以下方面：

① 站场的火灾、爆炸、有毒物质泄漏扩散事故。

② 管道泄漏引发的火灾、爆炸、有毒物质扩散事故。

③ 具有特殊性质的油气引起的事故，如易凝油管道凝管事故。

④ 其他引起人员伤害和财产损失的重大事故。

7. 事故案例

对工程项目投产以来所发生的事故以及同类工程项目事故案例进行分析。

通过分析过去事故的案例，来识别评价对象可能存在的"事故隐患"。选取的同类项目事故案例与评价对象相关性越强，对于"事故隐患"排查的可靠性越强。

8. 安全对策措施建议

安全对策措施建议应具有针对性、可操作性和经济合理性。

（1）根据符合性评价和事故发生的可能性及其严重程度的预测，分析影响工程安全运行的隐患和问题，明确提出相应的安全对策措施与建议。

（2）从提高安全设施、设备、装置在生产中的安全可靠度出发，借鉴国内外同类型油气输送管道采用的先进、成熟安全技术、安全管理经验及事故案例，提出削减事故风险的对策和建议。

根据各评价单元的评价结果，提出安全技术、安全管理对策措施。安全对策措施的对象是"事故隐患"，重点在"安全设施"，不能以安全管理代替安全设施。

提出的安全对策措施要分轻重缓急，在措辞上要慎重，对一些强制性词汇要注意与国家标准、法规中的强制规定相一致。

9. 安全现状评价结论

（1）列出油气输送管道工程项目运行中存在的危险、有害因素及危险危害程度。

（2）归纳定性、定量评价结果。

（3）明确提出油气输送管道工程项目的安全现状是否符合国家法律法规、标准规范规定的安全要求。

（4）对影响油气输送管道工程项目安全生产的隐患和问题，明确提出整改措施建议。

评价结论应是评价报告进行充分论证的高度概括，层次要清楚，语言要精练，结论要准确。不但要符合客观实际，还要有充足的理由。

通过整合各评价单元，得出系统评价结论。评价结论明确前，必须说明前提条件，这样才能较真实和准确地反映评价对象总体状况。尤其对工程的项目安全生产的隐患和存在问题，必须提出明确的整改措施和时间。

四、安全评价报告的格式

（一）评价报告的格式要求

1. 封面（略）

2. 安全评价资质证书影印件（略）

3. 著录项（略）

4. 前言（略）

5. 目录（略）

6. 正文（略）

7. 附件（略）

8. 附录（略）

（二）评价报告的规格要求

安全评价报告应采取 A4 幅面，左侧装订。封面要按照《安全评价通则》（AQ 8001）标准采用统一的格式。

封面的内容应包括：委托单位名称、评价项目名称、标题、安全评价机构名称、安全评价机构资质证书编号、评价报告完成时间。

第四章　职业病危害预防和管理

第一节　职业病危害概述

一、职业病危害基本概念

职业病危害，是指对从事职业活动的劳动者可能导致职业病的各种危害。职业病危害因素包括职业活动中存在的各种有害的化学、物理、生物因素以及在作业过程中产生的其他职业有害因素。

（一）职业病危害因素分类

1. 按来源分类

各种职业病危害因素按其来源可分为以下三类：

1）生产过程中产生的危害因素

（1）化学因素，包括生产性粉尘和化学有毒物质。生产性粉尘，如矽尘、煤尘、石棉尘、电焊烟尘等。化学有毒物质，如铅、汞、锰、苯、一氧化碳、硫化氢、甲醛、甲醇等。

（2）物理因素，如异常气象条件（高温、高湿、低温）、异常气压、噪声、振动、辐射等。

（3）生物因素，如附着于皮毛上的炭疽杆菌、甘蔗渣上的真菌，医务工作者可能接触到的生物传染性病原物等。

2）劳动过程中的危害因素

（1）劳动组织和制度不合理，劳动作息制度不合理等。

（2）精神性职业紧张。

（3）劳动强度过大或生产定额不当。

（4）个别器官或系统过度紧张，如视力紧张等。

（5）长时间不良体位或使用不合理的工具等。

3）生产环境中的危害因素

（1）自然环境中的因素，例如炎热季节的太阳辐射。

（2）作业场所建筑卫生学设计缺陷因素，例如照明不良、换气不足等。

2. 按有关规定分类

2015年修订的《职业病危害因素分类目录》将职业病危害因素分为六大类：①粉尘（52种）；②化学因素（375种）；③物理因素（15种）；④放射性因素（8种）；⑤生物因素（6种）；⑥其他因素（3种）。

（二）职业接触限值（OEL）

职业病危害因素的接触限值量值，指劳动者在职业活动过程中长期反复接触，对绝大多数接触者的健康不引起有害作用的容许接触水平。

其中，化学有害因素的职业接触限值包括时间加权平均容许浓度、最高容许浓度、短时间接触容许浓度、超限倍数四类。

（1）时间加权平均容许浓度（PC－TWA），指以时间为权数规定的 8 h 工作日、40 h 工作周的平均容许接触浓度。

（2）最高容许浓度（MAC），指工作地点、在一个工作日内、任何时间有毒化学物质均不应超过的浓度。

（3）短时间接触容许浓度（PC－STEL），指在遵守时间加权平均容许浓度前提下容许短时间（15 min）接触的浓度。

（4）超限倍数，指对未制定 PC－STEL 的化学有害因素，在符合 8 h 时间加权平均容许浓度的情况下，任何一次短时间（15 min）接触的浓度均不应超过的 PC－TWA 的倍数值。

（三）职业病防护设施

职业病防护设施是指消除或者降低工作场所的职业病危害因素的浓度或者强度，预防和减少职业病危害因素对劳动者健康的损害或者影响，保护劳动者健康的设备、设施、装置、构（建）筑物等的总称。

（四）职业禁忌与职业健康监护

（1）职业禁忌，指劳动者从事特定职业或者接触特定职业病危害因素时，比一般职业人群更易于遭受职业病危害和罹患职业病或者可能导致原有自身疾病病情加重，或者在从事作业过程中诱发可能导致对他人生命健康构成危险的疾病的个人特殊生理或者病理状态。

（2）职业健康监护，指通过各种检查和分析，评价职业性有害因素对接触者健康影响及其程度，掌握职工健康状况，及时发现健康损害征象，以便采取相应的预防措施，防止有害因素所致疾患的发生和发展，包括开展职业健康检查、职业病诊疗、建立职业健康监护档案等。

（3）职业健康监护档案，指生产经营单位需要建立的劳动者职业健康档案，包括劳动者的职业史、职业病危害接触史、职业健康检查结果和职业病诊疗等有关个人健康资料。

（五）职业性病损和职业病

（1）健康，指整个身体、精神和社会生活的完好状态，而不仅仅是没有疾病或不虚弱。

（2）职业性病损，指劳动者在职业活动过程中接触到职业病危害因素而造成的健康损害，包括工伤、职业病和工作有关疾病。

（3）职业病，指企业、事业单位和个体经济组织的劳动者在职业活动中，因接触粉尘、放射性物质和其他有毒有害因素而引起的疾病。例如，在职业活动中，接触铍可引致铍肺，接触氟可致氟骨症，接触氯乙烯可引起肢端溶骨症，接触焦油沥青可引起皮肤黑变病等。

由国家主管部门公布的职业病目录所列的职业病称为法定职业病。界定法定职业病的4个基本条件是：①在职业活动中产生；②接触职业病危害因素；③列入国家职业病范围；④与劳动用工行为相联系。

（4）职业病的分类。2013 年，国家卫生计生委、人力资源和社会保障部、国家安全监管总局和全国总工会印发了《职业病分类和目录》（国卫疾控发〔2013〕48 号），对原《职业病目录》（卫法监发〔2002〕108 号）进行了调整，调整后的职业病种类由原来的 10大类 115 种增加到 10 大类 132 种，具体包括：

① 职业性尘肺病及其他呼吸系统疾病（19 种），其中尘肺（13 种）、其他呼吸系统疾病（6 种）。

② 职业性皮肤病（9 种）。

③ 职业性眼病（3 种）。

④ 职业性耳鼻喉口腔疾病（4 种）。

⑤ 职业性化学中毒（60 种）。

⑥ 物理因素所致职业病（7 种）。

⑦ 职业性放射性疾病（11 种）。

⑧ 职业性传染病（5 种）。

⑨ 职业性肿瘤（11 种）。

⑩ 其他职业病（3 种）。

二、职业病危害预防与控制的工作方针与原则

职业病危害因素预防与控制工作的目的是预防、控制和消除职业病危害，防治职业病，保护劳动者健康及相关权益，促进经济发展；利用职业卫生与职业医学和相关学科的基础理论，对工作场所进行职业卫生调查，判断职业病危害对职业人群健康的影响，评价工作环境是否符合相关法规、标准的要求。

职业病危害防治工作，必须发挥政府、工会、生产经营单位、工伤保险机构、职业卫生技术服务机构、职业病防治机构等各方面的力量，由全社会加以监督，贯彻"预防为主，防治结合"的方针，遵循"三级预防"的原则，实行分类管理、综合治理，不断提高职业病危害防治管理水平。

第一级预防，又称病因预防，是从根本上杜绝职业病危害因素对人的作用，即改进生产工艺和生产设备，合理利用防护设施及个人防护用品，以减少工人接触的机会和程度。将国家制定的工业企业设计卫生标准、工作场所有害物质职业接触限值等作为共同遵守的接触限值或防护的准则，可在职业病预防中发挥重要的作用。

根据《职业病防治法》对职业病前期预防的要求，产生职业病危害的生产经营单位的设立，除应当符合法律、行政法规规定的设立条件外，其工作场所还应当符合以下要求：

（1）职业病危害因素的强度或者浓度符合国家职业卫生标准。

（2）有与职业病危害防护需求相适应的设施。

（3）生产布局合理，符合有害与无害作业分开的原则。

（4）有配套的更衣间、洗浴间、孕妇休息间等卫生设施。

（5）设备、工具、用具及设施符合保护劳动者生理、心理健康的要求。

（6）法律、行政法规和国务院卫生行政部门关于保护劳动者健康的其他要求。

新建、扩建、改建建设项目和技术改造、技术引进项目（以下统称建设项目）可能产生职业病危害的，建设单位在可行性论证阶段应当进行职业病危害预评价。医疗机构建设项目可能产生放射性职业病危害的，建设单位应当向卫生行政部门提交放射性职业病危害预评价报告。卫生行政部门应当自收到预评价报告之日起 30 日内，作出审核决定并书面通知建设单位。未提交预评价报告或者预评价报告未经卫生行政部门审核同意的，不得开工建设。建设项目的职业病防护设施设计应当符合国家职业卫生标准和卫生要求，其中，医疗机构放射性职业病危害严重的建设项目的防护设施设计，应当经卫生行政部门审查同意后方可施工。建设项目在竣工验收前，建设单位应当进行职业病危害控制效果评价。医疗机构可能产生放射性职业病危害的建设项目竣工验收时，其放射性职业病防护设施经卫生行政部门验收合格后，方可投入使用；其他建设项目的职业病防护设施应当由建设单位负责依法组织验收，验收合格后，方可投入生产和使用。建设项目的职业病危害防护设施所需费用应当纳入建设项目工程预算，并与主体工程同时设计、同时施工、同时投入生产和使用。上述措施均属于第一级预防措施。

第二级预防，又称发病预防，是早期检测和发现人体受到职业病危害因素所致的疾病。其主要手段是定期进行环境中职业病危害因素的监测和对接触者的定期体格检查，评价工作场所职业病危害程度，控制职业病危害，加强防毒防尘、防止物理性因素等有害因素的危害，使工作场所职业病危害因素的浓度（强度）符合国家职业卫生标准。对劳动者进行职业健康监护，开展职业健康检查，早期发现职业性疾病损害，早期鉴别和诊断。

第三级预防，是在患职业病以后，合理进行康复治疗，包括对职业病病人的保障，对疑似职业病病人进行诊断。保障职业病病人享受职业病待遇，安排职业病病人进行治疗、康复和定期检查，对不适宜继续从事原工作的职业病病人，应当调离原岗位并妥善安置。

第一级预防是理想的方法，针对整个的或选择的人群，对人群健康和福利状态能起根本的作用，一般所需投入比第二级预防和第三级预防要少，且效果更好。

第二节　职业病危害识别、评价与控制

一、职业病危害因素识别

（一）粉尘与尘肺

1. 生产性粉尘概念

能够较长时间悬浮于空气中的固体微粒叫作粉尘。从胶体化学观点来看，粉尘是固态分散性气溶胶，其分散媒是空气，分散相是固体微粒。在生产中，与生产过程有关而形成的粉尘叫作生产性粉尘。生产性粉尘对人体有多方面的不良影响，尤其是含有游离二氧化硅的粉尘，能引起严重的职业病——矽肺。

不同分散度的生产性粉尘，因粉尘颗粒粒径大小的差异，其进入人体呼吸系统的情况存在差异，在生产性粉尘的采样监测与接触限值制定上，通常将其分为总粉尘与呼吸性粉尘两种类型。

（1）总粉尘，指可进入整个呼吸道（鼻、咽和喉、胸腔支气管、细支气管和肺泡）的粉尘，简称总尘。技术上系用总粉尘采样器按标准方法在呼吸带测得的所有粉尘。

（2）呼吸性粉尘，指按呼吸性粉尘标准测定方法所采集的可进入肺泡的粉尘粒子，其空气动力学直径均在 7.07 μm 以下，空气动力学直径 5 μm 粉尘粒子的采样效率为 50%，简称呼尘。

2. 生产性粉尘的来源

生产性粉尘来源于以下几方面：

（1）固体物质的机械加工、粉碎，其所形成的尘粒，小者可为超显微镜下可见的微细粒子，大者肉眼即可看到，如金属的研磨、切削，矿石或岩石的钻孔、爆破、破碎、磨粉以及粮谷加工等。

（2）物质加热时产生的蒸气可在空气中凝结成小颗粒，或者被氧化形成颗粒状物质，其所形成的微粒直径多小于 1 μm，如熔炼黄铜时，锌蒸气在空气中冷凝、氧化形成氧化锌烟尘。

（3）有机物质的不完全燃烧，其所形成的微粒直径多在 0.5 μm 以下，如木材、油、煤炭等燃烧时所产生的烟。

此外，对铸件翻砂、清砂作业时或在生产中使用粉末状物质在进行混合、过筛、包装、搬运等操作时，也可产生多量粉尘；沉积的粉尘由于振动或气流的影响重又回到空气中（二次扬尘）也是生产性粉尘的一项主要来源。

3. 生产性粉尘的分类

生产性粉尘根据其性质可分为三类。

1）无机性粉尘

（1）矿物性粉尘，如煤尘、硅尘、石棉尘、滑石尘等。

（2）金属性粉尘，如铁、锡、铝、铅、锰等粉尘。

（3）人工无机性粉尘，如水泥、金刚砂、玻璃纤维等粉尘。

2）有机性粉尘

（1）植物性粉尘，如棉、麻、面粉、木材、烟草、茶等粉尘。

（2）动物性粉尘，如兽毛、角质、骨质、毛发等粉尘。

（3）人工有机粉尘，如有机燃料、炸药、人造纤维等粉尘。

3）混合性粉尘

混合性粉尘指上述各种粉尘混合存在。在生产环境中，最常见的是混合性粉尘。

4. 生产性粉尘的致病机理

生产性粉尘的理化性质与其生物学作用及现场防尘措施等有密切关系。在卫生学上有意义的粉尘理化性质有分散度、溶解度、比重、形状、硬度、荷电性、爆炸性及粉尘的化学成分等。

一般认为，矽肺的发生和发展与从事接触矽尘作业的工龄、粉尘中游离二氧化硅的含量、二氧化硅的类型、生产场所粉尘浓度、分散度、防护措施以及个体条件等有关。劳动者一般在接触矽尘5~10年才发病，有的潜伏期可长达15~20年。接触游离二氧化硅含量高的粉尘，也有1~2年发病的。其机理是由于矽尘进入肺内，可引起肺泡的防御反应，成为尘细胞。其基本病变是矽结节的形成和弥漫性间质纤维增生，主要是引起肺纤维性改变。

5. 生产性粉尘引起的职业病

生产性粉尘的种类繁多，理化性状不同，对人体所造成的危害也是多种多样的。就其病理性质可概括为如下几种：

（1）全身中毒性，如铅、锰、砷化物等粉尘。

（2）局部刺激性，如生石灰、漂白粉、水泥、烟草等粉尘。

（3）变态反应性，如大麻、黄麻、面粉、羽毛、锌烟等粉尘。

（4）光感应性，如沥青粉尘。

（5）感染性，如破烂布屑、兽毛、谷粒等粉尘有时附有病原菌。

（6）致癌性，如铬、镍、砷、石棉及某些光感应性和放射性物质的粉尘。

（7）尘肺，如煤尘、矽尘、矽酸盐尘。

生产性粉尘引起的职业病中，以尘肺最为严重。尘肺是由于吸入生产性粉尘引起的以肺的纤维化为主要变化的职业病。由于粉尘的性质、成分不同，对肺脏所造成的损害、引起纤维化程度也有所不同，从病因上分析，可将尘肺分为6类：矽肺、硅酸盐肺、炭尘肺、金属尘肺、混合性尘肺、有机尘肺。

2013年，国家卫生计生委、人力资源和社会保障部、国家安全监管总局和全国总工会印发的《职业病分类和目录》（国卫疾控发〔2013〕48号），列出了13类法定尘肺病，即矽肺、煤工尘肺、石墨尘肺、炭黑尘肺、石棉肺、滑石尘肺、水泥尘肺、云母尘肺、陶工尘肺、铝尘肺、电焊工尘肺、铸工尘肺，以及根据《尘肺病诊断标准》和《尘肺病并立诊断标准》可以诊断的其他尘肺病。《职业病分类和目录》中尘肺的致病粉尘及易发工种见表4-1。

表4-1 《职业病分类和目录》中尘肺的致病粉尘及易发工种

尘 肺	致 病 粉 尘	易 发 工 种
矽肺	矽尘（一般指含游离二氧化硅10%以上粉尘）	矽肺分布最广、发病人数最多，危害最严重。采矿、建材（耐火、玻璃、陶瓷）、铸造、石粉加工工业中的各种接尘工种均可发生。其中最典型的是由石英粉尘引起的矽肺，发病率高，发病工龄短，进展快，病死率高，是危害最严重的尘肺
煤工尘肺	煤尘、煤岩混合尘	发病人数占第二位，主要发生在煤矿的采煤工、选煤工、煤炭运输工、岩巷掘进工、混合工（主要是采煤和岩石掘进的混合）
石墨尘肺	石墨尘	石墨开采与石墨制品（坩埚、电极电刷）各工种
炭黑尘肺	炭黑尘	生产和使用（橡胶、油漆、电池）炭黑各工种
石棉肺	石棉尘	主要是石棉厂、石棉制品厂的各工种，以及石棉矿的采矿工和选矿厂的选矿工

表 4-1（续）

尘 肺	致 病 粉 尘	易 发 工 种
滑石尘肺	滑石尘	滑石开采选矿、粉碎各工种及使用滑石粉的工种
水泥尘肺	水泥尘	水泥厂以及水泥制品厂中的接尘工种
云母尘肺	云母尘	开采云母和云母制品各工种
陶工尘肺	陶瓷原料、坯料（混合料）及钵料粉尘	陶瓷厂中的原料工、成型厂、干燥工、烧成工、出窑工等
铝尘肺	金属铝尘、氧化铝尘	氧化铝和电解铝生产，以及铝合金制品加工等工种
电焊工尘肺	电焊烟尘	各类工业中的电焊工，其中以造船厂、锅炉厂中在密闭场所作业的电焊工最易发
铸工尘肺	铸造尘（型砂尘）	主要有型砂工、选型工、清砂工、喷砂工
其他尘肺	其他粉尘	

（二）生产性毒物与职业中毒

1. 生产性毒物及其危害

凡少量化学物质进入机体后，能与机体组织发生化学或物理化学作用，破坏正常生理功能，引起机体暂时的或长期的病理状态的，称为毒物。

在生产经营活动中，通常会生产或使用化学物质，它们发散并存在于工作环境空气中，对劳动者的健康产生危害，这些化学物质称为生产性毒物（或化学性有害物质）。

1）毒物毒性

毒物毒性大小可以用引起某种毒性反应的剂量来表示。在引起同等效应的条件下，毒物剂量越小，表明该毒物的毒性越大。例如，60 mg 的氯化钠一次进入人体，对健康无损害；60 mg 的氰化钠一次进入人体，就有致人死亡的危险。这表明，氯化钠的毒性很小，氰化钠的毒性很大。根据《职业性接触毒物危害程度分级》（GBZ 230），毒物的危害程度分级分为轻度危害、中度危害、高度危害和极度危害四个级别。

2）毒物的危害性

毒物的危害性不仅取决于毒物的毒性，还受生产条件、劳动者个体差异的影响。因此，毒性大的物质不一定危害性大，毒性与危害性不能画等号。例如，氮气是一种惰性气体，本身无毒，一般不产生危害性；但是，当它在空气中含量高，使得空气中的氧含量减少时，吸入者便发生窒息，严重时可导致死亡。在石油化工行业，用氮气的作业场所很多，稍有不慎，就有发生氮气窒息的危险，危害性很大。

影响毒物毒性作用的因素如下：

（1）化学结构。毒物的化学结构对其毒性有直接影响。在各类有机非电解质之间，其毒性大小依次为芳烃>醇>酮>环烃>脂肪烃。同类有机化合物中卤族元素取代氢时，毒性增加。

（2）物理特性。毒物的溶解度、分解度、挥发性等与毒物的毒性作用有密切关系。

毒物在水中溶解度越大，其毒性越大；分解度越大，不仅化学活性增加，而且易进到呼吸道的深层部位而增加毒性作用；挥发性越大，危害性越大。一般，毒物沸点与空气中毒物浓度和危害程度成反比。

（3）毒物剂量。毒物进入人体内需要达到一定剂量才会引起中毒。在生产条件下，与毒物在工作场所空气中的浓度和接触时间有密切关系。

（4）毒物联合作用。在生产环境中，毒物往往不是单独存在的，而是与其他毒物共存，可对人体产生联合毒性作用，可表现为相加作用、相乘作用、拮抗作用。

（5）生产环境与劳动条件。生产环境的温度、湿度、气压、气流等能影响毒物的毒性作用。高温可促进毒物挥发，增加人体吸收毒物的速度；湿度大可促使某些毒物如氯化氢、氟化氢的毒性增加；高气压可使毒物在体液中的溶解度增加；劳动强度增大时人体对毒物更敏感，或吸收量加大。

（6）个体状态。接触同一剂量的毒物，不同个体的反应可迥然不同。引起这种差异的个体因素包括健康状况、年龄、性别、营养、生活习惯和对毒物的敏感性等。一般，未成年人和妇女生理变动期（经期、孕期、哺乳期）对某些毒物敏感性较高。烟酒嗜好往往增加毒物的毒性作用。也有遗传缺陷或遗传疾病等遗传因素，造成个体对某些化学物质更为敏感。

3）毒物作用于人体的危害表现

中毒有急性、慢性之分，也可能以身体某个脏器的损害为主，表现多种多样。

（1）局部刺激和腐蚀。例如，人接触氨气、氯气、二氧化硫等，可出现流泪、睁不开眼、鼻痒、鼻塞、咽干、咽痛等表现，这是因为这些气体有刺激性，严重时可出现剧烈咳嗽、痰中带血、胸闷、胸疼。高浓度的氨、硫酸、盐酸、氢氧化钠等酸碱物质，还可腐蚀皮肤、黏膜，引起化学灼伤，造成肺水肿等。

（2）中毒。例如，长期吸入汞蒸气，可出现头痛、头晕、乏力、倦怠、情绪不稳等全身症状，还可有流涎、口腔溃疡、手颤等体征，实验室检查尿汞高，可诊断为汞中毒。

此外，有的化学物质长期接触后，会造成女工自然流产、后代畸形；有的会增加群体肿瘤的发病率；有的则会改变免疫功能等。

2. 职业中毒

劳动者在生产过程中过量接触生产性毒物引起的中毒，称为职业中毒。例如，一个工人在生产过程中遇到大量氯气泄漏，而又因种种原因未能采取有效的个人防护，吸入高浓度氯气，产生胸闷、憋气、剧烈的咳嗽和痰中带血，这就构成了氯气中毒。由于它是在生产过程中形成，与所从事的作业密切相关，所以称之为职业中毒。当然，职业中毒并不都是急性中毒，还有慢性中毒。毒物可经呼吸道吸入，也可经皮肤吸收。总之，职业中毒的表现是多种多样的。

1）生产性毒物的存在方式

生产性毒物在生产过程中，可在原料、辅助材料、夹杂物、半成品、成品、废气、废液及废渣中存在。各种毒物由于其物理和化学性质不同，以及职业活动条件的不同，在工作场所空气中的存在状态有所不同。生产性毒物的存在方式见表4－2。

表4-2 生产性毒物的存在方式

存在形态		大小	产生原因	举例
气态		分子	常温下是气体	氯气、一氧化碳
蒸气		分子	常温下是液体挥发	苯、丙酮
			常温下是固体，有挥发性，特别是在高温工作场所	酚、三氧化二砷
气溶胶	雾	液态分散性气溶胶	~10 μm	常温下是液体，加热分散	电镀铬
		液态凝集性气溶胶		沸腾溅出的液雾	碱液加热浓缩
				喷洒雾滴	农药喷洒
	烟	固态凝集性气溶胶	<1 μm	金属熔化时蒸气，或蒸气在空气中被氧化	铅烟、铜烟
	尘	固态分散性气溶胶	1~10 μm	物理性加工过程中以粉尘形式逸散	生产性粉尘

2）生产性毒物侵入人体的途径

（1）吸入。呈气体、蒸气、气溶胶（粉尘、烟、雾）状态的毒物经呼吸道进入体内。进入呼吸道的毒物，可通过肺泡直接进入血液循环，其毒性作用大，发生快。大多数情况下，毒物都是由此途径进入人体的。

（2）经皮吸收。在作业过程中经皮肤吸收而导致中毒者也较常见。经皮吸收有两种，经表皮或经过汗腺、毛囊等吸收，吸收后直接进入血液循环。

（3）食入。较少见，可为误食或吞入。氰化物可在口腔中经黏膜吸收。

3）职业中毒的类型

侵入人体的生产性毒物引起的职业中毒，按发病过程可分为三种类型：

（1）急性中毒。由毒物一次或短时间内大量进入人体所致。多数由生产事故或违反操作规程所引起。

（2）慢性中毒。慢性中毒是长期小剂量毒物进入机体所致。绝大多数是由蓄积作用的毒物引起的。

（3）亚急性中毒。亚急性中毒介于以上两者之间，在短时间内有较大量毒物进入人体所产生的中毒现象。

接触工业毒物，无中毒症状和体征，但实验室检查体内毒物或其代谢产物超过正常值的态称为带毒状态，如铅吸收带毒状态等。

有些毒物有致癌性。接触有些毒物还可能对妇女有害，甚至会累及下一代。

4）职业接触生产性毒物的机会

（1）正常生产过程。存在生产性毒物的生产过程中，很多生产工序和操作岗位可接触到毒物。如到装置内取样，样品可挥发溢出；在罐顶检查贮罐贮存量、进入装置设备巡检、清釜、清罐、加料、包装、贮运和对原材料、半成品、成品进行质量检验分析时，均可接触到有关的化学毒物；装置排污、污水处理和设备泄漏等作业接触毒物的机会更多。

（2）检修与抢修。生产过程中，工艺设备复杂，需要定期进行检修，发生事故时也需要立即进行抢修。如进入塔、釜、罐检修，对设备进行吹扫置换时，会释放出有害气体。

（3）意外事故。许多生产过程中具有高温高压、易燃易爆、有毒有害因素多的特点，一旦发生意外事故，往往造成大量毒物泄漏，增加人员接触毒物的机会。

（三）物理性职业病危害因素及所致职业病

作业场所常见的物理性职业病危害因素包括噪声、振动、电磁辐射、异常气象条件（气温、气流、气压）等。

1. 噪声

1）生产性噪声的特性、种类及来源

在生产过程中，由于机器转动、气体排放、工件撞击与摩擦所产生的噪声，称为生产性噪声或工业噪声。可归纳为以下三类：

（1）空气动力噪声，由于气体压力变化引起气体扰动，气体与其他物体相互作用所致，如各种风机、空气压缩机、风动工具、喷气发动机、汽轮机等因压力脉冲和气体排放发出的噪声。

（2）机械性噪声，指机械撞击、摩擦或质量不平衡旋转等机械力作用下引起固体部件振动所产生的噪声，如各种车床、电锯、电刨、球磨机、砂轮机、织布机等发出的噪声。

（3）电磁噪声，由于磁场脉冲，磁致伸缩引起电气部件振动所致，如电磁式振动台和振荡器、大型电动机、发电机和变压器等产生的噪声。

生产场所噪声声级和频率特性见表4-3。

表4-3 生产场所噪声声级和频率特性

主要噪声源	声级/dB(A)	频率特性	主要噪声源	声级/dB(A)	频率特性
晶体管装配、真空镀膜	<75	低中频	毛织机、鼓风机	100～	高频
上胶机、蒸发机	75～	低频	织布机、破碎机	105～	高频
针织机、压塑机	80～	高频、宽带	电锯、喷砂机	110～	高频、宽带
车床、印刷机、制砖机	85～	高频、宽带	振捣机、振动筛	115～	高频、宽带
梳棉机、空压机、并条机	90～	中高频、宽带	球磨机、加压制砖机	120～	高频、宽带
细纱机、轮转印刷机	95～	高频、宽带	风铲、铆钉机、锅炉排气	130～	高频、宽带

2）生产性噪声引起的职业病——噪声聋

由于长时间接触噪声导致的听阈升高，不能恢复到原有水平的，称为永久性听阈位移，临床上称噪声聋。职业噪声还具有听觉外效应，可引起人体其他器官或机能异常。

2. 振动

生产过程中的生产设备、工具产生的振动称为生产性振动。产生振动的机械有锻造机、冲压机、压缩机、振动机、振动筛、送风机、振动传送带、打夯机、收割机等。生产中手臂所受到的局部振动所造成的危害较为明显和严重，国家已将其导致的手臂振动病列为职业病。

存在手臂振动的生产作业主要有以下四类。

（1）使用锤打工具作业，以压缩空气为动力，如凿岩机、选煤机、混凝土搅拌机、倾卸机、空气锤、筛选机、风铲、捣固机、铆钉机、铆打机等。

（2）使用手持转动工具作业，如电钻、风钻、手摇钻、油锯、喷砂机、金刚砂抛光机、钻孔机等。

（3）使用固定轮转工具作业，如砂轮机、抛光机、球磨机、电锯等。

（4）驾驶交通运输工具或农业机械作业，如汽车、火车、收割机、脱粒机等驾驶员，手臂长时间把持操作把手，亦存在手臂振动。

3. 电磁辐射

在作业场所中可能接触的几种电磁辐射简述如下：

1）非电离辐射

（1）高频作业、微波作业等辐射。高频作业主要有高频感应加热，如金属的热处理、表面淬火、金属熔炼、热轧及高频焊接等，工人作业地带高频电磁场主要来自高频设备的辐射源，无屏蔽的高频输出变压器常是工人操作位的主要辐射源。射频辐射对人体的影响不会导致组织器官的器质性损伤，主要引起功能性改变，并具有可逆性特征，症状往往在停止接触数周或数月后可恢复。微波能具有加热快、效率高、节省能源的特点。微波加热广泛用于橡胶、食品、木材、皮革、茶叶加工等，以及医药、纺织印染等行业。烘干粮食、处理种子及消灭害虫是微波在农业方面的重要应用。微波对机体的影响分致热效应和非致热效应两类，由于微波可选择性加热含水分组织而可造成机体热伤害，非致热效应主要表现在神经、分泌和心血管系统。

（2）红外线辐射。在生产环境中，加热金属、熔融玻璃、强发光体等可成为红外线辐射源。炼钢工、铸造工、轧钢工、锻造工、玻璃熔吹工、烧瓷工、焊接工等可接触到红外线辐射。白内障是长期接触红外辐射而引起的常见职业病，其原因是红外线可致晶状体损伤。职业性白内障已列入我国职业病名单。

（3）紫外线辐射。生产环境中，物体温度达 1200 ℃以上辐射的电磁波谱中即可出现紫外线。随着物体温度的升高，辐射的紫外线频率增高。常见的工业辐射源有冶炼炉（高炉、平炉、电炉）、电焊、氧乙炔气焊、氩弧焊、等离子焊接等。紫外线作用于皮肤能引起红斑反应。强烈的紫外线辐射可引起皮炎，皮肤接触沥青后再经紫外线照射，能发生严重的光感性皮炎，并伴有头痛、恶心、体温升高等症状，长期受紫外线照射，可发生湿疹、毛囊炎、皮肤萎缩、色素沉着，甚至可导致皮肤癌的发生。在作业场所比较多见的是紫外线对眼睛的损伤，即由电弧光照射所引起的职业病——电光性眼炎。此外，在雪地作业、航空航海作业时，受到大量太阳光中紫外线的照射时，也可引起类似电光性眼炎的角膜、结膜损伤，称为太阳光眼炎或雪盲症。

（4）激光辐射。激光也是电磁波，属于非电离辐射。激光被广泛应用于工业、农业、国防、医疗和科研等领域。在工业生产中主要利用激光辐射能量集中的特点，进行焊接、打孔、切割、热处理等作业。激光对健康的影响主要由其热效应和光化学效应造成的，可引起机体内某些酶、氨基酸、蛋白质、核酸等的活性降低甚至失活。眼部受激光照射后，可突然出现眩光感、视力模糊等。激光意外伤害，除个别人会发生永久性视力丧失外，多数经治疗均有不同程度的恢复。激光对皮肤也可造成损伤。

2）电离辐射

凡能引起物质电离的各种辐射称为电离辐射，如各种天然放射性核素和人工放射性核素、X 线机等。

随着原子能事业的发展，核工业、核设施也迅速发展，放射性核素和射线装置在工业、农业、医药卫生和科学研究中已得到广泛应用。接触电离辐射的劳动者也日益增多。在农业上，可利用射线的生物学效应进行动植物辐射育种，如辐照蚕茧等可获得新品种。射线照射肉类、蔬菜，可以杀菌、保鲜，延长贮存时间。在医学上，用射线照射肿瘤，可杀灭癌细胞。从事上述各种辐照的工作人员，可能受到射线的外照射。工业生产上还利用射线照相原理进行管道焊缝、铸件砂眼等的探伤。放射性仪器仪表多使用封闭源，操作不当则可造成工作人员的外照射。

放射性疾病是人体受各种电离辐射照射而发生的各种类型和不同程度损伤（或疾病）的总称。它包括：①全身性放射性疾病，如急、慢性放射病；②局部放射性疾病，如急、慢性放射性皮炎，放射性白内障；③放射所致远期损伤，如放射所致白血病。

除战时核武器爆炸引起之外，放射性疾病常见于核能和放射装置应用中的意外事故，或由于防护条件不佳所致职业性损伤。列为国家法定职业病的，包括急性外照射放射病、慢性外照射放射病、外照射皮肤放射损伤和内照射放射病等四种。

4. 异常气象条件

气象条件主要是指作业环境周围空气的温度、湿度、气流与气压等。在作业场所，由这四个要素组成的微小气候和劳动者的健康关系甚大。作业场所的微小气候既受自然条件影响，也受生产条件影响。

1）异常气象条件定义

（1）空气温度。生产环境的气温，受大气和太阳辐射的影响，在纬度较低的地区，夏季容易形成高温作业环境。生产场所的热源，如各种熔炉、锅炉、化学反应釜及机械摩擦和转动等产生的热量，都可以通过传导和对流加热空气。在人员密集的作业场所，人体散热也可对工作场所的气温产生一定影响。例如，在 25 ℃的气温下从事轻体力劳动，其总散热量为 523 kJ/h；在 35 ℃以下从事重体力劳动，其总散热量为 1046 kJ/h。

（2）湿度。对作业环境湿度的影响主要来自车间内各种敞开液面的水分蒸发或蒸汽放散情况，如造纸、印染、缫丝、电镀、屠宰等工艺中就存在上述情况，可以使生产环境的湿度增大。潮湿的矿井、隧道以及潜涵、捕鱼等作业也可以遇到相对湿度大于 80% 的高湿度的作业环境。在高温作业车间也可遇到相对湿度小于 30% 的低湿度。影响车间内湿度的因素还包括大气气象条件。

（3）风速。生产环境的气流除受自然风力的影响外，也与生产场所的热源分布和通风设备有关。热源使室内空气加热，产生对流气流，通风设备可以改变气流的速度和方向。矿井或高温车间的空气淋浴，生产环境的气流方向和速度要受人工控制。

（4）辐射热。热辐射是指能产生热效应的辐射线，主要是指红外线及一部分可见光。太阳的辐射以及生产场所的各种熔炉、开放的火焰、熔化的金属等均能向外散发热辐射，既可以作用于人体，也可以使周围物体加热成为二次热源，扩大了热辐射面积，加剧了热辐射强度。

（5）气压。一般情况下，工作环境的气压与大气压相同，虽然在不同的时间和地点可以略有变化，但变动范围很小，对机体无不良影响。某些特殊作业如潜水作业、航空飞行等，是在异常气压下工作，此时的气压与正常气压相差很远。

2）异常气象条件下的作业类型

（1）高温强热辐射作业。工作场所有生产性热源，其散热量大于 23 W/（m³·h）或 84 kJ/（m³·h）的车间；或当室外实际出现本地区夏季通风室外计算温度时，工作场所的气温高于室外 2 ℃或 2 ℃以上的作业，均属高温、强热辐射作业。如冶金工业的炼钢、炼铁、轧钢车间，机械制造工业的铸造、锻造、热处理车间，建材工业的陶瓷、玻璃、搪瓷、砖瓦等窑炉车间，火力电厂和轮船的锅炉间等，这些作业环境的特点是气温高、热辐射强度大，相对湿度低，形成干热环境。

（2）高温高湿作业。气象条件特点是气温高、湿度大，热辐射强度不大，或不存在热辐射源。如印染、缫丝、造纸等工业中，液体加热或蒸煮，车间气温可达 35 ℃以上，相对湿度达 90%以上。具有热害的煤矿深井井下气温可达 30 ℃，相对湿度达 95%以上。

（3）夏季露天作业。夏季从事农田、野外、建筑、搬运等露天作业以及军事训练等，易受太阳的辐射作用和地面及周围物体的热辐射。

（4）低温作业。接触低温环境主要见于冬天在寒冷地区或极地从事野外作业，如建筑、装卸、农业、渔业、地质勘探、科学考察，或在寒冷天气中进行战争或军事训练。在冬季室内因条件限制或其他原因而无采暖设备，亦可形成低温作业环境。在冷库或地窖等人工低温环境中工作，人工冷却剂的储存或运输过程中发生意外，亦可使接触者受低温侵袭。

（5）高气压作业。高气压作业主要有潜水作业和潜涵作业。潜水作业常见于水下施工、海洋资料及海洋生物研究、沉船打捞等。潜涵作业主要出现于修筑地下隧道或桥墩，工人在地下水位以下的深处或沉降于水下的潜涵内工作，为排出涵内的水，需通入较高压力的高压气。

（6）低气压作业。高空、高山、高原均属低气压环境，在这类环境中进行运输、勘探、筑路、采矿等生产劳动，属低气压作业。

3）异常气象条件对人体的影响

（1）高温作业对机体的影响。高温作业对机体的影响主要是体温调节和人体水盐代谢的紊乱，机体内多余的热不能及时散发掉，产生蓄热现象而使体温升高。在高温作业条件下大量出汗，可使体内水分和盐大量丢失。一般生活条件下出汗量为每日 6 L 以下，高温作业工人日出汗量可达 8~10 L，甚至更多。汗液中的盐主要是氯化钠和少量钾，大量出汗可引起体内水盐代谢紊乱，对循环系统、消化系统、泌尿系统都可造成一些不良影响。

（2）低温作业对机体的影响。在低温环境中，皮肤血管收缩以减少散热，内脏和骨骼肌血流增加，代谢加强，骨骼肌收缩产热，以保持正常体温。如时间过长，超过了人体耐受能力，体温逐渐降低。由于全身过冷，使机体免疫力和抵抗力降低，易患感冒、肺炎、肾炎、肌痛、神经痛、关节炎等，甚至可导致冻伤。

（3）高低气压作业对机体的影响。高气压对机体的影响，在不同阶段表现不同。在加压过程中，可引起耳充塞感、耳鸣、头晕等，甚至造成鼓膜破裂。在高气压作业条件下，欲恢复到常压状态时，有个减压过程，在减压过程中，如果减压过速，则可引起减压病。低气压作业对机体的影响主要是由于低氧性缺氧而引起的损害，如高原病。

4）异常气象条件引起的职业病

（1）中暑。中暑是高温作业环境下发生的一类疾病的总称，是机体散热机制发生障碍的结果。按病情轻重可分为先兆中暑、轻症中暑、重症中暑。中暑在临床上可分为三种类型，即热射病、热痉挛和热衰竭。重症中暑可出现昏倒或痉挛，皮肤干燥无汗，体温在40 ℃以上等症状。

（2）减压病。急性减压病主要发生在潜水作业后，减压病的症状主要表现为：皮肤奇痒、灼热感、紫绀、大理石样斑纹；肌肉、关节和骨骼酸痛或针刺样剧烈疼痛，头痛、眩晕、失明、听力减退等。

（3）高原病。高原病是发生于高原低氧环境下的一种疾病。急性高原病分为三型：急性高原反应、高原肺水肿、高原脑水肿等。

（四）职业性致癌因素

1. 职业性致癌物的分类

与职业有关的、能引起恶性肿瘤的有害因素称为职业性致癌因素。由职业性致癌因素所致的癌症称为职业癌。

经过流行病学调查和动物实验，有明确证据表明对人有致癌作用的物质，称为确认致癌物，如苯、沥青、炼焦油、芳香胺、石棉、铬、芥子气、氯甲甲醚、氯乙烯、放射性物质等，见表4 - 4。

表4 - 4　确认的主要职业性致癌物

致　癌　物	致癌部位	致　癌　物	致癌部位
炼焦油	唇、皮肤、鼻	砷及其化合物	皮肤、肺、喉等
苯并［a］芘	肺、皮肤	1 - 萘胺、3 - 萘胺	膀胱、肾盂等
沥青	皮肤	联苯胺、4 - 氨基联苯	泌尿系统膀胱
页岩油	皮肤	芥子气	肺、气管、喉、鼻
矿物油	皮肤、喉	氯甲醚、二氯甲醚	肺
木馏油	皮肤、唇	异丙基油	鼻窦、喉、肺
石棉	肺、胸膜间皮瘤	氯乙烯	肝血管瘤
铬酸盐	鼻腔、喉、肺	氯丁二烯	皮肤、肺
镍及其盐类	鼻腔、鼻窦、肺、喉	苯	白血病
焦炉逸散物	肺	硬木屑	鼻
甲醛	鼻咽、鼻窦	放射性物质	肺、皮肤、白血病、骨骼
铍及其化合物	肺	镉及其化合物	肺、前列腺、睾丸

2. 职业致癌物引起的职业癌

我国已将石棉、联苯胺、苯、氯甲甲醚、砷、氯乙烯、焦炉烟气、铬酸盐等所致的肿瘤，列入职业病名单。职业性肿瘤的接触行业及工种见表4-5。

表4-5 职业性肿瘤的接触行业及工种

职业性肿瘤名称	接触致癌物行业及接触工种
石棉所致肺癌、间皮瘤	石棉纺织、石棉橡胶制品、石棉水泥制品，石棉的开采选矿运输，石棉制品应用等，接触青石棉更为严重
联苯胺所致膀胱癌	染料化工业中制造联苯胺及联苯胺生产染料的工人，此外在有机化学合成橡胶、塑料、印刷行业亦常用
苯所致白血病	橡胶、树脂、漆、脂的溶剂或稀释剂，以及药物、染料、洗涤剂、化肥、农药、苯酚、苯乙烯合成的原料
氯甲醚、双氯甲醚所致肺癌	用于甲基化和离子交换树脂的原料，甲醇、甲醛、氯化氢合成双氯甲醚、氯甲甲醚、蚊香、造纸
砷及砷化物所致肺癌与皮肤癌	含砷矿开采、冶炼，制药、农药、铜和铝合金，应用三氧化二砷、五氧化三砷、砷酸盐、三氯化砷、雌黄、种子消毒、杀虫、木材防腐、颜料
氯乙烯所致肝血管肉瘤	生产和使用 VC 或 PVC
焦炉逸散物所致肺癌	炼焦、煤气及煤制品，炼焦干馏、熄焦
六价铬化合物所致肺癌	铬酸盐制造厂、镀铬、铬颜料生产、毛染色
毛沸石所致肺癌、胸膜间皮瘤	毛沸石的开采、选矿等
煤焦油、煤焦油沥青、石油沥青所致皮肤癌	煤焦油、煤焦油沥青、石油沥青的生产和使用
β-萘胺所致膀胱癌	涂料及颜料制造等

（五）生物因素

生物因素所致职业病是指劳动者在生产条件下，接触生物性职业性有害因素而出现的职业病。目前，我国将炭疽病、森林脑炎、布鲁氏菌病、艾滋病和莱姆病列为法定职业病。

1. 炭疽病

炭疽病是由炭疽菌引起的人畜共患的急性传染病。

炭疽病的职业性高危人群主要是牧场工人、屠宰工、剪毛工、搬运工、皮革厂工人、毛纺工、缝皮工及兽医等。

炭疽病的潜伏期较短，一般为 1~3 天，最短仅为 12 h。炭疽病临床分为皮肤型、肺型、肠型三种，且可继发败血症型、脑膜炎型。

2. 森林脑炎

森林脑炎是由病毒引起的自然疫源性疾病，是林区特有的疾病，传播媒介是硬蜱，有明显的季节性，每年5月上旬开始，6月上、中旬达高峰，7月后则多散发。

森林脑炎主要见于从事森林工作有关的人员，例如森林调查队员、林业工人、筑路工人等。在林业工人中采伐工和集材工的发病率高于其他工种，其中使用畜力（牛、马）的集材工发病率最高。林业工人多为男性青壮年，故森林脑炎患者多为 20~40 岁的男子。

森林脑炎起病急剧，突发高热可迅速到 40 ℃ 以上，并有头痛、恶心、呕吐、意识不清等，可迅速出现脑膜刺激症状，多为重症。神经系统症状以瘫痪、脑膜刺激征及意识障碍为主。常出现颈部肌肉、肩胛肌、上肢肌瘫。

3. 布鲁氏菌病

布鲁氏菌病是由布鲁氏杆菌病引起的人畜共患性传染病，传染源以羊、牛、猪为主，主要由病畜传染，因此病畜是皮毛加工等类型企业中职业性感染此病的主要途径。

发热是布鲁氏杆菌病患者最常见的临床表现之一，常有多发性神经炎，多见于大神经，以坐骨神经最为多见。

4. 艾滋病（限于医疗卫生人员及人民警察）

艾滋病是一种危害性极大的传染病，由感染艾滋病病毒（HIV 病毒）引起。HIV 是一种能攻击人体免疫系统的病毒，它把人体免疫系统中最重要的 T 淋巴细胞作为主要攻击目标，大量破坏该细胞，使人体丧失免疫功能。因此，患者易于感染各种疾病，并可发生恶性肿瘤，病死率较高。本病职业性接触主要见于从事艾滋病诊疗的医疗卫生工作人员、接触艾滋病患者或吸毒人员的警务工作有关的人员等。

HIV 感染后，最开始的数年至 10 余年可无任何临床表现。一旦发展为艾滋病，病人就可以出现各种临床表现。一般初期的症状如同普通感冒、流感样，可有全身疲劳无力、食欲减退、发热等，随着病情的加重，症状日见增多，如皮肤、黏膜出现白色念珠菌感染，出现单纯疱疹、带状疱疹、紫斑、血疱、淤血斑等；以后渐渐侵犯内脏器官，出现原因不明的持续性发热，可长达 3~4 个月；还可出现咳嗽、气促、呼吸困难、持续性腹泻、便血、肝脾肿大、并发恶性肿瘤等。临床症状复杂多变，但每个患者并非上述所有症状全都出现。侵犯肺部时常出现呼吸困难、胸痛、咳嗽等，侵犯胃肠时可引起持续性腹泻、腹痛、消瘦无力等；还可侵犯神经系统和心血管系统。

5. 莱姆病

莱姆病是由伯氏疏螺旋体所致的自然疫源性疾病，又称莱姆疏螺旋体病，由扁虱（蜱）叮咬传播，临床表现主要为皮肤、心脏、神经和关节等多系统、多脏器损害。本病职业性接触主要见于从事森林工作有关的人员，例如森林调查队员、林业工人等。

莱姆病早期以皮肤慢性游走性红斑为特点，以后出现神经、心脏或关节病变，通常在夏季和早秋发病，可发生于任何年龄，男性略多于女性。我国于 1985 年首次在黑龙江省林区发现本病病例，以神经系统损害为该病最主要的临床表现。其神经系统损害以脑膜炎、脑炎、颅神经炎、运动和感觉神经炎最为常见。莱姆病的发病时间有一定的季节性，其季节性发病高峰与当地蜱类的数量及活动高峰相一致。

（六）职业有关疾病

职业有关疾病又称工作有关疾病，主要是指职业人群中发生的、由多种因素引起的疾病。它的发生与职业因素有关，但又不是唯一的发病因素，非职业因素也可引起发病。职业有关疾病是在职业病名单之外的一些与职业因素有关的疾病，但常常是职工缺勤的重要因素，例如教师与歌唱演员发生的声带结节，单调作业，轮班作业，因脑力劳动长期高度精神紧张而多发的高血压和冠心病、消化性溃疡病等。近年来，由于微机的大量使用，视屏显示终端（VDT）操作人员迅速增加，视屏显示终端操作人员的职业病危害问题，已成为职业卫生工作中一个关注的重点。

1. 人类工效学因素

人类工效学是一门新兴学科，它是随着工农业生产的发展和科学技术的进步而出现的一门综合性边缘性学科，目前已被广泛应用于工业、农业、国防、交通运输、服务行业等各行各业。为保护劳动者的健康和安全，创造舒适的工作和生活环境，提高劳动者的工作效率，促进生产发展，人类工效学发挥着重要作用。

在人类工效学的发展和形成过程中，不同的国家或地区由于受地理环境、科学水平、经济状况等因素的影响，科学工作者研究的侧重点和对这门学科的理解存在着差异，至今名称尚不能统一。在中国，人类工效学又称为"工效学""人机工程学"等。

搬运工、铸造工、长途汽车司机、炉前工、电焊工等工种，由于长期弯腰、下蹲、站立或躯干前屈等不良工作姿势可致腰背痛；长期固定姿势，长期低头，长期伏案工作等可致颈肩痛；钢琴手、小提琴手可因过多指腕运动而发生手肌痉挛等。这些都与人类工效学因素有关。

人类工效学研究的主要内容如下：

（1）人体方面：通过研究劳动生理、劳动时能量代谢、劳动时机体的调节和适应、疲劳、作业能力，采取相应措施，使劳动者在作业过程中，动作迅速、准确，能量消耗减少，疲劳程度减轻，从而提高工作效率，保护劳动者的健康。

（2）机器设备：目前机器设备一方面朝着大型化、复杂化方向发展，另一方面朝着精细化方向发展，从而使人和机器成为一个统一的整体，即所谓人机系统。为此，就要使机器、设备和工具适合于人的解剖、生理和心理学特点，以便充分发挥人和机器的作用。

2. 社会和经济环境因素

随着社会和经济的持续发展，各行各业也在迅速发展，人们的生活方式和节奏不断加快，劳动者对精神、社会生活和健康要求的提高，新的预防医学模式随之突破旧的医学模式，需要心理学、经济学和社会学等学科相互协作配合。而员工在保护自身健康时，应培养、保持健康的心理、精神状态。

二、职业病危害评价

职业病危害评价是依据国家有关法律法规和职业卫生标准，对生产经营单位生产过程中产生的职业病危害因素进行接触评价，对生产经营单位采取预防控制措施进行效果评价；同时也为作业场所职业卫生监督管理提供技术数据。

根据评价的目的和性质不同，可分为经常性（日常）职业病危害因素检测与评价和建设项目的职业病危害评价。建设项目职业病危害评价又可分为新建、改建、扩建和技术改造与技术引进项目的职业病危害预评价、控制效果评价与生产运行中的职业病危害现状评价。

（一）职业病危害因素的检测与评价

依据职业卫生有关采样、测定等法规标准的要求，在作业现场采集样品后测定分析或者直接测量，对照国家职业病危害因素接触限值有关的标准要求，是评价工作环境中存在的职业病危害因素的浓度或强度的基本方式。通过职业病危害因素检测，可以判定职业病危害因素的性质、分布、产生的原因和程度，也可以评价作业场所配备的工程防护设备设施的运行效果。

1. 职业病危害因素检测

国家职业卫生有关法规标准对作业场所职业病危害因素的采样和测定都有明确的规定，职业病危害因素检测必须按计划实施，由专人负责，进行记录，并纳入已建立的职业卫生档案。例如，《煤矿安全规程》《煤矿作业场所职业危害防治规定（试行）》对煤矿企业职业病危害因素检测进行了规定。现行职业卫生标准对职业病危害因素的布点采样等进行了详细的规定，主要职业卫生标准有《工作场所空气中有害物质监测的采样规范》（GBZ 159）、《工作场所空气中粉尘测定》（GBZ/T 192.1～GBZ/T 192.2）与《工作场所物理因素测量》（GBZ/T 189.1～GBZ/T 189.11）有关技术规范等。

对于工作场所中存在的粉尘和化学毒物的采样来说，根据其采样方式的不同又可以分为定点采样和个体采样两种类型。定点采样是指将空气收集器放置在选定的采样点、劳动者的呼吸带进行采样；个体采样是指将空气收集器佩戴在采样对象（选定的作业人员）的前胸上部，其进气口尽量接近呼吸带所进行的采样。

2. 职业病危害因素测定分析

对于多数物理性职业病危害因素，在现场检测时可以借助测定设备直接进行读数外，对于作业场所空气中存在的粉尘、化学物质等有害因素，在采集作业场所样品后，还需要作进一步的分析测定。主要标准有粉尘测量有关技术规范《工作场所空气中粉尘测定》（GBZ/T 192.1～GBZ/T 192.5）、《工作场所空气有毒物质测定》（GBZ/T 160.1～GBZ/T 160.81）等。

（二）建设项目职业病危害预评价与控制效果评价

这一类评价是职业卫生防护设施"三同时"原则的体现，同时可为新建、改建、扩建等建设项目职业病危害分类的管理、项目设计阶段的防护设施设计和审查等提供科学依据。

1. 评价原则

建设项目职业病危害评价关系到建设项目建成并投入使用后能否符合国家职业卫生方面法律法规、标准规范的要求，能否预防、控制和消除职业病危害，保护劳动者健康及其相关权益，促进经济发展的关键性工作。这项工作不但具有较复杂的技术性，而且还有很强的政策性，因此必须以建设项目为基础，以国家职业卫生法律法规、标准规范为依据，用严肃的科学态度开展和完成职业病危害评价任务，在评价工作过程中必须始终遵循严肃性、严谨性、公正性、可行性的原则。

2. 评价的主要方法

（1）检查表法。依据现行职业卫生法律法规、标准编制检查表，逐项检查建设项目在职业卫生方面的符合情况。该评价方法常用于评价拟建项目在选址、总平面布置、生产工艺与设备布局、车间建筑设计卫生要求、卫生工程防护技术措施、卫生设施、应急救援措施、个体防护措施、职业卫生管理等方面与法律法规、标准的符合性。该方法的优点是简洁、明了。

（2）类比法。通过与拟建项目同类和相似工作场所检测、统计数据，健康检查与监护，职业病发病情况等，类推拟建项目作业场所职业病危害因素的危害情况。用于比较和评价拟建项目作业场所职业病危害因素浓度（强度）、职业病危害的后果、拟采用职业病危害防护措施的预期效果等。类比法的关键在于，类比现场的选择应与拟建项目在生产方式、生产规模、工艺路线、设备技术、职业卫生管理等方面，有很好的可类比性。

（3）定量法。对建设项目工作场所职业病危害因素的浓度（强度）、职业病危害因素的固有危害性、劳动者接触时间等进行综合考虑，按国家职业卫生标准计算危害指数，确定劳动者作业危害程度的等级。

3. 评价的主要内容

（1）建设项目职业病危害预评价。对建设项目的选址、总体布局、生产工艺和设备布局、车间建筑设计卫生、职业病危害防护措施、辅助卫生用室设置、应急救援措施、个人防护措施、职业卫生管理措施、职业健康监护等进行评价分析与评价，通过职业病危害预评价，识别和分析建设项目在建成投产后可能产生的职业病危害因素及其主要存在环节，评价可能造成的职业病危害及程度，确定建设项目在职业病防治方面的可行性，为建设项目的设计提供必要的职业病危害防护对策和建议。

（2）建设项目职业病危害控制效果评价。对评价范围内生产或操作过程中可能存在的有毒有害物质、物理因素等职业病危害因素的浓度或强度，以及对劳动者健康的可能影响，对建设项目的生产工艺和设备布局、车间建筑设计卫生、职业病危害防护措施、应急救援措施、个体防护措施、职业卫生管理措施、职业健康监护等方面进行评价，从而明确建设项目产生的职业病危害因素，分析其危害程度及对劳动者健康的影响，评价职业病危害防护措施及其效果，对未达到职业病危害防护要求的系统或单元提出职业病预防控制措施的建议。

（三）生产运行中的职业病危害现状评价

根据评价的目的不同，生产运行过程中的现状评价可针对生产经营单位职业病危害预防控制工作的多个方面，主要内容是对作业人员职业病危害接触情况、职业病危害预防控制的工程控制情况、职业卫生管理等方面进行评价，在掌握生产经营单位职业病危害预防控制现状的基础上，找出职业病危害预防控制工作的薄弱环节或者存在的问题，并给生产经营单位提出予以改进的具体措施或建议。

三、职业病危害控制

职业病危害控制主要是指针对作业场所存在的职业病危害因素的类型、分布、浓度、强度等情况，采取多种措施加以控制，使之消除或者降到容许接受的范围之内，以保护作业人员的身体健康和生命安全。职业病危害控制的主要技术措施包括工程技术措施、个体防护措施和组织管理措施等。

（一）工程技术措施

工程技术措施是指应用工程技术的措施和手段（如密闭、通风、冷却、隔离等），控制生产工艺过程中产生或存在的职业病危害因素的浓度或强度，使作业环境中有害因素的浓度或强度降至国家职业卫生标准容许的范围之内。例如，控制作业场所中存在的粉尘，常采用湿式作业或者密闭抽风除尘的工程技术措施，以防止粉尘飞扬，降低作业场所粉尘浓度；对于化学毒物的工程控制，则可以采取全面通风、局部送风和排出气体净化等措施；对于噪声危害，则可以采用隔离降噪、吸声等技术措施。

（二）个体防护措施

对于经工程技术治理后仍然不能达到限值要求的职业病危害因素，为避免其对劳动者造成健康损害，则需要为劳动者配备有效的个体防护用品。针对不同类型的职业病危害因素，应选用合适的防尘、防毒或者防噪声等的个体防护用品。《个体防护装备配备规范》（GB 39800）、《呼吸防护用品的选择、使用与维护》（GB/T 18664）等规范性文件和标准对个体防护用品的选用给出了具体的要求。

（三）组织管理等措施

在生产和劳动过程中，加强组织与管理也是职业病危害控制工作的重要一环，通过建立、健全职业病危害预防控制规章制度，确保职业病危害预防控制有关要素的良好与有效运行，是保障劳动者职业健康的重要手段，也是合理组织劳动过程、实现生产工作高效运行的基础。

第三节　职业病危害管理

生产经营单位是作业场所职业病危害预防控制的责任主体，应依据国家法律法规及标准要求开展职业病危害管理工作，生产经营单位的主要负责人对本单位作业场所的职业病危害防治工作全面负责。生产经营单位日常职业病危害管理主要包括以下内容。

一、职业病危害项目申报

国家建立职业病危害项目申报制度。

生产经营单位工作场所存在职业病目录所列职业病的危害因素的，应当及时、如实向所在地行政主管部门申报危害项目，接受监督。

二、建设项目职业病防护设施"三同时"

新建、扩建、改建建设项目和技术改造、技术引进项目（以下统称建设项目）可能产生职业病危害的，建设单位在可行性论证阶段应当进行职业病危害预评价。

医疗机构建设项目可能产生放射性职业病危害的，建设单位应当向卫生行政部门提交放射性职业病危害预评价报告。卫生行政部门应当自收到预评价报告之日起 30 日内，作出审核决定并书面通知建设单位。未提交预评价报告或者预评价报告未经卫生行政部门审核同意的，不得开工建设。

职业病危害预评价报告应当对建设项目可能产生的职业病危害因素及其对工作场所和劳动者健康的影响作出评价，确定危害类别和职业病防护措施。

建设项目的职业病防护设施所需费用应当纳入建设项目工程预算，并与主体工程同时设计、同时施工、同时投入生产和使用。

建设项目的职业病防护设施设计应当符合国家职业卫生标准和卫生要求；其中，医疗机构放射性职业病危害严重的建设项目的防护设施设计，应当经卫生行政部门审查同意后方可施工。

建设项目在竣工验收前，建设单位应当进行职业病危害控制效果评价。

医疗机构可能产生放射性职业病危害的建设项目竣工验收时，其放射性职业病防护设施经卫生行政部门验收合格后，方可投入使用；其他建设项目的职业病防护设施应当由建设单位负责依法组织验收，验收合格后方可投入生产和使用。卫生行政部门应当加强对建设单位组织的验收活动和验收结果的监督核查。

国家对从事放射性、高毒、高危粉尘等作业实行特殊管理。

三、劳动过程中的防护和管理

（一）材料和设备管理

主要管理工作内容包括：优先采用有利于职业病防治和保护劳动者健康的新技术、新工艺、新设备、新材料；不生产、经营、进口和使用国家明令禁止使用的可能产生职业病危害的设备或者材料；生产经营单位原材料供应商的活动也必须符合安全健康要求；不采用有危害的技术、工艺和材料，不隐瞒其危害；可能产生职业病危害的设备有中文说明书；在可能产生职业病危害的设备醒目位置，设置警示标识和中文警示说明；使用、生产、经营可能产生职业病危害的化学品，要有中文说明书；使用放射性同位素和含有放射性物质、材料的，要有中文说明书；不转嫁职业病危害的作业给不具备职业病防护条件的单位和个人；不接受不具备防护条件的有职业病危害的作业；有毒物品的包装有警示标识和中文警示说明。

（二）作业场所管理

主要管理工作内容包括：职业病危害因素的强度或者浓度应符合国家职业卫生标准要求；生产布局合理；有害作业与无害作业分开；在可能发生急性职业损伤的有毒有害作业场所设置报警装置、配置现场急救用品、设置冲洗设备、设置应急撤离通道、设置必要的泄险区；放射作业场所应设报警装置；放射性同位素的运输、储存应配置报警装置；一般有毒作业设置黄色区域警示线；高毒作业场所设红色区域警示线；高毒作业应设淋浴间、更衣室、物品存放专用间，还应为女工设冲洗间。

（三）作业环境职业病危害因素检测管理

主要管理工作内容包括：设专人负责职业病危害因素日常检测；按规定定期对作业场所职业病危害因素进行检测与评价；检测、评价的结果存入生产经营单位的职业卫生档案。

（四）防护设备设施和个人防护用品管理

主要管理工作内容包括：职业病危害防护设施台账齐全；职业病危害防护设施配备齐全；职业病危害防护设施有效；有个人职业病危害防护用品计划，并组织实现；按标准配备符合防治职业病要求的个人防护用品；有个人职业病危害防护用品发放登记记录；及时维护、定期检测职业病危害防护设备、应急救援设施和个人职业病危害防护用品。

（五）履行告知义务

主要管理工作内容包括：在醒目位置公布有关职业病防治的规章制度；签订劳动合同时，在合同中载明可能产生的职业病危害及其后果，载明职业病危害防护措施和待遇；在醒目位置公布操作规程，公布职业病危害事故应急救援措施，公布作业场所职业病危害因素监测和评价的结果，告知劳动者职业病健康体检结果；对于患职业病或职业禁忌证的劳动者企业应告知本人。

（六）职业健康监护

职业健康监护是职业病危害防治的一项主要内容。通过健康监护不仅起到保护员工健康、提高员工健康素质的作用，也便于早期发现疑似职业病病人，使其早期得到治疗。职业健康监护工作的开展，必须有专职人员负责，并建立、健全职业健康监护档案。职业健康监护档案包括劳动者的职业史、职业病危害接触史、职业健康检查结果和职业病诊疗等有关个人健康资料。

《职业健康监护技术规范》（GBZ 188）对接触各种职业病危害因素的作业人员职业健康检查周期与体检项目给出了具体规定。例如，该标准关于接触粉尘人员的职业健康检查规定如下。

1. 接触矽尘作业人员的职业健康检查要求

接触矽尘作业人员在上岗前、在岗期间和离岗前均应进行职业健康检查。

1）职业健康检查内容

（1）症状询问，重点询问咳嗽、咳痰、胸痛、呼吸困难，也可有喘息、咯血等症状。

（2）体格检查，内科常规检查，重点是呼吸系统和心血管系统。

（3）实验室和其他检查：

① 必检项目，后前位 X 射线高千伏胸片、心电图、肺功能。

② 选检项目，血常规、尿常规、血清 ALT。

2）在岗期间健康检查周期

（1）劳动者接触二氧化硅粉尘浓度符合国家卫生标准，每 2 年 1 次；劳动者接触二氧化硅粉尘浓度超过国家卫生标准，每 1 年 1 次。

（2）X 射线胸片表现为 0 + 的作业人员医学观察时间为每年 1 次，连续观察 5 年，若 5 年内不能确诊为矽肺患者，应按一般接触人群进行检查。

（3）矽肺患者每年检查 1 次。

2. 接触煤尘（包括煤矽尘）作业人员的职业健康检查要求

接触煤尘（包括煤矽尘）作业人员在上岗前、在岗期间和离岗前均应进行职业健康检查。

1）职业健康检查内容

（1）症状询问，重点询问呼吸系统、心血管系统疾病史、吸烟史及咳嗽、咳痰、喘息、胸痛、呼吸困难、气短等症状。

（2）体格检查，内科常规检查，重点是呼吸系统和心血管系统。

（3）实验室和其他检查：

① 必检项目，后前位 X 射线高千伏胸片、心电图、肺功能。

② 选检项目，血常规、尿常规、血清 ALT。

2）在岗期间健康检查周期

（1）劳动者接触煤尘浓度符合国家卫生标准，每 3 年 1 次；劳动者接触煤尘浓度超过国家卫生标准，每 2 年 1 次。

（2）X 射线胸片表现为 0 + 的作业人员医学观察时间为每年 1 次，连续观察 5 年，若 5 年内不能确诊为煤工尘肺患者，应按一般接触人群进行检查。

（3）煤工尘肺患者每 1~2 年检查 1 次。

3. 接触其他粉尘作业人员的职业健康检查要求

其他粉尘指除矽尘、煤尘和石棉粉尘以外按现行国家职业病目录中可以引起尘肺病的其他矿物性粉尘，包括炭黑粉尘、石墨粉尘、滑石粉尘、云母粉尘、水泥粉尘、铸造粉尘、陶瓷粉尘、铝尘（铝、铝矾土、氧化铝）、电焊烟尘等粉尘。接触其他粉尘作业人员在上岗前、在岗期间和离岗前均应进行职业健康检查。

1）职业健康检查内容

（1）症状询问，重点询问咳嗽、咳痰、胸痛、呼吸困难，也可有喘息、咯血等症状。

（2）体格检查，内科常规检查，重点是呼吸系统和心血管系统。

（3）实验室和其他检查：

① 必检项目，后前位 X 射线高千伏胸片、心电图、肺功能。

② 选检项目，血常规、尿常规、血清 ALT。

2）在岗期间健康检查周期

（1）劳动者接触其他粉尘浓度符合国家卫生标准，每 4 年 1 次，劳动者接触其他粉尘浓度超过国家卫生标准，每 2~3 年 1 次。

（2）X 射线胸片表现为 0 + 的作业人员医学观察时间为每年 1 次，连续观察 5 年，若 5 年内不能确诊为尘肺患者，应按一般接触人群进行检查。

（3）尘肺患者每 1~2 年检查 1 次。

（七）职业卫生培训

主要管理工作内容包括：生产经营单位的主要负责人、职业卫生管理人员应接受职业卫生培训；对上岗前的劳动者进行职业卫生培训；定期对劳动者进行在岗期间的职业卫生培训。

（八）职业病危害事故的应急救援、报告与处理

发生或者可能发生急性职业病危害事故时，生产经营单位应当立即采取应急救援和控制措施，并及时报告所在地卫生行政部门和有关部门。卫生行政部门接到报告后，应当及时会同有关部门组织调查处理；必要时，可以采取临时控制措施。卫生行政部门应当组织做好医疗救治工作。

对遭受或者可能遭受急性职业病危害的劳动者，生产经营单位应当及时组织救治、进行健康检查和医学观察，所需费用由生产经营单位承担。

第五章　安全生产应急管理

第一节　安全生产预警预报体系

建立安全生产预警机制，能有效地辨识和获取隐患信息，提前进行预测警报，使企业及时、有针对性地采取预防措施，减少事故发生。《国务院关于进一步加强企业安全生产工作的通知》指出，企业要积极开展安全生产预警机制建设，建立完善安全生产动态监控及预警预报体系，每月进行一次安全生产风险分析。出现事故征兆后要立即发布预警信息，落实预防和应急处置措施。因此，建立完善企业安全生产预警机制已成为安全生产管理过程中的重要技术途径。

一、安全生产预警的目标、任务与特点

（一）预警的目标

预警的目标是通过对安全生产活动和安全管理进行监测与评价，警示安全生产过程中所面临的危害程度。

（二）预警的任务

预警需要完成的任务是完成对各种事故征兆的监测、识别、诊断与评价及时报警，并根据预警分析的结果对事故征兆的不良趋势进行矫正与控制。

（三）预警的特点

1. 快速性

建立的安全生产预警系统能够灵敏快速地进行信息搜集、传递、处理、识别和发布，这一系统的任何一个环节都必须建立在"快速"的基础上，失去了快速性，预警就失去了意义。因为预警尚未发出，事故很可能已经发生，根本来不及发布警报，也不可能实施预控，事故征兆预警这个"报警器"就没有发挥任何作用。

2. 准确性

安全生产过程中的信息复杂多变，预警不仅要求快速搜集和处理信息，更重要的是要对复杂多变的信息作出准确判断。判断是否正确，关系到整个预警的成败。要在短时间内对复杂的信息作出正确判断，必须事先针对各种事故制定出科学、实用的信息判断标准和确认程序，并严格按照制定的标准和程序进行判断，避免信息判断及其过程的随意性。

3. 公开性

发现事故征兆，这一信息一经确认，就必须客观、如实地向企业和社会公开发布预警信息。由于事故的发生取决于人、机、环、管等多种复杂因素，控制事故发展和应急救援需要企业、社会的力量，落实相应的防范和应急处置措施。而公开发布预警预报信息无疑

是上述措施有效实施的先决条件。

4. 完备性

预警系统应能全面收集与事故相关的各类信息，进行安全生产的风险分析，据此从不同角度、不同层面全过程地分析事故征兆的发展态势。

5. 连贯性

要想使预警分析不致因孤立、片面而得出错误的结论，每一次的安全生产风险分析应以上次的风险分析为基础，实现预警预报的闭环，紧密衔接，才能确保预警分析的连贯和准确。

二、预警系统的组成及功能

预警系统主要由预警分析系统和预控对策系统两部分组成。其中预警分析系统主要包括监测系统、预警信息系统、预警评价指标体系系统、预测评价系统等。监测系统是预警系统主要的硬件部分，其功能是采用各种监测手段获得有关信息和运行数据；预警信息系统负责对信息的存储、处理、识别；预警评价指标体系系统主要完成指标的选取、预警准则和阈值的确定；预测评价系统主要是完成评价对象的选择，根据预警准则选择预警评价方法，给出评价结果，再根据危险级别状态进行报警。预控对策系统根据具体警情确定控制方案。其中监测系统、预警信息系统、预警评价指标体系系统、预测评价系统完成预警功能，预控对策系统完成对事故的控制功能。

（一）监测系统

此系统通过采集监测对象（如温度、压力、液位等）传感器的输出信号，将信号经过模拟/数字转换后形成数字信号输出，或经过数字式传感器直接输出信号，这些信号通过传输设施（同轴电缆、控制线、电源线、双绞线等）送入计算机进行处理，处理结果经由输出接口输出或通过人机接口输出到操作控制台的显示器、LED 显示器、监控系统大屏幕、记录仪、打印机等外围设备上。监测系统主要完成实时信息采集，并将采集信息存入计算机，供预警信息系统分析使用。

（二）预警信息系统

事故预警的主要依据是与事故有关的外部环境与内部管理的原始信息。预警信息系统完成将原始信息向征兆信息转换的功能。原始信息包括历史信息、现实和实时信息，同时包括国内外相关的事故信息。

预警信息系统主要由信息网、中央处理系统和信息判断系统组成。信息网的作用是进行信息搜集、统计与传输；中央信息处理系统的功能是储存和处理从信息网传入的各种信息，然后进行综合、甄别和简化；信息判断系统是对缺乏的信息进行判断，并进行事故征兆的推断。上述三个系统有机地结合完成预警信息系统以下的活动。

1. 信息收集

通过对各种实时监测信息来源进行组合和相互印证，使零散信息转变为整体化的具有预报性的可靠信息。

2. 信息处理

对各种监测信息进行分类、整理与统计分析，使之成为可用于预警的有用信息。

3. 信息辨伪

由于某些信息只反映表面现象而不能反映实质，因时间滞后而导致信息过时；系统的非全息性使部分信息不能完全反映整体；信息传输环节过多导致失真，造成伪信息的出现。

伪信息往往会导致预警系统的误警和漏警现象发生，它所产生的风险比信息不全所产生的风险更加严重。因此对于初始信息不能直接应用，必须加以辨识，去伪存真。信息辨伪的方法有 5 种：

（1）进行多种信息来源的比较印证，如果相互之间存在矛盾，则必定信息来源有误。

（2）分析信息传输过程，以弄清信息所反映的时间点，并分析传输中可能出现的失误。

（3）进行事理分析，如果信息与事理明显相悖，信息来源有误。

（4）进行反证性分析，即建立信息与目前事件状态之间的关系，然后由目前事件反证原有信息，若反证结果与原有信息偏误较大，则证明信息来源有误或过时。

（5）进行不利性反证，即假定信息为真，然后分析在这种假设下可能出现的不利情况，若这种不利情况很多很严重，则这种信息应慎用。

4. 信息存储

信息存储的目的是进行信息积累以供备用，应不断更新与补充。

5. 信息推断

利用现有信息或缺乏的信息进行判断，并进行事故征兆的推断。由于预警信息系统完成将原始信息向征兆信息转换的功能，因此要求信息基础管理工作必须满足以下条件：

（1）规范化。每个工作岗位都需要有明确的责任和定量的要求，信息来源符合一致性要求。

（2）标准化。采集信息过程中的计量检测等都应有精确的技术标准。

（3）统一化。各类报表、台账、原始凭证都要有统一格式和内容，统一分类编码。

（4）程序化。数据的采集、传递和整理都要有明确的程序、期限和责任者。

（三）预警评价指标体系系统

建立预警评价指标体系的目的是使信息定量化、条理化和可操作化。预警指标按技术层次可分为潜在指标和显现指标两类。潜在指标主要用于对潜在因素或征兆信息的定量化，显现指标则主要用于对显现因素或现状信息的定量化。但在实际预警指标选取上主要考虑人、机、环、管等方面的有关因素。

1. 建立预警评价指标的原则

所谓预警评价指标就是指能敏感地反映危险状态及存在问题的指标。建立预警评价指标、制定评价指标标准是预警系统开展识别、诊断、预控等活动的前提，是预警管理活动中的关键环节之一。

预警评价指标的构建应遵循以下原则：

（1）灵敏性。指标能准确敏感地反映危险源的真实状态。

（2）科学性。指标的选择、指标权重的确定、数据的选取和计算必须以公认的科学理论为依据，确保指标既能满足全面性和相关性要求，又能避免之间的相互重叠。

（3）动态性。事故发生过程本身就是一个动态过程，因而要求评价指标应具有动态性，综合反映事故发展的趋势。

（4）可操作性。尽量利用现有统计资料及有关企业、行业的安全规范和标准。

（5）引导性。评价指标要体现所在行业总体战略目标，以规范和引导企业未来发展的行为和方向。

（6）预见性。预警指标应选定能反映现状和预示未来的指标。

2. 预警评价指标的确定

（1）人的安全可靠性指标，包括生理因素、心理因素、技术因素。其中，生理因素包括年龄、疾病、身体缺陷、疲劳、感知器官等，心理因素包括性格、气质、情绪、情感、思想等，技术因素包括经验、操作水平、紧急应变能力等。

（2）生产过程的环境安全性指标，包括内部环境、外部环境。其中，内部环境包括作业环境和内部社会环境，作业环境包括作业场所的温度、湿度、采光、照明、噪声、振动等，内部社会环境包括政治、经济、文化、法律等环境。外部环境包括自然环境和社会环境，其中自然环境包括自然灾害、季节因素、气候因素、时间因素、地理因素等，社会环境包括政治环境、经济环境、技术环境、法律环境、管理环境、家庭环境、社会风气等。

（3）安全管理有效性的指标，包括安全组织、安全法制、安全信息、安全技术、安全教育、安全资金。其中，安全组织包括安全计划、方针目标、行政管理，安全法制包括安全生产相关法规、规章制度、作业标准等，安全信息包括指令信息、动态信息、反馈信息等，安全技术包括管理方法、技术设备等，安全教育包括职业培训、安全知识宣传等，安全资金包括资金数量、资金投向、资金效益等。

（4）机（物）的安全可靠性指标，包括设备运行不良、材料缺陷、危险物质、能量、安全装置、保护用品、贮存与运输、各种物理参数（温度、压力、浓度等）指标。该类指标选择时，应根据具体行业确定。

3. 预警准则的确定

1）预警准则

预警准则是指一套判别标准或原则，用来决定在不同预警级别情况下，是否应当发出警报以及发出何种程度的警报。预警准则的设置要把握尺度，如果预警准则设置过松，则会使得有危险而未能发生警报，即造成漏警现象，从而削弱了预警的作用。如果预警准则设置过严，则会导致不该发警报时却发出了警报，即导致误警，会使相关人员虚惊一场，多次误警会导致相关人员对报警信号失去信任。预警准则根据不同预警方法，具有不同形式。

2）预警方法

根据对评价指标的内在特性和了解程度，预警方法有指标预警、因素预警、综合预警三种形式，但在实际预警过程中往往出现第四种形式，即误警与漏警。

（1）指标预警。指根据预警指标数值大小的变动来发出不同程度的报警。例如，在图 5-1 中要进行报警的指标为 X，它的安全区域为 (X_a, X_b)，其初等危险区域为 $(X_c, X_a]$ 和 $[X_b, X_d)$，其高等危险区域为 $(X_e, X_c]$ 和 $[X_d, X_f)$，则预警准则如下：

当 $X_a < X < X_b$ 时，不发生报警；

当 $X_c < X \leqslant X_a$ 或 $X_b \leqslant X < X_d$ 时，发出一级报警；

当 $X_e < X \leqslant X_c$ 或 $X_d \leqslant X < X_f$ 时，发出二级报警；

当 $X \leqslant X_e$ 或 $X \geqslant X_f$ 时，发出三级报警。

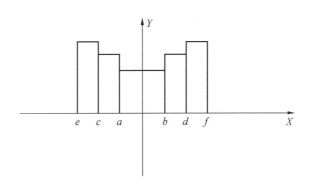

图 5-1 报警分级图

（2）因素预警。当某些因素无法采用定量指标进行报警时，可以采用因素预警。该预警方法相对于指标预警是一种定性预警，如在安全管理中，当出现人的不安全行为、管理上缺陷时，就会发出报警。预警准则如下：

当因素 X 出现时，发出报警；

当因素 X 不出现时，不发出报警。

这是一种非此即彼的警报方式。

当预警指标 X 属于不确定（随机）因素，则须用概率的形式进行报警。

（3）综合预警。即将上述两种方法结合起来，并把诸多因素综合进行考虑，得出的一种综合报警模式。

（4）误警与漏警。误警有两种情况：一种是系统发出某事故警报，而该事故最终没有出现；另一种是系统发出某事故警报，该事故最终出现，但其发生的级别与预报的程度相差一个等级（如发出高等级警报，而实际上为初等警报）。一般误警指前一种情况，误警原因主要是由于指标设置不当，警报准则过严（即安全区设计过窄，危险区设计过宽），信息数据有误。漏警是预警系统未曾发出警报而事故最终发生的现象。主要原因一是小概率事件被排除在考虑之外，而这些小概率事件也有发生的可能，二是预警准则设计过松（即安全区设计过宽，危险区设计过窄）。

4. 预警阈值的确定

预警阈值的确定原则上既要防止误报又要避免漏报，若采用指标预警，一般可根据具体规程设定报警阈值，或者根据具体实际情况，确定适宜的报警阈值。

若为综合预警，一般根据经验和理论来确定预警阈值（即综合指标临界值）。如综合指标值接近或达到这个阈值时，就意味着将有事故出现，可以将此时的综合预警指标值确定为报警阈值。

（四）预测评价系统

1. 评价对象

从安全系统原理的角度出发，事故是由物的不安全状态、人的不安全行为、环境的不良状态以及管理缺陷等方面的因素造成的。因此，预警系统中评价对象是导致事故发生的人、机、环、管等方面的因素。从事故的发展规律来看，评价对象亦是生产过程中"外部环境不良"和"内部管理不善"等方面因素的综合。这些因素构建了整个预警的信号系统。

2. 预测系统

预测系统的功能是进行必要的未来预测，主要包括：

（1）对现有信息的趋势预测，其预测方程是 $y = f(t)$，式中，y 是预测变量，t 是时间。

（2）对相关因素的相互影响进行预测，其预测方程为 $y = f(x_1, x_2, \cdots, x_n)$。式中，$y$ 是预测变量，x_1，x_2，$\cdots$，x_n 为影响变量 y 的一些相关变量。

（3）对征兆信息的可能结果进行预测。

（4）对偶发事件的发生概率、发生时间、持续时间、作用高峰期以及预期影响进行预测。

3. 预警系统信号输出及级别

对评价对象经过监测、识别、诊断、预测等活动过程后，预警系统需要对整个生产活动的安全状况作出评估，即预警系统信号输出和预警级别的给出。它是预警活动的重要成果之一。预警信号一般采用国际通用的颜色表示不同的安全状况，按照事故的严重性和紧急程度，颜色依次为蓝色、黄色、橙色、红色，分别代表一般、较重、严重和特别严重4种级别（Ⅳ、Ⅲ、Ⅱ、Ⅰ级）。四级预警如下：

Ⅰ级预警，表示安全状况特别严重，用红色表示；

Ⅱ级预警，表示受到事故的严重威胁，用橙色表示；

Ⅲ级预警，表示处于事故的上升阶段，用黄色表示；

Ⅳ级预警，表示生产活动处于正常生产状态，用蓝色表示。

三、预警系统的实现

完善的预警系统为实现事故预警提供了物质基础，预警系统通过预警分析和预控对策实现对事故的预警和控制，预警分析完成监测、识别、诊断与评价功能，而预控对策完成对事故征兆的不良趋势进行纠错和治错的功能。

（一）监测

监测是预警活动的前提，监测的任务包括两个方面：一是对安全生产中的薄弱环节和重要环节进行全方位、全过程的监测，同时收集各种事故征兆，并建立相应数据库；二是对大量的监测信息进行处理（整理、分类、存储、传输），建立信息档案，进行历史的和技术的比较。即通过对历史数据、即时数据的整理、分析、存贮，建立预警信息档案，信息档案中的信息是与整个预警系统共享的，它将监测信息及时、准确地输入下一预警环节。

监测过程的主要工作手段，是应用科学的监测指标体系实现监测过程的程序化、标准化和数据化。

监测活动的主要对象是生产过程中可能导致事故的安全管理薄弱环节和重要环节。

（二）识别

识别是运用评价指标体系对监测信息进行分析，以识别生产活动中各类事故征兆、事故诱因，以及将要发生的事故活动趋势。识别的主要任务是应用"适宜"的识别指标，判断已经发生的异常征兆、可能的连锁反应。所谓"适宜"，是针对本企业（或行业）事故的基本情况和事故的发展趋势而建立起来的识别指标，它既不是简单的企业（行业）已发生事故的历史纵向比较，也不是简单的同其他企业（行业）发生事故情况进行的社会横向比较，而是在横向、纵向比较的双重评价之下，针对生产在特定条件下应该实现的事故控制绩效，结合企业外部环境的安全状态，综合判定生产过程是否发生或即将发生事故现象。

（三）诊断

对已被识别的各种事故现象，进行成因过程的分析和发展趋势预测，以明确哪些现象是主要的，哪些现象是从属的、附生的。诊断的主要任务是在诸多致灾因素中找出危险性最高、危害程度最严重的主要因素，并对其成因进行分析，对发展过程及可能的发展趋势进行准确定量的描述。诊断的工具是企业特性和行业安全生产共性相统一的评价指标体系。

（四）评价

对已被确认的主要事故征兆进行描述性评价，以明确生产活动在这些事故征兆现象冲击下会遭受什么样的打击，判断此时生产所处状态是正常、警戒，还是危险、极度危险、危机状态，并把握其发展趋势，在必要时准确报警。其风险可能是静态的，可能是动态的。有的是比较明显的，有的是潜在的。一方面可通过感性认识和历史经验来判断，另一方面则是通过对各种客观的事故记录进行整理、分析和归纳，必要时咨询专家的意见。

监测、识别、诊断、评价这四个预警活动，是前后顺序的因果联系。监测活动是预警系统活动开展的前提，没有明确和准确的监测信息，后三个环节的活动就是盲目的，甚至是无意义的。识别活动是至关重要的环节，它对事故现象的判别，可使企业生产安全管理在繁杂多变的致灾因素中能确定预警工作重点，也使诊断和评价活动有明确的目标。诊断活动和评价活动是技术性的分析过程，它对主要事故现象的成因与过程的分析，以及对事故损失后果的评价，可使企业在采取预控对策或者危机管理对策时有科学的判识依据。整个预警活动过程，呈现一种前后有序、因果关联的关系。其中，监测活动的监测信息系统，是整个预警管理系统所共享的，识别、诊断、评价这三个环节的活动结果将以信息方式存入到监测系统中。另外，这四个环节活动所使用的评价指标，也具有共享性和统一性。

第二节　安全生产应急管理体系

随着现代工业的发展，生产过程中涉及的有害物质和能量不断增大，一旦发生重大事故，很容易导致严重的人员伤亡、财产损失和环境破坏。由于各种原因，当事故的发生难以完全避免时，建立重大事故应急管理体系，组织及时有效的应急救援行动，已成为抵御事故风险或控制灾害蔓延、降低危害后果的关键手段。

一、事故应急救援的基本任务及特点

（一）事故应急救援的基本任务

事故应急救援的总目标是通过有效的应急救援行动，尽可能地降低事故的后果，包括人员伤亡、财产损失和环境破坏等。事故应急救援的基本任务包括下述几个方面：

（1）立即组织营救受害人员，组织撤离或者采取其他措施保护危害区域内的其他人员。抢救受害人员是应急救援的首要任务。在应急救援行动中，快速、有序、有效地实施现场急救与安全转送伤员，是降低伤亡率、减少事故损失的关键。由于重大事故发生突然、扩散迅速、涉及范围广、危害大，应及时指导和组织群众采取各种措施进行自身防护，必要时迅速撤离出危险区或可能受到危害的区域。在撤离过程中，应积极组织群众开展自救和互救工作。

（2）迅速控制事态，并对事故造成的危害进行检测、监测，测定事故的危害区域、危害性质及危害程度。及时控制住造成事故的危险源是应急救援工作的重要任务。只有及时地控制住危险源，防止事故的继续扩展，才能及时有效地进行救援。特别对发生在城市或人口稠密地区的化学事故，应尽快组织工程抢险队与事故单位技术人员一起及时控制事故继续扩展。

（3）消除危害后果，做好现场恢复。针对事故对人体、动植物、土壤、空气等造成的现实危害和可能的危害，迅速采取封闭、隔离、洗消、监测等措施，防止对人的继续危害和对环境的污染。及时清理废墟和恢复基础设施，将事故现场恢复至相对稳定的状态。

（4）查清事故原因，评估危害程度。事故发生后应及时调查事故发生的原因和事故性质，评估出事故的危害范围和危险程度，查明人员伤亡情况，做好事故原因调查，并总结救援工作中的经验和教训。

（二）事故应急救援的特点

事故应急救援具有不确定性、突发性、复杂性，后果、影响易猝变、激化、放大等特点。

1. 不确定性和突发性

不确定性和突发性是各类公共安全事故、灾害与事件的共同特征，大部分事故都是突然爆发，爆发前基本没有明显征兆，而且一旦发生，发展蔓延迅速，甚至失控。因此，要求应急行动必须在极短的时间内在事故的第一现场作出有效反应，在事故产生重大灾难后果之前采取各种有效的防护、救助、疏散和控制事态等措施。

为保证迅速对事故作出有效的初始响应，并及时控制住事态，应急救援工作应坚持属地化为主的原则，强调地方的应急准备工作，包括建立全天候的昼夜值班制度，确保报警、指挥通信系统始终保持完好状态，明确各部门的职责，确保各种应急救援的装备、技术器材、有关物资随时处于完好可用状态，制定科学有效的突发事件应急预案等措施。

2. 应急活动的复杂性

应急活动的复杂性主要表现在：事故、灾害或事件影响因素与演变规律的不确定性和不可预见的多变性；众多来自不同部门参与应急救援活动的单位，在信息沟通、行动协调与指挥、授权与职责、通信等方面的有效组织和管理；应急响应过程中公众的反应和恐慌心理、公众过激等突发行为的复杂性等。这些复杂因素的影响，给现场应急救援工作带来了严峻的挑战，应对应急救援工作中各种复杂的情况作出足够的估计，制定随时应对各种复杂变化的相应方案。

应急活动的复杂性另一个重要特点是现场处置措施的复杂性。重大事故的处置措施往往需要较强的专业技术支持，包括易燃、易爆、有毒危险物质、复杂危险工艺以及矿山井下事故处置等，对每一行动方案、监测以及应急人员防护等都需要在专业人员的支持下进行决策。因此，针对生产安全事故应急救援的专业化要求，必须高度重视建立和完善重大事故的专业应急救援力量、专业检测力量和专业应急技术与信息支持等的建设。

3. 后果、影响易猝变、激化和放大

公共安全事故、灾害与事件虽然是小概率事件，但后果一般比较严重，能造成广泛的公众影响，应急处理稍有不慎，就可能改变事故、灾害与事件的性质，使平稳、有序、和平状态向动态、混乱和冲突方面发展，引起事故、灾害与事件波及范围扩展，卷入人群数量增加和人员伤亡与财产损失后果加大，猝变、激化与放大造成的失控状态，不但迫使应急响应升级，甚至可导致社会性危机出现，使公众立即陷入巨大的动荡与恐慌之中。因此，重大事故（件）的处置必须坚决果断，而且越早越好，防止事态扩大。

为尽可能降低重大事故的后果及影响，减少重大事故所导致的损失，要求应急救援行动必须做到迅速、准确和有效。所谓迅速，就是建立快速的应急响应机制，迅速准确地传递事故信息，迅速地调集所需的大规模应急力量和设备、物资等资源，迅速地建立起统一指挥与协调系统，开展救援活动。所谓准确，要求有相应的应急决策机制，能基于事故的规模、性质、特点、现场环境等信息，正确地预测事故的发展趋势，准确地对应急救援行动和战术进行决策。所谓有效，主要指应急救援行动的有效性，它在很大程度上取决于应急准备的充分性与否，包括应急队伍的建设与训练、应急设备（施）、物资的配备与维护、预案的制定与落实以及有效的外部增援机制等。

二、事故应急管理相关法律法规要求

近年来，我国政府相继颁布的一系列法律法规和文件，如《安全生产法》《职业病防治法》《消防法》《突发事件应对法》《特种设备安全法》《危险化学品安全管理条例》《国务院关于特大安全事故行政责任追究的规定》《特种设备安全监察条例》《生产安全事故报告和调查处理条例》《生产安全事故应急条例》《生产安全事故应急预案管理办法》《生产经营单位生产安全事故应急预案评审指南(试行)》《突发事件应急演练指南》和《国务院关于进一步加强企业安全生产工作的通知》等，对矿山、危险化学品、建筑施工等事故应急救援工作提出了相应的规定和要求。

《安全生产法》第二十一条规定，生产经营单位的主要负责人具有组织制定并实施本单位的生产安全事故应急救援预案的职责。第四十条规定，生产经营单位对重大危险源应当制定应急救援预案，并告知从业人员和相关人员在紧急情况下应当采取的应急措施。第八十条规定，县级以上地方各级人民政府应当组织有关部门制定本行政区域内生产安全事故应急救援预案，建立应急救援体系。

《职业病防治法》第二十条规定，用人单位应当建立、健全职业病危害事故应急救援预案。

《消防法》第十六条、第十七条规定，消防安全重点单位应当制定灭火和应急疏散预案，定期组织消防演练。

《突发事件应对法》明确规定了突发事件的预防与应急准备、监测与预警、应急处置与救援、事后恢复与重建等活动中，政府、单位及个人的权利与义务。

《特种设备安全法》第六十九条规定："国务院负责特种设备安全监督管理的部门应当依法组织制定特种设备重特大事故应急预案，报国务院批准后纳入国家突发事件应急预案体系。县级以上地方各级人民政府及其负责特种设备安全监督管理的部门应当依法组织制定本行政区域内特种设备事故应急预案，建立或者纳入相应的应急处置与救援体系。特种设备使用单位应当制定特种设备事故应急专项预案，并定期进行应急演练。"

《危险化学品安全管理条例》第六十九条规定："县级以上地方人民政府安全生产监督管理部门应当会同工业和信息化、环境保护、公安、卫生、交通运输、铁路、质量监督检验检疫等部门，根据本地区实际情况，制定危险化学品事故应急预案，报本级人民政府批准。"第七十条规定："危险化学品单位应当制定本单位危险化学品事故应急预案，配备应急救援人员和必要的应急救援器材、设备，并定期组织应急救援演练。危险化学品单位应当将其危险化学品事故应急预案报所在地设区的市级人民政府安全生产监督管理部门备案。"

《特种设备安全监察条例》第六十五条规定："特种设备安全监督管理部门应当制定特种设备应急预案。特种设备使用单位应当制定事故应急专项预案，并定期进行事故应急演练。"

《国务院关于特大安全事故行政责任追究的规定》第七条规定："市（地、州）、县（市、区）人民政府必须制定本地区特大安全事故应急处理预案。"

《使用有毒物品作业场所劳动保护条例》第十六条规定："从事使用高毒物品作业的用人单位，应当配备应急救援人员和必要的应急救援器材、设备，制定事故应急救援预案，并根据实际情况变化对应急预案适时进行修订，定期组织演练。事故应急救援预案和演练记录应当报当地卫生行政部门、安全生产监督管理部门和公安部门备案。"

2006年1月8日，国务院发布了《国家突发公共事件总体应急预案》，明确了各类突发公共事件分级分类和预案框架体系，规定了国务院应对特别重大突发公共事件的组织体系、工作机制等内容，是指导预防和处置各类突发公共事件的规范性文件。

《国家突发公共事件总体应急预案》发布后，国务院又相继发布了《国家安全生产事故灾难应急预案》《国家处置铁路行车事故应急预案》《国家处置民用航空器飞行事故应急预案》《国家海上搜救应急预案》《国家处置城市地铁事故灾难应急预案》《国家处置电网大面积停电事件应急预案》《国家核应急预案》《国家突发环境事件应急预案》和《国家通信保障应急预案》共9个事故灾难类突发公共事件专项应急预案。其中，《国家安全生产事故灾难应急预案》适用于特别重大安全生产事故灾难、超出省级人民政府处置能力或者跨省级行政区、跨多个领域（行业和部门）的安全生产事故灾难以及需要国务院安全生产委员会处置的安全生产事故灾难等。

2006年，国家安全监管总局在《国家安全生产事故灾难应急预案》的基础上，分别制定并经国务院审查同意印发了《矿山事故灾难应急预案》《危险化学品事故灾难应急预案》《陆上石油天然气储运事故灾难应急预案》《陆上石油天然气开采事故灾难应急预案》《海洋石油天然气作业事故灾难应急预案》，并审查同意印发了《冶金事故灾难应急预案》。这6项部门预案的编制印发，进一步完善了国家生产安全事故灾难应急预案体系。

2009年，国家安全监管总局发布了《生产安全事故应急预案管理办法》(国家安全生产监督管理总局令第17号）和《生产经营单位生产安全事故应急预案评审指南（试行)》，2016年，国家安全监管总局修订了《生产安全事故应急预案管理办法》(国家安全生产监督管理总局令第88号），2019年，应急管理部修订了《生产安全事故应急预案管理办法》(应急管理部令第2号），为生产安全事故应急预案管理工作提供了依据。

2010年，国务院下发了《国务院关于进一步加强企业安全生产工作的通知》。通知提出建设更加高效的应急救援体系，主要包括加快国家安全生产应急救援基地建设，建立完善企业安全生产预警机制，完善企业应急预案等内容。关于应急预案，通知强调企业应急预案要与当地政府应急预案保持衔接，并定期进行演练。

三、事故应急管理理论框架

传统的突发事件应急管理注重发生后的即时响应、指挥和控制，具有较大的被动性和局限性。从20世纪70年代后期起，更加全面更具综合性的现代应急管理理论逐步形成，并在许多国家的实践中取得了重大成功。现代应急管理主张对突发事件实施综合性应急管理。

突发事件应急管理强调全过程的管理，涵盖了突发事件发生前、中、后的各个阶段，包括为应对突发事件而采取的预先防范措施、事发时采取的应对行动、事发后采取的各种善后措施及减少损害的行为，包括预防、准备、响应和恢复等各个阶段，并充分体现"预防为主、常备不懈"的应急理念。

应急管理是一个动态的过程，包括预防、准备、响应和恢复四个阶段。尽管在实际情况中这些阶段往往是交叉的，但每一阶段都有其明确的目标，而且每一阶段又是构筑在前一阶段的基础之上。因而，预防、准备、响应和恢复的相互关联，构成了重大事故应急管理的循环过程。

（一）预防

在应急管理中预防有两层含义：一是事故的预防工作，即通过安全管理和安全技术等手段，尽可能地防止事故的发生，实现本质安全；二是在假定事故必然发生的前提下，通过采取预防措施，达到降低或减缓事故的影响或后果的严重程度，如加大建筑物的安全距离、工厂选址的安全规划、减少危险物品的存量、设置防护墙以及开展公众教育等。从长远看，低成本、高效率的预防措施是减少事故损失的关键。

（二）准备

准备是应急管理工作中的一个关键环节。应急准备是指为有效应对突发事件而事先采取的各种措施的总称，包括意识、组织、机制、预案、队伍、资源、培训演练等各种准备。在《突发事件应对法》中专设了"预防与应急准备"一章，其中包含了应急预案体系、风险评估与防范、救援队伍、应急物资储备、应急通信保障、培训、演练、捐赠、保险、科技等内容。

应急准备工作涵盖了应急管理工作的全过程。应急准备并不仅仅针对应急响应，它为预防、监测预警、应急响应和恢复等各项应急管理工作提供支撑，贯穿应急管理工作的整个过程。从应急管理的阶段看，应急准备工作体现在预防工作所需的意识准备和组织准备，监测预警工作所需的物资准备，响应工作所需的人员准备，恢复工作中所需的资金准备等各阶段的准备工作；从应急准备的内容看，其组织、机制、资源等方面的准备贯穿整个应急管理过程。

（三）响应

响应是指在突发事件发生以后所进行的各种紧急处置和救援工作。及时响应是应急管理的又一项主要原则。

《突发事件应对法》中规定了突发事件发生以后的应急响应工作要求，第四十八条规定："突发事件发生后，履行统一领导职责或者组织处置突发事件的人民政府应当针对其性质、特点和危害程度，立即组织有关部门，调动应急救援队伍和社会力量，依照本章的规定和有关法律、法规、规章的规定采取应急处置措施。"

《突发事件应对法》第四十九条进一步规定了事故灾难应对处置的具体要求，内容如下："自然灾害、事故灾难或者公共卫生事件发生后，履行统一领导职责的人民政府可以采取下列一项或者多项应急处置措施：

"（一）组织营救和救治受害人员，疏散、撤离并妥善安置受到威胁的人员以及采取其他救助措施；

"（二）迅速控制危险源，标明危险区域，封锁危险场所，划定警戒区，实行交通管制以及其他控制措施；

"（三）立即抢修被损坏的交通、通信、供水、排水、供电、供气、供热等公共设施，向受到危害的人员提供避难场所和生活必需品，实施医疗救护和卫生防疫以及其他保障措施；

"（四）禁止或者限制使用有关设备、设施，关闭或者限制使用有关场所，中止人员密集的活动或者可能导致危害扩大的生产经营活动以及采取其他保护措施；

"（五）启用本级人民政府设置的财政预备费和储备的应急救援物资，必要时调用其他急需物资、设备、设施、工具；

"（六）组织公民参加应急救援和处置工作，要求具有特定专长的人员提供服务；

"（七）保障食品、饮用水、燃料等基本生活必需品的供应；

"（八）依法从严惩处囤积居奇、哄抬物价、制假售假等扰乱市场秩序的行为，稳定市场价格，维护市场秩序；

"（九）依法从严惩处哄抢财物、干扰破坏应急处置工作等扰乱社会秩序的行为，维护社会治安；

"（十）采取防止发生次生、衍生事件的必要措施。"

应急响应是应对突发事件的关键阶段、实战阶段，考验着政府和企业的应急处置能力，尤其需要解决好以下几个问题：一是要提高快速反应能力。响应速度越快，意味着越能减少损失。由于突发事件发生突然、扩散迅速，只有及时响应，控制住危险状况，防止突发事件的继续扩展，才能有效地减轻造成的各种损失。经验表明，建立统一的指挥中心或系统将有助于提高快速反应能力。二是加强协调组织能力。应对突发事件，特别是重大、特别重大突发事件，需要具有较强的组织动员能力和协调能力，使各方面的力量都参与进来，相互协作，共同应对。三是要为一线应急救援人员配备必要的防护装备，以提高危险状态下的应急处置能力，并保护好一线应急救援人员。

（四）恢复

恢复是指突发事件的威胁和危害得到控制或者消除后所采取的处置工作。恢复工作包括短期恢复和长期恢复。

从时间上看，短期恢复并非在应急响应完全结束之后才开始，恢复可能是伴随着响应活动随即展开的。很多情况下，应急响应活动开始后，短期恢复活动就立即开始了。比如，一项复杂的人员营救活动中，受困人员陆续获救，从第一个受困人员获救之时起，其饮食、住宿、医疗救助等基本安全和卫生需求应当立即予以恢复，此时短期恢复工作就已经开始了，而不是等到所有受困人员全部获救之后才开始恢复工作。从以上角度看，短期恢复也可以理解为应急响应行动的延伸。

短期恢复工作包括向受灾人员提供食品、避难所、安全保障和医疗卫生等基本服务。在短期恢复工作中，应注意避免出现新的突发事件。《突发事件应对法》第五十八条规定："突发事件的威胁和危害得到控制或者消除后，履行统一领导职责或者组织处置突发事件的人民政府应当停止执行依照本法规定采取的应急处置措施，同时采取或者继续实施必要措施，防止发生自然灾害、事故灾难、公共卫生事件的次生、衍生事件或者重新引发社会安全事件。"

长期恢复的重点是经济、社会、环境和生活的恢复，包括重建被毁的设施和房屋，重新规划和建设受影响区域等。在长期恢复工作中，应汲取突发事件应急工作的经验教训，开展进一步的突发事件预防工作和减灾行动。

恢复阶段应注意：一是要强化有关部门，如市政、民政、医疗、保险、财政等部门的介入，尽快做好灾后恢复重建；二是要进行客观的事故调查，分析总结应急处置与应急管理的经验教训，这不仅可以为今后应对类似事件奠定新的基础，而且也有助于促进制度和管理革新。

四、事故应急管理体系构建

（一）事故应急管理体系的基本构成

由于各种事故灾难种类繁多，情况复杂，突发性强，覆盖面大，应急活动又涉及从高层管理到基层人员各个层次，从公安、医疗到环保、交通等不同领域，这都给日常应急管理和事故应急救援指挥带来了许多困难。解决这些问题的唯一途径是建立起科学、完善的应急管理体系和实施规范有序的运作程序。

按照《全国安全生产应急救援体系总体规划方案》的要求，事故应急管理体系主要由组织体系、运行机制、法律法规体系以及支持保障系统等部分构成。应急管理体系基本框架结构如图 5-2 所示。

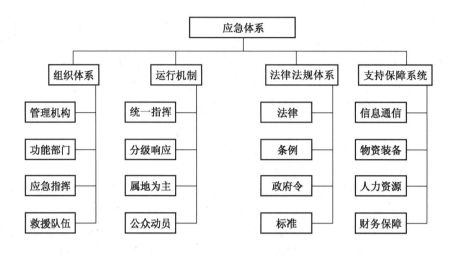

图 5 - 2　应急管理体系基本框架结构

1. 组织体系

组织体系是事故应急管理体系的基础，主要包括应急管理的管理机构、功能部门、应急指挥、救援队伍四个方面。应急救援体系组织体制建设中的管理机构是指维持应急日常管理的负责部门；功能部门包括与应急活动有关的各类组织机构，如消防、医疗机构等；应急指挥是在应急预案启动后，负责应急救援活动场外与场内指挥系统；救援队伍由专业和志愿人员组成。

2. 运行机制

运行机制是事故应急管理体系的重要保障，目标是实现统一领导、分级管理，条块结合、以块为主，分级响应、统一指挥，资源共享、协同作战，一专多能、专兼结合，防救结合、平战结合，以及动员公众参与，以切实加强安全生产应急管理体系内部的管理机制，明确和规范响应程序，保证应急救援体系运转高效、应急反应灵敏、取得良好的救援效果。

应急救援活动一般划分为应急准备、初级反应、扩大应急和应急恢复四个阶段，应急机制与这四个阶段的应急活动密切相关。应急运行机制主要由统一指挥、分级响应、属地为主和公众动员这四个基本机制组成。

统一指挥是应急活动的基本原则之一。应急指挥一般可分为集中指挥与现场指挥，或场外指挥与场内指挥等。无论采用哪一种指挥系统，都必须实行统一指挥的模式，无论应急救援活动涉及单位的行政级别高低还是隶属关系不同，都必须在应急指挥部的统一组织协调下行动，有令则行，有禁则止，统一号令，步调一致。

分级响应是指在初级响应到扩大应急的过程中实行的分级响应的机制。扩大或提高应急级别的主要依据是事故灾难的危害程度、影响范围和控制事态能力。影响范围和控制事态能力是"升级"的最基本条件。扩大应急救援主要是提高指挥级别、扩大应急范围等。

属地为主强调"第一反应"的思想和以现场应急、现场指挥为主的原则。

公众动员机制是应急机制的基础，也是整个应急体系的基础。

3. 法律法规体系

法律法规体系是应急体系的法制基础和保障，也是开展各项应急活动的依据，与应急有关的法律法规主要包括由立法机关通过的法律，政府和有关部门颁布的规章、规定，以及与应急救援活动直接有关的标准或管理办法等。

4. 支持保障系统

支持保障系统是事故应急管理体系的有机组成部分，是体系运转的物质条件和手段，主要包括应急信息通信系统、物资装备保障系统、人力资源保障系统、财务保障系统等。

构筑集中管理的信息通信平台是应急体系重要的基础建设。应急信息通信系统要保证所有预警、报警、警报、报告、指挥等活动的信息交流快速、顺畅、准确，以及信息资源共享；物资装备保障系统不但要保证有足够的资源，而且还要实现快速、及时供应到位；人力资源保障系统包括专业队伍的加强、志愿人员以及其他有关人员的培训教育；应急财务保障系统应建立专项应急科目，如应急基金等，以保障应急管理运行和应急反应中各项活动的开支。

同时，应急管理体系还包括与其建设相关的资金、政策支持等，以保障应急管理体系建设和体系正常运行。

(二) 事故应急管理体系建设原则

为实现政府的有序运作，保障经济社会协调发展，我国借鉴近年来国际上应急管理的成功经验，吸取"非典"等突发事件的教训，将事故应急管理体系定位于国家总体应急救援体系的主要组成部分，与公共卫生应急救援体系、社会安全应急救援体系、自然灾害应急救援体系并列共同组成国务院直接领导下的应急救援体系。

事故应急管理体系建设应遵循以下原则。

1. 统一领导，分级管理

国务院安委会统一领导全国安全生产应急管理和事故灾难应急救援协调指挥工作，地方各级人民政府统一领导本行政区域内的安全生产应急管理和事故灾难应急救援协调指挥。国务院安委会办公室、应急管理部管理的国家安全生产应急救援中心，负责全国安全生产应急管理工作和事故灾难应急救援协调指挥的具体工作，国务院有关部门所属各级应急救援指挥机构、地方各级安全生产应急救援机构分别负责职责范围内的安全生产应急管理工作和事故灾难应急救援协调指挥的具体工作。

2. 条块结合，属地为主

有关行业和部门应当与地方政府密切配合，按照属地为主的原则，进行应急救援体系建设。各级地方人民政府对本地生产安全事故灾难的应急救援负责，要结合实际情况建立完善生产安全事故灾难应急救援体系，满足应急救援工作需要。国家依托行业、地方和企业骨干救援力量在一些危险性大的特殊行业、领域建立专业应急救援体系，发挥专业优势，有效应对特别重大事故的应急救援。

3. 统筹规划，合理布局

根据产业分布、危险源分布、事故灾难类型和有关交通地理条件，对应急指挥机构、救援队伍以及应急救援的培训演练、物资储备等保障系统的布局、规模和功能等进行统筹规划。有关企业按规定标准建立企业应急救援队伍，省（自治区、直辖市）根据需要建立骨干专业救援队伍，国家在一些危险性大、事故发生频度高的地区或领域建立国家级区域救援基地，形成覆盖事故多发地区、事故多发领域分层次的安全生产应急管理队伍体系，适应经济社会发展对事故灾难应急救援的基本要求。

4. 依托现有，资源共享

以企业、社会和各级政府现有的应急资源为基础，对各专业应急救援队伍、培训演练、装备和物资储备等系统进行补充完善，建立有效机制实现资源共享，避免资源浪费和重复建设。国家级区域救援基地、骨干专业救援队伍原则上依托大中型企业的救援队伍建立，根据所承担的职责分别由国家和地方政府加以补充和完善。

5. 一专多能，平战结合

尽可能在现有的专业救援队伍的基础上加强装备和多种训练，各种应急救援队伍的建设要实现一专多能；发挥经过专门培训的兼职应急救援队伍的作用，鼓励各种社会力量参与到应急救援活动中来。各种应急救援队伍平时要做好应对事故灾难的思想准备、物资准备、经费准备和工作准备，不断加强培训演练，紧急情况下能够及时有效施救，真正做到平战结合。

6. 功能实用，技术先进

应急救援体系建设以能够实现及时、快速、高效地开展应急救援为出发点和落脚点，根据应急救援工作的现实和发展的需要设定应急救援信息网络系统的功能，采用国内外成熟的、先进的应急救援技术和特种装备，保证安全生产应急管理体系的先进性和适用性。

7. 整体设计，分步实施

根据规划和布局对各地、各部门应急救援体系的应急机构、区域应急救援基地和骨干专业救援队伍、主要保障系统进行总体设计，并根据轻重缓急分期建设。具体建设项目，要严格按照国家有关要求进行，注重实效。

（三）事故应急响应机制

重大事故应急应根据事故的性质、严重程度、事态发展趋势和控制能力实行分级响应机制，对不同的响应级别，相应地明确事故的通报范围，应急中心的启动程度，应急力量的出动，设备、物资的调集规模，疏散的范围，应急总指挥的职位等。典型的响应级别通常可分为三级。

1. 一级紧急情况

一级紧急情况指必须利用所有有关部门及一切资源的紧急情况，或者需要各个部门同外部机构联合处理的各种紧急情况，通常要宣布进入紧急状态。在该级别中，作出主要决定的通常是紧急事务管理部门。现场指挥部可在现场作出保护生命和财产以及控制事态所必需的各种决定。

2. 二级紧急情况

二级紧急情况指需要两个或更多个部门响应的紧急情况。该事故的救援需要有关部门的协作，并且提供人员、设备或其他资源。该级响应需要成立现场指挥部来统一指挥现场的应急救援行动。

3. 三级紧急情况

三级紧急情况指能被一个部门正常可利用的资源处理的紧急情况。正常可利用的资源指在该部门权力范围内通常可以利用的应急资源，包括人力和物力等。必要时，该部门可以建立一个现场指挥部，所需的后勤支持、人员或其他资源增援由本部门负责解决。

（四）事故应急救援响应程序

事故应急救援响应程序按过程可分为接警、响应级别确定、应急启动、救援行动、应急恢复和应急结束等几个过程，如图 5 - 3 所示。

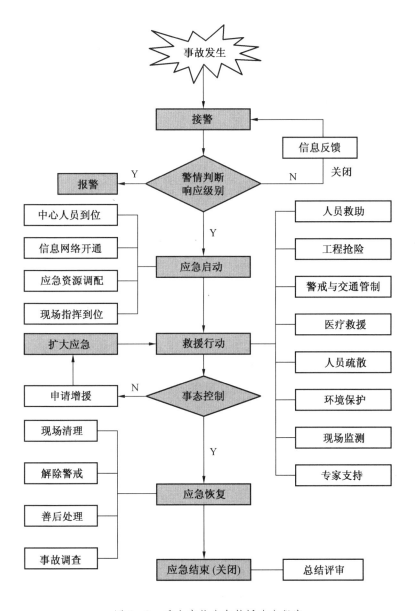

图 5 - 3　重大事故应急救援响应程序

1. 接警与响应级别确定

接到事故报警后，按照工作程序，对警情作出判断，初步确定相应的响应级别。如果事故性质和影响不足以启动应急救援体系的最低响应级别，响应关闭。

2. 应急启动

应急响应级别确定后，按所确定的响应级别启动应急程序，如通知应急中心有关人员到位、开通信息与通信网络、通知调配救援所需的应急资源（包括应急队伍和物资、装备等）、成立现场指挥部等。

3. 救援行动

有关应急队伍进入事故现场后，迅速开展事故侦测、警戒、疏散、人员救助、工程抢险等有关应急救援工作，专家组为救援决策提供建议和技术支持。当事态超出响应级别无法得到有效控制时，向应急中心请求实施更高级别的应急响应。

4. 应急恢复

该阶段主要包括现场清理、警戒解除、善后处理和事故调查等。

5. 应急结束

执行应急关闭程序，由事故总指挥宣布应急结束。

（五）现场应急指挥系统的组织结构

重大事故的现场情况往往十分复杂，且汇集了各方面的应急力量与大量的资源，应急救援行动的组织、指挥和管理成为重大事故应急工作所面临的一个严峻挑战。应急过程中存在的主要问题有：①太多的人员向事故指挥官汇报；②应急响应的组织结构各异，机构间缺乏协调机制，且术语不同；③缺乏可靠的事故相关信息和决策机制，应急救援的整体目标不清或不明；④通信不兼容或不畅；⑤授权不清或机构对自身现场的任务、目标不清。

对事故势态的管理方式决定了整个应急行动的效率。为保证现场应急救援工作的有效实施，必须对事故现场的所有应急救援工作实施统一的指挥和管理，即建立事故指挥系统（ICS），形成清晰的指挥链，以便及时地获取事故信息、分析和评估势态，确定救援的优先目标，决定如何实施快速、有效的救援行动和保护生命的安全措施，指挥和协调各方应急力量的行动，高效地利用可获取的资源，确保应急决策的正确性和应急行动的整体性和有效性。

现场应急指挥系统的结构应当在紧急事件发生前就已建立，预先对指挥结构达成一致意见，将有助于保证应急各方明确各自的职责，并在应急救援过程中更好地履行职责。现场应急指挥系统的模块化结构由指挥、行动、策划、后勤以及资金/行政5个核心应急响应职能组成，如图5-4所示。

1. 事故指挥官

事故指挥官负责现场应急响应所有方面的工作，包括确定事故目标及实现目标的策略，批准实施书面或口头的事故行动计划，高效地调配现场资源，落实保障人员安全与健康的措施，管理现场所有的应急行动。事故指挥官可将应急过程中的安全问题、信息收集与发布以及与应急各方的通信联络分别指定相应的负责人，如信息负责人、联络负责人和安全负责人，各负责人直接向事故指挥官汇报。其中，信息负责人负责及时收集、掌握准

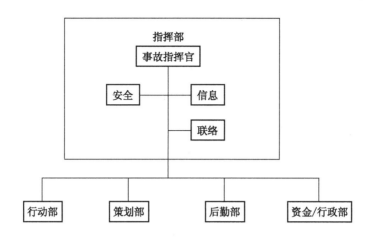

图5-4 现场应急指挥系统的模块化结构

确完整的事故信息，包括事故原因、大小、当前的形势、使用的资源和其他综合事务，并向新闻媒体、应急人员及其他相关机构和组织发布事故的有关信息。联络负责人负责与有关支持和协作机构联络，包括到达现场的上级领导、地方政府领导等。安全负责人负责对可能遭受的危险或不安全情况提供及时、完善、详细、准确的危险预测和评估，制定并向事故指挥官建议确保人员安全和健康的措施，从安全方面审查事故行动计划，制定现场安全计划等。

2. 行动部

行动部负责所有主要的应急行动，包括消防与抢险、人员搜救、医疗救治、疏散与安置等。所有的战术行动都依据事故行动计划来完成。

3. 策划部

策划部负责收集、评价、分析及发布与事故相关的战术信息，准备和起草事故行动计划，并对有关的信息进行归档。

4. 后勤部

后勤部负责为事故的应急响应提供设备设施、物资、人员、运输、服务等。

5. 资金/行政部

资金/行政部负责跟踪事故的所有费用并进行评估，承担其他职能未涉及的管理职责。

现场应急指挥系统的模块化结构的一个最大优点是允许根据现场的行动规模，灵活启用指挥系统相应的部分结构，因为很多的事故可能并不需要启动策划、后勤或资金/行政模块。需要注意的是，对没有启用的模块，其相应的职能由现场指挥官承担，除非明确指定给某一负责人。当事故规模进一步扩大，响应行动涉及跨部门、跨地区或上级救援机构加入时则可能需要开展联合指挥，即由各有关主要部门代表成立联合指挥部，该模块化的现场系统则可以很方便地扩展为联合指挥系统。

第三节　生产安全事故应急预案编制

一、生产安全事故应急预案的作用

制定生产安全事故应急预案是贯彻落实"安全第一、预防为主、综合治理"方针，提高应对风险和防范事故能力，保证职工安全健康和公众生命安全，最大限度地减少财产损失、环境损害和社会影响的重要措施。

生产安全事故应急预案在应急系统中起着关键作用，它明确了在突发事故发生之前、发生过程中以及刚刚结束之后，谁负责做什么、何时做，以及相应的策略和资源准备等。它是针对可能发生的重大事故及其影响和后果的严重程度，为应急准备和应急响应的各个方面所预先作出的详细安排，是开展及时、有序和有效事故应急救援工作的行动指南。

（1）应急预案确定了应急救援的范围和体系，使应急管理不再无据可依、无章可循。尤其是通过培训和演习，可以使应急人员熟悉自己的任务，具备完成指定任务所需的相应能力，并检验预案和行动程序，评估应急人员的整体协调性。

（2）应急预案有利于作出及时的应急响应，降低事故后果。应急预案预先明确了应急各方的职责和响应程序，在应急资源等方面进行了先期准备，可以指导应急救援迅速、高效、有序地开展，将事故的人员伤亡、财产损失和环境破坏降到最低限度。

（3）应急预案是各类突发事故的应急基础。通过编制应急预案，可以对那些事先无法预料到的突发事故起到基本的应急指导作用，成为开展应急救援的"底线"。在此基础上，可以针对特定事故类别编制专项应急预案，并有针对性地开展专项应急准备活动。

（4）应急预案建立了与上级单位和部门应急救援体系的衔接。通过编制应急预案，可以确保当发生超过本级应急能力的重大事故时与有关应急机构的联系和协调。

（5）应急预案有利于提高风险防范意识。应急预案的编制、评审、发布、宣传、教育和培训，有利于各方了解可能面临的事故及其相应的应急措施，有利于促进各方提高风险防范意识和能力。

二、生产安全事故应急预案体系

《生产经营单位生产安全事故应急预案编制导则》（GB/T 29639）规定：生产经营单位应急预案分为综合应急预案、专项应急预案和现场处置方案。生产经营单位应根据有关法律、法规和相关标准，结合本单位组织管理体系、生产规模和可能发生的事故特点，科学合理确立本单位的应急预案体系，并注意与其他类别应急预案相衔接。

（一）综合应急预案

综合应急预案是生产经营单位为应对各种生产安全事故而制定的综合性工作方案，是本单位应对生产安全事故的总体工作程序、措施和应急预案体系的总纲，包括总则、应急组织机构及职责、应急响应、后期处置、应急保障等内容。

（二）专项应急预案

专项应急预案是生产经营单位为应对一种或者多种类型生产安全事故，或者针对重要生产设施、重大危险源、重大活动防止生产安全事故而制定的专项工作方案。专项应急预案包括适用范围、应急组织机构及职责、响应启动、处置措施和应急保障等内容。专项应急预案与综合应急预案中的应急组织机构、应急响应程序相近时，可不编写专项应急预案，相应的应急处置措施并入综合应急预案。

（三）现场处置方案

现场处置方案是生产经营单位根据不同生产安全事故类别，针对具体的场所、装置或设施所制定的应急处置措施。现场处置方案重点规范事故风险描述、应急工作职责、应急处置措施和注意事项，应体现自救互救、信息报告和先期处置的特点。

事故风险单一、危险性小的生产经营单位，可只编制现场处置方案。

生产经营单位应根据风险评估、岗位操作规程以及危险性控制措施，组织本单位现场作业人员及安全管理等专业人员共同编制现场处置方案。

三、生产安全事故应急预案编制程序

《生产经营单位生产安全事故应急预案编制导则》（GB/T 29639）规定了生产经营单位编制生产安全事故应急预案的程序。生产经营单位应急预案编制程序包括成立应急预案编制工作组、资料收集、风险评估、应急资源调查、应急预案编制、桌面推演、应急预案评审和批准实施8个步骤。

（一）成立应急预案编制工作组

生产经营单位应结合本单位部门职能和分工，成立以单位有关负责人为组长，单位相关部门人员（如生产、技术、设备、安全、行政、人事、财务人员）参加的应急预案编制工作组，明确工作职责和任务分工，制定工作计划，组织开展应急预案编制工作。预案编制工作组中应邀请相关救援队伍以及周边相关企业、单位或社区代表参加。

（二）资料收集

应急预案编制工作组应收集下列相关资料：

（1）适用的法律法规、部门规章、地方性法规和政府规章、技术标准及规范性文件。

（2）企业周边地质、地形、环境情况及气象、水文、交通资料。

（3）企业现场功能区划分、建（构）筑物平面布置及安全距离资料。

（4）企业工艺流程、工艺参数、作业条件、设备装置及风险评估资料。

（5）本企业历史事故与隐患、国内外同行业事故资料。

（6）属地政府及周边企业、单位应急预案。

（三）风险评估

开展生产安全事故风险评估，撰写评估报告，其内容包括但不限于：

（1）辨识生产经营单位存在的危险有害因素，确定可能发生的生产安全事故类别。

（2）分析各种事故类别发生的可能性、危害后果和影响范围。

（3）评估确定相应事故类别的风险等级。

评估报告编制大纲如下：

——危险有害因素辨识。描述生产经营单位危险有害因素辨识的情况（可用列表形式表述）。

——事故风险分析。描述生产经营单位事故风险的类型、事故发生的可能性、危害后果和影响范围（可用列表形式表述）。

——事故风险评价。描述生产经营单位事故风险的类别及风险等级（可用列表形式表述）。

——结论建议。得出生产经营单位应急预案体系建设的计划建议。

（四）应急资源调查

全面调查和客观分析生产经营单位以及周边单位和政府部门可请求救援的应急资源状况，撰写应急资源调查报告，其内容包括但不限于：

（1）生产经营单位可调用的应急队伍、装备、物资、场所。

（2）针对生产过程及存在的风险可采取的监测、监控、报警手段。

（3）上级单位、当地政府及周边企业可提供的应急资源。

（4）可协调使用的医疗、消防、专业抢险救援机构及其他社会化应急救援力量。

应急资源调查报告编制大纲如下：

——单位内部应急资源。按照应急资源的分类，分别描述相关应急资源的基本现状、功能完善程度、受可能发生的事故的影响程度（可用列表形式表述）。

——单位外部应急资源。描述生产经营单位能够调查或掌握可用于参与事故处置的外部应急资源情况（可用列表形式表述）。

——应急资源差距分析。依据风险评估结果得出生产经营单位的应急资源需求，与生产经营单位现有内外部应急资源对比，提出生产经营单位内外部应急资源补充建议。

（五）应急预案编制

应急预案编制应当遵循以人为本、依法依规、符合实际、注重实效的原则，以应急处置为核心，体现自救互救和先期处置的特点，做到职责明确、程序规范、措施科学，尽可能简明化、图表化、流程化。

应急预案编制工作包括但不限下列：

（1）依据事故风险评估及应急资源调查结果，结合生产经营单位组织管理体系、生产规模及处置特点，合理确立生产经营单位应急预案体系。

（2）结合组织管理体系及部门业务职能划分，科学设定生产经营单位应急组织机构及职责分工。

（3）依据事故可能的危害程度和区域范围，结合应急处置权限及能力，清晰界定生产经营单位的响应分级标准，制定相应层级的应急处置措施。

（4）按照有关规定和要求，确定事故信息报告、响应分级与启动、指挥权移交、警戒疏散方面的内容，落实与相关部门和单位应急预案的衔接。

应急预案编制格式和要求如下：

——封面。应急预案封面主要包括应急预案编号、应急预案版本号、生产经营单位名称、应急预案名称及颁布日期。

——批准页。应急预案应经生产经营单位主要负责人批准方可发布。

——目次。应急预案应设置目次，目次中所列的内容及次序如下：①批准页；②应急预案执行部门签署页；③章的编号、标题；④带有标题的条的编号、标题（需要时列出）；⑤附件，用序号表明其顺序。

（六）桌面推演

按照应急预案明确的职责分工和应急响应程序，结合有关经验教训，相关部门及其人员可采取桌面演练的形式，模拟生产安全事故应对过程，逐步分析讨论并形成记录，检验应急预案的可行性，并进一步完善应急预案。

（七）应急预案评审

1. 评审形式

应急预案编制完成后，生产经营单位应按法律法规有关规定组织评审或论证。参加应急预案评审的人员可包括有关安全生产及应急管理方面的、有现场处置经验的专家。应急预案论证可通过推演的方式开展。

2. 评审内容

应急预案评审内容主要包括：风险评估和应急资源调查的全面性、应急预案体系设计的针对性、应急组织体系的合理性、应急响应程序和措施的科学性、应急保障措施的可行性、应急预案的衔接性。

3. 评审程序

应急预案评审程序包括下列步骤：

（1）评审准备。成立应急预案评审工作组，落实参加评审的专家，将应急预案、编制说明、风险评估、应急资源调查报告及其他有关资料在评审前送达参加评审的单位或人员。

（2）组织评审。评审采取会议审查形式，企业主要负责人参加会议，会议由参加评审的专家共同推选出的组长主持，按照议程组织评审；表决时，应有不少于出席会议专家人数的三分之二同意方为通过；评审会议应形成评审意见（经评审组组长签字），附参加评审会议的专家签字表。表决的投票情况应以书面材料记录在案，并作为评审意见的附件。

（3）修改完善。生产经营单位应认真分析研究，按照评审意见对应急预案进行修订和完善。评审表决不通过的，生产经营单位应修改完善后按评审程序重新组织专家评审，生产经营单位应写出根据专家评审意见的修改情况说明，并经专家组组长签字确认。

（八）批准实施

通过评审的应急预案，由生产经营单位主要负责人签发实施。

四、生产安全事故应急预案内容

（一）综合应急预案内容

1. 总则

1）适用范围

说明应急预案适用的范围。

2）响应分级

依据事故危害程度、影响范围和生产经营单位控制事态的能力，对事故应急响应进行分级，明确分级响应的基本原则。响应分级不必照搬事故分级。

2. 应急组织机构及职责

明确应急组织形式（可用图示）及构成单位（部门）的应急处置职责。应急组织机构可设置相应的工作小组，各小组具体构成、职责分工及行动任务应以工作方案的形式作为附件。

3. 应急响应

1）信息报告

（1）信息接报。

明确应急值守电话、事故信息接收、内部通报程序、方式和责任人，向上级主管部门、上级单位报告事故信息的流程、内容、时限和责任人，以及向本单位以外的有关部门或单位通报事故信息的方法、程序和责任人。

（2）信息处置与研判。

① 明确响应启动的程序和方式。根据事故性质、严重程度、影响范围和可控性，结合响应分级明确的条件，可由应急领导小组作出响应启动的决策并宣布，或者依据事故信息是否达到响应启动的条件自动启动。

② 若未达到响应启动条件，应急领导小组可作出预警启动的决策，做好响应准备，实时跟踪事态发展。

③ 响应启动后，应注意跟踪事态发展，科学分析处置需求，及时调整响应级别，避免响应不足或过度响应。

2）预警

（1）预警启动。

明确预警信息发布渠道、方式和内容。

（2）响应准备。

明确作出预警启动后应开展的响应准备工作，包括队伍、物资、装备、后勤及通信。

（3）预警解除。

明确预警解除的基本条件、要求及责任人。

3）响应启动

确定响应级别，明确响应启动后的程序性工作，包括应急会议召开、信息上报、资源协调、信息公开、后勤及财力保障工作。

4）应急处置

明确事故现场的警戒疏散、人员搜救、医疗救治、现场监测、技术支持、工程抢险及环境保护方面的应急处置措施，并明确人员防护的要求。

5）应急支援

明确当事态无法控制情况下，向外部（救援）力量请求支援的程序及要求、联动程序及要求，以及外部（救援）力量到达后的指挥关系。

6）响应终止

明确响应终止的基本条件、要求和责任人。

4. 后期处置

明确污染物处理、生产秩序恢复、人员安置方面的内容。

5. 应急保障

1）通信与信息保障

明确应急保障的相关单位及人员通信联系方式和方法，以及备用方案和保障责任人。

2）应急队伍保障

明确相关的应急人力资源，包括专家、专兼职应急救援队伍及协议应急救援队伍。

3）物资装备保障

明确生产经营单位的应急物资和装备的类型、数量、性能、存放位置、运输及使用条件、更新及补充时限、管理责任人及其联系方式，并建立台账。

4）其他保障

根据应急工作需求而确定的其他相关保障措施（如：能源保障、经费保障、交通运输保障、治安保障、技术保障、医疗保障、后勤保障）。

注：通信与信息保障、应急队伍保障、物资装备保障、其他保障的相关内容，尽可能在应急预案的附件中体现。

（二）专项应急预案内容

1. 适用范围

说明专项应急预案适用的范围，以及与综合应急预案的关系。

2. 应急组织机构及职责

明确应急组织形式（可用图示）及构成单位（部门）的应急处置职责，应急指挥机构以及各成员单位或人员的具体职责。应急指挥机构可以设置相应的应急工作小组，各小组具体构成、职责分工及行动任务建议以工作方案的形式作为附件。

3. 响应启动

明确响应启动后的程序性工作，包括应急会议召开、信息上报、资源协调、信息公开、后勤及财力保障工作。

4. 处置措施

针对可能发生的事故风险、危害程度和影响范围，明确应急处置指导原则，制定相应的应急处置措施。

5. 应急保障

根据应急工作需求明确保障的内容。

（三）现场处置方案内容

1. 事故风险描述

简述事故风险评估的结果（可用列表的形式列在附件中）。

风险描述应包括以下内容：

（1）风险类型。

（2）可能发生的事故类型。

（3）事故发生的区域、地点或装置的名称。

（4）事故发生的可能时间段或概率。

（5）事故的危害严重程度及其影响范围。

（6）事故前可能出现的征兆。

（7）事故可能引发的次生、衍生事故等。

2. 应急工作职责

明确应急组织分工和职责。

3. 应急处置

包括但不限于以下内容：

（1）应急处置程序。根据可能发生的事故及现场情况，明确事故报警、各项应急措施启动、应急救护人员的引导、事故扩大及同生产经营单位应急预案的衔接程序。

（2）现场应急处置措施。针对可能发生的事故从人员救护、工艺操作、事故控制、消防、现场恢复等方面制定明确的应急处置措施。

（3）明确报警负责人以及报警电话及上级管理部门、相关应急救援单位联络方式和联系人员，事故报告基本要求和内容。

4. 注意事项

包括人员防护和自救互救、装备使用、现场安全等方面的内容。

（四）附件

1. 生产经营单位概况

简要描述本单位地址、从业人数、隶属关系、主要原材料、主要产品、产量，以及重点岗位、重点区域、周边重大危险源、重要设施、目标、场所和周边布局情况。

2. 风险评估的结果

简述本单位风险评估的结果。

3. 预案体系与衔接

简述本单位应急预案体系构成和分级情况，明确与地方政府及其有关部门、其他相关单位应急预案的衔接关系（可用图示）。

4. 应急物资装备的名录或清单

列出应急预案涉及的主要物资和装备名称、型号、性能、数量、存放地点、运输和使用条件、管理责任人和联系电话等。

5. 有关应急部门、机构或人员的联系方式

列出应急工作中需要联系的部门、机构或人员及其多种联系方式。

6. 格式化文本

列出信息接报、预案启动、信息发布等格式化文本。

7. 关键的路线、标识和图纸

包括但不限于：

（1）警报系统分布及覆盖范围。

（2）重要防护目标、风险清单及分布图。

（3）应急指挥部（现场指挥部）位置及救援队伍行动路线。

（4）疏散路线、集结点、警戒范围、重要地点的标识。

（5）相关平面布置、应急资源分布的图纸。

（6）生产经营单位的地理位置图、周边关系图、附近交通图。

（7）事故风险可能导致的影响范围图。

（8）附近医院地理位置图及路线图。

8. 有关协议或者备忘录

列出与相关应急救援部门签订的应急救援协议或备忘录。

第四节　应　急　演　练

应急演练是应急管理的重要环节，在应急管理工作中有着十分重要的作用。通过开展应急演练，可以实现评估应急准备状态，发现并及时修改应急预案、执行程序等相关工作的缺陷和不足；评估突发公共事件应急能力，识别资源需求，澄清相关机构、组织和人员的职责，改善不同机构、组织和人员之间的协调问题；检验应急响应人员对应急预案、执行程序的了解程度和实际操作技能，评估应急培训效果，分析培训需求。同时，作为一种培训手段，通过调整演练难度，可以进一步提高应急响应人员的业务素质和能力；促进公众、媒体对应急预案的理解，争取他们对应急工作的支持。

一、应急演练的定义、目的与原则

（一）定义

应急演练是指针对可能发生的事故情景，依据应急预案而模拟开展的应急活动。

（二）目的

应急演练的目的主要包括：

（1）检验预案。发现应急预案中存在的问题，提高应急预案的针对性、实用性和可操作性。

（2）锻炼队伍。熟悉应急预案，提高应急人员在紧急情况下妥善处置事故的能力。

（3）磨合机制。完善应急管理部门、相关单位和人员的工作职责，提高协调配合能力。

（4）宣传教育。普及应急管理知识，提高参演和观摩人员风险防范意识和自救互救能力。

（5）完善准备。完善应急管理标准制度，改进应急处置技术，补充应急装备和物资，提高应急能力。

（三）原则

应急演练应符合以下原则：

（1）符合相关规定。按照国家相关法律法规、标准及有关规定组织开展演练。

（2）依据预案演练。结合生产面临的风险及事故特点，依据应急预案组织开展演练。

（3）注重能力提高。突出以提高指挥协调能力、应急处置能力和应急准备能力组织开展演练。

（4）确保安全有序。在保证参演人员、设备设施及演练场所安全的条件下组织开展演练。

二、应急演练的类型

(一) 按组织形式分类

按应急演练组织形式的不同，可分为桌面演练和实战演练两类。

(1) 桌面演练。指针对事故情景，利用图纸、沙盘、流程图、计算机、视频等辅助手段，进行交互式讨论和推演的应急演练活动。

(2) 实战演练。指针对事故情景，选择（或模拟）生产经营活动中的设备设施、装置或场所，利用各类应急器材、装备、物资，通过决策行动、实际操作，完成真实应急响应的过程。

(二) 按演练内容分类

按应急演练内容的不同，可以分为单项演练和综合演练两类。

(1) 单项演练。指针对应急预案中某项应急响应功能开展的演练活动。

(2) 综合演练。指针对应急预案中多项或全部应急响应功能开展的演练活动。

(三) 按演练目的与作用分类

按应急演练目的与作用的不同，可分为检验性演练、示范性演练和研究性演练。

(1) 检验性演练。为检验应急预案的可行性、应急准备的充分性、应急机制的协调性及相关人员的应急处置能力而组织的演练。

(2) 示范性演练。为检验和展示综合应急救援能力，按照应急预案开展的具有较强指导宣教意义的规范性演练。

(3) 研究性演练。为探讨和解决事故应急处置的重点、难点问题，试验新方案、新技术、新装备而组织的演练。

三、应急演练的内容

(1) 预警与报告。根据事故情景，向相关部门或人员发出预警信息，并向有关部门和人员报告事故情况。

(2) 指挥与协调。根据事故情景，成立应急指挥部，调集应急救援队伍和相关资源，开展应急救援行动。

(3) 应急通信。根据事故情景，在应急救援相关部门或人员之间进行音频、视频信号或数据信息互通。

(4) 事故监测。根据事故情景，对事故现场进行观察、分析或测定，确定事故严重程度、影响范围和变化趋势等。

(5) 警戒与管制。根据事故情景，建立应急处置现场警戒区域，实行交通管制，维护现场秩序。

(6) 疏散与安置。根据事故情景，对事故可能波及范围内的相关人员进行疏散、转移和安置。

(7) 医疗卫生。根据事故情景，调集医疗卫生专家和卫生应急队伍开展紧急医学救援，并开展卫生监测和防疫工作。

(8) 现场处置。根据事故情景，按照相关应急预案和现场指挥部要求对事故现场进行控制和处理。

（9）社会沟通。根据事故情景，召开新闻发布会或事故情况通报会，通报事故有关情况。

（10）后期处置。根据事故情景，应急处置结束后，开展事故损失评估、事故原因调查、事故现场清理和相关善后工作。

（11）其他。根据相关行业（领域）安全生产特点开展其他应急工作。

四、综合演练的组织与实施

（一）演练计划

1. 需求分析

全面分析和评估应急预案、应急职责、应急处置工作流程和指挥调度程序、应急技能和应急装备、物资的实际情况，提出需通过应急演练解决的内容，有针对性地确定应急演练目标，提出应急演练的初步内容和主要科目。

2. 明确任务

确定应急演练的事故情景类型、等级、发生地域、演练方式、参演单位、应急演练各阶段主要任务、应急演练实施的拟定日期。

3. 制定计划

根据需求分析及任务安排，组织人员编制演练计划文本。

（二）演练准备

1. 成立演练组织机构

综合演练通常成立演练领导小组，下设策划与导调组、宣传组、保障组、评估组等专业工作组。根据演练规模大小，其组织机构可进行调整。

（1）领导小组。负责演练活动筹备和实施过程中的组织领导工作，具体负责审定演练工作方案、演练工作经费、演练评估总结以及其他需要决定的重要事项等。

（2）策划与导调组。负责编制演练工作方案、演练脚本、演练安全保障方案，负责演练活动筹备、事故场景布置、演练进程控制和参演人员调度以及与相关单位、工作组的联络和协调。

（3）宣传组。负责编制演练宣传方案，整理演练信息、组织新闻媒体和开展新闻发布。

（4）保障组。负责演练的物资装备、场地、经费、安全保卫及后勤保障。

（5）评估组。负责对演练准备、组织与实施进行全过程、全方位的跟踪评估；演练结束后，及时向演练单位或演练领导小组及其他相关专业组提出评估意见、建议，并撰写演练评估报告。

2. 编制演练文件

1）演练工作方案

演练工作方案内容主要包括：

（1）应急演练目的及要求。

（2）应急演练事故情景设计。

（3）应急演练参与人员及范围，时间与地点。

（4）参演单位和人员主要任务及职责。

（5）应急演练筹备工作内容。

（6）应急演练主要步骤。

（7）应急演练技术支撑及保障条件。

（8）应急演练评估与总结。

2）演练脚本

根据需要，可编制演练脚本。演练脚本是应急演练工作方案具体操作实施的文件，帮助参演人员全面掌握演练进程和内容。演练脚本一般采用表格形式，主要内容包括：

（1）演练模拟事故情景。

（2）处置行动与执行人员。

（3）指令与对白、步骤及时间安排。

（4）视频背景与字幕。

（5）演练解说词等。

3）演练评估方案

演练评估方案通常包括：

（1）演练信息：应急演练目的和目标、情景描述，应急行动与应对措施简介等。

（2）评估内容：应急演练准备、应急演练组织与实施、应急演练效果等。

（3）评估标准：应急演练各环节应达到的目标评判标准。

（4）评估程序：演练评估工作主要步骤及任务分工。

（5）附件：演练评估所需要用到的相关表格等。

4）演练保障方案

针对应急演练活动可能发生的意外情况制定演练保障方案或应急预案，并进行演练，做到相关人员应知应会，熟练掌握。演练保障方案应包括应急演练可能发生的意外情况、应急处置措施及责任部门，应急演练意外情况中止条件与程序等。

5）演练观摩手册

根据演练规模和观摩需要，可编制演练观摩手册。演练观摩手册通常包括应急演练时间、地点、情景描述、主要环节及演练内容、安全注意事项等。

3. 演练工作保障

（1）人员保障。按照演练方案和有关要求，确定演练总指挥、策划导调、宣传、保障、评估、参演等人员参加演练活动，必要时考虑替补人员。

（2）经费保障。根据演练工作需要，明确演练工作经费及承担单位。

（3）物资和器材保障。根据演练工作需要，明确各参演单位所准备的演练物资和器材等。

（4）场地保障。根据演练方式和内容，选择合适的演练场地。演练场地应满足演练活动需要，避免影响企业和公众正常生产、生活。

（5）安全保障。根据演练工作需要，采取必要安全防护措施，确保参演、观摩等人员以及生产运行系统安全。

（6）通信保障。根据演练工作需要，采用多种公用或专用通信系统，保证演练通信信息通畅。

（7）其他保障。根据演练工作需要，提供其他的保障措施。

（三）应急演练实施

1. 现场检查

确认演练所需的工具、设备、设施、技术资料以及参演人员到位。对应急演练安全设备、设施进行检查确认，确保安全保障方案可行，所有设备、设施完好，电力、通信系统正常。

2. 演练简介

应急演练正式开始前，应对参演人员进行情况说明，使其了解应急演练规则、场景及主要内容、岗位职责和注意事项。

3. 启动

应急演练总指挥宣布开始应急演练，参演单位及人员按照设定的事故情景，参与应急响应行动，直至完成全部演练工作。演练总指挥可根据演练现场情况，决定是否继续或中止演练活动。

4. 执行

1）桌面演练执行

在桌面演练过程中，演练执行人员按照应急预案或应急演练方案发出信息指令后，参演单位和人员依据接收到的信息，回答问题或模拟推演的形式，完成应急处置活动。通常按照四个环节循环往复进行：

（1）注入信息：执行人员通过多媒体文件、沙盘、消息单等多种形式向参演单位和人员展示应急演练场景，展现生产安全事故发生发展情况。

（2）提出问题：在每个演练场景中，由执行人员在场景展现完毕后根据应急演练方案提出一个或多个问题，或者在场景展现过程中自动呈现应急处置任务，供应急演练参与人员根据各自角色和职责分工展开讨论。

（3）分析决策：根据执行人员提出的问题或所展现的应急决策处置任务及场景信息，参演单位和人员分组开展思考讨论，形成处置决策意见。

（4）表达结果：在组内讨论结束后，各组代表按要求提交或口头阐述本组的分析决策结果，或者通过模拟操作与动作展示应急处置活动。

各组决策结果表达结束后，导调人员可对演练情况进行简要讲解，接着注入新的信息。

2）实战演练执行

按照应急演练工作方案，开始应急演练，有序推进各个场景，开展现场点评，完成各项应急演练活动，妥善处理各类突发情况，宣布结束与意外终止应急演练。实战演练执行主要按照以下步骤进行：

（1）演练策划与导调组对应急演练实施全过程的指挥控制。

（2）演练策划与导调组按照应急演练工作方案（脚本）向参演单位和人员发出信息指令，传递相关信息，控制演练进程；信息指令可由人工传递，也可以用对讲机、电话、手机、传真机、网络方式传送，或者通过特定声音、标志与视频呈现。

（3）演练策划与导调组按照应急演练工作方案规定程序，熟练发布控制信息，调度参演单位和人员完成各项应急演练任务；应急演练过程中，执行人员应随时掌握应急演练进展情况，并向领导小组组长报告应急演练中出现的各种问题。

（4）各参演单位和人员，根据导调信息和指令，依据应急演练工作方案规定流程，按照发生真实事件时的应急处置程序，采取相应的应急处置行动。

（5）参演人员按照应急演练方案要求，作出信息反馈。

（6）演练评估组跟踪参演单位和人员的响应情况，进行成绩评定并做好记录。

5. 演练记录

演练实施过程中，安排专门人员采用文字、照片和音像手段记录演练过程。

6. 中断

在应急演练实施过程中，出现特殊或意外情况，短时间内不能妥善处理或解决时，应急演练总指挥按照事先规定的程序和指令中断应急演练。

7. 结束

完成各项演练内容后，参演人员进行人数清点和讲评，演练总指挥宣布演练结束。

五、应急演练评估与总结

（一）应急演练评估

1. 演练点评

演练结束后，可选派有关代表（演练组织人员、参演人员、评估人员或相关方人员）对演练中发现的问题及取得的成效进行现场点评。

2. 参演人员自评

演练结束后，演练单位应组织各参演小组或参演人员进行自评，总结演练中的优点和不足，介绍演练收获及体会。演练评估人员应参加参演人员自评会并做好记录。

3. 评估组评估

参演人员自评结束后，演练评估组负责人应组织召开专题评估工作会议，综合评估意见。评估人员应根据演练情况和演练评估记录发表建议并交换意见，分析相关信息资料，明确存在问题并提出整改要求和措施等。

4. 编制演练评估报告

1）报告编写要求

演练现场评估工作结束后，评估组针对收集的各种信息资料，依据评估标准和相关文件资料对演练活动全过程进行科学分析和客观评价，并撰写演练评估报告，评估报告应向所有参演人员公示。

2）报告主要内容

（1）演练基本情况：演练的组织及承办单位、演练形式、演练模拟的事故名称、发生的时间和地点。事故过程的情景描述、主要应急行动等。

（2）演练评估过程：演练评估工作的组织实施过程和主要工作安排。

（3）演练情况分析：依据演练评估表格的评估结果，从演练的准备及组织实施情况、参演人员表现等方面具体分析好的做法和存在的问题以及演练目标的实现、演练成本效益分析等。

（4）改进的意见和建议：对演练评估中发现的问题提出整改的意见和建议。

（5）评估结论：对演练组织实施情况的综合评价，并给出优（无差错地完成了所有应急演练内容）、良（达到了预期的演练目标，差错较少）、中（存在明显缺陷，但没有影响实现预期的演练目标）、差（出现了重大错误，演练预期目标受到严重影响，演练被迫中止，造成应急行动延误或资源浪费）等评估结论。

（二）应急演练总结

演练结束后，由演练组织单位根据演练记录、演练评估报告、应急预案、现场总结等材料，对演练进行全面总结，并形成演练书面总结报告。报告可对应急演练准备、策划等工作进行简要总结分析。参与单位也可对本单位的演练情况进行总结。演练总结报告的内容主要包括：

（1）演练基本概要。

（2）演练发现的问题，取得的经验和教训。

（3）应急管理工作建议。

（三）演练资料归档与备案

（1）应急演练活动结束后，将应急演练工作方案以及应急演练评估、总结报告等文字资料，以及记录演练实施过程的相关图片、视频、音频等资料归档保存。

（2）对主管部门要求备案的应急演练资料，演练组织部门（单位）应将相关资料报主管部门备案。

六、应急演练持续改进

（一）应急预案修订完善

根据演练评估报告中对应急预案的改进建议，由应急预案编制部门按程序对预案进行修订完善。

（二）应急管理工作改进

（1）应急演练结束后，组织应急演练的部门（单位）应根据应急演练评估报告、总结报告提出的问题和建议对应急管理工作（包括应急演练工作）进行持续改进。

（2）组织应急演练的部门（单位）应督促相关部门和人员，制定整改计划，明确整改目标，制定整改措施，落实整改资金，并应跟踪督查整改情况。

第六章　生产安全事故调查与分析

2007 年 4 月 9 日，国务院颁布了《生产安全事故报告和调查处理条例》（国务院令第 493 号，简称《条例》），对生产安全事故的等级划分、报告时限以及调查处理的范围、权限和程序等事项作出具体规定，为生产安全事故的报告和调查处理提供了法律依据。《条例》是规范生产安全事故的报告和调查处理重要的法律基础，适用于生产经营活动中发生的造成人身伤亡或者直接经济损失的生产安全事故的报告和调查处理。环境污染事故、核设施事故、国防科研生产事故的报告和调查处理另有相关法规规定，这三类事故的报告和调查不适用于该条例。2007 年 7 月 3 日，原国家安全监管总局制定了《〈生产安全事故报告和调查处理条例〉罚款处罚暂行规定》（国家安全生产监督管理总局令第 13 号，根据 2011 年 9 月 1 日国家安全生产监督管理总局令第 42 号修正，根据 2015 年 4 月 2 日国家安全生产监督管理总局令第 77 号修正），进一步细化了有关事故处罚的规定。2009 年 6 月 16 日，原国家安全监管总局制定了《生产安全事故信息报告和处置办法》（国家安全生产监督管理总局令第 21 号），进一步规范了生产安全事故信息的报告和处置工作。

事故调查处理应当严格按照"四不放过"（即事故原因未查清不放过，责任人员未处理不放过，整改措施未落实不放过，有关人员未受到教育不放过）和"科学严谨、依法依规、实事求是、注重实效"的原则，及时、准确地查清事故经过、事故原因和事故损失，查明事故性质，认定事故责任，总结事故教训，提出整改措施，并对事故责任者依法追究责任。

2018 年，国家机构改革，成立了应急管理部，原安全生产监督管理部门职责由应急管理部门承接。2021 年，《安全生产法》作了修改。目前，正在修改《生产安全事故报告和调查处理条例》。此外，国家监察体制作了调整，成立了国家监察委员会。

第一节　生产安全事故报告

生产安全事故报告是安全生产工作的重要组成部分。事故报告是事故救援的重要前提，只有通过迅速、及时、准确的生产安全事故报告，才能在第一时间掌握事故情况、实施事故救援、控制事态发展，将事故损失和影响降到最低限度。

一、生产安全事故的分级

根据生产安全事故造成的人员伤亡或者直接经济损失，事故一般分为以下等级：

（1）特别重大事故，是指造成 30 人以上（含 30 人）死亡，或者 100 人以上（含 100 人）重伤（包括急性工业中毒，下同），或者 1 亿元以上（含 1 亿元）直接经济损失的事故。

（2）重大事故，是指造成 10 人以上（含 10 人）30 人以下死亡，或者 50 人以上（含

50 人）100 人以下重伤，或者 5000 万元以上（含 5000 万元）1 亿元以下直接经济损失的事故。

（3）较大事故，是指造成 3 人以上（含 3 人）10 人以下死亡，或者 10 人以上（含 10 人）50 人以下重伤，或者 1000 万元以上（含 1000 万元）5000 万元以下直接经济损失的事故。

（4）　般事故，是指造成 3 人以下死亡，或者 10 人以下重伤，或者 1000 万元以下直接经济损失的事故。

二、事故的分类

伤亡事故的分类，分别从不同方面描述了事故的不同特点。

（1）按行业划分：根据《国务院关于特大安全事故行政责任追究的规定》（国务院令第 302 号），将事故分为火灾、交通、矿山、化学危险品、烟花爆竹、民用爆炸物品、建设施工、特种设备以及其他等事故。

（2）按致损因素划分：根据 1986 年 5 月 31 日发布的《企业职工伤亡事故分类》（GB 6441），伤亡事故是指企业职工在生产劳动过程中，发生的人身伤害和急性中毒。事故的类别包括：物体打击、车辆伤害、机械伤害、起重伤害、触电、淹溺、灼烫、火灾、高处坠落、坍塌、冒顶片帮、透水、放炮、火药爆炸、瓦斯爆炸、锅炉爆炸、容器爆炸、其他爆炸、中毒和窒息、其他伤害。对事故造成的伤害分析要考虑的因素有受伤部位、受伤性质（人体受伤的类型）、起因物、致害物、伤害方式、不安全状态、不安全行为。

（3）按照事故造成的伤害程度划分：事故可分为轻伤事故、重伤事故和死亡事故。

三、事故上报的时限和部门

事故报告应当及时、准确、完整，任何单位和个人对事故不得迟报、漏报、谎报或者瞒报。事故发生后，及时、准确、完整地报告事故，对于及时、有效地组织事故救援，减少事故损失，顺利开展事故调查具有非常重要的意义。

生产安全事故发生后，事故现场有关人员应当立即向本单位负责人报告；单位负责人接到报告后，应当于 1 h 内向事故发生地县级以上人民政府应急管理部门和负有安全生产监督管理职责的有关部门报告。情况紧急时，事故现场有关人员可以直接向事故发生地县级以上人民政府应急管理部门和负有安全生产监督管理职责的有关部门报告。如果事故现场条件特别复杂，难以准确判定事故等级，情况十分危急，上一级部门没有足够能力开展应急救援工作，或者事故性质特殊、社会影响特别重大时，就应当允许越级上报事故。

发生事故后及时向单位负责人和有关主管部门报告，对于及时采取应急救援措施，防止事故扩大，减少人员伤亡和财产损失起着至关重要的作用。应急管理部门和负有安全生产监督管理职责的有关部门接到事故报告后，应当依照下列规定上报事故情况，并通知公安机关、劳动保障行政部门、工会和人民检察院：

（1）特别重大事故、重大事故逐级上报至国务院应急管理部门和负有安全生产监督管理职责的有关部门。

（2）较大事故逐级上报至省、自治区、直辖市人民政府应急管理部门和负有安全生产监督管理职责的有关部门。

（3）一般事故上报至设区的市级人民政府应急管理部门和负有安全生产监督管理职责的有关部门。

应急管理部门和负有安全生产监督管理职责的有关部门逐级上报事故情况，每级上报的时间不得超过 2 h。事故报告后出现新情况的，应当及时补报。自事故发生之日起 30 日内，事故造成的伤亡人数发生变化的，应当及时补报。道路交通事故、火灾事故自发生之日起 7 日内，事故造成的伤亡人数发生变化的，应当及时补报。

上报事故的首要原则是及时。所谓 2 h 起点是指接到下级部门报告的时间。以特别重大事故的报告为例，按照报告时限要求的最大值计算，从单位负责人报告县级管理部门，再由县级管理部门报告市级管理部门、市级管理部门报告省级管理部门、省级管理部门报告国务院管理部门，直至最后报至国务院，总共所需时间为 7 h。之所以对上报事故作出这样限制性的时间规定，主要是基于以下原因：快速上报事故，有利于上级部门及时掌握情况，迅速开展应急救援工作。上级安全管理部门可以及时调集应急救援力量，发挥更多的人力、物力等资源优势，协调各方面的关系，尽快组织实施有效救援。

四、事故报告的内容

报告事故应当包括事故发生单位概况，事故发生的时间、地点以及事故现场情况，事故的简要经过，事故已经造成或者可能造成的伤亡人数（包括下落不明的人数）和初步估计的直接经济损失，已经采取的措施和其他应当报告的情况。事故报告应当遵照完整性的原则，尽量能够全面地反映事故情况。

（一）事故发生单位概况

事故发生单位概况应当包括单位的全称、成立时间、所处地理位置、所有制形式和隶属关系、生产经营范围和规模、持有各类证照的情况、单位负责人的基本情况、劳动组织及工程（施工）情况等（矿山企业还应包括可采储量、生产能力、开采方式、通风方式及主要灾害等情况）以及近期的生产经营状况等。

（二）事故发生的时间、地点以及事故现场情况

报告事故发生的时间应当具体，并尽量精确到分钟。报告事故发生的地点要准确，除事故发生的中心地点外，还应当报告事故所波及的区域。报告事故现场总体情况、现场的人员伤亡情况、设备设施的毁损情况以及事故发生前的现场情况。

（三）事故的简要经过

事故的简要经过是对事故全过程的简要叙述，描述要前后衔接、脉络清晰、因果相连。

（四）伤亡人数和初步估计的直接经济损失

对于人员伤亡情况的报告，应当遵守实事求是的原则，不作无根据的猜测，更不能隐瞒实际伤亡人数。对直接经济损失的初步估计，主要指事故所导致的建筑物的毁损、生产设备设施和仪器仪表的损坏等。由于人员伤亡情况和经济损失情况直接影响事故等级的划分，并因此决定事故的调查处理等后续重大问题，在报告这方面情况时应当谨慎细致，力求准确。

（五）已经采取的措施

已经采取的措施主要是指事故现场有关人员、事故单位负责人、已经接到事故报告的安全生产管理部门为减少损失、防止事故扩大和便于事故调查所采取的应急救援和现场保护等具体措施。

（六）其他应当报告的情况

对于其他应当报告的情况，根据实际情况具体确定。需要特别指出的是，考虑到事故原因往往需要进一步调查之后才能确定，为谨慎起见，没有将其列入应当报告的事项。但是，对于能够初步判定事故原因的，还是应当进行报告。

事故现场有关人员需要准确报告事故的时间、地点、人员伤亡的大体情况，事故单位负责人需要报告事故的简要经过、人员伤亡和损失情况以及已经采取的措施等，应急管理部门和负有安全生产监督管理职责的有关部门向上级部门报告事故情况需要严格按照《条例》规定进行报告。

五、事故的应急处置

事故发生单位负责人接到事故报告后，应当立即启动事故应急预案，或者采取有效措施，组织抢救，防止事故扩大，减少人员伤亡和财产损失。

事故发生后，生产经营单位应当立即启动相关应急预案，采取有效处置措施，开展先期应急工作，控制事态发展，并按规定向有关部门报告。对危险化学品泄漏等可能对周边群众和环境产生影响的，生产经营单位应在向地方人民政府和有关部门报告的同时，及时向可能受到影响的单位、职工、群众发出预警信息，标明危险区域，组织、协助应急救援队伍和工作人员救助受害人员，疏散、撤离、安置受到威胁的人员，并采取必要措施防止发生次生、衍生事故。应急处置工作结束后，各生产经营单位应尽快组织恢复生产、生活秩序，配合事故调查组进行调查。

事故发生地有关地方人民政府、应急管理部门和负有安全生产监督管理职责的有关部门接到事故报告后，其负责人应当按照生产安全事故应急预案的要求立即赶赴事故现场，组织事故救援。

事故发生后，有关单位和人员应当妥善保护事故现场以及相关证据，任何单位和个人不得破坏事故现场、毁灭相关证据。因抢救人员、防止事故扩大以及疏通交通等原因，需要移动事故现场物件的，应当作出标志，绘制现场简图并作出书面记录，妥善保存现场重要痕迹、物证。

事故发生地公安机关根据事故的情况，对涉嫌犯罪的，应当依法立案侦查，采取强制措施和侦查措施。犯罪嫌疑人逃匿的，公安机关应当迅速追捕归案。

第二节 事故调查与分析

事故调查与分析是安全生产工作的重要组成部分。通过事故调查和处理，既是分析事故根源、解决安全隐患的重要基础，也是吸取教训、追究责任、惩前毖后的有效手段和领导工作决策的重要依据。

一、事故调查

事故调查应当坚持科学严谨、依法依规、实事求是、注重实效的原则，及时、准确地查清事故经过、事故原因和事故损失，查明事故性质，认定事故责任，总结事故教训，提出整改措施，对事故责任者提出处理意见，并进一步推动事故预防。全面把握这些规定对事故调查工作意义重大。

（一）事故调查的组织

特别重大事故由国务院或者国务院授权有关部门组织事故调查组进行调查。

重大事故、较大事故、一般事故分别由事故发生地省级人民政府、设区的市级人民政府、县级人民政府负责调查。省级人民政府、设区的市级人民政府、县级人民政府可以直接组织事故调查组进行调查，也可以授权或者委托有关部门组织事故调查组进行调查。未造成人员伤亡的一般事故，县级人民政府也可以委托事故发生单位组织事故调查组进行调查。

对于事故性质恶劣、社会影响较大的，同一地区连续频繁发生同类事故的，事故发生地不重视安全生产工作、不能真正吸取事故教训的，社会和群众对下级政府调查的事故反响十分强烈的，事故调查难以做到客观、公正的等事故调查工作，上级人民政府可以调查由下级人民政府负责调查的事故。

特别重大事故以下等级事故，事故发生地与事故发生单位不在同一个县级以上行政区域的，由事故发生地人民政府负责调查，事故发生单位所在地人民政府应当派人参加。

事故调查工作实行"政府领导、分级负责"的原则，不管哪级事故，其事故调查工作都是由政府负责的；不管是政府直接组织事故调查还是授权或者委托有关部门组织事故调查，都是在政府的领导下，都是以政府的名义进行的，都是政府的调查行为，不是部门的调查行为。

此外，自事故发生之日起30日内（道路交通事故、火灾事故自发生之日起7日内），因事故伤亡人数变化导致事故等级发生变化，应当由上级人民政府负责调查的，上级人民政府可以另行组织事故调查组进行调查。

（二）事故调查组的组成和职责

事故调查组的组成应当遵循精简、效能的原则。根据事故的具体情况，事故调查组由有关人民政府、应急管理部门、负有安全生产监督管理职责的有关部门、公安机关以及工会派人组成。事故调查组可以聘请有关专家参与调查。

在实际开展事故调查时，事故调查组可以根据事故调查的需要设立管理、技术、综合等专门小组，分别承担管理原因调查、技术原因调查、综合协调等工作。调查组成员单位应当根据事故调查组的委托，指定具有行政执法资格的人员负责相关调查取证工作。进行调查取证时，行政执法人员的人数不得少于2人，并向有关单位和人员表明身份、告知其权利义务，调查取证可以使用有关安全生产行政执法文书。完成调查取证后，应当向事故调查组提交专门调查报告和相关证据材料。

事故调查组成员履行事故调查的行为是职务行为，代表其所属部门、单位进行事故调查工作；事故调查组成员都要接受事故调查组的领导；事故调查组聘请的专家参与事故调查，也是事故调查组的成员。事故调查组成员应当具有事故调查所需要的知识和专长，并与所调查的事故没有直接利害关系。

事故调查组组长由负责事故调查的人民政府指定。事故调查组组长主持事故调查组的工作。由政府直接组织事故调查组进行事故调查的，其事故调查组组长由负责组织事故调查的人民政府指定；由政府委托有关部门组织事故调查组进行事故调查的，其事故调查组组长也由负责组织事故调查的人民政府指定。由政府授权有关部门组织事故调查组进行事故调查的，其事故调查组组长确定可以在授权时一并进行，也就是说事故调查组组长可以由有关人民政府指定，也可以由授权组织事故调查组的有关部门指定。

事故调查组履行事故调查职责，主要任务和内容包括：

（1）查明事故发生的经过，包括：事故发生前事故发生单位生产作业状况，事故发生的具体时间、地点，事故现场状况及事故现场保护情况，事故发生后采取的应急处置措施情况，事故报告经过，事故抢救及事故救援情况，事故的善后处理情况，其他与事故发生经过有关的情况。

（2）查明事故发生的原因，包括：事故发生的直接原因、事故发生的间接原因、事故发生的其他原因。

（3）查明人员伤亡情况，包括：事故发生前事故发生单位生产作业人员分布情况，事故发生时人员涉险情况，事故当场人员伤亡情况及人员失踪情况，事故抢救过程中人员伤亡情况，最终伤亡情况，其他与事故发生有关的人员伤亡情况。

（4）查明事故的直接经济损失，包括：人员伤亡后所支出的费用，如医疗费用、丧葬及抚恤费用、补助及救济费用、歇工工资等；事故善后处理费用，如处理事故的事务性费用、现场抢救费用、现场清理费用、事故罚款和赔偿费用等；事故造成的财产损失费用，如固定资产损失价值、流动资产损失价值等。

（5）认定事故性质和事故责任分析。通过事故调查分析，对事故的性质要有明确结论。其中对认定为自然事故（非责任事故或者不可抗拒的事故）的，可不再认定或者追究事故责任人；对认定为责任事故的，要按照责任大小和承担责任的不同分别认定直接责任者、主要责任者、领导责任者。

（6）对事故责任者提出处理建议。通过事故调查分析，在认定事故的性质和事故责任的基础上，对事故责任者提出行政处分、纪律处分、行政处罚、追究刑事责任、追究民事责任的建议。

（7）总结事故教训。通过事故调查分析，在认定事故的性质和事故责任者的基础上，要认真总结事故教训，主要是在安全生产管理、安全生产投入、安全生产条件、事故应急救援等方面存在的薄弱环节、漏洞和隐患，要认真对照问题查找根源、吸取教训。

（8）提出防范和整改措施。防范和整改措施是在事故调查分析的基础上针对事故发生单位在安全生产方面的薄弱环节、漏洞、隐患等提出的，要具备针对性、可操作性、普遍适用性和时效性。

（9）提交事故调查报告。事故调查报告在事故调查组全面履行职责的前提下由事故调查组完成，是事故调查工作成果的集中体现。事故调查报告在事故调查组组长的主持下完成，其内容应当符合《条例》的规定，并在规定的提交事故调查报告的时限内提出。事故调查报告应当附具有关证据材料，事故调查组成员应当在事故调查报告上签名。事故调查报告应当包括事故发生单位概况、事故发生经过和事故救援情况、事故造成的人员伤亡和直接经济损失、事故发生的原因和事故性质、事故责任的认定以及对事故责任者的处理建议、事故防范和整改措施。事故调查报告报送负责事故调查的人民政府后，事故调查工作即告结束。

（三）事故调查组的职权和事故发生单位的义务

事故调查组有权向有关单位和个人了解与事故有关的情况，并要求其提供相关文件、资料，有关单位和个人不得拒绝。事故调查中需要进行技术鉴定的，事故调查组应当委托具有国家规定资质的单位进行技术鉴定。必要时，事故调查组可以直接组织专家进行技术鉴定。技术鉴定所需时间不计入事故调查期限。

事故发生单位的负责人和有关人员在事故调查期间不得擅离职守，并应当随时接受事故调查组的询问，如实提供有关情况。事故调查中发现涉嫌犯罪的，事故调查组应当及时将有关材料或者其复印件移交司法机关处理。

事故发生单位及相关单位应当在事故调查组规定时限内，提供下列材料：营业执照、行政许可及资质证明复印件，组织机构及相关人员职责证明，安全生产责任制度和相关管理制度，与事故相关的合同、伤亡人员身份证明及劳动关系证明，与事故相关的设备、工艺资料和安全操作规程，有关人员安全教育培训情况和特种作业人员资格证明，事故造成人员伤亡和直接经济损失等基本情况的说明，事故现场示意图，有关责任人员上一年年收入情况，与事故有关的其他材料。

（四）事故调查的纪律和期限

事故调查组成员在事故调查工作中应当诚信公正、恪尽职守，遵守事故调查组的纪律，保守事故调查的秘密。未经事故调查组组长允许，事故调查组成员不得擅自发布有关事故的信息。

事故调查组应当自事故发生之日起 60 日内提交事故调查报告；特殊情况下，经负责事故调查的人民政府批准，提交事故调查报告的期限可以适当延长，但延长的期限最长不超过 60 日。需要技术鉴定的，技术鉴定所需时间不计入该时限，其提交事故调查报告的时限可以顺延。

二、事故分析

对于较大以上事故或复杂的事故，特别是造成重特大伤亡或财产损失事故，不仅要进行现场分析，而且还要进行事故后的深入分析。事故分析方法通常有综合分析法、个别案例技术分析法以及系统安全分析法等。

大多数事故都应在现场分析及所收集材料的基础上进一步去粗取精、去伪存真、由此及彼、由表及里地深入分析，只有这样才有可能找出事故的根本原因和预防与控制事故的有效措施。而且由于这类事故分析相对于现场分析来说，可以更多、更全面地分析相关资料，聘请一些较高水平但受各种因素限制不能参与现场分析的专家，进行更为深入、全面的分析。如山东保利民爆"5·20"特别重大爆炸事故，由于爆炸引发车间坍塌，调查过程中聘请了工业炸药、爆破、民爆安全生产等专业领域的 20 余名专家组成专家组，在对现场进行分析的基础上经过深入分析和检测鉴定，准确确定了爆炸原点，并确定了引发爆炸的直接原因，即在添加废药时混入有太安的起爆件或散装太安可能性极大，从而确定太安在装药机内受到强力摩擦、挤压、撞击，瞬间发生爆炸。

第三节 事 故 处 理

事故调查组向负责组织事故调查的有关人民政府提出事故调查报告后，事故调查工作即告结束。有关人民政府按照《条例》规定的期限，及时作出批复并督促有关机关、单位落实批复，包括对生产经营单位的行政处罚，对事故责任人行政责任的追究以及整改措施的落实等。

一、事故调查报告的批复

事故调查组是为了调查某一特定事故而临时组成的，不管是有关人民政府直接组织的事故调查组，还是授权或者委托有关部门组织的事故调查组，其形成的事故调查报告只有经过有关人民政府批复后，才具有效力，才能被执行和落实。事故调查报告批复的主体是负责事故调查的人民政府。特别重大事故的调查报告由国务院批复，重大事故、较大事故、一般事故的事故调查报告分别由负责事故调查的有关省级人民政府、设区的市级人民政府、县级人民政府批复。

对重大事故、较大事故、一般事故，负责事故调查的人民政府应当自收到事故调查报告之日起15日内作出批复；对特别重大事故，30日内作出批复，特殊情况下，批复时间可以适当延长，但延长的时间最长不超过30日。

有关机关应当按照人民政府的批复，依照法律、行政法规规定的权限和程序，对事故发生单位和有关人员进行行政处罚，对负有事故责任的国家工作人员进行处分。事故发生单位应当按照负责事故调查的人民政府的批复，对本单位负有事故责任的人员进行处理。负有事故责任的人员涉嫌犯罪的，依法追究刑事责任。

二、事故调查报告中防范和整改措施的落实及其监督

事故调查处理的最终目的是预防和减少事故。事故调查组在调查事故中要查清事故经过、查明事故原因和事故性质，总结事故教训，并在事故调查报告中提出防范和整改措施。事故发生单位应当认真吸取事故教训，落实防范和整改措施，防止事故再次发生。防范和整改措施的落实情况应当接受工会和职工的监督。

安全生产监督管理部门和负有安全生产监督管理职责的有关部门，应当对事故发生单位负责落实防范和整改措施的情况进行监督检查。事故处理的情况由负责事故调查的人民政府或者其授权的有关部门、机构向社会公布，依法应当保密的除外。

第四节 事故调查处理案卷管理

为加强安全生产监管档案的管理，充分发挥档案在安全生产监督管理工作中的作用，根据《中华人民共和国档案法》《国家安全监管总局关于印发安全生产监管档案管理规定

的通知》(安监总办〔2007〕126 号) 等法规文件要求, 事故调查处理结束后, 对生产安全事故案卷应该进行归档和管理。

安全生产监管档案是指各级安全生产监督管理部门在依法履行安全生产监督管理职责工作中直接形成的, 具有保存价值的文字、图表、声像、电子等不同形式和载体的历史记录。生产安全事故案卷属于安全生产监管档案的重要组成部分, 其应归档的文件材料包括: 事故报告及领导批示; 事故调查组织工作的有关材料, 包括事故调查组成立批准文件、内部分工、调查组成员名单及签字等; 事故抢险救援报告; 现场勘查报告及事故现场勘查材料, 包括事故现场图、照片、录像, 勘查过程中形成的其他材料等; 事故技术分析、取证、鉴定等材料, 包括技术鉴定报告, 专家鉴定意见, 设备、仪器等现场提取物的技术检测或鉴定报告以及物证材料或物证材料的影像材料, 物证材料的事后处理情况报告等; 安全生产管理情况调查报告; 伤亡人员名单, 尸检报告或死亡证明, 受伤人员伤害程度鉴定或医疗证明; 调查取证、谈话、询问笔录等; 其他有关认定事故原因、管理责任的调查取证材料, 包括事故责任单位营业执照及有关资质证书复印件、作业规程及图纸等; 关于事故经济损失的材料; 事故调查组工作简报; 与事故调查工作有关的会议记录; 其他与事故调查有关的文件材料; 关于事故调查处理意见的请示 (附有调查报告); 事故处理决定、批复或结案通知; 关于事故责任认定和对责任人进行处理的相关单位的意见函; 关于事故责任单位和责任人的责任追究落实情况的文件材料; 其他与事故处理有关的文件材料。

第七章 安全生产监管监察

第一节 安全生产监督管理

一、安全生产监督管理体制

目前，我国安全生产监督管理体制是：综合监管与行业监管相结合，国家监察与地方监管相结合，政府监督与其他监督相结合的格局。

（一）综合监管与行业监管

应急管理部是国务院主管安全生产综合监督管理的组成部门，依法对全国安全生产实施综合监督管理。交通运输、水利、住房和城乡建设、工业和信息化、文化和旅游、市场监管、生态环境等国务院有关部门分别对交通、铁路、民航、水利、电力、建筑、国防工业、邮政、电信、旅游、特种设备、核安全等行业和领域的安全生产工作负责监督管理，即行业监管或专业管理。应急管理部从综合监督管理全国安全生产工作的角度，指导、协调和监督这些部门的安全生产监督管理工作。除此之外，综合监督管理还体现在组织起草安全生产方面的综合性法律、行政法规和规章，研究拟定安全生产方针、政策等。

地方各级人民政府也都以不同形式成立了相应的安全生产综合监督管理部门和行业监督管理部门，履行综合监管和行业监管的职能。应急管理部和国务院其他安全生产的行业监督管理部门，对地方的安全生产综合监督管理部门和行业监督管理部门在业务上进行指导。

《安全生产法》第十条明确规定，国务院应急管理部门依照本法，对全国安全生产工作实施综合监督管理；县级以上地方各级人民政府应急管理部门依照本法，对本行政区域内安全生产工作实施综合监督管理。国务院交通运输、住房和城乡建设、水利、民航等有关部门依照本法和其他有关法律、行政法规的规定，在各自的职责范围内对有关行业、领域的安全生产工作实施监督管理；县级以上地方各级人民政府有关部门依照本法和其他有关法律、法规的规定，在各自的职责范围内对有关行业、领域的安全生产工作实施监督管理。对新兴行业、领域的安全生产监督管理职责不明确的，由县级以上地方各级人民政府按照业务相近的原则确定监督管理部门。

另外，为了加强国家对整个安全生产工作的领导，加强综合监管与行业监管之间的协调配合，国务院成立了安全生产委员会，设立国务院安全生产委员会办公室，其办公室设在应急管理部。国务院安全生产委员会办公室具体职责之一就是研究提出安全生产重大方针、政策和重要措施的建议，监督检查、指导协调国务院有关部门和各省、自治区、直辖市人民政府的安全生产工作。各省、自治区、直辖市人民政府也建立了相应的安全生产委员会，部分市、县也建立了安全生产委员会。通过安全生产委员会的作用，对安全生产的监督管理起到了相互协调、相互配合的作用，大大加强了安全生产的监督管理工作。

因此，综合监督管理和行业监督管理初步形成了一个网格式的监管体系。

（二）国家监察与地方监管

除了综合监督管理与行业监督管理之外，针对某些危险性较高的特殊领域，国家为了加强安全生产监督管理工作，专门建立了国家监察机制。如矿山，国家专门建立了垂直管理的矿山安全监察机构，国家设立国家矿山安全监察局，产矿地区另设立国家矿山安全监察局省级局，省级局下设若干监察处，监察机构的人、财、物全部由中央负责，避免实行监察过程中受地方政府的干扰。考虑到目前全国的矿山数量很多，点多面广，有些矿山分布较远，矿山安全监察机构的力量不足的特点，国家赋予某些权力给地方政府，由地方政府明确相应的部门行使对矿山安全生产的监督管理权，即实行地方监管。目前，各省对矿山安全生产的监督管理形式也不完全相同，即地方监管机构不尽相同，大部分省由应急管理、能源部门负责。

矿山安全的监管比较特殊，实行的是国家监察与地方监管相结合的方式。还有其他情况，如交通部门的水上交通安全监管：一方面由交通运输部海事局设立垂直监管机构，如长江等重要水域都设立海事局，直接由交通运输部海事局领导；另一方面有些水上监管机构，行政上归地方政府领导，业务上归海事局指导，垂直与分级相结合。

特种设备的监察实行省以下垂直管理的体制。

（三）政府监督与其他监督

生产经营单位是安全生产的责任主体。但是，加强外部的监督和管理也是安全生产的重要保证。除政府监督外，其他方面的监督也十分重要。其他监督是整个安全生产监督管理体制的一个重要组成部分，在安全生产工作中发挥着重要的作用。当前，尤其需要发挥其他方面的监督，如新闻媒体的监督。

政府方面的监督主要有应急管理部门和其他负有安全生产监督管理职责部门的监督、监察机关的监督。

其他方面的监督主要有安全技术、管理服务机构的监督，社会公众的监督，工会的监督，新闻媒体的监督，居民委员会、村民委员会、人民检察院等组织的监督。

（四）安全生产监督管理的责任主体

安全生产监督管理的责任主体包括各级人民政府及其应急管理部门和负有安全生产监督管理职责的相关部门。

各级人民政府在安全生产监督管理工作中负有领导责任，根据《安全生产法》第九条规定，国务院和县级以上地方各级人民政府应当加强对安全生产工作的领导，支持、督促各有关部门依法履行安全生产监督管理职责，建立、健全安全生产工作协调机制，及时协调、解决安全生产监督管理中存在的重大问题。

目前，我国县级以上人民政府基本上设立了应急管理部门。应急管理部是国务院正部级组成部门，依照法律和中央批准的"三定方案"确定的职责，对全国安全生产工作实施综合监督管理。县级以上地方人民政府应急管理部门，是指这些地方人民政府设立或授权负责本行政区域内安全生产综合监督管理的部门。

负有安全生产监督管理职责的有关部门，是指《安全生产法》第十条第二款所称的县级以上人民政府设置的对有关行业、领域的安全生产工作实施监督管理的部门。譬如，国务院负有安全生产监督管理职责的有关部门，就包括交通运输部、工业和信息化部、住房和城乡建设部等有关部委和机构。这些部门的安全生产监督管理职责除《安全生产法》外，在其他法律、行政法规中有明确规定。国务院有关部门依照法律、行政法规和中央批准的"三定方案"的规定，负责有关领域、行业的专项安全生产监督管理。《国务院关于进一步加强企业安全生产工作的通知》强调，"全面落实公安、交通、国土资源、建设、工商、质检等部门的安全生产监督管理及工业主管部门的安全生产指导职责"。此外，许多地方政府也制定发布了一系列明确行业管理部门安全监管职责的规范性文件。

（五）安全生产监督管理的基本特征

政府对安全生产监督管理的职权是由法律法规所规定，是以国家机关为主体实施的，对生产经营单位履行安全生产职责和执行安全生产法规、政策和标准的情况，依法进行监督、监察、纠正和惩戒。

1. 权威性

国家对安全生产监督管理的权威性首先源于法律的授权。法律是由国家的最高权力机关全国人民代表大会制定和认可的，体现的是国家意志。《安全生产法》《矿山安全法》等有关法律对安全生产监督管理都有明确的规定。

2. 强制性

国家的法律都必然要求由国家强制力来保证其实施。各级人民政府应急管理部门和其他有关部门对安全生产工作实施的监督管理，是依法行使的监督管理权，是以国家强制力作为后盾的。

3. 普遍约束性

在中华人民共和国领域内从事生产经营活动的单位，凡有关涉及安全生产方面的工作，都必须接受统一的监督管理，履行《安全生产法》等有关法律所规定的职责。这种普遍约束性，实际上就是法律的普遍约束力在安全生产工作中的具体体现。

（六）安全生产监督管理的基本原则

应急管理部门和其他负有安全生产监督管理职责的部门对生产经营单位实施监督管理职责时，遵循以下基本原则：

（1）坚持严格规范公正文明的原则。

（2）坚持以事实为依据，以法律为准绳的原则。

（3）坚持预防为主的原则。

（4）坚持行为监管与技术监管相结合的原则。

（5）坚持监管与服务相结合的原则。

（6）坚持教育与惩罚相结合的原则。

二、负有安全生产监督管理职责的部门和人员的职责

（一）负有安全生产监督管理职责的部门的主要职责

（1）采取多种形式，加强对有关安全生产的法律法规和安全生产知识的宣传，提高职工的安全生产意识。

（2）配合有关政府进行安全检查。县级以上地方各级人民政府应当根据本行政区域的安全生产状况，组织有关部门按照职责分工，对本行政区域内容易发生重大生产安全事故的生产经营单位进行严格检查。

（3）按照分类分级监督管理的要求，制定安全生产年度监督检查计划，并按照年度监督检查计划进行监督检查，发现事故隐患，及时进行处理。

（4）严格依法对涉及安全生产的事项进行审查批准并加强监督检查。

（5）对生产经营单位执行有关法律法规和标准的情况进行监督检查，进入现场进行检查，查阅有关资料，向有关单位和人员了解情况，对事故隐患进行处理，对安全生产违法行为进行处理，对不符合国家标准或者行业标准的设施、设备和器材以及违法生产、储存、使用、经营、运输的危险物品进行处理，对违法生产、储存、使用、经营危险物品的作业场所予以查封，并依法作出处理决定，部门之间进行相互配合等。

（6）接受监察机关的监督。

（7）接受人民检察院的监督。

（8）建立举报制度。

（9）制定有关奖励制度，对报告重大事故隐患或者举报安全生产违法行为的有功人员，给予奖励。

（10）配合地方政府建立应急救援体系。

（11）事故报告。负有安全生产监督管理职责的部门接到事故报告后，应当立即按照国家有关规定上报事故情况，不得隐瞒不报、谎报或者拖延不报。

（12）积极支援事故抢救。

（13）组织事故调查。

（14）事故信息发布。

（15）依法实施行政处罚。

（16）依法对存在重大事故隐患的生产经营单位作出停产停业、停止施工、停止使用相关设施或者设备的决定。

（17）建立安全生产违法行为信息库，记录生产经营单位及其有关从业人员的安全生产违法行为信息，并向社会公告和公示违法行为情节严重的生产经营单位及其有关从业人员。

（二）负有安全生产监督管理职责的人员的主要职责

（1）宣传安全生产法律法规和国家有关方针和政策。

（2）监督检查生产经营单位执行安全生产法律法规和标准的情况。

（3）严格履行有关行政许可的审查职责。

（4）依法处理安全生产违法行为，实施行政处罚。

（5）正确处理事故隐患，防止事故发生。

（6）依法处理不符合法律法规和标准的有关设施、设备、器材。

（7）接受行政监察机关的监督。

（8）及时报告事故。

（9）参加安全事故应急救援与事故调查处理。

（10）忠于职守，坚持原则，秉公执法。

（11）法律、行政法规规定的其他职责。

三、安全生产监督管理的方式与内容

（一）安全生产监督管理的程序

安全生产监督管理有很多形式，有召开各种会议、安全检查、行政许可、行政处罚等。对作业场所的监督检查、行政许可和行政处罚是十分重要的形式。

1. 对作业场所的监督检查的一般程序

（1）监督检查前的准备。召开有关会议，通知生产经营单位等；有时不事先通知生产经营单位，实施突击检查或暗查暗访。

（2）监督检查用人单位执行安全生产法律法规及标准的情况。检查有关许可证的持证情况，安全管理制度，安全培训台账，特种作业人员持证情况，事故隐患排查治理台账，特种设备管理台账，有关会议记录，安全生产管理机构及安全管理人员配备情况，安全投入，安全费用提取等。

（3）作业现场检查。

（4）提出意见或建议。检查完后，与被检查单位交换意见，提出查出的问题，提出整改意见。

（5）发出《现场处理措施决定书》或《责令限期整改指令书》或《行政处罚告知书》等。

2. 颁发管理有关安全生产事项的许可的一般程序

（1）申请。申请人向实施许可的安全生产监督管理部门提交申请书和法定的文件资料，也可以按规定通过信函、传真、互联网和电子邮件等方式提出安全生产行政许可申请。

（2）受理。实施许可的安全生产监督管理部门按照规定进行初步审查，对符合条件的申请予以受理并出具书面凭证；对申请文件、资料不齐全或者不符合要求的，应当当场告知或者在收到申请文件、资料之日起5个工作日内出具补正通知书，一次告知申请人需要补正的全部内容；对不符合条件的，不予受理并书面告知申请人理由；逾期不告知的，自收到申请材料之日起，即为受理。

（3）审查。实施许可的安全生产监督管理部门对申请材料进行书面审查，按照规定，需要征求有关部门意见的，应当书面征求有关部门意见，并得到书面回复；属于法定听证情形的，实施许可的安全生产监督管理部门应当举行听证；发现行政许可事项直接关系他人重大利益的，应当告知该利害关系人。需要到现场核查的，应当指派两名以上执法人员实施核查，并提交现场核查报告。

（4）作出决定。实施许可的安全生产监督管理部门应当在规定的时间内，作出许可或者不予许可的书面决定。对决定许可的，许可机关应当自作出决定之日起10个工作日内向申请人颁发、送达许可证件或者批准文件；对决定不予许可的，许可机关应当说明理由，并告知申请人享有的法定权利。

依照法律、法规规定实施安全生产行政许可，应当根据考试成绩、考核结果、检验、检测结果作出行政许可决定的，从其规定。

3. 行政处罚的程序

根据《行政处罚法》，违法行为行政处罚的种类包括：①警告、通报批评；②罚款、没收违法所得、没收非法财物；③暂扣许可证件、降低资质等级、吊销许可证件；④限制开展生产经营活动、责令停产停业、责令关闭、限制从业；⑤行政拘留；⑥法律、行政法规规定的其他行政处罚。根据《安全生产违法行为行政处罚办法》，安全生产违法行为行政处罚的种类包括：①警告；②罚款；③没收违法所得，没收非法开采的煤炭产品、采掘设备；④责令停产停业整顿、责令停产停业、责令停止建设、责令停止施工；⑤暂扣或者吊销有关许可证，暂停或者撤销有关执业资格、岗位证书；⑥关闭；⑦拘留；⑧安全生产法律、行政法规规定的其他行政处罚。

安全生产行政执法人员进行案件调查取证时，执法人员不得少于两人，并应当向当事人或者有关人员出示有效的执法证件，表明身份。

安全监管监察部门及其行政执法人员在监督检查时发现生产经营单位存在事故隐患的，应当按照下列规定采取现场处理措施：①能够立即排除的，应当责令立即排除；②重大事故隐患排除前或者排除过程中无法保证安全的，应当责令从危险区域撤出作业人员，并责令暂时停产停业、停止建设、停止施工或者停止使用相关设施或设备，限期排除隐患。

违法事实确凿并有法定依据，对个人处以200元以下罚款、对生产经营单位处以3000元以下罚款或者警告的行政处罚的，安全生产行政执法人员可以当场作出行政处罚决定。

除依照以上简易程序当场作出的行政处罚外，安全监管监察部门发现生产经营单位及其有关人员有应当给予行政处罚行为的，应当予以立案，填写立案审批表，并全面、客观、公正地进行调查，收集有关证据。对确需立即查处的安全生产违法行为，可以先行调查取证，并在5日内补办立案手续。

（二）安全生产监督管理的方式

安全生产监督管理的方式大体可以分为事前、事中和事后三种。

1. 事前监督管理

事前监督管理有关安全生产许可事项的审批，包括安全生产许可证、危险化学品使用许可证、危险化学品经营许可证、矿长安全资格证、生产经营单位主要负责人安全资格证、安全管理人员安全资格证、特种作业人员操作资格证的审查或考核和颁发，以及对建设项目安全设施和职业病防护设施"三同时"审查。

2. 事中监督管理

事中监督管理主要是日常的监督检查、安全大检查、重点行业和领域的安全生产专项整治、许可证的监督检查等。事中监督管理重点在作业场所的监督检查，监督检查方式主要有两种：

（1）行为监管。监督检查生产经营单位安全生产的组织管理、规章制度建设、职工教育培训、各级安全生产责任制的实施等工作。其目的和作用在于提高用人单位各级管理人员和普通职工的安全意识，落实安全措施，对违章操作、违反劳动纪律的不安全行为，严肃纠正和处理。

（2）技术监管。是对物质条件的监督检查，包括对新建、扩建、改建和技术改造工程项目的"三同时"监督检查；对用人单位现有防护措施与设施完好率、使用率的监督检查；对个人防护用品的质量、配备与使用的监督检查；对危险性较大的设备、危害性较严重的作业场所和特殊工种作业的监督检查等。其特点是专业性强，技术要求高。技术监管多从设备的本质安全入手。

3. 事后监督管理

事后监督管理包括生产安全事故发生后的应急救援，以及调查处理，查明事故原因，严肃处理有关责任人员，提出防范措施。严格按照"四不放过"的原则，处理发生的生产安全事故。

（三）安全生产监督管理的内容

安全生产监督管理的内容很多，主要包括以下几个方面：

（1）安全管理和技术。

（2）机构设置和安全教育培训。

（3）隐患治理。

（4）伤亡事故报告、调查、处理、统计、分析，事故的预测和防范，以及事故应急救援预案的编制与组织演练等。

（5）对女职工和未成年工特殊保护。

（6）行政许可的有关内容。

第二节　矿山安全监察

一、矿山安全监察体制

1999 年 12 月 30 日，经国务院批准，国务院办公厅印发了《煤矿安全监察管理体制改革实施方案》，国家煤矿安全监察局正式成立，标志着垂直管理的煤矿安全国家监察体制在我国诞生。2020 年，中共中央办公厅、国务院办公厅印发《国家矿山安全监察局职能配置、内设机构和人员编制规定》，按照党中央决策部署，国家煤矿安全监察局更名为国家矿山安全监察局，仍由应急管理部管理。应急管理部的非煤矿山安全监督管理职责划入国家矿山安全监察局。设在地方的 27 个煤矿安全监察局相应更名为矿山安全监察局，由国家矿山安全监察局领导管理。矿山安全监察实施垂直管理，形成了"国家监察、地方监管、企业负责"的矿山安全监察工作格局。

（一）矿山安全监察体制的特点

1. 实行垂直管理

从国家矿山安全监察局到国家矿山安全监察局省级局以及设在各地的监察处实行垂直管理，人、财、物全部归中央管理，包括监察装备、人员的工资全部由中央财政承担。它不同于质检、工商等行政执法部门实行的省以下垂直管理体制。

2. 监察和监管分开

矿山安全监察机构不承担矿山安全监管的职责，只实行对矿山安全的监察职责，矿山安全监管的政府职责由地方人民政府的有关部门承担。

3. 分区监察

国家矿山安全监察局设在各地的监察处不是以现有行政区域为基础，而是根据矿山安全工作的重点，在大中型矿区和矿山比较集中的地区，往往一个矿山安全监察处的监察范围包括多个行政地市和县。

4. 国家监察

正是基于矿山安全监察机构实行上下垂直的管理体制，与地方政府没有人、财、物的关系，因此，它是代表国家行使对矿山安全的监察职能。

（二）矿山安全监察体制的机构设置

在应急管理部下，国家单设国家矿山安全监察局，为副部级，行使对矿山安全监察的行政职能。

国家在 27 个产煤省、自治区、直辖市和新疆生产建设兵团设有国家矿山安全监察局省级局，实行中央垂直管理。各国家矿山安全监察局省级局在重点矿山地区设立若干监察处，负责相应范围的监察工作。国家矿山安全监察局可单独向设在地方的国家矿山安全监察局省级局行文，重要文件经应急管理部审议，必要时可以应急管理部名义行文或联合行文。

（三）国家矿山安全监察局的主要职责

（1）拟订矿山安全生产（含地质勘探，下同）方面的政策、规划、标准，起草相关法律法规草案、部门规章草案并监督实施。

（2）负责国家矿山安全监察工作。监督检查地方政府矿山安全监管工作。组织实施矿山安全生产抽查检查，对发现的重大事故隐患采取现场处置措施，向地方政府提出改善和加强矿山安全监管工作的意见和建议，督促开展重大隐患整改和复查。

（3）指导矿山安全监管工作。制定矿山安全准入、监管执法、风险分级管控和事故隐患排查治理等政策措施并监督实施，指导地方矿山安全监督管理部门编制和完善执法计划，提升地方矿山安全监管水平和执法能力。依法对煤矿企业贯彻执行安全生产法律法规情况进行监督检查，对煤矿企业安全生产条件、设备设施安全情况进行监管执法，对发现的违法违规问题实施行政处罚、监督整改落实并承担相应责任。

（4）负责统筹矿山安全生产监管执法保障体系建设，制定监管监察能力建设规划，完善技术支撑体系，推进监管执法制度化、规范化、信息化。

（5）参与编制矿山安全生产应急预案，指导和组织协调煤矿事故应急救援工作，参与非煤矿山事故应急救援工作。依法组织或参与煤矿生产安全事故和特别重大非煤矿山生产安全事故调查处理，监督事故查处落实情况。负责统计分析和发布矿山安全生产信息和事故情况。

（6）负责矿山安全生产宣传教育，组织开展矿山安全科学技术研究及推广应用工作。指导矿山企业安全生产基础工作，会同有关部门指导和监督煤矿生产能力核定工作。对煤矿安全技术改造和瓦斯综合治理与利用项目提出审核意见。

（7）完成党中央、国务院交办的其他任务。

（8）职能转变。国家矿山安全监察局要进一步完善"国家监察、地方监管、企业负责"的矿山安全监管监察体制。以防范遏制重特大矿山生产安全事故为重点，坚持安全第一、预防为主、综合治理的方针，加强对地方政府落实矿山安全属地监管责任的监督检查，严密层级治理和行业治理、政府治理、社会治理相结合的安全生产治理体系，着力防范化解区域性、系统性矿山安全风险。推动地方矿山安全监督管理部门强化监管执法，依法严厉查处违法违规行为，督促企业落实安全生产主体责任，推动企业建立健全自我约束、持续改进的内生机制。强化矿山安全监管能力建设，建立健全监管执法人员资格管理制度，加强教育培训，推进安全科技创新，提升信息化建设和应用水平，进一步提高执法队伍能力和素质。将煤矿安全生产许可、建设工程安全设施设计审查和竣工验收核查、检验检测机构认证、相关人员培训等事项移交给地方政府。

（四）国家矿山安全监察局与有关部门的职责分工

（1）与自然资源部门的有关职责分工。自然资源部门负责查处矿山企业越界开采等违法行为。国家矿山安全监察机构发现矿山企业有越界开采等违法行为的，应当移送当地自然资源部门进行处理。

（2）与公安机关的有关职责分工。公安机关负责民用爆炸物品公共安全管理和民用爆炸物品购买、运输、爆破作业的安全监督管理。国家矿山安全监察机构发现矿山企业有民用爆炸物品使用违法行为的，应当移送当地公安机关进行处理。

（3）与能源部门的有关职责分工。能源部门从行业规划、产业政策、法规标准、行政许可等方面加强煤矿安全生产工作，负责指导和组织拟订煤炭行业规范和标准。国家矿山安全监察机构负责指导和组织拟订煤矿安全标准，会同能源等部门指导和监督煤矿生产能力核定工作。

二、矿山安全监察员的职责和权力

矿山安全监察机构实行矿山安全监察员制度。矿山安全监察员是从事矿山安全监察和行政执法工作的国家公务员。矿山安全监察员按照法律行政法规规定的职责实施矿山安全监察，不受任何组织和个人的非法干涉。

（一）矿山安全监察员依法履行的职责

（1）依照《安全生产法》《煤矿安全监察条例》和其他有关安全生产的法律法规、规章、标准，对矿山安全实施监察。

（2）对辖区内的矿山安全情况实施安全检查和抽查。

（3）查处煤矿安全违法行为，依法作出现场处理决定或提出实施行政处罚的意见。

（4）指导地方矿山安全监督管理部门编制和完善执法计划，提升地方矿山安全监管水平和执法能力。

（5）参与非煤矿山事故应急救援、调查和处理工作。

（6）参加煤矿伤亡事故的应急救援、调查和处理工作。

（7）法律法规规定由矿山安全监察员履行的其他职责。

（二）矿山安全监察员履行安全监察职责具有的权力

（1）有权随时进入煤矿作业场所进行检查，调阅有关资料，参加矿山安全生产会议，向有关单位或者人员了解情况。

（2）在检查中发现影响矿山安全的违法行为，有权当场予以纠正或者要求限期改正。

（3）进行现场检查时，发现存在事故隐患的，有权要求矿山立即消除或者限期解决；发现威胁职工生命安全的紧急情况时，有权要求立即停止作业，下达立即从危险区域内撤出作业人员的命令，并立即将紧急情况和处理措施报告矿山安全监察机构。

（4）发现煤矿作业场所的瓦斯、粉尘或者其他有毒有害气体的浓度超过国家安全标准或者行业安全标准的，煤矿擅自开采保安煤柱的，或者采用危及相邻煤矿生产安全的决水、爆破、贯通巷道等危险方法进行采矿作业的，有权责令立即停止作业，并将有关情况报告矿山安全监察机构。

（5）发现煤矿矿长或者其他主管人员违章指挥工人或者强令工人违章、冒险作业，或者发现工人违章作业的，有权立即责令纠正或者责令立即停止作业。

（6）发现煤矿使用的设施、设备、器材、劳动防护用品不符合国家安全标准或者行业安全标准的，有权责令其停止使用；需要查封或者扣押的，应当及时报告矿山安全监察机构依法处理。

（7）法律法规赋予的其他权力。

三、矿山安全监察的内容与程序

（一）矿山安全监察的内容

矿山安全监察机构应当按照年度矿山安全监察执法工作计划、现场检查方案，对矿山企业是否具备有关法律法规、规章和国家标准或者行业标准规定的安全生产条件进行监督检查。其重点监督检查内容包括：

（1）依法取得有关安全生产行政许可的情况。

（2）建立和落实安全生产责任制、安全生产规章制度和操作规程、作业规程的情况。

（3）按照国家规定提取和使用安全生产费用、安全生产风险抵押金，以及其他安全生产投入的情况。

（4）依法设置安全生产管理机构和配备安全生产管理人员的情况。

（5）从业人员受到安全生产教育、培训，取得有关安全资格证书的情况。

（6）新建、改建、扩建工程项目的安全设施与主体工程同时设计、同时施工、同时投入生产和使用，以及按规定办理设计审查和竣工验收的情况。

（7）在有较大危险因素的生产经营场所和有关设施、设备上，设置安全警示标志的情况。

（8）对安全设备设施的维护、保养、定期检测的情况。

（9）重大危险源登记建档、定期检测、评估、监控和制定应急预案的情况。

（10）教育和督促从业人员严格执行本单位的安全生产规章制度和安全操作规程，并向从业人员如实告知作业场所和工作岗位存在的危险因素、职业病危害因素、防范措施以及事故应急措施的情况。

（11）为从业人员提供符合国家标准或者行业标准的劳动防护用品，并监督、教育从业人员按照使用规则正确佩戴和使用的情况。

（12）在同一作业区域内进行生产经营活动，可能危及对方生产安全的，与对方签订安全生产管理协议，明确各自的安全生产管理职责和应当采取的安全措施，并指定专职安全生产管理人员进行安全检查与协调的情况。

（13）对承包单位、承租单位的安全生产工作实行统一协调、管理的情况。

（14）组织安全生产检查，及时排查治理生产安全事故隐患的情况。

（15）制定、实施生产安全事故应急预案，以及有关应急预案备案和组织演练的情况。

（16）危险物品的生产、经营、储存单位以及矿山企业建立应急救援组织或者兼职救援队伍、签订应急救援协议，以及应急救援器材、设备的配备、维护、保养的情况。

（17）按照规定报告生产安全事故的情况。

（18）依法应当监督检查的其他情况。

（二）对地方政府矿山安全监管工作的监督检查

我国矿山安全生产实行的是国家监察、地方监管的体制，国家赋予矿山安全监察机构监督检查地方政府矿山安全监管工作的职责。对地方政府矿山安全监管工作监督检查的主要内容如下：

（1）贯彻落实国家矿山安全生产法律法规、标准情况。地方各级政府按照有关法律法规的要求，建立、健全矿山安全监管体系；根据本地区矿山安全监管工作的需要，确定机构、人员、经费及装备等；制定本地区矿山安全生产规划；定期召开会议，研究解决矿山安全生产的突出问题等情况。

（2）矿山整顿关闭工作情况。地方各级政府贯彻落实国务院关于矿山整顿关闭工作的部署要求以及有关产业政策等，制定小矿山整顿关闭规划；关闭不具备安全生产条件、不符合国家产业政策、浪费资源、污染环境的矿井；加强矿井关闭监管和废弃矿井治理工作等情况。

（3）矿山安全监督检查执法工作情况。地方各级政府矿山安全监管部门建立以政府监管责任制为主要内容的有关制度；认真履行监管职责，制定年度监管计划并组织实施；监督检查矿山过程中，执法程序规范，适用法律正确，行政处罚适当，监管执法到位；与矿山安全监察机构及相关部门建立联合执法机制、协调工作机制、联席会议机制和信息交流等情况。

（4）矿山安全生产专项整治、隐患整改及复查情况。地方各级政府矿山安全监管部门建立、健全矿山重大隐患治理、挂牌督办、信息通报、社会公示、整改验收、档案管理等监管制度；煤矿瓦斯治理规划、瓦斯等级鉴定、瓦斯治理工作体系示范工程、瓦斯事故控制指标和瓦斯治理指标考核体系建设；水害治理；对停产整顿矿井的监管；对国家矿山安全监察机构提出的监察意见的组织落实，并及时反馈整改结果等情况。

（5）矿山事故责任人的责任追究落实情况。地方各级政府及有关部门建立和执行事故救援和报告制度；相关部门按规定参加和配合事故调查工作；对相关责任人的处理；对事故防范措施督促落实和反馈等情况。

（6）各级矿山安全监察机构结合辖区矿山实际确定的其他监督检查内容。

（三）矿山安全监察的程序

为了规范矿山安全监察执法工作，保障矿山安全法律法规的有效实施，依据《行政处罚法》《煤矿安全监察条例》《安全生产违法行为行政处罚办法》等相关规定，矿山安全监察机构制定了具体的执法工作流程，建立了"编制执法计划—确定被检查矿井—制定具体执法预案—实施现场检查—处理处罚—跟踪督办—结案归档"的闭合执法工作机制，依法依规开展矿山安全监管监察工作，实现执法过程程序化、执法行为规范化、执法监督制度化。一般情况下，矿山安全监察按以下程序进行：

（1）矿山安全监察执法程序启动。矿山安全监察机构依据监察执法计划、举报材料或者其他执法行动的要求，对矿山企业启动矿山安全监察执法程序。

（2）执法准备，包括编制执法计划、制定具体执法预案、安排人员并携带相关仪器、资料等。一般情况下，矿山安全监察机构根据执法计划安排，指定两名及以上矿山安全监察员负责对矿山企业的监察执法。

（3）现场检查，包括出示证件、现场监察等。现场监察分地面或井下监察。对监察执法中发现的安全生产违法行为或隐患，按照《安全生产法》《煤矿安全监察条例》《安全生产违法行为行政处罚办法》等有关规定，采取现场处理措施或作出现场处理决定。

（4）整改复查。对监察执法中发现矿山安全生产隐患整改情况的复查，由矿山安全监察机构或当地矿山安全监管部门组织实施。

（5）行政处罚。发现当事人存在违法行为或安全生产隐患应当给予行政处罚时，矿山安全监察机构应当依法实施行政处罚。矿山安全监察机构在作出行政处罚前，应当告知当事人作出行政处罚决定的事实、理由、依据，以及矿山企业依法享有的权利，并送达当事人。当事人依法享有陈述、申辩等权利。按照《行政处罚法》《安全生产违法行为行政处罚办法》等相关规定，矿山安全监察机构实施行政处罚，根据实际情况分简易程序和一般程序进行。

（6）监察建议和文书移送。现场监察结束后，矿山安全监察员应当向当事人通报监察执法情况，指出矿山企业存在的问题，提出解决问题的建议。及时向当地人民政府及其地方矿山安全监管机构通报行政执法情况，并移送有关执法文书。

（7）结案归档。

第三节　特种设备安全监察

特种设备是指对人身和财产安全有较大危险性的锅炉、压力容器（含气瓶，下同）、压力管道、电梯、起重机械、客运索道、大型游乐设施和场（厂）内专用机动车辆。特种设备的安全使用，事关人民群众的生命和财产安全，事关社会稳定的大局。

特种设备的目录由国务院负责特种设备安全监督管理的部门制定，报国务院批准后执行。

我国对特种设备实行安全监察制度。特种设备实行安全监察具有强制性、体系性及责任追究性的特点，主要包括特种设备安全监察管理体制、行政许可、监督检查、事故处理和责任追究等内容。

2013年6月29日，《特种设备安全法》经第十二届全国人民代表大会常务委员会第三次会议通过，于2014年1月1日起正式施行。根据《特种设备安全法》的相关规定，国家对特种设备的生产、经营、使用，实施分类的、全过程的安全监督管理。国务院负责特种设备安全监督管理的部门对全国特种设备安全实施监督管理。县级以上地方各级人民政府负责特种设备安全监督管理的部门对本行政区域内特种设备安全实施监督管理。

一、特种设备安全监察体制

国家对特种设备实行专项安全监察体制。国务院、省（自治区、直辖市）、市（地）以及经济发达县的市场监管部门设立特种设备安全监察机构。

根据《特种设备安全法》《特种设备安全监察条例》的规定，我国的特种设备安全监督管理部门，国务院负责的部门是指国家市场监督管理总局，地方是指各级地方人民政府的市场监督管理部门。

国家市场监督管理总局内设特种设备安全监察局，各省、自治区、直辖市在市场监督管理部门内设有特种设备安全监察处，各地市设安全监察科，工业发达的县或县级市设安全股。各地建有特种设备检验机构。

二、特种设备安全监察法规体系

目前，我国制定了一系列涉及特种设备安全方面的法律法规和规范性文件，基本形成了"法律—法规—规章—安全技术规范—相关标准及技术规定"5个层次的特种设备安全监察法规体系结构。

（1）法律，主要包括《特种设备安全法》《安全生产法》《劳动法》《产品质量法》《行政处罚法》《行政许可法》等。

（2）法规，主要包括《特种设备安全监察条例》《国务院关于特大安全事故行政责任追究的规定》《生产安全事故报告和调查处理条例》等国务院行政法规，以及《浙江省特种设备安全管理条例》等地方性法规。

（3）规章，包括国家市场监督管理总局（含原国家质量监督检验检疫总局）发布的办法、规定、规则，如《特种设备事故报告和调查处理规定》（国家市场监督管理总局令第50号）、《市场监管总局关于特种设备行政许可有关事项的公告》（国家市场监督管理总局公告2021年第41号），以及地方政府制定的规章，如《河北省特种设备安全监察规定》（河北省人民政府令〔2012〕第18号）等。

（4）安全技术规范，如《特种设备使用管理规则》（TSG 08）、《锅炉安全技术规程》（TSG 11）等。

（5）技术标准，主要是指技术法规中引用的各类标准。

三、特种设备安全监察制度

按照生产（包括设计、制造、安装、修理、改造）、经营、使用、检验检测等环节，对锅炉、压力容器等特种设备的安全实施全过程一体化的安全监察。目前，对特种设备的安全监察，主要建立两项制度：一是特种设备市场准入制度，二是特种设备生产、经营、使用、检验检测等全过程一体化的监督管理制度。

四、特种设备安全监察机构和人员的职责

1. 特种设备安全监察机构的职责

（1）积极宣传安全生产的方针、政策和特种设备安全法律法规，督促有关单位贯彻执行。

（2）制定或参与审定有关特种设备的安全技术规程、标准。

（3）对特种设备生产、经营、使用单位和检验、检测机构实施监督检查，发现违规行为时，责令该单位予以纠正。

（4）检查特种设备的使用情况，制止违章指挥、违章操作的行为。

（5）发现不安全的因素，发出《安全监察指令书》，要求使用单位解决；逾期不解决，或有发生事故的危险时，有权通知停止该设备的运行。

（6）监督有关单位对特种设备作业人员和检验检测人员的培训和考试，核发合格证。

（7）依法制止无证操作特种设备。

（8）参加或进行特种设备的事故调查等。

2. 特种设备安全监察人员的职责

（1）积极宣传安全生产的方针、政策和特种设备安全法律法规，督促有关单位贯彻执行。

（2）对特种设备设计、制造、安装、充装、检验、修理、改造、使用、维修保养、化学清洗单位进行监督检查，发现有违反特种设备安全法律法规行为时，有权通知违规单位予以纠正。

（3）对特种设备的制造、安装、充装、检验、修理、改造、使用、维修保养、化学清洗活动进行检查，有权制止无资质或违章作业行为，发现安全质量不符合要求的，可以报告监察机构发出《安全监察指令书》，要求相关单位限期解决；逾期不解决，有权通知停止设备的制造和使用。

（4）监督有关单位对特种设备作业人员和检验检测人员的培训考核，有权制止非持证人员上岗作业。

（5）制定或参与审定有关特种设备安全技术规程、标准。

（6）参加特种设备事故的调查，提出处理意见。

五、特种设备安全监察的方式与内容

（一）特种设备安全监察的方式

根据特种设备安全监察工作的特点，主要有以下几种方式。

1. 行政许可制度

对特种设备实施市场准入制度和设备准用制度。市场准入制度主要是对从事特种设备的设计、制造、安装、充装、修理、维护保养、改造的单位实施资格许可，并对部分产品出厂实施安全性能监督检验。对在用的特种设备通过实施定期检验，注册登记，施行准用制度。

2. 监督检查制度

监督检查的目的是预防事故的发生，其实现手段：一是通过检验发现特种设备在设计、制造、安装、维修、改造中的影响产品安全性能的质量问题；二是对检查发现的问题，用行政执法的手段纠正违法违规行为；三是通过广泛宣传，提高全社会的安全意识和法规意识；四是发挥群众监督和舆论监督的作用，加大对各类违法违规行为的查处力度；五是加强日常工作的监察。

3. 事故应对和调查处理

特种设备安全监察机构在做好事故预防工作的同时，要将危机处理机制的建立作为安全监察工作的重要内容。危机处理机制应包括事故应急处理预案、组织和物资保证、技术支撑、人员的救援、后勤保障、建立与舆论界可控的互动关系等。特种设备发生特别重大事故，由国务院或者国务院授权有关部门组织事故调查组进行调查；发生重大事故，由国务院特种设备安全监督管理部门会同有关部门组织事故调查组进行调查；发生较大事故，由省、自治区、直辖市特种设备安全监督管理部门会同有关部门组织事故调查组进行调查；发生一般事故，由设区的市的特种设备安全监督管理部门会同有关部门组织事故调查组进行调查。

（二）特种设备安全监察的内容

特种设备安全监察主要包括以下内容：

（1）特种设备设计、制造、安装、充装、检验、修理、改造、使用单位贯彻执行国家法律法规、标准和有关规定的情况。

（2）特种设备作业人员及其他相应人员的持证上岗情况。

（3）建立相应的安全生产责任制情况。

（4）特种设备的设计、制造、安装、充装、检验、修理、改造、使用、维修保养、化学清洗是否遵守有关法律法规和标准的规定。

（5）参加或进行特种设备的事故调查。

第八章　安全生产统计分析

第一节　统计基础知识

社会的迅速发展，产生大量的信息。数据作为信息的主要载体广泛存在。从纷乱复杂的数据中发现规律，认识问题，要借助统计学这个工具来完成。统计学就是研究数据及其存在规律的一门科学。1984 年，我国颁布施行了《中华人民共和国统计法》，为有效地、科学地开展统计工作提供了法律保证。《统计法》颁布后经过多次修订，目前施行的《统计法》是第十一届全国人民代表大会常务委员会第九次会议于 2009 年 6 月 27 日修订通过的，2010 年 1 月 1 日起开始施行。

安全生产统计主要包括生产安全事故统计、职业卫生统计、安全生产行政执法统计。

一、统计工作的基本步骤

完整的统计工作一般包括设计、收集资料（现场调查）、整理资料、统计分析 4 个基本步骤。

1. 设计

制定统计计划，对整个统计过程进行安排。

2. 收集资料（现场调查）

根据计划取得可靠、完整的资料，同时要注重资料的真实性。收集资料的方法有三种，即统计报表、日常性工作、专题调查。

3. 整理资料

对原始资料进行整理、清理、核实、查对，使其条理化、系统化，便于计算和分析。可借助于计算机软件（常用软件有 Excel、Epidata 等）进行核对整理。

4. 统计分析

运用统计学的基本原理和方法，分析计算有关的指标和数据，揭示事物内部的规律（常用软件包括 Excel、SPSS、SAS 等）。

二、统计学基本知识

（一）统计资料的类型

统计资料（或称统计数据）有三种类型：计量资料、计数资料和等级资料。

1. 计量资料

定义：通过度量衡的方法，测量每一个观察单位的某项研究指标的量的大小，得到的一系列数据资料，如质量与长度。

特点：有度量衡单位，可通过测量得到，多为连续性资料。

2. 计数资料

定义：将全体观测单位按照某种性质或特征分组，然后再分别清点各组观察单位的个数。

特点：没有度量衡单位，通过枚举或记数得来，多为间断性资料。

3. 等级资料

定义：介于计量资料和计数资料之间的一种资料，通过半定量方法测量得到。

特点：每一个观察单位没有确切值，各组之间有性质上的差别或程度上的不同。

（二）统计学中的重要概念

1. 变量

研究者对每个观察单位的某项特征进行观察和测量，这种特征称为变量，变量的测得值叫变量值（也叫观察值）。

2. 变异

变异是指同质事物个体间的差异。变异来源于一些未加控制或无法控制的甚至不明原因的因素，变异是统计学存在的基础，从本质上说，统计学就是研究变异的科学。

3. 总体与样本

总体是根据研究目的确定的研究对象的全体。当研究有具体而明确的指标时，总体是指该项变量值的全体。

样本是总体中有代表性的一部分。

现实研究中，直接研究总体的情况是很困难或者不可能的，因此实际工作中往往从总体中抽取部分样本，目的是通过样本信息来推断总体的特征。

4. 标志与指标

标志是说明总体单位特征的概念；指标则是说明总体特征的概念。

5. 随机抽样

随机抽样是指按随机的原则从总体中获取样本的方法，以避免研究者有意或无意地选择样本而带来偏性。随机抽样是统计工作中常用的抽样方法。

6. 概率

概率是描述随机事件发生的可能性大小的数值，常用 P 来表示。概率的大小在 0 和 1 之间，越接近 1，说明发生的可能性越大；越接近 0，说明发生的可能性越小。统计学中的许多结论是带有概率性质的，通常一个事件的发生小于 5%，就叫小概率事件。

7. 误差

统计上所说的误差泛指测量值与真值之差，样本指标与总体指标之差。主要有以下两种：

（1）系统误差，指数据搜集和测量过程中由于仪器不准确、标准不规范等原因，造成观察结果呈倾向性的偏大或偏小，这种误差称为系统误差。特点是具有累加性。

（2）随机误差，由于一些非人为的偶然因素使得结果或大或小，是不确定、不可预知的。特点是随测量次数的增加而减小。随机误差包括随机测量误差和抽样误差。

① 随机测量误差是指在消除了系统误差的前提下，由于非人为的偶然因素，对于同一样本多次测定结果不完全一样，结果有时偏大有时偏小没有倾向性的误差。其特点是没有倾向性，多次测量计算平均值可以减小甚至消除随机测量误差。

② 抽样误差是指由于抽样原因造成的样本指标与总体指标之间的差别。其特点是抽样误差不可避免。统计上可以估计抽样误差，并在一定范围内控制抽样误差。通常可以通过改进抽样方法和增加样本量等方法来减少抽样误差。

三、统计图表的编制

统计表与统计图是统计描述的重要工具。在日常工作报告、科研论文中，常将统计分析的结果通过图表的形式列出。

（一）统计表

1. 概念

统计表是将要统计分析的事物或指标以表格的形式列出来，以代替烦琐文字描述的一种表现形式。

2. 统计表的设计原则和基本要求

设计统计表时，一般应遵循科学、实用、简明、美观的原则。

具体要求是：

（1）总标题和纵横标题能准确、简明扼要地反映统计资料的内容。

（2）纵、横栏的排列内容要对应，尽量反映它们的逻辑关系。

（3）根据统计表的内容，全面考虑布局，避免过长、过宽，大小适度，比例恰当、醒目美观。

（4）统计表中的数值必须标明单位。

（5）统计表中的纵、横线要清晰，顶线和底线要粗些。

（6）当统计表的栏数较多时，要统一编序号。

3. 统计表的组成

标题：即表的名称。

标目：横标目说明每一行要表达的内容，相当于句子的主语；纵标目说明每一列要表达的内容，相当于句子的谓语。

4. 统计表的种类

简单表：表格只有一个中心意思，即二维以下的表格。

复合表：表格有多个中心意思，即三维以上的表格。

5. 制表原则和基本要求

制表原则：重点突出，简单明了，主谓分明，层次清楚。

基本要求：

（1）标题：位置在表格的最上方，应包括时间、地点和要表达的主要内容。

（2）标目：所表达的性质相当于"变量名称"，要有单位。

（3）线条：不宜过多，一般三根横线条，不用竖线条。

（4）数字：小数点要上下对齐，缺失时用"—"代替。

（5）备注：表中用"＊"标出，再在表的下方注出。

（二）统计图

统计图是一种形象的统计描述工具，它是用直线的升降、直条的长短、面积的大小、颜色的深浅等各种图形来表示统计资料的分析结果。

1. 概念

统计图是用点、线、面的位置、升降或大小来表达统计资料数量关系的一种陈列形式。

2. 制图的原则和基本要求

（1）按资料的性质和分析目的选用适合的图形（表8-1）。

（2）标题要概括图形所要表达的主要内容，标题一般写在图形的下端中央。

（3）统计图一般有横轴和纵轴。用横轴标目和纵轴标目说明横轴和纵轴的指标和度量单位。一般将两轴的起始点即原点处定为0，但也可以不定为0。横轴尺度从左向右，纵轴尺度从下到上。纵横轴的比例一般为5:7。

（4）统计图要用不同线条和颜色表达不同事物或对象的统计指标时，需要在图的右上角空隙处或图的下方与图标题中间位置附图例加以说明。

表8-1　统计图一般选用原则

资料的性质和分析目的	宜选用的统计图
比较分类资料各类别数值大小	条图
分析事物内部各组成部分所占比重（构成比）	圆图或百分条图
描述事物随时间变化趋势或描述两现象相互变化趋势	线图、半对数线图
描述双变量资料的相互关系的密切程度或相互关系的方向	散点图
描述连续性变量的频数分布	直方图
描述某现象的数量在地域上的分布	统计地图

3. 统计图的类型

（1）条图：又称直条图，表示独立指标在不同阶段的情况，有两维或多维，图例位于右上方。

（2）圆图或百分条图：描述百分比（构成比）的大小，用颜色或各种图形将不同比例表达出来。

（3）线图：用线条的升降表示事物的发展变化趋势，主要用于计量资料，描述两个变量间关系。

（4）半对数线图：纵轴用对数尺度，描述一组连续性资料的变化速度及趋势。

（5）散点图：描述两种现象的相关关系。

（6）直方图：描述计量资料的频数分布。

（7）统计地图：描述某种现象的地域分布。

四、统计描述与统计推断

统计的主要工作就是对统计数据进行统计描述和统计推断。统计描述是统计分析的最基本内容，是指应用统计指标、统计表、统计图等方法，对资料的数量特征及其分布规律进行测定和描述；而统计推断是指通过抽样等方式进行样本估计总体特征的过程，包括参数估计和假设检验两项内容。

（一）统计描述

1. 计量资料的统计描述

计量资料的统计描述主要通过编制频数分布表、计算集中趋势指标和离散趋势指标以及统计图表来进行。

1）集中趋势

集中趋势指频数表中频数分布表现为频数向某一位置集中的趋势。

集中趋势的描述指标如下：

（1）算术平均数（arithmetic mean）。

直接法：

$$\bar{x} = \frac{\sum\limits_{i=1}^{n} x_i}{n} = \frac{x_1 + x_2 + \cdots + x_n}{n}$$

式中　x——观察值；

　　　　n——个数。

加权法：又称频数表法，适用于频数表资料，当观察例数较多时用。

$$\bar{x} = \frac{\sum\limits_{i=1}^{k} f_i x_i}{\sum\limits_{i=1}^{k} f_i} = \frac{f_1 x_1 + f_2 x_2 + \cdots + f_k x_k}{f_1 + f_2 + \cdots + f_k}$$

式中　f——各组段的频数。

（2）几何平均数（geometric mean）。几何平均数用符号 G 表示，用于反映一组经对数转换后呈对称分布的变量值在数量上的平均水平。

直接法：

$$G = \sqrt[n]{x_1 x_2 \cdots x_n} = \lg^{-1}\left(\frac{\lg x_1 + \lg x_2 + \cdots + \lg x_n}{n} \right) = \lg^{-1}\left(\frac{\sum\limits_{i=1}^{n} \lg x_i}{n} \right)$$

加权法：又称频数表法，当观察例数 n 较大时，可先编制频数分布表，用此法计算几何平均数。

$$G = \lg^{-1}\left(\frac{\sum\limits_{i=1}^{k} f_i \lg x_i}{\sum\limits_{i=1}^{k} f_i} \right)$$

（3）百分位数（percentile）与中位数（median）。百分位数是一种位置指标，用符号 P_x 表示。常用的百分位数有 $P_{2.5}$、P_5、P_{25}、P_{50}、P_{75}、P_{95}、$P_{97.5}$ 等，其中 P_{25}、P_{50}、P_{75} 又称为四分位。百分位数常用于描述一组观察值在某百分位置上的水平，多个百分位结合使用，可更全面地描述资料的分布特征。

中位数是一个特定的百分位数即 P_{50}，用符号 M 表示。把一组观察值按从小到大（或从大到小）的次序排列，位置居于最中央的那个数据就是中位数。中位数也是反映频数分布集中位置的统计指标，但它只由所处中间位置的部分变量值计算所得，不能反映所有数值的变化，故中位数缺乏敏感性。中位数理论上可用于任何分布类型的资料，但实践中常用于偏态分布资料和分布两端无确定值的资料。其计算方法有直接法和频数表法两种。

直接法：当观察例数 n 不大时，此法常用。先将观察值按大小顺序排列，选用下列公式求 M：

当 n 为奇数时 $\qquad\qquad\qquad M = X_{\left(\frac{n+1}{2}\right)}$

当 n 为偶数时 $\qquad\qquad M = \left[X_{\left(\frac{n}{2}\right)} + X_{\left(\frac{n}{2}+1\right)} \right]/2$

频数表法：当观察例数 n 较多时，可先编制频数表，再通过频数表计算中位数，计算公式为

$$M = L + i/f_x \left(n \times 50\% - \sum f_L \right)$$

式中　　　i——该组段的组距；

$\qquad\qquad L$——其下限；

$\qquad\sum f_L$——小于 L 各组的累计频数；

$\qquad\quad f_x$——中位数所在组段的频数。

2）离散趋势

离散趋势指频数虽然向某一位置集中，但频数分布表现为各组段都有频数分布，而不是所有频数分布在集中位置的趋势。

常用表示离散趋势的指标如下：

（1）全距（range）。全距的计算公式为

$$R = X_{\max} - X_{\min}$$

全距越大，说明变量的变异程度越大。其度量单位与原变量单位相同。

（2）四分位数间距（quartile）。四分位数间距是一组数值变量值中上四分数（即 P_{75}，记为 Q_u）与下四分数（即 P_{25}，记为 Q_L）之差，用符号 Q_R 表示。四分位数间距的计算公式为

$$Q_R = P_{75} - P_{25}$$

四分位数间距一般和中位数一起描述偏态分布资料的分布特征。

（3）方差（variance）。离均差平方和的算术平均数，即为方差。总体方差用符号 σ^2 表示，样本方差用 S^2 表示。方差的计算公式分别为

$$\sigma^2 = \frac{\sum\limits_{i=1}^{N} (x_i - \mu)^2}{N}$$

$$S^2 = \frac{\sum\limits_{i=1}^{N} (x_i - \overline{X})^2}{n - 1}$$

（4）标准差（standard deviation）。方差的平方根即为标准差。总体标准差用 σ 表示，样本标准差用 S 表示。标准差的计算公式分别为

$$\sigma = \sqrt{\frac{\sum\limits_{i=1}^{N} (x_i - \mu)^2}{N}}$$

$$S = \sqrt{\frac{\sum\limits_{i=1}^{n}(x_i - \overline{X})^2}{n-1}} = \sqrt{\frac{\sum\limits_{i=1}^{n}x_i^2 - \left(\sum\limits_{i=1}^{n}x_i\right)^2 / n}{n-1}}$$

2. 计数资料的统计描述

计数资料与计量资料的统计描述有所不同，通常采用比、构成比、率三类指标来描述，这些指标都是由两个指标之比构成的，所以称为相对数。

（1）比又称为相对比，是两个相关指标之比，说明甲为乙的若干倍或百分之几。

（2）构成比也叫构成指标，是指一事物内部某一组成部分的观察单位数与该事物各组成部分的观察单位总数之比，用以说明某一事物内部各组成部分所占的比重或分布。构成比的计算公式为

$$构成比 = \frac{某一组成部分的观察单位数}{同一事物各组成部分的观察单位总数} \times 100\%$$

注意：各组成部分的构成比之和为100%，某一部分比重增大，则其他部分相应减少。

（3）率，是指某种现象在一定条件下，实际发生的观察单位数与可能发生该现象的总观察单位数之比，用以说明某种现象发生的频率大小或强度，如发病率、患病率、死亡率、病死率。率的计算公式为

$$率 = \frac{发生某现象的观察单位数}{可能发生某现象的观察单位总数} \times 100\%（或1000‰\cdots）$$

注意：率不受其他指标的影响；各率相互独立，其之和不为1（如是则属巧合）。

应用相对数注意以下事项：

① 分析时不能以（构成）比代（替）率。

② 计算相对数时分母不能太小。

③ 总率（平均率）的计算不能直接相加求和。

④ 资料具有可比性，两个率要在相同的条件下进行。如研究方法相同，研究对象同质，观察时间相等，以及地区、民族、年龄、性别等客观条件一致。

统计描述和统计推断的基本内容见表8-2。

表8-2 统计描述和统计推断的基本内容

项 目	计 量 资 料	计 数 资 料
统计描述	频数分布 集中趋势 离散趋势 统计图表 抽样误差 标准误差	相对数及其标准化 统计图表
统计推断	t、u 检验 秩和检验 方差分析	二项分布 Poisson 分布 u、χ^2 检验 秩和检验

（二）统计推断

通过样本信息来推断总体特征就叫统计推断。参数估计和假设检验是统计推断的两个重要方面。

1. 参数估计

参数估计就是通过样本估计总体特征，包括点值估计和区间估计两种方法。

（1）点值估计直接用样本均数作为总体均数的估计值。

（2）区间估计中，总体均数 95% 可信区间的含义为由样本均数确定的总体均数所在范围包含总体均数的可能性为 95%。根据样本均数符合 t 分布的特点，利用 t 分布曲线下的面积规律估计出总体均数可能落在的区间和范围。当样本含量较大时，可用 u 分布代替 t 分布。

2. 假设检验

假设检验是用来判断样本与样本、样本与总体的差异是由抽样误差引起还是本质差别造成的统计推断方法。

（1）假设检验的基本思想。假设检验的基本思想是小概率反证法思想。小概率思想是指小概率事件（$P > 0.01$ 或 $P > 0.05$）在一次试验中基本上不会发生。反证法思想是先提出假设（检验假设 H_0），再用适当的统计方法确定假设成立的可能性大小，如可能性小，则认为假设不成立；若可能性大，则还不能认为假设不成立。

（2）假设检验的基本步骤如下：

第一步：提出检验假设（又称无效假设，H_0）和备择假设（H_1）。

H_0：样本与总体或样本与样本间的差异是由抽样误差引起的。

H_1：样本与总体或样本与样本间存在本质差异。

预先设定的检验水准为 0.05。

第二步：选定统计方法，计算出统计量的大小。根据资料的类型和特点，可分别选用 t 检验、u 检验、秩和检验、卡方检验等。

第三步：根据统计量的大小及其分布确定检验假设成立的可能性 P 的大小并判断结果。若 P 值小于预先设定的检验水准，则 H_0 成立的可能性小，即拒绝 H_0；若 P 值不小于预先设定的检验水准，则 H_0 成立的可能性还不小，还不能拒绝 H_0。P 值的大小一般可通过查阅相应的界值表得到。

（3）进行假设检验应注意以下问题：

① 做假设检验之前，应注意资料本身是否有可比性。

② 当差别有统计学意义时应注意这样的差别在实际应用中有无意义。

③ 根据资料类型和特点选用正确的假设检验方法。

④ 根据专业及经验确定是选用单侧检验还是双侧检验。

⑤ 当检验结果为拒绝无效假设时，应注意有发生Ⅰ类错误的可能性，即错误地拒绝了本身成立的 H_0，发生这种错误的可能性预先是知道的，即检验水准那么大；当检验结果为不拒绝无效假设时，应注意有发生Ⅱ类错误的可能性，即仍有可能错误地接受了本身就不成立的 H_0，发生这种错误的可能性预先是不知道的，但与样本含量和Ⅰ类错误的大小有关系。

⑥ 判断结论时不能绝对化，应注意无论接受或拒绝检验假设，都有判断错误的可能性。

⑦ 报告结论时应注意说明所用的统计量，检验的单双侧及 P 值的确切范围。

第二节　事故统计与报表制度

一、事故统计的基本任务

（1）对每起事故进行统计调查，弄清事故发生的情况和原因。

（2）对一定时间内、一定范围内事故发生的情况进行测定。

（3）根据大量统计资料，借助数理统计手段，对一定时间内、一定范围内事故发生的情况、趋势以及事故参数的分布进行分析、归纳和推断。

事故统计的任务与事故调查是一致的。统计建立在事故调查的基础上，没有成功的事故调查，就没有正确的统计。调查要反映有关事故发生的全部详细信息，统计则抽取那些能反映事故情况和原因的最主要的参数。

事故调查从已发生的事故中得到预防相同或类似事故的发生经验，是直接的，是局部性的。而事故统计对于预防作用既有直接性，又有间接性，是总体性的。

二、事故统计分析的目的

事故统计分析的目的，是通过合理地收集与事故有关的资料、数据，并应用科学的统计方法，对大量重复显现的数字特征进行整理、加工、分析和推断，找出事故发生的规律和事故发生的原因，为制定法规、加强工作决策，采取预防措施，防止事故重复发生，起到重要指导作用。

三、事故统计的步骤

事故统计工作一般分为三个步骤。

（一）资料搜集

资料搜集又称统计调查，是根据统计分析的目的，对大量零星的原始材料进行技术分组。它是整个事故统计工作的前提和基础。资料搜集是根据事故统计的目的和任务，制定调查方案，确定调查对象和单位，拟定调查项目和表格，并按照事故统计工作的性质，选定方法。我国伤亡事故统计是一项经常性的统计工作，采用报告法，下级按照国家制定的报表制度，逐级将伤亡事故报表上报。

（二）资料整理

资料整理又称统计汇总，是将搜集的事故资料进行审核、汇总，并根据事故统计的目的和要求计算有关数值。汇总的关键是统计分组，就是按一定的统计标志，将分组研究的对象划分为性质相同的组。如按事故类别、事故原因等分组，然后按组进行统计计算。

（三）综合分析

综合分析是将汇总整理的资料及有关数值，填入统计表或绘制统计图，使大量的零星资料系统化、条理化、科学化，是统计工作的结果。事故统计结果可以用统计指标、统计表、统计图等形式表达。

四、事故统计指标体系

目前，我国安全生产涉及工矿企业（包括商贸流通企业）、道路交通、水上交通、铁路交通、民航飞行、农业机械、渔业船舶等行业。各有关行业主管部门针对本行业特点，制定并实施了各自的事故统计报表制度和统计指标体系来反映本行业的事故情况。指标通常分为绝对指标和相对指标。绝对指标是指反映伤亡事故全面情况的绝对数值，如事故起数、死亡人数、重伤人数、轻伤人数、直接经济损失、损失工作日等。相对指标是伤亡事故的两个相联系的绝对指标之比，表示事故的比例关系，如千人死亡率、千人重伤率、百万吨死亡率等。生产安全事故死亡人数、亿元国内生产总值生产安全事故死亡人数、工矿商贸企业就业人员十万人生产安全事故死亡人数、煤矿百万吨死亡人数、道路交通万车死亡人数已成为每年国家统计局国民经济和社会发展统计公报的重要统计指标之一。事故统计指标体系如图 8 − 1 所示。

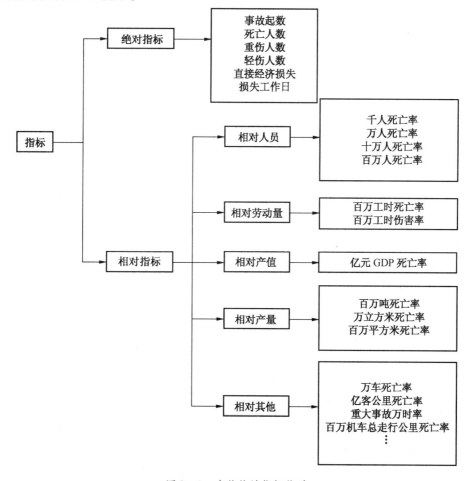

图 8 − 1　事故统计指标体系

为了综合反映我国生产安全事故情况，原国家安全监管总局成立后，围绕安全生产工作的总体思路和部署，结合我国经济发展和行业特点，借鉴国外先进的生产安全事故指标体系和分析方法，对统计指标体系进行了改革，提出了适应我国的生产安全事故统计指标体系。我国的生产安全事故统计指标体系分为四大类。

（一）综合类伤亡事故统计指标体系

综合类伤亡事故统计指标体系包括事故起数、死亡事故起数、死亡人数、受伤人数、直接经济损失、重大事故起数、重大事故死亡人数、特别重大事故起数、特别重大事故死亡人数、重大事故率、特大事故率。

（二）工矿企业类伤亡事故统计指标体系

工矿企业类伤亡事故统计指标体系包括煤矿企业伤亡事故统计指标、金属和非金属矿企业（原非煤矿山企业）伤亡事故统计指标、工商企业（原非矿山企业）伤亡事故统计指标、建筑业伤亡事故统计指标、危险化学品伤亡事故统计指标、烟花爆竹伤亡事故统计指标。

这6类统计指标均包含伤亡事故起数、死亡事故起数、死亡人数、重伤人数、轻伤人数、直接经济损失、损失工作日、重大事故起数、重大事故死亡人数、特别重大事故起数、特别重大事故死亡人数、千人死亡率、千人重伤率、百万工时死亡率、重大事故率、特大事故率。另外，煤矿企业伤亡事故统计指标还包含百万吨死亡率。

（三）行业类统计指标体系

1. 道路交通事故统计指标

道路交通事故统计指标包括事故起数、死亡事故起数、死亡人数、受伤人数、直接财产损失、重大事故起数、重大事故死亡人数、特别重大事故起数、特别重大事故死亡人数、万车死亡率、十万人死亡率、生产性事故起数、生产性事故死亡人数、重大事故率、特大事故率。

2. 火灾事故统计指标

火灾事故统计指标包括事故起数、死亡事故起数、死亡人数、受伤人数、直接财产损失、重大事故起数、重大事故死亡人数、特别重大事故起数、特别重大事故死亡人数、百万人火灾发生率、百万人火灾死亡率、生产性事故起数、生产性事故死亡人数、重大事故率、特大事故率。

3. 水上交通事故统计指标

水上交通事故统计指标包括事故起数、死亡事故起数、死亡和失踪人数、受伤人数、直接经济损失、重大事故起数、重大事故死亡人数、特别重大事故起数、特别重大事故死亡人数、沉船艘数、千艘船事故率、亿客公里死亡率、重大事故率、特大事故率。

4. 铁路交通事故统计指标

铁路交通事故统计指标包括事故起数、死亡事故起数、死亡人数、受伤人数、直接经济损失、重大事故起数、重大事故死亡人数、特别重大事故起数、特别重大事故死亡人数、百万机车总走行公里死亡率、重大事故率、特大事故率。

5. 民航飞行事故统计指标

民航飞行事故统计指标包括飞行事故起数、死亡事故起数、死亡人数、受伤人数、重大事故万时率、亿客公里死亡率。

6. 农机事故统计指标

农机事故统计指标包括伤亡事故起数、死亡事故起数、死亡人数、重伤人数、轻伤人数、直接经济损失、重大事故起数、重大事故死亡人数、特别重大事故起数、特别重大事故死亡人数、重大事故率、特大事故率。

7. 渔业船舶事故统计指标

渔业船舶事故统计指标包括事故起数、死亡事故起数、死亡和失踪人数、受伤人数、直接经济损失、重大事故起数、重大事故死亡人数、特别重大事故起数、特别重大事故死亡人数、千艘船事故率、重大事故率、特大事故率。

（四）地区安全评价类统计指标体系

地区安全评价类统计指标体系包括死亡事故起数、死亡人数、直接经济损失、重大事故起数、重大事故死亡人数、特别重大事故起数、特别重大事故死亡人数、亿元国内生产总值（GDP）死亡率、十万人死亡率。

部分事故统计指标的意义与计算方法如下。

1. 千人死亡率

千人死亡率指一定时期内，平均每千名从业人员，因伤亡事故造成的死亡人数。千人死亡率的计算公式为

$$千人死亡率 = \frac{死亡人数}{从业人员数} \times 10^3$$

2. 千人重伤率

千人重伤率指一定时期内，平均每千名从业人员，因伤亡事故造成的重伤人数。千人重伤率的计算公式为

$$千人重伤率 = \frac{重伤人数}{从业人员数} \times 10^3$$

3. 百万工时死亡率

百万工时死亡率指一定时期内，平均每百万工时，因事故造成的死亡人数。百万工时死亡率的计算公式为

$$百万工时死亡率 = \frac{死亡人数}{实际总工时} \times 10^6$$

4. 百万吨死亡率

百万吨死亡率指一定时期内，平均每百万吨产量，因事故造成的死亡人数。百万吨死亡率的计算公式为

$$百万吨死亡率 = \frac{死亡人数}{实际产量(t)} \times 10^6$$

5. 重大事故率

重大事故率指一定时期内，重大事故占总事故的比率。重大事故率的计算公式为

$$重大事故率 = \frac{重大事故起数}{事故总起数} \times 100\%$$

6. 特大事故率

特大事故率指一定时期内，特大事故占总事故的比率。特大事故率的计算公式为

$$特大事故率 = \frac{特大事故起数}{事故总起数} \times 100\%$$

7. 百万人火灾发生率

百万人火灾发生率指一定时期内，某地区平均每百万人中，火灾发生的次数。百万人火灾发生率的计算公式为

$$百万人火灾发生率 = \frac{火灾发生的次数}{地区总人口} \times 10^6$$

8. 百万人火灾死亡率

百万人火灾死亡率指一定时期内，某地区平均每百万人中，火灾造成的死亡人数。百万人火灾死亡率的计算公式为

$$百万人火灾死亡率 = \frac{火灾造成的死亡人数}{地区总人口} \times 10^6$$

9. 万车死亡率

万车死亡率指一定时期内，平均每万辆机动车辆中，造成的死亡人数。万车死亡率的计算公式为

$$万车死亡率 = \frac{机动车造成的死亡人数}{机动车数} \times 10^4$$

10. 十万人死亡率

十万人死亡率指一定时期内，某地区平均每10万人中，因事故造成的死亡人数。十万人死亡率的计算公式为

$$十万人死亡率 = \frac{死亡人数}{地区总人口} \times 10^5$$

11. 亿客公里死亡率

亿客公里死亡率的计算公式为

$$亿客公里死亡率 = \frac{死亡人数}{运营旅客人数 \times 运营公里总数} \times 10^8$$

12. 千艘船事故率

千艘船事故率指一定时期内，平均每千艘船发生事故的比例。千艘船事故率的计算公式为

$$千艘船事故率 = \frac{一般以上事故船舶总艘数}{本省(本单位)船舶总艘数} \times 10^3$$

13. 百万机车总走行公里死亡率

百万机车总走行公里死亡率的计算公式为

$$百万机车总走行公里死亡率 = \frac{死亡人数}{机车总走行公里} \times 10^6$$

14. 重大事故万时率

重大事故万时率的计算公式为

$$重大事故万时率 = \frac{重大事故次数}{飞行总小时} \times 10^4$$

15. 亿元国内生产总值（GDP）死亡率

亿元国内生产总值（GDP）死亡率指某时期内，某地区平均每生产亿元国内生产总值时造成的死亡人数。亿元国内生产总值（GDP）死亡率的计算公式为

$$亿元国内生产总值（GDP）死亡率 = \frac{死亡人数}{国内生产总值（元）} \times 10^8$$

五、生产安全事故统计调查报表制度

真实完整地收集和记录每起事故数据，是进行统计分析的基础。每起事故所包含的信息量，对事故统计分析至关重要。事故所包含的信息量要能够体现事故致因的科学原理，体现判定事故原因的正确方法，有利于调查事故的深层次原因、行业政策、区域的决策。《生产安全事故统计调查制度》（应急〔2020〕93 号）设计了四张报表：生产安全事故登记表（A1 表）、生产安全事故伤亡（含急性工业中毒）人员登记表（A2 表）、生产安全事故按行业统计表（B1 表）和生产安全事故按地区统计表（B2 表）。事故以"依法登记注册单位事故"和"其他事故"两类进行统计。依法登记取得营业执照的生产经营单位发生的事故，纳入"依法登记注册单位事故"统计；从事运输、捕捞等生产经营活动，不需办理营业执照的，以行业准入许可为准，按照"依法登记注册单位事故"进行统计。不属于以上情形的事故，纳入"其他事故"统计。

（一）统计调查报表适用的对象及范围

适用于中华人民共和国领域内从事生产经营活动的单位，在生产经营活动中发生的造成人身伤亡或者直接经济损失的生产安全事故。

（二）统计调查的内容

《生产安全事故统计调查制度》四张表中主要包括事故发生单位的基本情况、事故造成的死亡人数（包括下落不明人数，下同）、受伤人数（包括急性工业中毒人数，下同）、直接经济损失、事故具体情况等。

（三）各报表具体填写内容

各报表具体填写内容见表 8 – 3 至表 8 – 6。

《生产安全事故统计调查制度》同时给出了主要指标解释和填表说明。

（四）统计调查报表组织实施

本制度由应急管理部统一组织，分级实施，由县级以上应急管理部门（"以上"包含本级，不含应急管理部，下同）通过"生产安全事故统计信息直报系统"（简称"直报系统"）负责数据的审核和上报。

（五）报送时间

县级以上应急管理部门接到事故报告后，应在 24 h 内通过"直报系统"填报 A1 表甲区域内事故统计信息。经查实的瞒报事故，应在接到事故信息后 24 h 内，在"直报系统"中进行填报并纳入事故统计。

表8-3 生产安全事故登记表

表　号：A1表

制定机关：应急管理部

批准机关：国家统计局

事故标识：□ 1 依法登记注册单位事故 2 其他事故　　批准文号：国统制〔2020〕133号

填报单位：　　　　　　　20 　　年　　月　　日　　有效期至：2023年11月

甲	事故发生单位名称＿＿＿＿＿＿＿＿＿＿	事故发生时间＿＿年＿＿月＿＿日＿＿时＿＿分
	事故发生地点 ＿＿＿＿＿＿省（自治区/直辖市）＿＿＿＿＿＿地（区/市/州/盟）＿＿＿＿＿＿县（区/市/旗）	
	死亡人员 　死亡（下落不明）人数＿＿＿＿＿人 受伤人数＿＿＿＿＿人 其中：重伤人数＿＿＿＿＿人	
	管理分类 □ 　1 煤矿 2 金属非金属矿山 3 建筑施工 4 化工 5 烟花爆竹 6 冶金 7 有色 8 建材 9 机械 10 轻工 11 纺织 12 烟草 13 商贸 14 工商贸其他 15 道路运输 16 水上运输 17 铁路运输 18 航空运输 19 渔业船舶 20 农业机械 21 其他	
	事故类型 　基本事故类型 □ 1 物体打击 2 车辆伤害 3 机械伤害 4 起重伤害 5 触电 6 淹溺 7 灼烫 8 火灾 9 高处坠落 10 坍塌 11 冒顶片帮 12 透水 13 爆破 14 火药爆炸 15 瓦斯爆炸 16 锅炉爆炸 17 容器爆炸 18 其他爆炸 19 中毒和窒息 20 其他伤害 　煤矿事故类型 □ 1 顶板 2 冲击地压 3 瓦斯 4 煤尘 5 机电 6 运输 7 爆破 8 水害 9 火灾 10 其他 　道路运输事故类型 □ 1 碰撞 2 碾压 3 刮擦 4 翻车 5 坠车 6 爆炸 7 失火 　渔业船舶事故类型 □ 1 碰撞 2 风损 3 触损 4 火灾 5 自沉 6 机械损伤 7 触电 8 急性工业中毒 9 溺水 10 其他 　水上运输事故类型 □ 1 碰撞 2 搁浅 3 触礁 4 触碰 5 浪损 6 火灾、爆炸 7 风灾 8 自沉 9 操作性污染 10 其他	
	事故概况＿＿	

乙	事故发生单位详细情况＿＿＿＿＿＿＿＿	统一社会信用代码□□□□□□□□□□□□□□□□□□
	国民经济行业分类 □□□□ （行业代码按 GB/T 4754—2017 填写）	是否涉及相关因素 □ 1 火灾 2 特种设备 3 危险化学品 4 民爆
	单位规模 □ 1 大型 2 中型 3 小型 4 微型	直接经济损失＿＿＿＿＿万元
	国有企业属性 □ 1 央企 2 省属 3 市属 4 县属	是否为举报事故 □ 1 是 2 否

乙

登记注册类型　　　□□□

内资企业		港澳台商投资企业	外商投资企业
110 国有	159 其他有限责任公司	210 与港澳台商合资经营	310 中外合资经营
120 集体	160 股份有限公司	220 与港澳台商合作经营	320 中外合作经营
130 股份合作	171 私营独资	230 港澳台商独资经营	330 外资企业
141 国有联营	172 私营合伙	240 港澳台商投资股份有限公司	340 外商投资股份有限公司
142 集体联营	173 私营有限责任公司	290 其他港澳台投资	390 其他外商投资
143 国有与集体联营	174 私营股份有限公司		
149 其他联营	190 其他		
151 国有独资公司			

丙	事故详细情况 　注：主要包括事故详细经过、直接原因、间接原因、伤亡总人数（指包括未纳入统计的总伤亡人数）、起因物、致害物等情况。

单位负责人：　　统计负责人：　　填表人：　　联系电话：　　报出日期：20 　年　 月　 日

表8-4 生产安全事故伤亡（含急性工业中毒）人员登记表

表　　号：A2 表
制定机关：应急管理部
批准机关：国家统计局

事故标识：□ 1 依法登记注册单位事故　2 其他事故　　批准文号：国统制〔2020〕133 号
填报单位：　　　　　　　　　　20　年　月　日　　有效期至：2023 年 11 月

事故发生单位名称	事故发生时间 __年__月__日__时__分	事故发生地点 ___省(自治区/直辖市)___地(区/市/州/盟)___县(区/市/旗)		
姓名	性别	年龄	状 态	文化程度
			□ 1 死亡 2 重伤 3 轻伤	
			□ 1 死亡 2 重伤 3 轻伤	
			□ 1 死亡 2 重伤 3 轻伤	
			□ 1 死亡 2 重伤 3 轻伤	
			□ 1 死亡 2 重伤 3 轻伤	
			□ 1 死亡 2 重伤 3 轻伤	
			□ 1 死亡 2 重伤 3 轻伤	
			□ 1 死亡 2 重伤 3 轻伤	
			□ 1 死亡 2 重伤 3 轻伤	
			□ 1 死亡 2 重伤 3 轻伤	
			□ 1 死亡 2 重伤 3 轻伤	
			□ 1 死亡 2 重伤 3 轻伤	
			□ 1 死亡 2 重伤 3 轻伤	
			□ 1 死亡 2 重伤 3 轻伤	
			□ 1 死亡 2 重伤 3 轻伤	
			□ 1 死亡 2 重伤 3 轻伤	
			□ 1 死亡 2 重伤 3 轻伤	
			□ 1 死亡 2 重伤 3 轻伤	

单位负责人：　　　　统计负责人：　　　　填表人：　　　　联系电话：　　　　报出日期：20　年　月　日

表 8-5 生产安全事故按行业统计表

表　　号：B1 表

制定机关：应急管理部

批准机关：国家统计局

批准文号：国统制〔2020〕133 号

填报单位：　　　　　　　　20　　年　　月　　日　　　　有效期至：2023 年 11 月

		总体情况				其中：较大事故				其中：重大事故				其中：特别重大事故			
		起数（起）	死亡（人）	受伤（人）	直接经济损失（万元）	起数（起）	死亡（人）	受伤（人）	直接经济损失（万元）	起数（起）	死亡（人）	受伤（人）	直接经济损失（万元）	起数（起）	死亡（人）	受伤（人）	直接经济损失（万元）
甲		1	2	3	4	5	6	7	8	9	10	11	12	13	14	15	16
总计																	
A 农林牧渔业	小计																
	其中：1. 农业机械																
	2. 渔业船舶																
B 采矿业	小计																
	其中：1. 煤矿																
	2. 金属非金属矿山																
C、F、H 商贸制造业	小计																
	其中：1. 化工																
	2. 烟花爆竹																
	3. 工贸																
E 建筑业	小计																
	其中：1. 房屋建筑业																
	2. 土木工程建筑业																
G 交通运输业	小计																
	其中：1. 铁路运输业																
	2. 道路运输业																
	3. 水上运输业																
	4. 航空运输业																
D、I-T 其他行业	小计																

单位负责人：　　　　　　　填表人：　　　　　　　报出日期：20　　年　　月　　日

表 8-6　生产安全事故按地区统计表

表　　号：B2 表
制定机关：应急管理部
批准机关：国家统计局
批准文号：国统制〔2020〕133 号
有效期至：2023 年 11 月

填报单位：　　　　　　　　　20　年　月　日

	总体情况				其中：较大事故				其中：重大事故				其中：特别重大事故			
	起数（起）	死亡（人）	受伤（人）	直接经济损失（万元）	起数（起）	死亡（人）	受伤（人）	直接经济损失（万元）	起数（起）	死亡（人）	受伤（人）	直接经济损失（万元）	起数（起）	死亡（人）	受伤（人）	直接经济损失（万元）
甲	1	2	3	4	5	6	7	8	9	10	11	12	13	14	15	16
总计																
省（自治区/直辖市）、地（区/市/州/盟）、县（区/市/旗）																

单位负责人：　　　　　　　填表人：　　　　　　　报出日期：20　年　月　日

事故发生 7 日内，应及时补充完善 A1 表、A2 表相关信息，并纳入事故统计。对于首次填报日期超过事故发生日期 7 日的，需将超期原因等相关情况在"直报系统"中注明。

事故发生 30 日内（火灾、道路运输事故发生 7 日内）伤亡人员发生变化的，应及时补充完善伤亡人员情况，并纳入事故统计。

事故调查结束后 30 日内，应根据事故调查报告及时完善校正有关事故信息。同时，由负责调查的人民政府的应急管理部门在"直报系统"上传事故调查报告。

县级以上应急管理部门应在每月 8 日将截取至 7 日 24 时"直报系统"内的上月事故统计数据作为月度数据，即月度 B1 表、B2 表，经审核确认后，在"直报系统"内上报。

县级以上应急管理部门应在每年 1 月 8 日将截取至 1 月 7 日 24 时"直报系统"内的上年事故统计数据作为年度数据，即年度 B1 表、B2 表，经审核确认后，在"直报系统"内上报。

六、伤亡事故统计分析方法

伤亡事故统计分析方法是以研究伤亡事故统计为基础的分析方法，伤亡事故统计有描述统计法和推理统计法两种方法。

描述统计法用于概括和描述原始资料总体的特征。它可以提供一种组织归纳和运用资料的方法。最常用的描述统计有频数分布、图形或图表、算术平均值及相关分析等。

推理统计法是从一个较大的资料总体中抽取样本来推断结论的方法。它的目的是使人们能够用数量来表示可能的论述。对伤亡事故原因的专门研究以及事故判定技术等主要应用推理统计法。经常用到的几种事故统计方法如下。

（一）综合分析法

综合分析法是将大量的事故资料进行总结分类，将汇总整理的资料及有关数值，形成书面分析材料或填入统计表或绘制统计图，使大量的零星资料系统化、条理化、科学化，从各种变化的影响中找出事故发生的规律性。

（二）分组分析法

分组分析法是按伤亡事故的有关特征进行分类汇总，研究事故发生的有关情况。例如，按事故发生的经济类型、事故发生单位所在行业、事故发生原因、事故类别、事故发生所在地区、事故发生时间和伤害部位等进行分组汇总统计伤亡事故数据。

（三）算术平均法

算术平均法举例，2001 年 1—12 月全国工矿企业死亡人数分别是 488 人、752 人、1123 人、1259 人、1321 人、1021 人、1404 人、1176 人、1024 人、952 人、989 人、1046 人，则

$$\text{平均每月死亡} = \frac{\sum_{n=1}^{N}}{N} = \frac{12555}{12} = 1046（人）$$

（四）相对指标比较法

如各省之间、各企业之间由于企业规模、职工人数等不同，很难比较，但采用相对指标如千人死亡率、百万吨死亡率等指标，则可以互相比较，并在一定程度上说明安全生产

的情况。

（五）统计图表法

事故常用的统计图有：

（1）趋势图，即折线图，直观地展示伤亡事故的发生趋势。

（2）柱状图，能够直观地反映不同分类项目所造成的伤亡事故指标大小比较。

（3）饼图，即比例图，可以形象地反映不同分类项目所占的百分比。

（六）排列图

排列图也称主次图，是直方图与折线图的结合。直方图用来表示属于某项目的各分类的频次，而折线点则表示各分类的累积相对频次。排列图可以直观地显示出属于各分类的频数的大小及其占累积总数的百分比。

（七）控制图

控制图又叫管理图，把质量管理控制图中的不良率控制图方法引入伤亡事故发生情况的测定中，可以及时察觉伤亡事故发生的异常情况，有助于及时消除不安定因素，起到预防事故重复发生的作用。

七、伤亡事故经济损失计算方法

伤亡事故经济损失计算方法和标准按照《企业职工伤亡事故经济损失统计标准》（GB/T 6721）进行计算。伤亡事故经济损失是指企业职工在劳动生产过程中发生伤亡事故所引起的一切经济损失，包括直接经济损失和间接经济损失。

1. 直接经济损失

直接经济损失指因事故造成人身伤亡及善后处理支出的费用和毁坏财产的价值。

2. 间接经济损失

间接经济损失指因事故导致产值减少、资源破坏和受事故影响而造成其他损失的价值。

3. 直接经济损失的统计范围

（1）人身伤亡后所支出的费用，包括医疗费用（含护理费用）、丧葬及抚恤费用、补助及救济费用、歇工工资。

（2）善后处理费用，包括处理事故的事务性费用、现场抢救费用、清理现场费用、事故罚款和赔偿费用。

（3）财产损失价值，包括固定资产损失价值、流动资产损失价值。

4. 间接经济损失的统计范围

（1）停产、减产损失价值。

（2）工作损失价值。

（3）资源损失价值。

（4）处理环境污染的费用。

（5）补充新职工的培训费用。

（6）其他损失费用。

5. 计算方法

（1）经济损失的计算公式为

$$E = E_d + E_i$$

式中　　E——经济损失，万元；

E_d——直接经济损失，万元；

E_i——间接经济损失，万元。

（2）工作损失价值的计算公式为

$$V_W = D_L M / (SD)$$

式中　　V_W——工作损失价值，万元；

D_L——一起事故的总损失工作日数，死亡一名职工按 6000 个工作日计算，受伤职工视伤害情况按《企业职工伤亡事故分类》（GB 6441）的附表确定，日；

M——企业上年税利（税金加利润），万元；

S——企业上年平均职工人数，人；

D——企业上年法定工作日数，日。

（3）固定资产损失价值按下列情况计算：

① 报废的固定资产，以固定资产净值减去残值计算。

② 损坏的固定资产，以修复费用计算。

（4）流动资产损失价值按下列情况计算：

① 原材料、燃料、辅助材料等均按账面值减去残值计算。

② 成品、半成品、在制品等均以企业实际成本减去残值计算。

（5）事故已处理结案而未能结算的医疗费、歇工工资等，采用测算方法计算［见《企业职工伤亡事故经济损失统计标准》（GB/T 6721）附录 A］。

（6）对分期支付的抚恤、补助等费用，按审定支出的费用，从开始支付日期累计到停发日期［见《企业职工伤亡事故经济损失统计标准》（GB/T 6721）附录 A］。

（7）停产、减产损失，按事故发生之日起到恢复正常生产水平时止，计算其损失的价值。

6. 经济损失的评价指标

（1）千人经济损失率，计算公式为

$$R_S = E / S \times 1000$$

式中　　R_S——千人经济损失率；

E——全年内经济损失，万元；

S——企业平均职工人数，人。

（2）百万元产值经济损失率，计算公式为

$$R_V = E / V \times 100$$

式中　　R_V——百万元产值经济损失率；

E——全年内经济损失，万元；

V——企业总产值，万元。

八、事故伤害损失工作日

事故伤害损失工作日的计算，在《事故伤害损失工作日标准》（GB/T 15499）中给出了比较详细的说明，其引用标准包括《企业职工伤亡事故分类》（GB 6441）和《标准对数视力表》（GB/T 11533）等。

标准规定了定量记录人体伤害程度的方法及伤害对应的损失工作日数值。该标准适用于企业职工伤亡事故造成的身体伤害。

标准共分以下几个方面计算损失工作日：

（1）肢体损伤。

（2）眼部损伤。

（3）鼻部损伤。

（4）耳部损伤。

（5）口腔颌面部损伤。

（6）头皮、颅脑损伤。

（7）颈部损伤。

（8）胸部损伤。

（9）腹部损伤。

（10）骨盆部损伤。

（11）脊柱损伤。

（12）其他损伤。

在每一类中又有许多小的类别，在计算事故伤害损失工作日时，可以从大类到小类分别查表得到。

附录一 危险化学品重大危险源辨识

（GB 18218—2018）

1 范围

本标准规定了辨识危险化学品重大危险源的依据和方法。

本标准适用于生产、储存、使用和经营危险化学品的生产经营单位。

本标准不适用于：

a）核设施和加工放射性物质的工厂，但这些设施和工厂中处理非放射性物质的部门除外；

b）军事设施；

c）采矿业，但涉及危险化学品的加工工艺及储存活动除外；

d）危险化学品的厂外运输（包括铁路、道路、水路、航空、管道等运输方式）；

e）海上石油天然气开采活动。

2 规范性引用文件

下列文件对于本文件的应用是必不可少的。凡是注日期的引用文件，仅注日期的版本适用于本文件。凡是不注日期的引用文件，其最新版本（包括所有的修改单）适用于本文件。

GB 30000.2 化学品分类和标签规范 第2部分：爆炸物

GB 30000.3 化学品分类和标签规范 第3部分：易燃气体

GB 30000.4 化学品分类和标签规范 第4部分：气溶胶

GB 30000.5 化学品分类和标签规范 第5部分：氧化性气体

GB 30000.7 化学品分类和标签规范 第7部分：易燃液体

GB 30000.8 化学品分类和标签规范 第8部分：易燃固体

GB 30000.9 化学品分类和标签规范 第9部分：自反应物质和混合物

GB 30000.10 化学品分类和标签规范 第10部分：自燃液体

GB 30000.11 化学品分类和标签规范 第11部分：自燃固体

GB 30000.12 化学品分类和标签规范 第12部分：自热物质和混合物

GB 30000.13 化学品分类和标签规范 第13部分：遇水放出易燃气体的物质和混合物

GB 30000.14 化学品分类和标签规范 第14部分：氧化性液体

GB 30000.15 化学品分类和标签规范 第15部分：氧化性固体

GB 30000.16 化学品分类和标签规范 第16部分：有机过氧化物

GB 30000.18 化学品分类和标签规范 第18部分：急性毒性

3 术语和定义

下列术语和定义适用于本文件。

3.1

危险化学品 dangerous chemicals

具有毒害、腐蚀、爆炸、燃烧、助燃等性质，对人体、设施、环境具有危害的剧毒化学品和其他化学品。

3.2

单元 unit

涉及危险化学品的生产、储存装置、设施或场所，分为生产单元和储存单元。

3.3

临界量 threshold quantity

某种或某类危险化学品构成重大危险源所规定的最小数量。

3.4

危险化学品重大危险源 major hazard installations for dangerous chemicals

长期地或临时地生产、储存、使用和经营危险化学品，且危险化学品的数量等于或超过临界量的单元。

3.5

生产单元 production unit

危险化学品的生产、加工及使用等的装置及设施，当装置及设施之间有切断阀时，以切断阀作为分隔界限划分为独立的单元。

3.6

储存单元 storage unit

用于储存危险化学品的储罐或仓库组成的相对独立的区域，储罐区以罐区防火堤为界限划分为独立的单元，仓库以独立库房（独立建筑物）为界限划分为独立的单元。

3.7

混合物 mixture

由两种或者多种物质组成的混合体或者溶液。

4 危险化学品重大危险源辨识

4.1 辨识依据

4.1.1 危险化学品应依据其危险特性及其数量进行重大危险源辨识,具体见表1和表2。危险化学品的纯物质及其混合物应按 GB 30000.2、GB 30000.3、GB 30000.4、GB 30000.5、GB 30000.7、GB 30000.8、GB 30000.9、GB 30000.10、GB 30000.11、GB 30000.12、GB 30000.13、GB 30000.14、GB 30000.15、GB 30000.16、GB 30000.18 的规定进行分类。危险化学品重大危险源可分为生产单元危险化学品重大危险源和储存单元危险化学品重大危险源。

4.1.2 危险化学品临界量的确定方法如下：

a）在表1范围内的危险化学品，其临界量应按表1确定；

b）未在表1范围内的危险化学品，应依据其危险性，按表2确定其临界量；若一种危险化学品具有多种危险性，应按其中最低的临界量确定。

表1　危险化学品名称及其临界量

序号	危险化学品名称和说明	别　名	CAS 号	临界量/t
1	氨	液氨；氨气	7664 - 41 - 7	10
2	二氟化氧	一氧化二氟	7783 - 41 - 7	1
3	二氧化氮		10102 - 44 - 0	1
4	二氧化硫	亚硫酸酐	7446 - 09 - 5	20
5	氟		7782 - 41 - 4	1
6	碳酰氯	光气	75 - 44 - 5	0.3
7	环氧乙烷	氧化乙烯	75 - 21 - 8	10
8	甲醛（含量>90%）	蚁醛	50 - 00 - 0	5
9	磷化氢	磷化三氢；膦	7803 - 51 - 2	1
10	硫化氢		7783 - 06 - 4	5
11	氯化氢（无水）		7647 - 01 - 0	20
12	氯	液氯；氯气	7782 - 50 - 5	5
13	煤气（CO，CO 和 H$_2$、CH$_4$ 的混合物等）			20
14	砷化氢	砷化三氢；胂	7784 - 42 - 1	1
15	锑化氢	三氢化锑；锑化三氢；䏒	7803 - 52 - 3	1
16	硒化氢		7783 - 07 - 5	1
17	溴甲烷	甲基溴	74 - 83 - 9	10
18	丙酮氰醇	丙酮合氰化氢；2 - 羟基异丁腈；氰丙醇	75 - 86 - 5	20
19	丙烯醛	烯丙醛；败脂醛	107 - 02 - 8	20
20	氟化氢		7664 - 39 - 3	1
21	1 - 氯 - 2，3 - 环氧丙烷	环氧氯丙烷（3 - 氯 - 1，2 - 环氧丙烷）	106 - 89 - 8	20
22	3 - 溴 - 1，2 - 环氧丙烷	环氧溴丙烷；溴甲基环氧乙烷；表溴醇	3132 - 64 - 7	20
23	甲苯二异氰酸酯	二异氰酸甲苯酯；TDI	26471 - 62 - 5	100
24	一氯化硫	氯化硫	10025 - 67 - 9	1
25	氰化氢	无水氢氰酸	74 - 90 - 8	1
26	三氧化硫	硫酸酐	7446 - 11 - 9	75
27	3 - 氨基丙烯	烯丙胺	107 - 11 - 9	20
28	溴	溴素	7726 - 95 - 6	20
29	乙撑亚胺	吖丙啶；1 - 氮杂环丙烷；氮丙啶	151 - 56 - 4	20
30	异氰酸甲酯	甲基异氰酸酯	624 - 83 - 9	0.75
31	叠氮化钡	叠氮钡	18810 - 58 - 7	0.5

表1（续）

序号	危险化学品名称和说明	别　名	CAS 号	临界量/t
32	叠氮化铅		13424 - 46 - 9	0.5
33	雷汞	二雷酸汞；雷酸汞	628 - 86 - 4	0.5
34	三硝基苯甲醚	三硝基茴香醚	28653 - 16 - 9	5
35	2，4，6 - 三硝基甲苯	梯恩梯；TNT	118 - 96 - 7	5
36	硝化甘油	硝化丙三醇；甘油三硝酸酯	55 - 63 - 0	1
37	硝化纤维素［干的或含水（或乙醇）＜25%］			1
38	硝化纤维素（未改型的，或增塑的，含增塑剂＜18%）	硝化棉	9004 - 70 - 0	1
39	硝化纤维素（含乙醇≥25%）			10
40	硝化纤维素（含氮≤12.6%）			50
41	硝化纤维素（含水≥25%）			50
42	硝化纤维素溶液（含氮量≤12.6%，含硝化纤维素≤55%）	硝化棉溶液	9004 - 70 - 0	50
43	硝酸铵（含可燃物＞0.2%，包括以碳计算的任何有机物，但不包括任何其他添加剂）		6484 - 52 - 2	5
44	硝酸铵（含可燃物≤0.2%）		6484 - 52 - 2	50
45	硝酸铵肥料（含可燃物≤0.4%）			200
46	硝酸钾		7757 - 79 - 1	1000
47	1，3 - 丁二烯	联乙烯	106 - 99 - 0	5
48	二甲醚	甲醚	115 - 10 - 6	50
49	甲烷，天然气		74 - 82 - 8（甲烷） 8006 - 14 - 2（天然气）	50
50	氯乙烯	乙烯基氯	75 - 01 - 4	50
51	氢	氢气	1333 - 74 - 0	5
52	液化石油气（含丙烷、丁烷及其混合物）	石油气（液化的）	68476 - 85 - 7 74 - 98 - 6（丙烷） 106 - 97 - 8（丁烷）	50
53	一甲胺	氨基甲烷；甲胺	74 - 89 - 5	5
54	乙炔	电石气	74 - 86 - 2	1
55	乙烯		74 - 85 - 1	50
56	氧（压缩的或液化的）	液氧；氧气	7782 - 44 - 7	200
57	苯	纯苯	71 - 43 - 2	50
58	苯乙烯	乙烯苯	100 - 42 - 5	500

表1（续）

序号	危险化学品名称和说明	别 名	CAS 号	临界量/t
59	丙酮	二甲基酮	67 – 64 – 1	500
60	2 – 丙烯腈	丙烯腈；乙烯基氰；氰基乙烯	107 – 13 – 1	50
61	二硫化碳		75 – 15 – 0	50
62	环己烷	六氢化苯	110 – 82 – 7	500
63	1，2 – 环氧丙烷	氧化丙烯；甲基环氧乙烷	75 – 56 – 9	10
64	甲苯	甲基苯；苯基甲烷	108 – 88 – 3	500
65	甲醇	木醇；木精	67 – 56 – 1	500
66	汽油（乙醇汽油、甲醇汽油）		86290 – 81 – 5（汽油）	200
67	乙醇	酒精	64 – 17 – 5	500
68	乙醚	二乙基醚	60 – 29 – 7	10
69	乙酸乙酯	醋酸乙酯	141 – 78 – 6	500
70	正己烷	己烷	110 – 54 – 3	500
71	过乙酸	过醋酸；过氧乙酸；乙酰过氧化氢	79 – 21 – 0	10
72	过氧化甲基乙基酮(10% ＜有效氧含量 ≤10.7%，含 A 型稀释剂≥48%）		1338 – 23 – 4	10
73	白磷	黄磷	12185 – 10 – 3	50
74	烷基铝	三烷基铝		1
75	戊硼烷	五硼烷	19624 – 22 – 7	1
76	过氧化钾		17014 – 71 – 0	20
77	过氧化钠	双氧化钠；二氧化钠	1313 – 60 – 6	20
78	氯酸钾		3811 – 04 – 9	100
79	氯酸钠		7775 – 09 – 9	100
80	发烟硝酸		52583 – 42 – 3	20
81	硝酸(发红烟的除外，含硝酸＞70%）		7697 – 37 – 2	100
82	硝酸胍	硝酸亚氨脲	506 – 93 – 4	50
83	碳化钙	电石	75 – 20 – 7	100
84	钾	金属钾	7440 – 09 – 7	1
85	钠	金属钠	7440 – 23 – 5	10

表2 未在表1中列举的危险化学品类别及其临界量

类 别	符 号	危险性分类及说明	临界量/t
健康危害	J （健康危害性符号）	—	—
急性毒性	J1	类别1，所有暴露途径，气体	5
	J2	类别1，所有暴露途径，固体、液体	50

表2(续)

类 别	符 号	危险性分类及说明	临界量/t
急性毒性	J3	类别2、类别3,所有暴露途径,气体	50
	J4	类别2、类别3,吸入途径,液体(沸点≤35 ℃)	50
	J5	类别2,所有暴露途径,液体(除J4外)、固体	500
物理危险	W (物理危险性符号)	—	—
爆炸物	W1.1	—不稳定爆炸物 —1.1项爆炸物	1
	W1.2	1.2、1.3、1.5、1.6项爆炸物	10
	W1.3	1.4项爆炸物	50
易燃气体	W2	类别1和类别2	10
气溶胶	W3	类别1和类别2	150(净重)
氧化性气体	W4	类别1	50
易燃液体	W5.1	—类别1 —类别2和3,工作温度高于沸点	10
	W5.2	—类别2和3,具有引发重大事故的特殊工艺条件 包括危险化工工艺、爆炸极限范围或附近操作、操作压力大于1.6 MPa等	50
	W5.3	—不属于W5.1或W5.2的其他类别2	1000
	W5.4	—不属于W5.1或W5.2的其他类别3	5000
自反应物质和混合物	W6.1	A型和B型自反应物质和混合物	10
	W6.2	C型、D型、E型自反应物质和混合物	50
有机过氧化物	W7.1	A型和B型有机过氧化物	10
	W7.2	C型、D型、E型、F型有机过氧化物	50
自燃液体和自燃固体	W8	类别1自燃液体 类别1自燃固体	50
氧化性固体和液体	W9.1	类别1	50
	W9.2	类别2、类别3	200
易燃固体	W10	类别1易燃固体	200
遇水放出易燃气体的物质和混合物	W11	类别1和类别2	200

4.2 重大危险源的辨识指标

4.2.1 生产单元、储存单元内存在危险化学品的数量等于或超过表1、表2规定的临界量,即被定为重大危险源。单元内存在的危险化学品的数量根据危险化学品种类的多少区分为以下两种情况:

a)生产单元、储存单元内存在的危险化学品为单一品种时,该危险化学品的数量即为单元内危险化学品的总量，若等于或超过相应的临界量，则定为重大危险源。

b）生产单元、储存单元内存在的危险化学品为多品种时，按式（1）计算，若满足式（1），则定为重大危险源：

$$S = q_1/Q_1 + q_2/Q_2 + \cdots + q_n/Q_n \geq 1 \quad\cdots\cdots\cdots\cdots\cdots\cdots\cdots\cdots\cdots\cdots (1)$$

式中：

S——辨识指标；

$q_1, q_2, \cdots, q_n$——每种危险化学品的实际存在量，单位为吨（t）；

$Q_1, Q_2, \cdots, Q_n$——与每种危险化学品相对应的临界量，单位为吨（t）。

4.2.2　危险化学品储罐以及其他容器、设备或仓储区的危险化学品的实际存在量按设计最大量确定。

4.2.3　对于危险化学品混合物，如果混合物与其纯物质属于相同危险类别，则视混合物为纯物质，按混合物整体进行计算。如果混合物与其纯物质不属于相同危险类别，则应按新危险类别考虑其临界量。

4.2.4　危险化学品重大危险源的辨识流程参见附录 A。

4.3　重大危险源的分级

4.3.1　重大危险源的分级指标

采用单元内各种危险化学品实际存在量与其相对应的临界量比值，经校正系数校正后的比值之和 R 作为分级指标。

4.3.2　重大危险源分级指标的计算方法

重大危险源的分级指标按式（2）计算。

$$R = \alpha\left(\beta_1\frac{q_1}{Q_1} + \beta_2\frac{q_2}{Q_2} + \cdots + \beta_n\frac{q_n}{Q_n}\right) \quad\cdots\cdots\cdots\cdots\cdots\cdots\cdots (2)$$

式中：

R——重大危险源分级指标；

α——该危险化学品重大危险源厂区外暴露人员的校正系数；

$\beta_1, \beta_2, \cdots, \beta_n$——与每种危险化学品相对应的校正系数；

$q_1, q_2, \cdots, q_n$——每种危险化学品实际存在量，单位为吨（t）；

$Q_1, Q_2, \cdots, Q_n$——与每种危险化学品相对应的临界量，单位为吨（t）。

根据单元内危险化学品的类别不同，设定校正系数 β 值。在表 3 范围内的危险化学品，其 β 值按表 3 确定；未在表 3 范围内的危险化学品，其 β 值按表 4 确定。

表3　毒性气体校正系数 β 取值表

毒性气体名称	β 校正系数
一氧化碳	2
二氧化硫	2
氨	2
环氧乙烷	2
氯化氢	3

表3（续）

毒性气体名称	β校正系数
溴甲烷	3
氯	4
硫化氢	5
氟化氢	5
二氧化氮	10
氰化氢	10
碳酰氯	20
磷化氢	20
异氰酸甲酯	20

表4 未在表3中列举的危险化学品校正系数β取值表

类　别	符　号	β校正系数
急性毒性	J1	4
	J2	1
	J3	2
	J4	2
	J5	1
爆炸物	W1.1	2
	W1.2	2
	W1.3	2
易燃气体	W2	1.5
气溶胶	W3	1
氧化性气体	W4	1
易燃液体	W5.1	1.5
	W5.2	1
	W5.3	1
	W5.4	1
自反应物质和混合物	W6.1	1.5
	W6.2	1
有机过氧化物	W7.1	1.5
	W7.2	1
自燃液体和自燃固体	W8	1
氧化性固体和液体	W9.1	1
	W9.2	1
易燃固体	W10	1
遇水放出易燃气体的物质和混合物	W11	1

根据危险化学品重大危险源的厂区边界向外扩展 500 m 范围内常住人口数量,按照表 5 设定暴露人员校正系数 α 值。

表5 暴露人员校正系数 α 取值表

厂外可能暴露人员数量	校正系数 α
100 人以上	2.0
50 ~ 99 人	1.5
30 ~ 49 人	1.2
1 ~ 29 人	1.0
0 人	0.5

4.3.3 重大危险源分级标准

根据计算出来的 R 值,按表6确定危险化学品重大危险源的级别。

表6 重大危险源级别和 R 值的对应关系

重大危险源级别	R 值
一级	$R \geqslant 100$
二级	$100 > R \geqslant 50$
三级	$50 > R \geqslant 10$
四级	$R < 10$

附 录 A
（资料性附录）
危险化学品重大危险源辨识流程

图 A.1 给出了危险化学品重大危险源辨识流程。

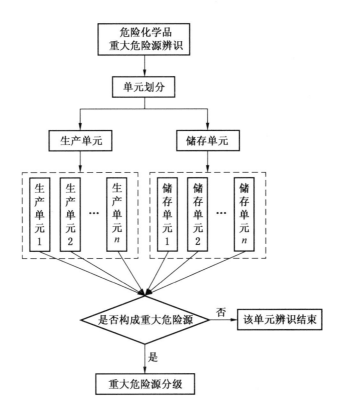

图 A.1 危险化学品重大危险源辨识流程图

附录二 职业病危害因素分类目录

一、粉尘

序号	名　　称	CAS 号
1	矽尘（游离 SiO_2 含量≥10%）	14808 - 60 - 7
2	煤尘	
3	石墨粉尘	7782 - 42 - 5
4	炭黑粉尘	1333 - 86 - 4
5	石棉粉尘	1332 - 21 - 4
6	滑石粉尘	14807 - 96 - 6
7	水泥粉尘	
8	云母粉尘	12001 - 26 - 2
9	陶土粉尘	
10	铝尘	7429 - 90 - 5
11	电焊烟尘	
12	铸造粉尘	
13	白炭黑粉尘	112926 - 00 - 8
14	白云石粉尘	
15	玻璃钢粉尘	
16	玻璃棉粉尘	65997 - 17 - 3
17	茶尘	
18	大理石粉尘	1317 - 65 - 3
19	二氧化钛粉尘	13463 - 67 - 7
20	沸石粉尘	
21	谷物粉尘（游离 SiO_2 含量＜10%）	
22	硅灰石粉尘	13983 - 17 - 0
23	硅藻土粉尘（游离 SiO_2 含量＜10%）	61790 - 53 - 2
24	活性炭粉尘	64365 - 11 - 3
25	聚丙烯粉尘	9003 - 07 - 0
26	聚丙烯腈纤维粉尘	
27	聚氯乙烯粉尘	9002 - 86 - 2
28	聚乙烯粉尘	9002 - 88 - 4

（续）

序号	名　　称	CAS 号
29	矿渣棉粉尘	
30	麻尘（亚麻、黄麻和苎麻）（游离 SiO_2 含量<10%）	
31	棉尘	
32	木粉尘	
33	膨润土粉尘	1302 – 78 – 9
34	皮毛粉尘	
35	桑蚕丝尘	
36	砂轮磨尘	
37	石膏粉尘（硫酸钙）	10101 – 41 – 4
38	石灰石粉尘	1317 – 65 – 3
39	碳化硅粉尘	409 – 21 – 2
40	碳纤维粉尘	
41	稀土粉尘（游离 SiO_2 含量<10%）	
42	烟草尘	
43	岩棉粉尘	
44	萤石混合性粉尘	
45	珍珠岩粉尘	93763 – 70 – 3
46	蛭石粉尘	
47	重晶石粉尘（硫酸钡）	7727 – 43 – 7
48	锡及其化合物粉尘	7440 – 31 – 5（锡）
49	铁及其化合物粉尘	7439 – 89 – 6（铁）
50	锑及其化合物粉尘	7440 – 36 – 0（锑）
51	硬质合金粉尘	
52	以上未提及的可导致职业病的其他粉尘	

二、化学因素

序号	名　　称	CAS 号
1	铅及其化合物（不包括四乙基铅）	7439 – 92 – 1（铅）
2	汞及其化合物	7439 – 97 – 6（汞）
3	锰及其化合物	7439 – 96 – 5（锰）
4	镉及其化合物	7440 – 43 – 9（镉）
5	铍及其化合物	7440 – 41 – 7（铍）
6	铊及其化合物	7440 – 28 – 0（铊）
7	钡及其化合物	7440 – 39 – 3（钡）

（续）

序号	名　　称	CAS 号
8	钒及其化合物	7440 – 62 – 6（钒）
9	磷及其化合物（磷化氢、磷化锌、磷化铝、有机磷单列）	7723 – 14 – 0（磷）
10	砷及其化合物（砷化氢单列）	7440 – 38 – 2（砷）
11	铀及其化合物	7440 – 61 – 1（铀）
12	砷化氢	7784 – 42 – 1
13	氯气	7782 – 50 – 5
14	二氧化硫	7446 – 9 – 5
15	光气（碳酰氯）	75 – 44 – 5
16	氨	7664 – 41 – 7
17	偏二甲基肼（1，1 – 二甲基肼）	57 – 14 – 7
18	氮氧化合物	
19	一氧化碳	630 – 08 – 0
20	二硫化碳	75 – 15 – 0
21	硫化氢	7783 – 6 – 4
22	磷化氢、磷化锌、磷化铝	7803 – 51 – 2、1314 – 84 – 7、20859 – 73 – 8
23	氟及其无机化合物	7782 – 41 – 4（氟）
24	氰及其腈类化合物	460 – 19 – 5（氰）
25	四乙基铅	78 – 00 – 2
26	有机锡	
27	羰基镍	13463 – 39 – 3
28	苯	71 – 43 – 2
29	甲苯	108 – 88 – 3
30	二甲苯	1330 – 20 – 7
31	正己烷	110 – 54 – 3
32	汽油	
33	一甲胺	74 – 89 – 5
34	有机氟聚合物单体及其热裂解物	
35	二氯乙烷	1300 – 21 – 6
36	四氯化碳	56 – 23 – 5
37	氯乙烯	1975 – 1 – 4
38	三氯乙烯	1979 – 1 – 6
39	氯丙烯	107 – 05 – 1
40	氯丁二烯	126 – 99 – 8
41	苯的氨基及硝基化合物（不含三硝基甲苯）	

（续）

序号	名　称	CAS 号
42	三硝基甲苯	118 - 96 - 7
43	甲醇	67 - 56 - 1
44	酚	108 - 95 - 2
45	五氯酚及其钠盐	87 - 86 - 5（五氯酚）
46	甲醛	50 - 00 - 0
47	硫酸二甲酯	77 - 78 - 1
48	丙烯酰胺	1979 - 6 - 1
49	二甲基甲酰胺	1968 - 12 - 2
50	有机磷	
51	氨基甲酸酯类	
52	杀虫脒	19750 - 95 - 9
53	溴甲烷	74 - 83 - 9
54	拟除虫菊酯	
55	铟及其化合物	7440 - 74 - 6（铟）
56	溴丙烷（1 - 溴丙烷；2 - 溴丙烷）	106 - 94 - 5；75 - 26 - 3
57	碘甲烷	74 - 88 - 4
58	氯乙酸	1979 - 11 - 8
59	环氧乙烷	75 - 21 - 8
60	氨基磺酸铵	7773 - 06 - 0
61	氯化铵烟	12125 - 02 - 9（氯化铵）
62	氯磺酸	7790 - 94 - 5
63	氢氧化铵	1336 - 21 - 6
64	碳酸铵	506 - 87 - 6
65	α - 氯乙酰苯	532 - 27 - 4
66	对特丁基甲苯	98 - 51 - 1
67	二乙烯基苯	1321 - 74 - 0
68	过氧化苯甲酰	94 - 36 - 0
69	乙苯	100 - 41 - 4
70	碲化铋	1304 - 82 - 1
71	铂化物	
72	1，3 - 丁二烯	106 - 99 - 0
73	苯乙烯	100 - 42 - 5
74	丁烯	25167 - 67 - 3
75	二聚环戊二烯	77 - 73 - 6
76	邻氯苯乙烯（氯乙烯苯）	2039 - 87 - 4

（续）

序号	名　　　称	CAS 号
77	乙炔	74 – 86 – 2
78	1，1 – 二甲基 – 4，4′ – 联吡啶鎓盐二氯化物（百草枯）	1910 – 42 – 5
79	2 – N – 二丁氨基乙醇	102 – 81 – 8
80	2 – 二乙氨基乙醇	100 – 37 – 8
81	乙醇胺（氨基乙醇）	141 – 43 – 5
82	异丙醇胺（1 – 氨基 – 2 – 二丙醇）	78 – 96 – 6
83	1，3 – 二氯 – 2 – 丙醇	96 – 23 – 1
84	苯乙醇	60 – 12 – 18
85	丙醇	71 – 23 – 8
86	丙烯醇	107 – 18 – 6
87	丁醇	71 – 36 – 3
88	环己醇	108 – 93 – 0
89	己二醇	107 – 41 – 5
90	糠醇	98 – 00 – 0
91	氯乙醇	107 – 07 – 3
92	乙二醇	107 – 21 – 1
93	异丙醇	67 – 63 – 0
94	正戊醇	71 – 41 – 0
95	重氮甲烷	334 – 88 – 3
96	多氯萘	70776 – 03 – 3
97	蒽	120 – 12 – 7
98	六氯萘	1335 – 87 – 1
99	氯萘	90 – 13 – 1
100	萘	91 – 20 – 3
101	萘烷	91 – 17 – 8
102	硝基萘	86 – 57 – 7
103	蒽醌及其染料	84 – 65 – 1（蒽醌）
104	二苯胍	102 – 06 – 7
105	对苯二胺	106 – 50 – 3
106	对溴苯胺	106 – 40 – 1
107	卤化水杨酰苯胺（N – 水杨酰苯胺）	
108	硝基萘胺	776 – 34 – 1
109	对苯二甲酸二甲酯	120 – 61 – 6
110	邻苯二甲酸二丁酯	84 – 74 – 2
111	邻苯二甲酸二甲酯	131 – 11 – 3

（续）

序号	名 称	CAS 号
112	磷酸二丁基苯酯	2528 – 36 – 1
113	磷酸三邻甲苯酯	78 – 30 – 8
114	三甲苯磷酸酯	1330 – 78 – 5
115	1，2，3 – 苯三酚（焦棓酚）	87 – 66 – 1
116	4，6 – 二硝基邻苯甲酚	534 – 52 – 1
117	N，N – 二甲基 – 3 – 氨基苯酚	99 – 07 – 0
118	对氨基酚	123 – 30 – 8
119	多氯酚	
120	二甲苯酚	108 – 68 – 9
121	二氯酚	120 – 83 – 2
122	二硝基苯酚	51 – 28 – 5
123	甲酚	1319 – 77 – 3
124	甲基氨基酚	55 – 55 – 0
125	间苯二酚	108 – 46 – 3
126	邻仲丁基苯酚	89 – 72 – 5
127	萘酚	1321 – 67 – 1
128	氢醌（对苯二酚）	123 – 31 – 9
129	三硝基酚（苦味酸）	88 – 89 – 1
130	氰氨化钙	156 – 62 – 7
131	碳酸钙	471 – 34 – 1
132	氧化钙	1305 – 78 – 8
133	锆及其化合物	7440 – 67 – 7（锆）
134	铬及其化合物	7440 – 47 – 3（铬）
135	钴及其氧化物	7440 – 48 – 4
136	二甲基二氯硅烷	75 – 78 – 5
137	三氯氢硅	10025 – 78 – 2
138	四氯化硅	10026 – 04 – 7
139	环氧丙烷	75 – 56 – 9
140	环氧氯丙烷	106 – 89 – 8
141	柴油	
142	焦炉逸散物	
143	煤焦油	8007 – 45 – 2
144	煤焦油沥青	65996 – 93 – 2
145	木馏油（焦油）	8001 – 58 – 9
146	石蜡烟	

（续）

序号	名　　称	CAS 号
147	石油沥青	8052 – 42 – 4
148	苯肼	100 – 63 – 0
149	甲基肼	60 – 34 – 4
150	肼	302 – 01 – 2
151	聚氯乙烯热解物	7647 – 01 – 0
152	锂及其化合物	7439 – 93 – 2（锂）
153	联苯胺（4，4′-二氨基联苯）	92 – 87 – 5
154	3，3-二甲基联苯胺	119 – 93 – 7
155	多氯联苯	1336 – 36 – 3
156	多溴联苯	59536 – 65 – 1
157	联苯	92 – 52 – 4
158	氯联苯（54% 氯）	11097 – 69 – 1
159	甲硫醇	74 – 93 – 1
160	乙硫醇	75 – 08 – 1
161	正丁基硫醇	109 – 79 – 5
162	二甲基亚砜	67 – 68 – 5
163	二氯化砜（磺酰氯）	7791 – 25 – 5
164	过硫酸盐（过硫酸钾、过硫酸钠、过硫酸铵等）	
165	硫酸及三氧化硫	7664 – 93 – 9
166	六氟化硫	2551 – 62 – 4
167	亚硫酸钠	7757 – 83 – 7
168	2-溴乙氧基苯	589 – 10 – 6
169	苄基氯	100 – 44 – 7
170	苄基溴（溴甲苯）	100 – 39 – 0
171	多氯苯	
172	二氯苯	106 – 46 – 7
173	氯苯	108 – 90 – 7
174	溴苯	108 – 86 – 1
175	1，1-二氯乙烯	75 – 35 – 4
176	1，2-二氯乙烯（顺式）	540 – 59 – 0
177	1，3-二氯丙烯	542 – 75 – 6
178	二氯乙炔	7572 – 29 – 4
179	六氯丁二烯	87 – 68 – 3
180	六氯环戊二烯	77 – 47 – 4
181	四氯乙烯	127 – 18 – 4

（续）

序号	名 称	CAS 号
182	1，1，1 - 三氯乙烷	71 - 55 - 6
183	1，2，3 - 三氯丙烷	96 - 18 - 4
184	1，2 - 二氯丙烷	78 - 87 - 5
185	1，3 - 二氯丙烷	142 - 28 - 9
186	二氯二氟甲烷	75 - 71 - 8
187	二氯甲烷	75 - 09 - 2
188	二溴氯丙烷	35407
189	六氯乙烷	67 - 72 - 1
190	氯仿（三氯甲烷）	67 - 66 - 3
191	氯甲烷	74 - 87 - 3
192	氯乙烷	75 - 00 - 3
193	氯乙酰氯	79 - 40 - 9
194	三氯一氟甲烷	75 - 69 - 4
195	四氯乙烷	79 - 34 - 5
196	四溴化碳	558 - 13 - 4
197	五氟氯乙烷	76 - 15 - 3
198	溴乙烷	74 - 96 - 4
199	铝酸钠	1302 - 42 - 7
200	二氧化氯	10049 - 04 - 4
201	氯化氢及盐酸	7647 - 01 - 0
202	氯酸钾	3811 - 04 - 9
203	氯酸钠	7775 - 09 - 9
204	三氟化氯	7790 - 91 - 2
205	氯甲醚	107 - 30 - 2
206	苯基醚（二苯醚）	101 - 84 - 8
207	二丙二醇甲醚	34590 - 94 - 8
208	二氯乙醚	111 - 44 - 4
209	二缩水甘油醚	
210	邻茴香胺	90 - 04 - 0
211	双氯甲醚	542 - 88 - 1
212	乙醚	60 - 29 - 7
213	正丁基缩水甘油醚	2426 - 08 - 6
214	钼酸	13462 - 95 - 8
215	钼酸铵	13106 - 76 - 8
216	钼酸钠	7631 - 95 - 0

（续）

序号	名　　称	CAS 号
217	三氧化钼	1313 - 27 - 5
218	氢氧化钠	1310 - 73 - 2
219	碳酸钠（纯碱）	3313 - 92 - 6
220	镍及其化合物（羰基镍单列）	
221	癸硼烷	17702 - 41 - 9
222	硼烷	
223	三氟化硼	7637 - 07 - 2
224	三氯化硼	10294 - 34 - 5
225	乙硼烷	19287 - 45 - 7
226	2 - 氯苯基羟胺	10468 - 16 - 3
227	3 - 氯苯基羟胺	10468 - 17 - 4
228	4 - 氯苯基羟胺	823 - 86 - 9
229	苯基羟胺（苯胲）	100 - 65 - 2
230	巴豆醛（丁烯醛）	4170 - 30 - 3
231	丙酮醛（甲基乙二醛）	78 - 98 - 8
232	丙烯醛	107 - 02 - 8
233	丁醛	123 - 72 - 8
234	糠醛	98 - 01 - 1
235	氯乙醛	107 - 20 - 0
236	羟基香茅醛	107 - 75 - 5
237	三氯乙醛	75 - 87 - 6
238	乙醛	75 - 07 - 0
239	氢氧化铯	21351 - 79 - 1
240	氯化苄烷胺（洁尔灭）	8001 - 54 - 5
241	双 - (二甲基硫代氨基甲酰基) 二硫化物（秋兰姆、福美双）	137 - 26 - 8
242	α - 萘硫脲（安妥）	86 - 88 - 4
243	3 - (1 - 丙酮基苄基) - 4 - 羟基香豆素（杀鼠灵）	81 - 81 - 2
244	酚醛树脂	9003 - 35 - 4
245	环氧树脂	38891 - 59 - 7
246	脲醛树脂	25104 - 55 - 6
247	三聚氰胺甲醛树脂	9003 - 08 - 1
248	1, 2, 4 - 苯三酸酐	552 - 30 - 7
249	邻苯二甲酸酐	85 - 44 - 9
250	马来酸酐	108 - 31 - 6
251	乙酸酐	108 - 24 - 7

（续）

序号	名　称	CAS 号
252	丙酸	79 - 09 - 4
253	对苯二甲酸	100 - 21 - 0
254	氟乙酸钠	62 - 74 - 8
255	甲基丙烯酸	79 - 41 - 4
256	甲酸	64 - 18 - 6
257	羟基乙酸	79 - 14 - 1
258	巯基乙酸	68 - 11 - 1
259	三甲基己二酸	3937 - 59 - 5
260	三氯乙酸	76 - 03 - 9
261	乙酸	64 - 19 - 7
262	正香草酸（高香草酸）	306 - 08 - 1
263	四氯化钛	7550 - 45 - 0
264	钽及其化合物	7440 - 25 - 7（钽）
265	锑及其化合物	7440 - 36 - 0（锑）
266	五羰基铁	13463 - 40 - 6
267	2 - 己酮	591 - 78 - 6
268	3，5，5 - 三甲基 - 2 - 环己烯 - 1 - 酮（异佛尔酮）	78 - 59 - 1
269	丙酮	67 - 64 - 1
270	丁酮	78 - 93 - 3
271	二乙基甲酮	96 - 22 - 0
272	二异丁基甲酮	108 - 83 - 8
273	环己酮	108 - 94 - 1
274	环戊酮	120 - 92 - 3
275	六氟丙酮	684 - 16 - 2
276	氯丙酮	78 - 95 - 5
277	双丙酮醇	123 - 42 - 2
278	乙基另戊基甲酮（5 - 甲基 - 3 - 庚酮）	541 - 85 - 5
279	乙基戊基甲酮	106 - 68 - 3
280	乙烯酮	463 - 51 - 4
281	异亚丙基丙酮	141 - 79 - 7
282	铜及其化合物	
283	丙烷	74 - 98 - 6
284	环己烷	110 - 82 - 7
285	甲烷	74 - 82 - 8
286	壬烷	111 - 84 - 2

（续）

序号	名　称	CAS 号
287	辛烷	111 – 65 – 9
288	正庚烷	142 – 82 – 5
289	正戊烷	109 – 66 – 0
290	2 – 乙氧基乙醇	110 – 80 – 5
291	甲氧基乙醇	109 – 86 – 4
292	围涎树碱	
293	二硫化硒	56093 – 45 – 9
294	硒化氢	7783 – 07 – 5
295	钨及其不溶性化合物	7740 – 33 – 7（钨）
296	硒及其化合物（六氟化硒、硒化氢单列）	7782 – 49 – 2（硒）
297	二氧化锡	1332 – 29 – 2
298	N，N – 二甲基乙酰胺	127 – 19 – 5
299	N – 3，4 二氯苯基丙酰胺（敌稗）	709 – 98 – 8
300	氟乙酰胺	640 – 19 – 7
301	己内酰胺	105 – 60 – 2
302	环四次甲基四硝胺（奥克托今）	2691 – 41 – 0
303	环三次甲基三硝铵（黑索今）	121 – 82 – 4
304	硝化甘油	55 – 63 – 0
305	氯化锌烟	7646 – 85 – 7（氯化锌）
306	氧化锌	1314 – 13 – 2
307	氢溴酸（溴化氢）	10035 – 10 – 6
308	臭氧	10028 – 15 – 6
309	过氧化氢	7722 – 84 – 1
310	钾盐镁矾	
311	丙烯基芥子油	
312	多次甲基多苯基异氰酸酯	57029 – 46 – 6
313	二苯基甲烷二异氰酸酯	101 – 68 – 8
314	甲苯 – 2，4 – 二异氰酸酯（TDI）	584 – 84 – 9
315	六亚甲基二异氰酸酯（HDI）（1，6 – 己二异氰酸酯）	822 – 06 – 0
316	萘二异氰酸酯	3173 – 72 – 6
317	异佛尔酮二异氰酸酯	4098 – 71 – 9
318	异氰酸甲酯	624 – 83 – 9
319	氧化银	20667 – 12 – 3
320	甲氧氯	72 – 43 – 5
321	2 – 氨基吡啶	504 – 29 – 0

（续）

序号	名 称	CAS 号
322	N - 乙基吗啉	100 - 74 - 3
323	吖啶	260 - 94 - 6
324	苯绕蒽酮	82 - 05 - 3
325	吡啶	110 - 86 - 1
326	二噁烷	123 - 91 - 1
327	呋喃	110 - 00 - 9
328	吗啉	110 - 91 - 8
329	四氢呋喃	109 - 99 - 9
330	茚	95 - 13 - 6
331	四氢化锗	7782 - 65 - 2
332	二乙烯二胺（哌嗪）	110 - 85 - 0
333	1，6 - 己二胺	124 - 09 - 4
334	二甲胺	124 - 40 - 3
335	二乙烯三胺	111 - 40 - 0
336	二异丙胺基氯乙烷	96 - 79 - 7
337	环己胺	108 - 91 - 8
338	氯乙基胺	689 - 98 - 5
339	三乙烯四胺	112 - 24 - 3
340	烯丙胺	107 - 11 - 9
341	乙胺	75 - 04 - 7
342	乙二胺	107 - 15 - 3
343	异丙胺	75 - 31 - 0
344	正丁胺	109 - 73 - 9
345	1，1 - 二氯 - 1 - 硝基乙烷	594 - 72 - 9
346	硝基丙烷	25322 - 01 - 4
347	三氯硝基甲烷（氯化苦）	76 - 06 - 2
348	硝基甲烷	75 - 52 - 5
349	硝基乙烷	79 - 24 - 3
350	1，3 - 二甲基丁基乙酸酯（乙酸仲己酯）	108 - 84 - 9
351	2 - 甲氧基乙基乙酸酯	110 - 49 - 6
352	2 - 乙氧基乙基乙酸酯	111 - 15 - 9
353	n - 乳酸正丁酯	138 - 22 - 7
354	丙烯酸甲酯	96 - 33 - 3
355	丙烯酸正丁酯	141 - 32 - 2
356	甲基丙烯酸甲酯（异丁烯酸甲酯）	80 - 62 - 6

（续）

序号	名　　　称	CAS 号
357	甲基丙烯酸缩水甘油酯	106 – 91 – 2
358	甲酸丁酯	592 – 84 – 7
359	甲酸甲酯	107 – 31 – 3
360	甲酸乙酯	109 – 94 – 4
361	氯甲酸甲酯	79 – 22 – 1
362	氯甲酸三氯甲酯（双光气）	503 – 38 – 8
363	三氟甲基次氟酸酯	
364	亚硝酸乙酯	109 – 95 – 5
365	乙二醇二硝酸酯	628 – 96 – 6
366	乙基硫代磺酸乙酯	682 – 91 – 7
367	乙酸苄酯	140 – 11 – 4
368	乙酸丙酯	109 – 60 – 4
369	乙酸丁酯	123 – 86 – 4
370	乙酸甲酯	79 – 20 – 9
371	乙酸戊酯	628 – 63 – 7
372	乙酸乙烯酯	108 – 05 – 4
373	乙酸乙酯	141 – 78 – 6
374	乙酸异丙酯	108 – 21 – 4
375	以上未提及的可导致职业病的其他化学因素	

三、物理因素

序号	名　　　称
1	噪声
2	高温
3	低气压
4	高气压
5	高原低氧
6	振动
7	激光
8	低温
9	微波
10	紫外线
11	红外线
12	工频电磁场

（续）

序号	名　　称
13	高频电磁场
14	超高频电磁场
15	以上未提及的可导致职业病的其他物理因素

四、放射性因素

序号	名　　称	备　　注
1	密封放射源产生的电离辐射	主要产生 γ、中子等射线
2	非密封放射性物质	可产生 α、β、γ 射线或中子
3	X 射线装置（含 CT 机）产生的电离辐射	X 射线
4	加速器产生的电离辐射	可产生电子射线、X 射线、质子、重离子、中子以及感生放射性等
5	中子发生器产生的电离辐射	主要是中子、γ 射线等
6	氡及其短寿命子体	限于矿工高氡暴露
7	铀及其化合物	
8	以上未提及的可导致职业病的其他放射性因素	

五、生物因素

序号	名　　称	备　　注
1	艾滋病病毒	限于医疗卫生人员及人民警察
2	布鲁氏菌	
3	伯氏疏螺旋体	
4	森林脑炎病毒	
5	炭疽芽孢杆菌	
6	以上未提及的可导致职业病的其他生物因素	

六、其他因素

序号	名　　称	备　　注
1	金属烟	
2	井下不良作业条件	限于井下工人
3	刮研作业	限于手工刮研作业人员

附录三　企业安全生产标准化基本规范

（GB/T 33000—2016）

1　范围

本标准规定了企业安全生产标准化管理体系建立、保持与评定的原则和一般要求，以及目标职责、制度化管理、教育培训、现场管理、安全风险管控及隐患排查治理、应急管理、事故管理和持续改进8个体系要素的核心技术要求。

本标准适用于工矿商贸企业开展安全生产标准化建设工作，有关行业制修订安全生产标准化标准、评定标准，以及对安全生产标准化工作的咨询、服务、评审、科研、管理和规划等。其他企业和生产经营单位可参照执行。

2　规范性引用文件

下列文件对于本文件的应用是必不可少的。凡是注日期的引用文件，仅注日期的版本适用于本文件。凡是不注日期的引用文件，其最新版本（包括所有的修改单）适用于本文件。

GB 2893　安全色

GB 2894　安全标志及其使用导则

GB 5768（所有部分）　道路交通标志和标线

GB 6441　企业职工伤亡事故分类

GB 7231　工业管道的基本识别色、识别符号和安全标识

GB/T 11651　个体防护装备选用规范

GB 13495.1　消防安全标志　第1部分：标志

GB/T 15499　事故伤害损失工作日标准

GB 18218　危险化学品重大危险源辨识

GB/T 29639　生产经营单位生产安全事故应急预案编制导则

GB 30871　化学品生产单位特殊作业安全规范

GB 50016　建筑设计防火规范

GB 50140　建筑灭火器配置设计规范

GB 50187　工业企业总平面设计规范

AQ 3035　危险化学品重大危险源安全监控通用技术规范

AQ/T 9004　企业安全文化建设导则

AQ/T 9007　生产安全事故应急演练指南

AQ/T 9009　生产安全事故应急演练评估规范

GBZ 1　工业企业设计卫生标准

GBZ 2.1　工作场所有害因素职业接触限值　第1部分：化学有害因素

GBZ 2.2　工作场所有害因素职业接触限值　第 2 部分：物理因素

GBZ 158　工作场所职业病危害警示标识

GBZ 188　职业健康监护技术规范

GBZ/T 203　高毒物品作业岗位职业病危害告知规范

3　术语和定义

下列术语和定义适用于本文件。

3.1

企业安全生产标准化　China occupational safety and health management system

企业通过落实安全生产主体责任，全员全过程参与，建立并保持安全生产管理体系，全面管控生产经营活动各环节的安全生产与职业卫生工作，实现安全健康管理系统化、岗位操作行为规范化、设备设施本质安全化、作业环境器具定置化，并持续改进。

3.2

安全生产绩效　work safety performance

根据安全生产和职业卫生目标，在安全生产、职业卫生等工作方面取得的可测量结果。

3.3

企业主要负责人　key person(s) in charge of the enterprise

有限责任公司、股份有限公司的董事长、总经理，其他生产经营单位的厂长、经理、矿长，以及对生产经营活动有决策权的实际控制人。

3.4

相关方　related party

工作场所内外与企业安全生产绩效有关或受其影响的个人或单位，如承包商、供应商等。

3.5

承包商　contractor

在企业的工作场所按照双方协定的要求向企业提供服务的个人或单位。

3.6

供应商　supplier

为企业提供材料、设备或设施及服务的外部个人或单位。

3.7

变更管理　management of change

对机构、人员、管理、工艺、技术、设备设施、作业环境等永久性或暂时性的变化进行有计划的控制，以避免或减轻对安全生产的影响。

3.8

安全风险　risk；hazard

发生危险事件或有害暴露的可能性，与随之引发的人身伤害、健康损害或财产损失的严重性的组合。

3.9

安全风险评估 risk assessment；hazard assessment

运用定性或定量的统计分析方法对安全风险进行分析、确定其严重程度，对现有控制措施的充分性、可靠性加以考虑，以及对其是否可接受予以确定的过程。

3.10

安全风险管理 risk management；hazard management

根据安全风险评估的结果，确定安全风险控制的优先顺序和安全风险控制措施，以达到改善安全生产条件、减少和避免生产安全事故的目标。

3.11

工作场所 workplace

从业人员进行职业活动，并由企业直接或间接控制的所有工作点。

3.12

作业环境 working environment

从业人员进行生产经营活动的场所以及相关联的场所，对从业人员的安全、健康和工作能力，以及对设备（设施）的安全运行产生影响的所有自然和人为因素。

3.13

持续改进 continuous improvement

为了实现对整体安全生产绩效的改进，根据企业的安全生产和职业卫生目标，不断对安全生产和职业卫生工作进行强化的过程。

4 一般要求

4.1 原则

企业开展安全生产标准化工作，应遵循"安全第一、预防为主、综合治理"的方针，落实企业主体责任。以安全风险管理、隐患排查治理、职业病危害防治为基础，以安全生产责任制为核心，建立安全生产标准化管理体系，实现全员参与，全面提升安全生产管理水平，持续改进安全生产工作，不断提升安全生产绩效，预防和减少事故的发生，保障人身安全健康，保证生产经营活动的有序进行。

4.2 建立和保持

企业应采用"策划、实施、检查、改进"的"PDCA"动态循环模式，按照本标准的规定，结合企业自身特点，自主建立并保持安全生产标准化管理体系，通过自我检查、自我纠正和自我完善，构建安全生产长效机制，持续提升安全生产绩效。

4.3 自评和评审

企业安全生产标准化管理体系的运行情况，采用企业自评和评审单位评审的方式进行评估。

5 核心要求

5.1 目标职责

5.1.1 目标

企业应根据自身安全生产实际，制定文件化的总体和年度安全生产与职业卫生目标，并纳入企业总体生产经营目标。明确目标的制定、分解、实施、检查、考核等环节要求，并按照所属基层单位和部门在生产经营活动中所承担的职能，将目标分解为指标，确保落实。

企业应定期对安全生产与职业卫生目标、指标实施情况进行评估和考核，并结合实际及时进行调整。

5.1.2　机构和职责

5.1.2.1　机构设置

企业应落实安全生产组织领导机构，成立安全生产委员会，并应按照有关规定设置安全生产和职业卫生管理机构，或配备相应的专职或兼职安全生产和职业卫生管理人员，按照有关规定配备注册安全工程师，建立健全从管理机构到基层班组的管理网络。

5.1.2.2　主要负责人及管理层职责

企业主要负责人全面负责安全生产和职业卫生工作，并履行相应责任和义务。

分管负责人应对各自职责范围内的安全生产和职业卫生工作负责。

各级管理人员应按照安全生产和职业卫生责任制的相关要求，履行其安全生产和职业卫生职责。

5.1.3　全员参与

企业应建立健全安全生产和职业卫生责任制，明确各级部门和从业人员的安全生产和职业卫生职责，并对职责的适宜性、履行情况进行定期评估和监督考核。

企业应为全员参与安全生产和职业卫生工作创造必要的条件，建立激励约束机制，鼓励从业人员积极建言献策，营造自下而上、自上而下全员重视安全生产和职业卫生的良好氛围，不断改进和提升安全生产和职业卫生管理水平。

5.1.4　安全生产投入

企业应建立安全生产投入保障制度，按照有关规定提取和使用安全生产费用，并建立使用台账。

企业应按照有关规定，为从业人员缴纳相关保险费用。企业宜投保安全生产责任保险。

5.1.5　安全文化建设

企业应开展安全文化建设，确立本企业的安全生产和职业病危害防治理念及行为准则，并教育、引导全体从业人员贯彻执行。

企业开展安全文化建设活动，应符合 AQ/T 9004 的规定。

5.1.6　安全生产信息化建设

企业应根据自身实际情况，利用信息化手段加强安全生产管理工作，开展安全生产电子台账管理、重大危险源监控、职业病危害防治、应急管理、安全风险管控和隐患自查自报、安全生产预测预警等信息系统的建设。

5.2　制度化管理

5.2.1　法规标准识别

企业应建立安全生产和职业卫生法律法规、标准规范的管理制度，明确主管部门，确定获取的渠道、方式，及时识别和获取适用、有效的法律法规、标准规范，建立安全生产和职业卫生法律法规、标准规范清单和文本数据库。

企业应将适用的安全生产和职业卫生法律法规、标准规范的相关要求转化为本单位的规章制度、操作规程，并及时传达给相关从业人员，确保相关要求落实到位。

5.2.2 规章制度

企业应建立健全安全生产和职业卫生规章制度，并征求工会及从业人员意见和建议，规范安全生产和职业卫生管理工作。

企业应确保从业人员及时获取制度文本。

企业安全生产和职业卫生规章制度包括但不限于下列内容：

——目标管理；

——安全生产和职业卫生责任制；

——安全生产承诺；

——安全生产投入；

——安全生产信息化；

——四新（新技术、新材料、新工艺、新设备设施）管理；

——文件、记录和档案管理；

——安全风险管理、隐患排查治理；

——职业病危害防治；

——教育培训；

——班组安全活动；

——特种作业人员管理；

——建设项目安全设施、职业病防护设施"三同时"管理；

——设备设施管理；

——施工和检维修安全管理；

——危险物品管理；

——危险作业安全管理；

——安全警示标志管理；

——安全预测预警；

——安全生产奖惩管理；

——相关方安全管理；

——变更管理；

——个体防护用品管理；

——应急管理；

——事故管理；

——安全生产报告；

——绩效评定管理。

5.2.3 操作规程

企业应按照有关规定，结合本企业生产工艺、作业任务特点以及岗位作业安全风险与职业病防护要求，编制齐全适用的岗位安全生产和职业卫生操作规程，发放到相关岗位员工，并严格执行。

企业应确保从业人员参与岗位安全生产和职业卫生操作规程的编制和修订工作。

企业应在新技术、新材料、新工艺、新设备设施投入使用前，组织制修订相应的安全生产和职业卫生操作规程，确保其适宜性和有效性。

5.2.4　文档管理

5.2.4.1　记录管理

企业应建立文件和记录管理制度，明确安全生产和职业卫生规章制度、操作规程的编制、评审、发布、使用、修订、作废以及文件和记录管理的职责、程序和要求。

企业应建立健全主要安全生产和职业卫生过程与结果的记录，并建立和保存有关记录的电子档案，支持查询和检索，便于自身管理使用和行业主管部门调取检查。

5.2.4.2　评估

企业应每年至少评估一次安全生产和职业卫生法律法规、标准规范、规章制度、操作规程的适宜性、有效性和执行情况。

5.2.4.3　修订

企业应根据评估结果、安全检查情况、自评结果、评审情况、事故情况等，及时修订安全生产和职业卫生规章制度、操作规程。

5.3　教育培训

5.3.1　教育培训管理

企业应建立健全安全教育培训制度，按照有关规定进行培训。培训大纲、内容、时间应满足有关标准的规定。

企业安全教育培训应包括安全生产和职业卫生的内容。

企业应明确安全教育培训主管部门，定期识别安全教育培训需求，制定、实施安全教育培训计划，并保证必要的安全教育培训资源。

企业应如实记录全体从业人员的安全教育和培训情况，建立安全教育培训档案和从业人员个人安全教育培训档案，并对培训效果进行评估和改进。

5.3.2　人员教育培训

5.3.2.1　主要负责人和安全管理人员

企业的主要负责人和安全生产管理人员应具备与本企业所从事的生产经营活动相适应的安全生产和职业卫生知识与能力。

企业应对各级管理人员进行教育培训，确保其具备正确履行岗位安全生产和职业卫生职责的知识与能力。

法律法规要求考核其安全生产和职业卫生知识与能力的人员，应按照有关规定经考核合格。

5.3.2.2　从业人员

企业应对从业人员进行安全生产和职业卫生教育培训，保证从业人员具备满足岗位要求的安全生产和职业卫生知识，熟悉有关的安全生产和职业卫生法律法规、规章制度、操作规程，掌握本岗位的安全操作技能和职业危害防护技能、安全风险辨识和管控方法，了解事故现场应急处置措施，并根据实际需要，定期进行复训考核。

未经安全教育培训合格的从业人员，不应上岗作业。

煤矿、非煤矿山、危险化学品、烟花爆竹、金属冶炼等企业应对新上岗的临时工、合同工、劳务工、轮换工、协议工等进行强制性安全培训，保证其具备本岗位安全操作、自救互救以及应急处置所需的知识和技能后，方能安排上岗作业。

企业的新入厂（矿）从业人员上岗前应经过厂（矿）、车间（工段、区、队）、班组三级安全培训教育，岗前安全教育培训学时和内容应符合国家和行业的有关规定。

在新工艺、新技术、新材料、新设备设施投入使用前，企业应对有关从业人员进行专门的安全生产和职业卫生教育培训，确保其具备相应的安全操作、事故预防和应急处置能力。

从业人员在企业内部调整工作岗位或离岗一年以上重新上岗时，应重新进行车间（工段、区、队）和班组级的安全教育培训。

从事特种作业、特种设备作业的人员应按照有关规定，经专门安全作业培训，考核合格，取得相应资格后，方可上岗作业，并定期接受复审。

企业专职应急救援人员应按照有关规定，经专门应急救援培训，考核合格后，方可上岗，并定期参加复训。

其他从业人员每年应接受再培训，再培训时间和内容应符合国家和地方政府的有关规定。

5.3.2.3 外来人员

企业应对进入企业从事服务和作业活动的承包商、供应商的从业人员和接收的中等职业学校、高等学校实习生，进行入厂（矿）安全教育培训，并保存记录。

外来人员进入作业现场前，应由作业现场所在单位对其进行安全教育培训，并保存记录。主要内容包括：外来人员入厂（矿）有关安全规定、可能接触到的危害因素、所从事作业的安全要求、作业安全风险分析及安全控制措施、职业病危害防护措施、应急知识等。

企业应对进入企业检查、参观、学习等外来人员进行安全教育，主要内容包括：安全规定、可能接触到的危险有害因素、职业病危害防护措施、应急知识等。

5.4 现场管理

5.4.1 设备设施管理

5.4.1.1 设备设施建设

企业总平面布置应符合 GB 50187 的规定，建筑设计防火和建筑灭火器配置应分别符合 GB 50016 和 GB 50140 的规定；建设项目的安全设施和职业病防护设施应与建设项目主体工程同时设计、同时施工、同时投入生产和使用。

企业应按照有关规定进行建设项目安全生产、职业病危害评价，严格履行建设项目安全设施和职业病防护设施设计审查、施工、试运行、竣工验收等管理程序。

5.4.1.2 设备设施验收

企业应执行设备设施采购、到货验收制度，购置、使用设计符合要求、质量合格的设备设施。设备设施安装后企业应进行验收，并对相关过程及结果进行记录。

5.4.1.3 设备设施运行

企业应对设备设施进行规范化管理，建立设备设施管理台账。

企业应有专人负责管理各种安全设施以及检测与监测设备，定期检查维护并做好记录。

企业应针对高温、高压和生产、使用、储存易燃、易爆、有毒、有害物质等高风险设备，以及海洋石油开采特种设备和矿山井下特种设备，建立运行、巡检、保养的专项安全管理制度，确保其始终处于安全可靠的运行状态。

安全设施和职业病防护设施不应随意拆除、挪用或弃置不用；确因检维修拆除的，应采取临时安全措施，检维修完毕后立即复原。

5.4.1.4　设备设施检维修

企业应建立设备设施检维修管理制度，制定综合检维修计划，加强日常检维修和定期检维修管理，落实"五定"原则，即定检维修方案、定检维修人员、定检安全措施、定检维修质量、定检维修进度，并做好记录。

检维修方案应包含作业安全风险分析、控制措施、应急处置措施及安全验收标准。检维修过程中应执行安全控制措施，隔离能量和危险物质，并进行监督检查，检维修后应进行安全确认。检维修过程中涉及危险作业的，应按照5.4.2.1执行。

5.4.1.5　检测检验

特种设备应按照有关规定，委托具有专业资质的检测、检验机构进行定期检测、检验。涉及人身安全、危险性较大的海洋石油开采特种设备和矿山井下特种设备，应取得矿用产品安全标志或相关安全使用证。

5.4.1.6　设备设施拆除、报废

企业应建立设备设施报废管理制度。设备设施的报废应办理审批手续，在报废设备设施拆除前应制定方案，并在现场设置明显的报废设备设施标志。报废、拆除涉及许可作业的，应按照5.4.2.1执行，并在作业前对相关作业人员进行培训和安全技术交底。报废、拆除应按方案和许可内容组织落实。

5.4.2　作业安全

5.4.2.1　作业环境和作业条件

企业应事先分析和控制生产过程及工艺、物料、设备设施、器材、通道、作业环境等存在的安全风险。

生产现场应实行定置管理，保持作业环境整洁。

生产现场应配备相应的安全、职业病防护用品（具）及消防设施与器材，按照有关规定设置应急照明、安全通道，并确保安全通道畅通。

企业应对临近高压输电线路作业、危险场所动火作业、有（受）限空间作业、临时用电作业、爆破作业、封道作业等危险性较大的作业活动，实施作业许可管理，严格履行作业许可审批手续。作业许可应包含安全风险分析、安全及职业病危害防护措施、应急处置等内容。作业许可实行闭环管理。

企业应对作业人员的上岗资格、条件等进行作业前的安全检查，做到特种作业人员持证上岗，并安排专人进行现场安全管理，确保作业人员遵守岗位操作规程和落实安全及职业病危害防护措施。

企业应采取可靠的安全技术措施，对设备能量和危险有害物质进行屏蔽或隔离。

两个以上作业队伍在同一作业区域内进行作业活动时，不同作业队伍相互之间应签订

管理协议，明确各自的安全生产、职业卫生管理职责和采取的有效措施，并指定专人进行检查与协调。

危险化学品生产、经营、储存和使用单位的特殊作业，应符合 GB 30871 的规定。

5.4.2.2 作业行为

企业应依法合理进行生产作业组织和管理，加强对从业人员作业行为的安全管理，对设备设施、工艺技术以及从业人员作业行为等进行安全风险辨识，采取相应的措施，控制作业行为安全风险。

企业应监督、指导从业人员遵守安全生产和职业卫生规章制度、操作规程，杜绝违章指挥、违规作业和违反劳动纪律的"三违"行为。

企业应为从业人员配备与岗位安全风险相适应的、符合 GB/T 11651 规定的个体防护装备与用品，并监督、指导从业人员按照有关规定正确佩戴、使用、维护、保养和检查个体防护装备与用品。

5.4.2.3 岗位达标

企业应建立班组安全活动管理制度，开展岗位达标活动，明确岗位达标的内容和要求。

从业人员应熟练掌握本岗位安全职责、安全生产和职业卫生操作规程、安全风险及管控措施、防护用品使用、自救互救及应急处置措施。

各班组应按照有关规定开展安全生产和职业卫生教育培训、安全操作技能训练、岗位作业危险预知、作业现场隐患排查、事故分析等工作，并做好记录。

5.4.2.4 相关方

企业应建立承包商、供应商等安全管理制度，将承包商、供应商等相关方的安全生产和职业卫生纳入企业内部管理，对承包商、供应商等相关方的资格预审、选择、作业人员培训、作业过程检查监督、提供的产品与服务、绩效评估、续用或退出等进行管理。

企业应建立合格承包商、供应商等相关方的名录和档案，定期识别服务行为安全风险，并采取有效的控制措施。

企业不应将项目委托给不具备相应资质或安全生产、职业病防护条件的承包商、供应商等相关方。企业应与承包商、供应商等签订合作协议，明确规定双方的安全生产及职业病防护的责任和义务。

企业应通过供应链关系促进承包商、供应商等相关方达到安全生产标准化要求。

5.4.3 职业健康

5.4.3.1 基本要求

企业应为从业人员提供符合职业卫生要求的工作环境和条件，为接触职业危害的从业人员提供个人使用的职业病防护用品，建立、健全职业卫生档案和健康监护档案。

产生职业病危害的工作场所应设置相应的职业病防护设施，并符合 GBZ 1 的规定。

企业应确保使用有毒、有害物品的作业场所与生活区、辅助生产区分开，作业场所不应住人；将有害作业与无害作业分开，高毒工作场所与其他工作场所隔离。

对可能导致发生急性职业危害的有毒、有害工作场所，应设置检验报警装置，制定应急预案，配置现场急救用品、设备，设置应急撤离通道和必要的泄险区，定期检查监测。

企业应组织从业人员进行上岗前、在岗期间、特殊情况应急后和离岗时的职业健康检查，将检查结果书面告知从业人员并存档。对检查结果异常的从业人员，应及时就医，并定期复查。企业不应安排未经职业健康检查的从业人员从事接触职业病危害的作业；不应安排有职业禁忌的从业人员从事禁忌作业。从业人员的职业健康监护应符合 GBZ 188 的规定。

各种防护用品、各种防护器具应定点存放在安全、便于取用的地方，建立台账，并有专人负责保管，定期校验、维护和更换。

涉及放射工作场所和放射性同位素运输、贮存的企业，应配置防护设备和报警装置，为接触放射线的从业人员佩带个人剂量计。

5.4.3.2　职业病危害告知

企业与从业人员订立劳动合同时，应将工作过程中可能产生的职业病危害及其后果和防护措施如实告知从业人员，并在劳动合同中写明。

企业应按照有关规定，在醒目位置设置公告栏，公布有关职业病防治的规章制度、操作规程、职业病危害事故应急救援措施和工作场所职业病危害因素检测结果。对存在或产生职业病危害的工作场所、作业岗位、设备、设施，应在醒目位置设置警示标识和中文警示说明；使用有毒物品作业场所，应设置黄色区域警示线、警示标识和中文警示说明；高毒作业场所应设置红色区域警示线、警示标识和中文警示说明，并设置通讯报警设备。高毒物品作业岗位职业病危害告知应符合 GBZ/T 203 的规定。

5.4.3.3　职业病危害项目申报

企业应按照有关规定，及时、如实向所在地安全监管部门申报职业病危害项目，并及时更新信息。

5.4.3.4　职业病危害检测与评价

企业应改善工作场所职业卫生条件，控制职业病危害因素浓（强）度不超过 GBZ 2.1、GBZ 2.2 规定的限值。

企业应对工作场所职业病危害因素进行日常监测，并保存监测记录。存在职业病危害的，应委托具有相应资质的职业卫生技术服务机构进行定期检测，每年至少进行一次全面的职业病危害因素检测；职业病危害严重的，应委托具有相应资质的职业卫生技术服务机构，每 3 年至少进行一次职业病危害现状评价。检测、评价结果存入职业卫生档案，并向安全监管部门报告，向从业人员公布。

定期检测结果中职业病危害因素浓度或强度超过职业接触限值的，企业应根据职业卫生技术服务机构提出的整改建议，结合本单位的实际情况，制定切实有效的整改方案，立即进行整改。整改落实情况应有明确的记录并存入职业卫生档案备查。

5.4.4　警示标志

企业应按照有关规定和工作场所的安全风险特点，在有重大危险源、较大危险因素和严重职业病危害因素的工作场所，设置明显的、符合有关规定要求的安全警示标志和职业病危害警示标识。其中，警示标志的安全色和安全标志应分别符合 GB 2893 和 GB 2894 的规定，道路交通标志和标线应符合 GB 5768（所有部分）的规定，工业管道安全标识应符合 GB 7231 的规定，消防安全标志应符合 GB 13495.1 的规定，工作场所职业病危害警示标识应符合 GBZ 158 的规定。安全警示标志和职业病危害警示标识应标明安全风险内容、危险程度、安全距离、防控办法、应急措施等内容；在有重大隐患的工作场所和设备设施上设置安全警示标志，标明治理责任、期限及应急措施；在有安全风险的工作岗位设置安全告知卡，告知从业人员本企业、本岗位主要危险有害因素、后果、事故预防及应急措施、报告电话等内容。

企业应定期对警示标志进行检查维护，确保其完好有效。

企业应在设备设施施工、吊装、检维修等作业现场设置警戒区域和警示标志，在检维修现场的坑、井、渠、沟、陡坡等场所设置围栏和警示标志，进行危险提示、警示，告知危险的种类、后果及应急措施等。

5.5　安全风险管控及隐患排查治理

5.5.1　安全风险管理

5.5.1.1　安全风险辨识

企业应建立安全风险辨识管理制度，组织全员对本单位安全风险进行全面、系统的辨识。

安全风险辨识范围应覆盖本单位的所有活动及区域，并考虑正常、异常和紧急三种状态及过去、现在和将来三种时态。安全风险辨识应采用适宜的方法和程序，且与现场实际相符。

企业应对安全风险辨识资料进行统计、分析、整理和归档。

5.5.1.2　安全风险评估

企业应建立安全风险评估管理制度，明确安全风险评估的目的、范围、频次、准则和工作程序等。

企业应选择合适的安全风险评估方法，定期对所辨识出的存在安全风险的作业活动、设备设施、物料等进行评估。在进行安全风险评估时，至少应从影响人、财产和环境三个方面的可能性和严重程度进行分析。

矿山、金属冶炼和危险物品生产、储存企业，每3年应委托具备规定资质条件的专业技术服务机构对本企业的安全生产状况进行安全评价。

5.5.1.3　安全风险控制

企业应选择工程技术措施、管理控制措施、个体防护措施等，对安全风险进行控制。

企业应根据安全风险评估结果及生产经营状况等，确定相应的安全风险等级，对其进行分级分类管理，实施安全风险差异化动态管理，制定并落实相应的安全风险控制措施。

企业应将安全风险评估结果及所采取的控制措施告知相关从业人员，使其熟悉工作岗位和作业环境中存在的安全风险，掌握、落实应采取的控制措施。

5.5.1.4　变更管理

企业应制定变更管理制度。变更前应对变更过程及变更后可能产生的安全风险进行分析，制定控制措施，履行审批及验收程序，并告知和培训相关从业人员。

5.5.2　重大危险源辨识和管理

企业应建立重大危险源管理制度，全面辨识重大危险源，对确认的重大危险源制定安全管理技术措施和应急预案。

涉及危险化学品的企业应按照 GB 18218 的规定，进行重大危险源辨识和管理。

企业应对重大危险源进行登记建档，设置重大危险源监控系统，进行日常监控，并按照有关规定向所在地安全监管部门备案。重大危险源安全监控系统应符合 AQ 3035 的技术规定。

含有重大危险源的企业应将监控中心（室）视频监控资料、数据监控系统状态数据和监控数据与有关监管部门监管系统联网。

5.5.3　隐患排查治理

5.5.3.1　隐患排查

企业应建立隐患排查治理制度，逐级建立并落实从主要负责人到每位从业人员的隐患排查治理和防控责任制。并按照有关规定组织开展隐患排查治理工作，及时发现并消除隐患，实行隐患闭环管理。

企业应根据有关法律法规、标准规范等，组织制定各部门、岗位、场所、设备设施的隐患排查治理标准或排查清单，明确隐患排查的时限、范围、内容、频次和要求，并组织开展相应的培训。隐患排查的范围应包括所有与生产经营相关的场所、人员、设备设施和活动，包括承包商、供应商等相关服务范围。

企业应按照有关规定，结合安全生产的需要和特点，采用综合检查、专业检查、季节性检查、节假日检查、日常检查等不同方式进行隐患排查。对排查出的隐患，按照隐患的等级进行记录，建立隐患信息档案，并按照职责分工实施监控治理。组织有关专业人员对本企业可能存在的重大隐患做出认定，并按照有关规定进行管理。

企业应将相关方排查出的隐患统一纳入本企业隐患管理。

5.5.3.2　隐患治理

企业应根据隐患排查的结果，制定隐患治理方案，对隐患及时进行治理。

企业应按照责任分工立即或限期组织整改一般隐患。主要负责人应组织制定并实施重大隐患治理方案。治理方案应包括目标和任务、方法和措施、经费和物资、机构和人员、时限和要求、应急预案。

企业在隐患治理过程中，应采取相应的监控防范措施。隐患排除前或排除过程中无法保证安全的，应从危险区域内撤出作业人员，疏散可能危及的人员，设置警戒标志，暂时停产停业或停止使用相关设备、设施。

5.5.3.3　验收与评估

隐患治理完成后，企业应按照有关规定对治理情况进行评估、验收。重大隐患治理完成后，企业应组织本企业的安全管理人员和有关技术人员进行验收或委托依法设立的为安全生产提供技术、管理服务的机构进行评估。

5.5.3.4　信息记录、通报和报送

企业应如实记录隐患排查治理情况，至少每月进行统计分析，及时将隐患排查治理情况向从业人员通报。

企业应运用隐患自查、自改、自报信息系统，通过信息系统对隐患排查、报告、治理、销账等过程进行电子化管理和统计分析，并按照当地安全监管部门和有关部门的要

求，定期或实时报送隐患排查治理情况。

5.5.4 预测预警

企业应根据生产经营状况、安全风险管理及隐患排查治理、事故等情况，运用定量或定性的安全生产预测预警技术，建立体现企业安全生产状况及发展趋势的安全生产预测预警体系。

5.6 应急管理

5.6.1 应急准备

5.6.1.1 应急救援组织

企业应按照有关规定建立应急管理组织机构或指定专人负责应急管理工作，建立与本企业安全生产特点相适应的专（兼）职应急救援队伍。按照有关规定可以不单独建立应急救援队伍的，应指定兼职救援人员，并与邻近专业应急救援队伍签订应急救援服务协议。

5.6.1.2 应急预案

企业应在开展安全风险评估和应急资源调查的基础上，建立生产安全事故应急预案体系，制定符合 GB/T 29639 规定的生产安全事故应急预案，针对安全风险较大的重点场所（设施）制定现场处置方案，并编制重点岗位、人员应急处置卡。

企业应按照有关规定将应急预案报当地主管部门备案，并通报应急救援队伍、周边企业等有关应急协作单位。

企业应定期评估应急预案，及时根据评估结果或实际情况的变化进行修订和完善，并按照有关规定将修订的应急预案及时报当地主管部门备案。

5.6.1.3 应急设施、装备、物资

企业应根据可能发生的事故种类特点，按照有关规定设置应急设施，配备应急装备，储备应急物资，建立管理台账，安排专人管理，并定期检查、维护、保养，确保其完好、可靠。

5.6.1.4 应急演练

企业应按照 AQ/T 9007 的规定定期组织公司（厂、矿）、车间（工段、区、队）、班组开展生产安全事故应急演练，做到一线从业人员参与应急演练全覆盖，并按照 AQ/T 9009 的规定对演练进行总结和评估，根据评估结论和演练发现的问题，修订、完善应急预案，改进应急准备工作。

5.6.1.5 应急救援信息系统建设

矿山、金属冶炼等企业，生产、经营、运输、储存、使用危险物品或处置废弃危险物品的生产经营单位，应建立生产安全事故应急救援信息系统，并与所在地县级以上地方人民政府负有安全生产监督管理职责部门的安全生产应急管理信息系统互联互通。

5.6.2 应急处置

发生事故后，企业应根据预案要求，立即启动应急响应程序，按照有关规定报告事故情况，并开展先期处置：

发出警报，在不危及人身安全时，现场人员采取阻断或隔离事故源、危险源等措施；严重危及人身安全时，迅速停止现场作业，现场人员采取必要的或可能的应急措施后撤离危险区域。

立即按照有关规定和程序报告本企业有关负责人,有关负责人应立即将事故发生的时间、地点、当前状态等简要信息向所在地县级以上地方人民政府负有安全生产监督管理职责的有关部门报告,并按照有关规定及时补报、续报有关情况;情况紧急时,事故现场有关人员可以直接向有关部门报告;对可能引发次生事故灾害的,应及时报告相关主管部门。

研判事故危害及发展趋势,将可能危及周边生命、财产、环境安全的危险性和防护措施等告知相关单位与人员;遇有重大紧急情况时,应立即封闭事故现场,通知本单位从业人员和周边人员疏散,采取转移重要物资、避免或减轻环境危害等措施。

请求周边应急救援队伍参加事故救援,维护事故现场秩序,保护事故现场证据。准备事故救援技术资料,做好向所在地人民政府及其负有安全生产监督管理职责的部门移交救援工作指挥权的各项准备。

5.6.3 应急评估

企业应对应急准备、应急处置工作进行评估。

矿山、金属冶炼等企业,生产、经营、运输、储存、使用危险物品或处置废弃危险物品的企业,应每年进行一次应急准评估。

完成险情或事故应急处置后,企业应主动配合有关组织开展应急处置评估。

5.7 事故管理

5.7.1 报告

企业应建立事故报告程序,明确事故内外部报告的责任人、时限、内容等,并教育、指导从业人员严格按照有关规定的程序报告发生的生产安全事故。

企业应妥善保护事故现场以及相关证据。

事故报告后出现新情况的,应当及时补报。

5.7.2 调查和处理

企业应建立内部事故调查和处理制度,按照有关规定、行业标准和国际通行做法,将造成人员伤亡(轻伤、重伤、死亡等人身伤害和急性中毒)和财产损失的事故纳入事故调查和处理范畴。

企业发生事故后,应及时成立事故调查组,明确其职责与权限,进行事故调查。事故调查应查明事故发生的时间、经过、原因、波及范围、人员伤亡情况及直接经济损失等。

事故调查组应根据有关证据、资料,分析事故的直接、间接原因和事故责任,提出应吸取的教训、整改措施和处理建议,编制事故调查报告。

企业应开展事故案例警示教育活动,认真吸取事故教训,落实防范和整改措施,防止类似事故再次发生。

企业应根据事故等级,积极配合有关人民政府开展事故调查。

5.7.3 管理

企业应建立事故档案和管理台账,将承包商、供应商等相关方在企业内部发生的事故纳入本企业事故管理。

企业应按照 GB 6441、GB/T 15499 的有关规定和国家、行业确定的事故统计指标开展事故统计分析。

5.8 持续改进

5.8.1 绩效评定

企业每年至少应对安全生产标准化管理体系的运行情况进行一次自评，验证各项安全生产制度措施的适宜性、充分性和有效性，检查安全生产和职业卫生管理目标、指标的完成情况。

企业主要负责人应全面负责组织自评工作，并将自评结果向本企业所有部门、单位和从业人员通报。自评结果应形成正式文件，并作为年度安全绩效考评的重要依据。

企业应落实安全生产报告制度，定期向业绩考核等有关部门报告安全生产情况，并向社会公示。

企业发生生产安全责任死亡事故，应重新进行安全绩效评定，全面查找安全生产标准化管理体系中存在的缺陷。

5.8.2 持续改进

企业应根据安全生产标准化管理体系的自评结果和安全生产预测预警系统所反映的趋势，以及绩效评定情况，客观分析企业安全生产标准化管理体系的运行质量，及时调整完善相关制度文件和过程管控，持续改进，不断提高安全生产绩效。

附录四　生产过程危险和有害因素分类与代码

(GB/T 13861—2022)

1　范围

本文件给出了生产过程中主要危险和有害因素的分类原则、代码结构及分类与代码。

本文件适用于生产经营活动全过程中危险和有害因素的预测、预防，伤亡事故原因的辨识和分析。也适用于职业安全健康信息的处理与交换。

2　规范性引用文件

本文件没有规范性引用文件。

3　术语和定义

下列术语和定义适用于本文件。

3.1

生产过程　process

劳动者在生产领域从事生产活动的全过程。

3.2

危险和有害因素　hazardous and harmful factors

可对人造成伤亡、影响人的身体健康甚至导致疾病的因素。

3.3

人的因素　personal factors

在生产活动中，来自人员自身或人为性质的危险和有害因素。

3.4

物的因素　material factors

机械、设备、设施、材料等方面存在的危险和有害因素。

3.5

环境因素　environment factors

生产作业环境中的危险和有害因素。

3.6

管理因素　management factors

管理和管理责任缺失所导致的危险和有害因素。

4　分类原则和代码结构

本文件按可能导致生产过程中危险和有害因素的性质进行分类。生产过程危险和有害因素共分为四大类，分别是"人的因素""物的因素""环境因素"和"管理因素"。

本文件的代码为层次码，用6位数字表示，共分四层。第一、二层分别用一位数字表示大类、中类；第三、四层分别用二位数字表示小类、细类。代码结构见图1。

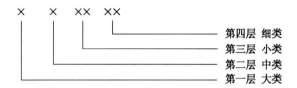

图 1　代码结构

5　分类与代码

生产过程危险和有害因素分类与代码见表 1。

表 1　生产过程危险和有害因素分类与代码表

代　码	名　　　称	说　　　明
1	**人的因素**	
11	心理、生理性危险和有害因素	
1101	负荷超限	
110101	体力负荷超限	包括劳动强度、劳动时间延长引起疲劳、劳损、伤害等的负荷超限
110102	听力负荷超限	
110103	视力负荷超限	
110199	其他负荷超限	
1102	健康状况异常	伤、病期等
1103	从事禁忌作业	
1104	心理异常	
110401	情绪异常	
110402	冒险心理	
110403	过度紧张	
110499	其他心理异常	包括泄愤心理
1105	辨识功能缺陷	
110501	感知延迟	
110502	辨识错误	
110599	其他辨识功能缺陷	
1199	其他心理、生理性危险和有害因素	
12	行为性危险和有害因素	
1201	指挥错误	
120101	指挥失误	包括生产过程中的各级管理人员的指挥
120102	违章指挥	

（续）

代　码	名　　　称	说　　　明
120199	其他指挥错误	
1202	操作错误	
120201	误操作	
120202	违章作业	
120299	其他操作错误	
1203	监护失误	
1299	其他行为性危险和有害因素	包括脱岗等违反劳动纪律行为
2	**物的因素**	
21	物理性危险和有害因素	
2101	设备、设施、工具、附件缺陷	
210101	强度不够	
210102	刚度不够	
210103	稳定性差	抗倾覆、抗拉移能力不够、抗剪能力不够。包括重心过高、底座不稳定、支承不正确、坝体不稳定等
210104	密封不良	密封件、密封介质、设备辅件、加工精度、装配工艺等缺陷以及磨损、变形、气蚀等造成的密封不良
210105	耐腐蚀性差	
210106	应力集中	
210107	外形缺陷	设备、设施表面的尖角利棱和不应有的凹凸部分等
210108	外露运动件	人员易触及的运动件
210109	操纵器缺陷	结构、尺寸、形状、位置、操纵力不合理及操纵器失灵、损坏等
210110	制动器缺陷	
210111	控制器缺陷	
210112	设计缺陷	
210113	传感器缺陷	精度不够，灵敏度过高或过低
210199	设备、设施、工具、附件其他缺陷	
2102	防护缺陷	
210201	无防护	
210202	防护装置、设施缺陷	防护装置、设施本身安全性、可靠性差，包括防护装置、设施、防护用品损坏、失效、失灵等
210203	防护不当	防护装置、设施和防护用品不符合要求，使用不当。不包括防护距离不够
210204	支撑（支护）不当	包括矿井、隧道、建筑施工支护不符合要求
210205	防护距离不够	设备布置、机械、电气、防火、防爆等安全距离不够和卫生防护距离不够等

（续）

代 码	名　　称	说　　明
210299	其他防护缺陷	
2103	电危害	
210301	带电部位裸露	人员易触及的裸露带电部位
210302	漏电	
210303	静电和杂散电流	
210304	电火花	
210305	电弧	
210306	短路	
210399	其他电危害	
2104	噪声	
210401	机械性噪声	
210402	电磁性噪声	
210403	流体动力性噪声	
210499	其他噪声	
2105	振动危害	
210501	机械性振动	
210502	电磁性振动	
210503	流体动力性振动	
210599	其他振动危害	
2106	电离辐射	包括 X 射线、γ 射线、α 粒子、β 粒子、中子、质子、高能电子束等
2107	非电离辐射	
210701	紫外辐射	
210702	激光辐射	
210703	微波辐射	
210704	超高频辐射	
210705	高频电磁场	
210706	工频电场	
210799	其他非电离辐射	
2108	运动物危害	
210801	抛射物	
210802	飞溅物	
210803	坠落物	
210804	反弹物	
210805	土、岩滑动	包括排土场滑坡、尾矿库滑坡、露天采场滑坡

(续)

代　码	名　　称	说　　明
210806	料堆（垛）滑动	
210807	气流卷动	
210808	撞击	
210899	其他运动物危害	
2109	明火	
2110	高温物质	
211001	高温气体	
211002	高温液体	
211003	高温固体	
211099	其他高温物质	
2111	低温物质	
211101	低温气体	
211102	低温液体	
211103	低温固体	
211199	其他低温物质	
2112	信号缺陷	
211201	无信号设施	应设信号设施处无信号，例如无紧急撤离信号等
211202	信号选用不当	
211203	信号位置不当	
211204	信号不清	信号量不足，例如响度、亮度、对比度、信号维持时间不够等
211205	信号显示不准	包括信号显示错误、显示滞后或超前等
211299	其他信号缺陷	
2113	标志标识缺陷	
211301	无标志标识	
211302	标志标识不清晰	
211303	标志标识不规范	
211304	标志标识选用不当	
211305	标志标识位置缺陷	
211306	标志标识设置顺序不规范	例如多个标志牌在一起设置时，应按警告、禁止、指令、提示类型的顺序
211399	其他标志标识缺陷	
2114	有害光照	包括直射光、反射光、眩光、频闪效应等
2115	信息系统缺陷	
211501	数据传输缺陷	例如是否加密

（续）

代 码	名 称	说 明
211502	自供电装置电池寿命过短	例如标准工作时间过短，经常出现监测设备断电
211503	防爆等级缺陷	例如 Exib 等级较低，不适合在涉及"两重点一重大"环境安装
211504	等级保护缺陷	防护不当导致信息错误、丢失、盗用
211505	通信中断或延迟	光纤或 GPRS/NB – IOT 等传输方式不同导致延迟严重
211506	数据采集缺陷	导致监测数据变化过于频繁或遗漏关键数据
211507	网络环境	保护过低，导致系统被破坏、数据丢失、被盗用等
2199	其他物理性危险和有害因素	
22	化学性危险和有害因素	见 GB 13690 的规定
2201	理化危险	
220101	爆炸物	见 GB 30000.2
220102	易燃气体	见 GB 30000.3
220103	易燃气溶胶	见 GB 30000.4
220104	氧化性气体	见 GB 30000.5
220105	压力下气体	见 GB 30000.6
220106	易燃液体	见 GB 30000.7
220107	易燃固体	见 GB 30000.8
220108	自反应物质或混合物	见 GB 30000.9
220109	自燃液体	见 GB 30000.10
220110	自燃固体	见 GB 30000.11
220111	自热物质和混合物	见 GB 30000.12
220112	遇水放出易燃气体的物质或混合物	见 GB 30000.13
220113	氧化性液体	见 GB 30000.14
220114	氧化性固体	见 GB 30000.15
220115	有机过氧化物	见 GB 30000.16
220116	金属腐蚀物	见 GB 30000.17
2202	健康危险	
220201	急性毒性	见 GB 30000.18
220202	皮肤腐蚀/刺激	见 GB 30000.19
220203	严重眼损伤/眼刺激	见 GB 30000.20
220204	呼吸或皮肤过敏	见 GB 30000.21
220205	生殖细胞致突变性	见 GB 30000.22
220206	致癌性	见 GB 30000.23
220207	生殖毒性	见 GB 30000.24

（续）

代　码	名　　称	说　　明
220208	特异性靶器官系统毒性——一次接触	见 GB 30000.25
220209	特异性靶器官系统毒性——反复接触	见 GB 30000.26
220210	吸入危险	见 GB 30000.27
2299	其他化学性危险和有害因素	
23	生物性危险和有害因素	
2301	致病微生物	
230101	细菌	
230102	病毒	
230103	真菌	
230199	其他致病微生物	
2302	传染病媒介物	
2303	致害动物	
2304	致害植物	
2399	其他生物性危险和有害因素	
3	**环境因素**	包括室内、室外、地上、地下（如隧道、矿井）、水上、水下等作业（施工）环境
31	室内作业场所环境不良	
3101	室内地面滑	室内地面、通道、楼梯被任何液体、熔融物质润湿，结冰或有其他易滑物等
3102	室内作业场所狭窄	
3103	室内作业场所杂乱	
3104	室内地面不平	
3105	室内梯架缺陷	包括楼梯、阶梯、电动梯和活动梯架，以及这些设施的扶手、扶栏和护栏、护网等
3106	地面、墙和天花板上的开口缺陷	包括电梯井、修车坑、门窗开口、检修孔、孔洞、排水沟等
3107	房屋基础下沉	
3108	室内安全通道缺陷	包括无安全通道、安全通道狭窄、不畅等
3109	房屋安全出口缺陷	包括无安全出口、设置不合理等
3110	采光照明不良	照度不足或过强、烟尘弥漫影响照明等
3111	作业场所空气不良	自然通风差、无强制通风、风量不足或气流过大、缺氧、有害气体超限等，包括受限空间作业
3112	室内温度、湿度、气压不适	
3113	室内给、排水不良	
3114	室内涌水	

（续）

代　码	名　称	说　明
3199	其他室内作业场所环境不良	
32	室外作业场地环境不良	
3201	恶劣气候与环境	包括风、极端的温度、雷电、大雾、冰雹、暴雨雪、洪水、浪涌、泥石流、地震、海啸等
3202	作业场地和交通设施湿滑	包括铺设好的地面区域、阶梯、通道、道路、小路等被任何液体、熔融物质润湿，冰雪覆盖或其他易滑物等
3203	作业场地狭窄	
3204	作业场地杂乱	
3205	作业场地不平	包括不平坦的地面和路面，有铺设的、未铺设的、草地、小鹅卵石或碎石地面和路面
3206	交通环境不良	包括道路、水路、轨道、航空
320601	航道狭窄、有暗礁或险滩	
320602	其他道路、水路环境不良	
320699	道路急转陡坡、临水临崖	
3207	脚手架、阶梯和活动梯架缺陷	包括这些设施的扶手、扶栏和护栏、护网等
3208	地面及地面开口缺陷	包括升降梯井、修车坑、水沟、水渠、路面、排土场、尾矿库等
3209	建（构）筑物和其他结构缺陷	包括建筑中或拆毁中的墙壁、桥梁、建筑物；简仓、固定式粮仓、固定的槽罐和容器；屋顶、塔楼；排土场、尾矿库等
3210	门和周界设施缺陷	包括大门、栅栏、畜栏、铁丝网、电子围栏等
3211	作业场地基下沉	
3212	作业场地安全通道缺陷	包括无安全通道，安全通道狭窄、不畅等
3213	作业场地安全出口缺陷	包括无安全出口、设置不合理等
3214	作业场地光照不良	光照不足或过强、烟尘弥漫影响光照等
3215	作业场地空气不良	自然通风差或气流过大、作业场地缺氧、有害气体超限等，包括受限空间作业
3216	作业场地温度、湿度、气压不适	
3217	作业场地涌水	
3218	排水系统故障	例如排土场、尾矿库、隧道等
3299	其他室外作业场地环境不良	
33	地下（含水下）作业环境不良	不包括以上室内室外作业环境已列出的有害因素
3301	隧道/矿井顶板或巷帮缺陷	例如矿井冒顶
3302	隧道/矿井作业面缺陷	例如矿井片帮
3303	隧道/矿井底板缺陷	

（续）

代码	名　　称	说　　明
3304	地下作业面空气不良	包括无风、风速超过规定的最大值或小于规定的最小值、氧气浓度低于规定值、有害气体浓度超限等，包括受限空间作业
3305	地下火	
3306	冲击地压（岩爆）	井巷或工作面周围岩体，由于弹性变形能的瞬时释放而产生突然剧烈破坏的动力现象
3307	地下水	
3308	水下作业供氧不当	
3399	其他地下作业环境不良	
39	其他作业环境不良	
3901	强迫体位	生产设备、设施的设计或作业位置不符合人类工效学要求而易引起作业人员疲劳、劳损或事故的一种作业姿势
3902	综合性作业环境不良	显示有两种以上作业环境致害因素且不能分清主次的情况
3999	以上未包括的其他作业环境不良	
4	**管理因素**	机构和人员、制度及制度落实情况
41	职业安全卫生管理机构设置和人员配备不健全	
42	职业安全卫生责任制不完善或未落实	包括平台经济等新业态
43	职业安全卫生管理制度不完善或未落实	
4301	建设项目"三同时"制度	
4302	安全风险分级管控	
4303	事故隐患排查治理	
4304	培训教育制度	
4305	操作规程	包括作业指导书
4306	职业卫生管理制度	
4399	其他职业安全卫生管理规章制度不健全	包括事故调查处理等制度不健全
44	职业安全卫生投入不足	
46	应急管理缺陷	
4601	应急资源调查不充分	
4602	应急能力、风险评估不全面	
4603	事故应急预案缺陷	包括预案不健全、可操作性不强、无针对性
4604	应急预案培训不到位	
4605	应急预案演练不规范	

(续)

代　码	名　　称	说　　明
4606	应急演练评估不到位	
4699	其他应急管理缺陷	
49	其他管理因素缺陷	

参 考 文 献

［1］中国安全生产协会注册安全工程师工作委员会，中国安全生产科学研究院．安全生产管理知识［M］．北京：中国大百科全书出版社，2022．

［2］中国安全生产协会．《企业安全生产标准化基本规范》释义［M］．北京：煤炭工业出版社，2010．

［3］国务院法制办公室工交商事法制司，国家安全生产监督管理总局政策法规司．《生产安全事故报告和调查处理条例》释义［M］．北京：中国市场出版社，2007．

［4］高等院校安全工程专业教育指导委员会．安全学原理［M］．北京：煤炭工业出版社，2002．

［5］徐德蜀，邱成．安全文化通论［M］．北京：化学工业出版社，2004．

［6］吴穹．安全管理学［M］．北京：煤炭工业出版社，2002．

［7］张兴容，李世嘉．安全科学原理［M］．北京：中国劳动社会保障出版社，2004．

［8］罗云，等．风险分析与安全评价［M］．北京：化学工业出版社，2004．

［9］随鹏程，陈宝智，随旭．安全原理［M］．北京：化学工业出版社，2005．

［10］陈宝智，等．安全管理［M］．天津：天津出版社，1999．

［11］冯赵瑞．安全系统工程［M］．2版．北京：冶金工业出版社，1993．

［12］毛海峰．现代安全管理理论与实务［M］．北京：首都经济贸易大学出版社，2000．

［13］吴宗之．重大危险源辨识与控制［M］．北京：冶金工业出版社，2001．

［14］吴宗之．工业危险辨识与评价［M］．北京：气象出版社，2000．

［15］吴宗之．重大事故应急救援及预案导论［M］．北京：冶金工业出版社，2003．

［16］刘铁民，张兴凯，刘功智．安全评价方法应用指南［M］．北京：化学工业出版社，2005．

［17］中国就业培训指导中心，中国安全生产协会．安全评价师（基础知识）［M］．2版．北京：中国劳动社会保障出版社，2019．

［18］中国就业培训指导中心，中国安全生产协会．安全评价师（国家职业资格一级）［M］．2版．北京：中国劳动社会保障出版社，2019．

［19］中国就业培训指导中心，中国安全生产协会．安全评价师（国家职业资格二级）［M］．2版．北京：中国劳动社会保障出版社，2019．

［20］中国就业培训指导中心，中国安全生产协会．安全评价师（国家职业资格三级）［M］．2版．北京：中国劳动社会保障出版社，2019．

［21］韩展初．现代管理实务［M］．厦门：厦门大学出版社，2002．

［22］赵瑞华．安全生产依法行政指南［M］．北京：中国物价出版社，2004．

［23］黄津孚．现代企业管理原理［M］．北京：首都经济贸易大学出版社，2001．

［24］孙振球，等．医学统计学［M］．北京：人民卫生出版社，2002．

［25］高等学校安全工程学科教学指导委员会．安全心理学［M］．北京：中国劳动社会保障出版社，2007．

［26］邵辉，赵庆贤，葛秀坤，等．安全心理与行为管理［M］．北京：化学工业出版社，2011．

［27］国家安全生产监督管理总局研究中心．安全发展与安全生产五要素研究报告［R］．2006．

后　　记

　　因国家机构改革，原国家安全生产监督管理总局承担的有关职能并入应急管理部，凡书中提及的"国家安全生产监督管理总局""国务院安全生产监督管理部门"，实践应用中请分别对应"应急管理部""国务院应急管理部门"。

　　读者在阅读过程中，若对教材有任何意见和建议，请通过电子邮件的形式反馈。

　　E – mail：csebook@ chinasafety. ac. cn